초경량비행장치 운용과 비행실습 **국가자격시험 대비**

완벽 분석
→ 필기 이론
→ 핵심 문제
→ CBT 모의고사

드론 무인멀티콥터 조종사 필기

DRONE

정연택 · 한승곤 · 김홍중
편저

책 구성
① 무인비행장치(드론) 운용
② 항공관련 법규
③ 항공역학(비행원리)
④ 항공기상
⑤ 부록
   1. 초경량비행장치 조종사[필기] CBT 모의고사 1~3회
   2. 초경량비행장치(무인멀티콥터) 실기시험표준서

도서출판 건기원

P·R·E·F·A·C·E

머리말

✈ 들어 가며서

드론은 어느 날 갑자기 출현한 신기술은 아니지만 어느 순간부터 우리 일상에 드론이 깊숙이 들어와 있다. 본격적으로 드론의 붐이 일어난 배경에는 중국의 드론생산업체인 DJI가 2012년 Flame Wheel의 출시를 시작으로 하여 2013년 1월 팬텀1을, 그리고 팬텀2를 출시하면서부터인 것으로 보인다. 중국의 작은 회사였던 DJI가 출시한 팬텀이 전 세계적으로 히트를 치고 급기야는 DJI는 2016년 매출액 기준으로 1조를 넘어서면서 드론의 공룡(선두)기업으로 떠올랐고, 국내 주요기관의 드론 보유 및 활용은 대다수가 중국제품이다. 이와 같이 드론의 붐을 이끈 것은 매년 미국 라스베이거스에서 열리는 세계 최대의 IT전시회인 CES(국제 전자제품 박람회)*에 중국의 드론 업체들이 대거 출품하게 되면서부터인 것으로 판단된다. 우리나라에는 드론과 관련하여 오랜 시간 기술을 축적한 업체들이 있고 군용 드론에서는 우리나라가 세계 7위의 기술력을 갖고 있을 정도로 우수한 기술력을 보유하고 있음에도 불구하고 상용 드론시장에서는 일부 업체를 제외하고 저조한 실적으로 분발이 요구되고 있다.

✈ 미래 드론산업의 전망

국토교통부의 향후 10년간 드론산업 종합계획 발표 자료에 의하면 세계 드론시장은 연 29%씩 성장(2026년, 820억 달러 규모)할 전망이며, 2026년까지 현 704억 원 시장 규모를 4조 4천억 원으로 신장하고, 기술경쟁력 세계 5위권으로 진입하여 사업용 드론 5.3만 대 상용화를 목표로 설정하였다. 이에 따라 국가 공공기관의 다양한 업무**에 드론 도입·운영 등 공공 수요 창출(5년간 3,700여 대, 3,500억 원 규모)로 태동기인 국내 드론산업의 빠른 성장을 위한 마중물이 되도록 지원할 예정이다.

---

* CES(국제 전자제품 박람회) : 드론, 스마트홈, 웨어러블, 3D프린팅, 오디오, 자동차, 전자, 헬스·바이오, 인터넷, 온라인 미디어, 로봇, 센서 등 20여 개 분야에서 3,500여 개 업체가 참가한다. 140개국 15만 명 이상 참관객이 몰리는 행사다.

** 국가 공공기관의 다양한 업무 : 건설, 대형 시설물 안전관리, 국토조사, 하천 측량·조사, 도로·철도, 전력·에너지, 산간·도시지 배송, 해양시설 관리, 실종자 수색, 재난 대응, 산불 감시 등

또한 공공건설, 도로·철도 및 시설물 관리, 하천·해양·산림 등 자연자원관리 등 공공관리에 드론 활용을 통하여 작업의 정밀도 향상 및 위험한 작업의 대체 등 효율적인 업무 수행이 가능할 것으로 보이며 국민 생명과 재산 보호를 위한 실종자 수색, 긴급 구호품 수송, 사고·재난지역 모니터링 등 골든타임 확보가 중요한 치안·안전·재난 분야에 드론 도입을 통해 보다 빠른 대처가 가능할 것으로 기대된다. 국가 통계 분야에도 국·공유지 실태, 농업 면적 등 각종 조사에 드론을 활용하여 빠르고 정확한 대규모 조사가 가능해져 보다 정밀한 통계 생산으로 공공데이터 활성화에 기여할 것으로 보고 있다.

2018년도 상반기 중으로 인력과 장비를 갖추고 드론 운영이 활성화되고 있는 선도기관을 분야별로 지정하여 유사업무 수행기관 및 지자체, 민간 등으로 효율적인 드론 운영 모델을 빠르게 확산시킬 계획이며 본격 무인항공 시대 진입을 위해 드론의 등록·이력관리부터 원격 자율·군집 비행까지 지원하는 세계시장 진출이 가능한 한국형 K-Drone 시스템을 개발·구축하고 퍼스트 무버(First-Mover)로 세계시장 진출에 도전하며 이를 통해 AI(자동관제), 빅데이터(기형·지상정보 및 비행경로 분석), 5G기반 클라우드(실시간 드론 위치 식별·공유) 등 4차 산업혁명의 핵심기술을 적용한 첨단 자동관제 서비스를 세계 최초 구현할 계획이다. 따라서 이동통신망(LTE, 5G 등)을 통해 사용자에게는 주변 드론의 비행정보(위치·고도·경로 등) 및 안전정보(기상·공역혼잡도·장애물 등)가 제공되고, 출발·경유·목적지 등 사전 입력정보 기반으로 AI형 자동관제소의 통제에 따라 원격·자율 비행이 가능할 것으로 보인다.

아울러, 관리당국은 비행승인, 공역관리를 위한 정보를 지원 받고, 고유 식별장치를 통해 비행 경로이탈, 조종자 준수사항 위반, 미등록 비행체 등의 탐지·관리가 가능해지며 장거리 드론 비행 수요에 대응, 저고도(150m 이하) 공역의 비행 특성을 고려한 효율적 교통관리를 위해 전용 하늘길도 마련할 예정으로 위험도 기반의 실증 테스트를 통해 장거리·고속 비행 등 고성능 드론에 대해서는 인증·자격·보험 등 안전관리를 체계화하고, 적정 보험료 수준 제시 및 드론 전용 보험 상품 개발 지원과 드론 사고의 정의·기준, 책임 소재 등을 구체화하는 등 드론 안전감독 체계도 고도화할 계획이다. 또한 다양한 유형의 드론 운영 활성화를 위해 기존의 무게·용도 구분방식에서 성능과 위험도 기반으로 드론 분류기준을 정비하고 각 유형에 따라 네거티브 방식의 규제 최소화 등 규제를 차등 적용할 예정이다.

2026년까지 취업유발 효과는 양질의 일자리 약 17만 4천 명(제작 1만 6천 명, 운영 15만 8천 명)으로 전망되며, 생산유발효과는 21조 1천억 원(제작 4조 2천억 원, 운영 16조 9천억 원), 부가가치 유발효과는 7조 8천억 원(제작 1조 1천억 원, 운영 6조 7천억 원)으로 예상되며 앞으로 세계 드론기술 강국으로 도약할 것으로 기대된다.

✈ 마치면서

세상의 드론관련 기술들은 숨가쁘게 변하고 있다. 한국에서도 드론핵심부품***들을 만들 수 있는 여건이 형성될 수 있도록 정부지원이 강화되어야 할 것으로 보이며, 특히 드론의 프레임, 조종기, 통신모뎀, 모터, GPS 등 부품경쟁력은 세계 최고수준대비 42%~74% 수준으로 조사되고 있으나 항법장치, 제어 S/W, 핵심 센서 등은 전문업체가 전무한 상태이다. 이런 분야에 정부에서 기업들을 적극 육성할 수 있다면 우리나라도 얼마 지나지 않아서 드론의 강국이 될 것으로 전망된다. 드론 분야도 마찬가지이지만 언제부터인가 중국에 우리의 ICT 기술들이 점차 따라잡히거나 요즘은 밀리는 분위기도 감지되고 있고, 특정 분야에서는 우리보다 뛰어나다.

민간용 무인비행장치 드론은 앞으로 더욱 시장 및 역할이 커질 전망이나 현재의 규제는 그 요구에 부합하지 못하고 있다. 일례로 가시권 내로 규제를 하여 본격적인 상업용 드론시장의 성장에 제한이 있으며, 무인비행장치 분류 기준도 기술의 발전에 맞지 않다. 따라서 안전에 대한 철저한 대책과 동시에 장애 요인을 제거하는 정책을 설정해야 할 것으로 판단된다. 특히 안전에 대한 대비는 결코 충분할 수 없으며, 그와 동시에 실용화를 가로막는 장애 요인들은 제거해야 하며 추락 및 충돌에 대비한 안전장치 의무 장착, 드론 통합 교통관리체계 시스템 구축, 해킹이나 사생활 침해 등에 대비한 보안 대책 등이 필요하며 비행반경 확대를 통한 드론의 활성화 추진이 요구된다. 또한 드론의 농업적 활용을 확대하기 위해서도 도입 및 운영비용 절감과 다양한 농사 활용방법 개발과 개선이 요구된다.

끝으로 본 교재를 편집하면서 부족한 부분은 보완할 수 있도록 하겠으며 아무쪼록 드론 조종사 자격시험과 드론운용에 대비한 유용한 교재가 되기를 희망한다.

편저자 드림

*** 드론핵심부품 : 로터와 프로펠러, 동력장치, 추진장치, 전기식 작동기, 비행조종컴퓨터, 항법장치, 탑제 안테나, 통신장비 등이다.

★ 초경량 무인비행장치-무인비행기, 무인헬리콥터, 무인멀티콥터, 무인비행선
★ 조종자격 : 자체중량 12kg 초과 장비를 이용해 사업목적의 비행을 할 경우

[주관 : 국토교통부 / 시행처 : 교통안전공단]

▶ 필기시험

시험 유형
- CBT(컴퓨터기반시험)방식, 객관식 4지 1답형
- 통합 1과목 40문제
- 시험시간 : 50분
- 합격기준 : 70% 이상 합격(28문제)
- 학과합격 유효기간 : 최종 합격일로부터 2년간 합격 유효

응시 자격 및 수수료 : 만 14세 이상(기타 조건 없음) / 48,400원
접수처 : 인터넷 교통안전공단 홈페이지 > 항공종사자 자격시험 페이지

▶ 필기시험 과목 ◀

- **관련법규** : 목적 및 용어의 정의 / 공역 및 비행제한 / 초경량비행장치 범위 및 종류 / 신고를 요하지 아니하는 초경량비행장치 / 초경량비행장치의 신고 및 안전성 인증 / 초경량비행장치 변경·이전·말소 / 초경량비행장치의 비행자격 등 / 비행계획승인 / 초경량비행장치 조종자 준수사항 / 초경량비행장치 사고·조사 및 법칙
- **비행이론 및 운용** : 비행준비 및 비행 전 점검 / 비행절차 / 비행 후 점검 / 기체의 각 부분과 조종면의 명칭 및 이해 / 추력 부분의 명칭 및 이해 / 기초비행이론 및 특성 / 측풍이착륙 / 엔진고장 등 비정상 상황 시 절차 / 비행장치의 안정과 조종 / 송수신 장비 관리 및 점검 / 배터리의 관리 및 점검 / 엔진의 종류 및 특성 / 조종자 및 역할 / 비행장치에 미치는 힘 / 공기흐름의 성질 / 날개 특성 및 형태 / 지면효과, 후류 등 / 무게중심 및 weight & balance / 사용가능기체(GAS) / 비행안전 관련 / 조종자 및 인적요소 / 비행관련 정보(AIP, NOTAM) 등
- **항공기상** : 대기의 구조 및 특성 / 착빙 / 기온과 기압 / 바람과 지형 / 구름 / 시정 및 시정장애현상 / 고기압과 저기압 / 기단과 전선 / 뇌우 및 난기류 등

INFORMATION

▎시험 시행일

매월 시행(교통안전공단 홈페이지 참조)

▎학과시험 장소

- 서울시험장(50석) : 항공시험처(서울 마포구 구룡길 15)
- 부산시험장(10석) : 부산경남지역본부(부산 사상구 학장로 256)
- 광주시험장(10석) : 호남지역본부(광주 남구 송암로 96)
- 대전시험장(10석) : 중부지역본부(대전 대덕구 대덕대로 1417번길 31)

▶ 실기시험

▎실기시험 응시자격 : 해당 기종 총 비행경력 20시간 보유자
(전문교육기관에서 해당 과정 이수 또는 지도조종자 비행지도하에 비행)

▎실기시험 응시 수수료 : 72,600원

▎비행기능 평가(실기시험 코스) : 대면 T자 비행(시뮬레이션 평가 및 실 비행 평가)

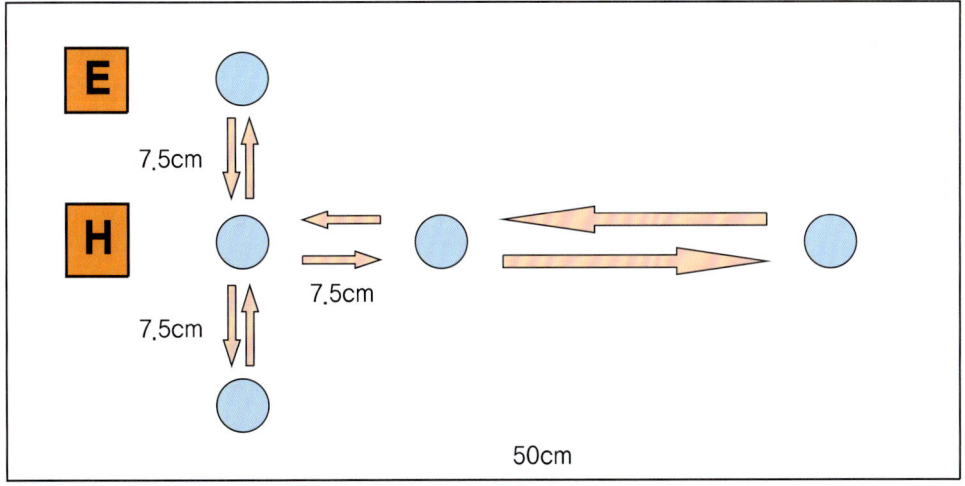

▶ 경량항공기조종사 및 초경량비행장치 조종사 자격시험 시행 절차 ◀

※ 응시자격 신청은 학과시험 합격과 상관없이 실기시험 접수 전에 미리 신청

- 방문 및 홈페이지 신청
- 증빙서류 스캔 업로드

응시자격 신청

학과시험 접수
- 방문 및 홈페이지 접수, 수수료 결제
- 시험 장소/일자/시간 선택

▼ ▼

- 법적 조건 충족여부 심사
- 3일 이상 소요

응시자격 심사

학과시험 응시
- CBT컴퓨터 시험 시행
- 전국 시험장 동시 실기
  (서울, 부산, 광주, 대전)

▼ ▼

- 서류 확인 후 자격부여

응시자격 부여

합격자 발표
- 시험 종료 즉시 결과 발표
  (공식 결과는 홈페이지 18:00 이후)
- 과목합격제(유효기간 2년)

▼

실기시험 접수
- 방문 및 홈페이지 접수, 수수료 결제
- 시험 일자 선택

▼

실기시험 응시
- 경량 : 전국 공항 및 비행장 등
- 초경량 : 전문교육기관 등
  (응시자가 사용할 경량항공기 및 비행장치와 비행허가 등 관련사항 준비)

▼

합격자 발표
- 시험 당일 20:00 결과 발표
- 실기채점표 결과 홈페이지 확인가능

▼

자격발급 신청
- 방문 및 홈페이지 신청, 수수료 결제
- 사진(필수), 신체검사증명서 등록

▼

자격발급 수령
- 방문 : 직접 수령
- 홈페이지 : 등기우편 발송 수령
  (2일 이상 소요)

▶ 2020년도 초경량비행장치 조종자증명 시험일정

※ 정부정책에 따라 공휴일 등이 발생하는 경우 시험일정이 변경될 수 있음.
※ 시험일정이 추가되는 경우 홈페이지 공지사항(시험정보)에서 확인 가능

▌경량항공기조종사와 초경량비행장치조종자의 종류
- 경량항공기조종사 종류 : 타면조종형비행기, 체중이동형비행기, 경량헬리콥터, 자이로플레인, 동력패러슈트
- 초경량비행장치조종자 종류 : 동력비행장치, 회전익비행장치, 유인자유기구, 동력패러글라이더, 무인비행기, 무인멀티콥터, 무인헬리콥터, 무인비행선, 인력활공기(패러글라이더, 행글라이더), 낙하산류

▌학과시험 일정 (* 시험일정은 제반환경에 따라 변경될 수 있음)

구분	시험일자(시험접수 : 2019년 12월 3일 20:00 ~ 시험일 2일 전 23:59)	
종목	항공 학과시험장 (서울 50석, 부산 10석, 광주 10석, 대전 10석)	지방 화물시험장 (부산 15석, 광주 17석, 대전 20석)
1월	6, 11(토), 13, 20	8, 15, 22, 29
2월	3, 10, 17, 22(토), 24	5, 12, 19, 26
3월	2, 14(토), 16, 30	4, 11, 18, 25
4월	11(토), 13, 27	1, 8, 22, 29
5월	11, 23(토), 25	6, 13, 20, 27
6월	8, 13(토), 22	3, 10, 17, 24
7월	6, 11(토), 20	8, 15, 22
8월	3, 8(토), 17, 31	5, 12, 19, 26
9월	14, 19(토), 28	2, 9, 16, 23
10월	12, 17(토), 26	7, 14, 21, 28
11월	9, 14(토), 23	4, 11, 18, 25
12월	7, 19(토), 21	2, 9, 16, 23

* 공휴일 다음날에 학과시험을 시행할 경우 시스템 점검을 위해 오전시험 시행 불가

실기시험 일정 (* 시험일정은 제반환경에 따라 변경될 수 있음)

• 초경량비행장치 조종자증명 시험일정(실비행형 – 실비행+구술면접형)

구분	시험일자(시험접수 : 2019년 12월 5일 20:00 ~ 시험전주 월요일 23:59) 상설실기시험장(무인멀티콥터 자격시험만 실시 가능) – 안양, 영월, 청양, 보은, 전주, 순천, 김해, 사천, 영천 　* 제반환경에 따라 일정 및 장소는 추후 변경될 수 있음
1월	7, 8, 14, 15, 28, 29
2월	4, 5, 11, 12, 18, 19, 25, 26
3월	3, 4, 10, 11, 17, 18, 24, 25, 31
4월	1, 7, 8, 21, 22
5월	12, 13, 19, 20, 26, 27
6월	2, 3, 9, 10, 16, 17, 23, 24
7월	7, 8, 14, 15, 21, 22
8월	4, 5, 11, 12, 18, 19, 25, 26
9월	8, 9, 15, 16, 22, 23
10월	13, 14, 20, 21, 27, 28
11월	3, 4, 10, 11, 17, 18
12월	1, 2, 8, 9, 15, 16

* 공단에서 운영하는 상설실기시험장에서 전문교육기관 수료자는 응시 제한
* 시험장소/일자별로 응시가능인원에 따라 응시인원 제한
* 무인멀티콥터 이외의 종류는 응시인원에 따라 공단과 별도 협의하여 지정(02-3151-1513)
  – 동력비행장치, 회전익비행장치, 유인자유기구, 동력패러글라이더
  – 인력활공기(패러글라이더, 행글라이더), 낙하산류
  – 무인헬리콥터, 무인비행기, 무인비행선

- 초경량비행장치 전문교육기관 시험일정
  ⇒ 전문교육기관의 응시인원 접수실적에 따라 시험일정이 단축될 수 있음

구분	시험일자(시험접수 : 2019년 12월 5일 20:00 ~ 시험전주 월요일 23:59)			
	응시자가 교육받은 전문교육기관 교육장에서 시험 시행			
경기 · 충북 인천 (1구역)	1월	9(목), 10(금)	7월	–
	2월	13(목), 14(금)	8월	6(목), 7(금)
	3월	12(목), 13(금)	9월	10(목), 11(금)
	4월	9(목), 10(금)	10월	22(목), 23(금)
	5월	28(목), 29(금)	11월	19(목), 20(금)
	6월	25(목), 26(금)	12월	–
전남 광주 · 강원 (2구역)	1월	16(목), 17(금)	7월	9(목), 10(금)
	2월	20(목), 21(금)	8월	13(목), 14(금)
	3월	19(목), 20(금)	9월	17(목), 18(금)
	4월	23(목), 24(금)	10월	29(목), 30(금)
	5월	–	11월	–
	6월	4(목), 5(금)	12월	3(목), 4(금)
충남 대전 세종 · 경남 울산 부산 제주 (3구역)	1월	30(목), 31(금)	7월	16(목), 17(금)
	2월	27(목), 28(금)	8월	20(목), 21(금)
	3월	26(목), 27(금)	9월	24(목), 25(금)
	4월	–	10월	–
	5월	14(목), 15(금)	11월	5(목), 6(금)
	6월	11(목), 12(금)	12월	10(목), 11(금)
전북 · 경북 대구 (4구역)	1월	–	7월	23(목), 24(금)
	2월	6(목), 7(금)	8월	27(목), 28(금)
	3월	5(목), 6(금)	9월	–
	4월	2(목), 3(금)	10월	15(목), 16(금)
	5월	21(목), 22(금)	11월	12(목), 13(금)
	6월	18(목), 19(금)	12월	17(목), 18(금)

* 구역지정은 공단에 신청한 제1교육장의 주소 기준

차례

Chapter 01 무인비행장치(드론) 운용

1.1 무인비행장치(드론)의 정의 ···································· 21
1. 드론의 정의 ·· 21
2. 드론이라는 용어의 기원 ································· 21
3. 무인비행장치 관련 용어 ································· 22

1.2 무인항공기의 분류 ·· 23
1. 무인항공기란? ·· 23
2. 무인항공기의 역사 및 종류 ···························· 24
3. 무인항공기 형태에 따른 종류 ························ 36

1.3 헬리콥터(Helicopter)  ····················· 38
1. 헬리콥터의 비행원리 ····································· 38
2. 헬리콥터의 종류 ·· 39
3. 비행원리 ··· 40
4. 헬리콥터의 비행 ·· 40
5. 헬리콥터의 역사 ·· 44

1.4 드론(멀티콥터) ··· 46
1. 멀티콥터(Multicopter)의 개요 ························ 46
2. 드론(멀티콥터)의 비행원리 ··························· 47
3. 회전익과 고정익 드론의 특징 ························ 50
4. 비행고도에 따른 분류 ··································· 51
5. 드론(무인항공기)의 구성요소 ······················· 51
6. 조종기를 이용한 드론 구동방식 ···················· 52
7. 드론(멀티콥터) 주요부품 및 구조 ················· 57
8. 명칭 및 용어정의 ·· 59
9. 드론에 사용하는 배터리 ································ 67

C･O･N･T･E･N･T･S

1.5 드론 비행 안전 관련사항 … 70
1. 드론 비행조종 시 복장 … 70
2. 드론 비행 안전수칙 … 71
3. 비행이륙 전 점검 … 72
4. 최초 이륙 시 확인사항 … 72
5. 비행 시 수행 절차 … 73
6. 비상상황 발생 시 절차 … 73
7. 착륙 후 절차 … 73
8. 추락 및 불시착 시 절차 … 73
9. 미래의 드론(멀티콥터) … 74
10. 드론의 문제점 … 81
11. 드론의 과거와 현재 그리고 미래 … 83
  - 핵심 문제 … 87

Chapter 02 항공관련 법규

2.1 목적 및 용어의 정리 … 109
1. 초경량동력비행장치의 정의 … 110
2. 초경량비행체란 … 110

2.2 항공안전법의 목적 및 용어의 정리 … 115
1. 항공안전법의 목적 … 115
2. 항공안전정보 … 115
3. 항공정보의 제공 … 116
4. 용어의 정의 … 116

2.3 항공안전 자율보고 및 금지행위 … 121
1. 항공안전 자율보고 … 121

- **2** 항공안전프로그램 ········· 122
- **3** 항공안전정책기본계획의 수립 ········· 123
- **4** 항공기의 비행 중 금지행위 ········· 124
- **5** 항공안전 의무보고 ········· 124
- **6** 주류 등의 섭취·사용 제한 ········· 124

2.4 신고 및 관리 ········· 125
- **1** 초경량비행장치 신고 ········· 125
- **2** 초경량비행장치 변경신고 ········· 126
- **3** 초경량비행장치 말소신고 ········· 127
- **4** 신고를 필요로 하지 아니하는 초경량비행장치의 범위 ········· 127

2.5 시험비행허가 ········· 128
- **1** 초경량비행장치의 시험비행허가 ········· 128

2.6 안전성 인증 ········· 129
- **1** 개요 ········· 129
- **2** 초경량비행장치 안전성 인증 대상 ········· 129
- **3** 초경량비행장치 안전성 인증검사 절차 ········· 130

2.7 조종자 증명 ········· 130
- **1** 개요 ········· 130
- **2** 조종자 증명 효력정지 ········· 130
- **3** 조종자 증명 취소 ········· 131
- **4** 초경량비행장치의 조종자 증명 ········· 131
- **5** 초경량비행장치의 응시자격 및 시험방법 ········· 133
- **6** 초경량비행장치의 훈련기준 ········· 134

2.8 전문교육기관의 지정 ········· 135
- **1** 초경량비행장치 전문교육기관의 지정(법 126조) ········· 135
- **2** 초경량비행장치 조종자 전문교육기관의 지정(시행규칙 제307조) ····· 135

2.9 초경량비행장치 비행승인(법 127조) ········· 136
- **1** 개요 ········· 136
- **2** 초경량비행장치의 비행승인(시행규칙 308조) ········· 137
- **3** 드론 비행절차 ········· 138
- **4** 비행승인 신청방법 ········· 139
- **5** 초경량비행장치의 비행승인 제외 범위(시행령 25조) ········· 139
- **6** 초경량비행장치의 구조지원 장비 ········· 139
- **7** 초경량비행장치 구조 지원 장비 장착 의무 ········· 140
- **8** 초경량비행장치의 비행금지구역 ········· 140

9 초경량비행장치 조종자의 준수사항 ············· 141
10 비행 준수사항 ························· 142
11 비행 시 유의사항 ······················· 143
12 초경량비행장치사용사업자에 대한 안전개선명령 ······ 144
13 비행계획의 제출 ······················· 144
14 비행계획에 포함되어야 할 사항 ·············· 145
15 비행계획의 종료 ······················· 145

2.10 초경량비행장치 사업 ····················· 146
1 국토부령으로 정하는 업무 ················· 146

2.11 초경량비행장치 사고 ····················· 147
1 사고 ······························· 147
2 사고 발생 시 조치사항 ··················· 147
3 사고의 보고 ·························· 147

2.12 초경량비행장치 보험 및 벌칙(과태료) ············ 148
1 보험가입 ···························· 148
2 초경량비행장치 불법 사용 등의 죄 ············ 148
3 명령 위반의 죄 ························ 149
4 과태료 ····························· 149

2.13 공역 ······························ 150
1 공역의 종류 ·························· 151
2 공역의 분류 ·························· 151
3 초경량비행장치 비행구역(UA) ··············· 151
4 비행금지구역 ························· 153
 핵심 문제 ·························· 167

Chapter 03 항공역학(비행원리)

3.1 동력비행장치 ························· 199
1 기체일반 ···························· 199
2 동체(Fuselage)의 구조 ··················· 200
3 주 날개(Main Wing) ···················· 200
4 꼬리날개 ···························· 201
5 도움날개 ···························· 201
6 승강키 ····························· 202

7 방향키 ·· 202
　　8 착륙장치(Landing Gear) ··· 202
　　9 계기 ·· 202
　　10 슬롯(Slot)과 슬랫(Slat) ··· 204
　　11 윙랫(Wing Lot) ·· 204
　　12 공력 평형장치 ·· 204
　　13 탭(Tab) ·· 204
　　14 방향 안정 ·· 205
　　15 방향 조종 ·· 206
　　16 정적 가로 안정 ·· 206
　　17 동적 가로 안정 ·· 206
　　18 조종면 종류 및 역할 ·· 207
　　19 비행기의 축 ·· 207

3.2 안전비행 ·· 209
　　1 비행 전 점검 ·· 209
　　2 조종석 내 점검 ·· 210
　　3 엔진 시동 ·· 210
　　4 측풍 이륙 ·· 211
　　5 비상 착륙 ·· 211

3.3 비행원리 ·· 212
3.3.1 비행기에 작용하는 힘 ·· 212
　　1 양력(비행체를 뜨게 하는 힘) ·· 212
　　2 항력(비행체의 전진을 방해하는 힘) ···································· 213
　　3 중력(지구 중심으로 작용하는 힘) ······································ 215
　　4 추력(비행체를 전진시키는 힘) ·· 216
　　5 뉴턴의 운동법칙 ·· 222
　　6 기체의 성질과 법칙 ·· 224

3.3.2 날개(Airfoil : 풍판) 이론 ·· 229
　　1 에어포일 ·· 229
　　2 양력과 받음각(Lift and Angle Of Attack) ························ 233
　　3 붙임각(취부각) ·· 234
　　4 날개의 양력 ·· 234
　　5 날개의 항력 ·· 235
　　6 날개의 실속성(속도를 잃음) ·· 235
　　7 날개 끝 실속 방지법 ·· 236
　　8 흐름의 박리(Separation) ·· 236
　　9 날개의 공력 보조 장치 ·· 237

- 10 스핀 현상 ……………………………………………… 237
- 11 레이놀즈 수(Reynolds Number) …………………… 238
- 핵심 문제 ……………………………………………… 239

Chapter 04 항공기상

4.1 대기 …………………………………………………… 273
- 1 대기의 순환 ………………………………………… 273
- 2 대기권의 구성 성분 ………………………………… 274
- 3 대기권의 구조 ……………………………………… 274
- 4 온도에 따른 대기권의 변화 ……………………… 277
- 5 대기의 기온과 습도 ………………………………… 279

4.2 기온과 습도 ……………………………………………… 280
- 1 기온 …………………………………………………… 280
- 2 해풍과 육풍 ………………………………………… 280
- 3 습도 …………………………………………………… 281
- 4 기압 …………………………………………………… 283
- 5 바람 …………………………………………………… 287
- 6 지상마찰에 의한 바람 ……………………………… 291

4.3 태풍(열대성 저기압) …………………………………… 292
- 1 태풍의 종류 ………………………………………… 292
- 2 해륙풍과 산곡풍 …………………………………… 295

4.4 구름과 안개 ……………………………………………… 301
- 1 구름 …………………………………………………… 301
- 2 안개(Fog) …………………………………………… 305
- 3 박무(Mist) …………………………………………… 306
- 4 서리(Frost) …………………………………………… 306
- 5 시정 …………………………………………………… 306
- 6 강수 …………………………………………………… 310

4.5 기단과 전선 ……………………………………………… 312
- 1 기단의 분류 ………………………………………… 313
- 2 기단의 특성 ………………………………………… 313
- 3 전선 …………………………………………………… 316

4.6 고기압과 저기압 ·· 318
    1 고기압 ·· 318
    2 저기압 ·· 319

4.7 뇌우와 착빙 ··· 321
    1 뇌우 ·· 321
    2 착빙(icing) ·· 324

4.8 우박과 번개와 천둥 ··· 327
    1 우박 ·· 327
    2 번개와 천둥 ·· 328
    3 난류 ·· 330
    4 항공기상 관측 및 보고 ·· 332
       핵심 문제 ··· 333

Chapter 05 부록

부록 1. 초경량비행장치 조종사[필기]
    ■ CBT 모의고사 1회 ·· 361
    ■ CBT 모의고사 2회 ·· 367
    ■ CBT 모의고사 3회 ·· 373

부록 2. 초경량비행장치(무인멀티콥터) : 실기시험표준서 ············ 377

Chapter 01

무인비행장치(드론) 운용

1.1 — 무인비행장치(드론)의 정의
1.2 — 무인항공기의 분류
1.3 — 헬리콥터(Helicopter)
1.4 — 드론(멀티콥터)
1.5 — 드론비행 안전 관련사항

무인비행장치(드론) 운용

1.1 무인비행장치(드론)의 정의

1 드론의 정의

드론은 조종사가 탑승하지 않고 무선전파 유도에 의해 비행 및 조종이 가능한 비행기나 헬리콥터 모양의 무인항공기를 총칭한다.

- 국내 항공법상 초경량비행장치의 무인비행장치가 이에 해당하나, 보다 규모가 큰 무인기에 대해서는 정의가 없는바, 법적으로 드론을 규정하기는 다소 모호하며 「항공안전법」에 따라 연료를 제외한 자체중량이 150kg 이하인 것은 '무인동력비행장치'로, 150kg 초과 시에는 '무인항공기'로 부른다.
- 무인비행선은 자체 중량 180kg 이하, 길이 20m 이하를 무인비행장치로 분류한다.

2 드론이라는 용어의 기원

'드론(drone)'이란 단어의 어원은 '벌떼'다. 드론은 열심히 꽃가루를 모으는 일벌과는 달리 게으른 수컷 벌로서 여왕벌과의 교미를 준비하며 대부분의 시간을 보내는 벌을 말한다. 16세기 영국에서는 나태에 빠져있는 남성을 지칭하는 데 드론을 사용했다. 또한 벌이 날아가며 일으키는 '윙윙' 소리를 표현할 때 동사 드론이 이용되었다. 이렇게 '게으른 남성'과 '윙윙 소리를 내다'에 쓰였던 드론이라는 단어는 1935년 군사용어로 이용되었다. 미국 해군 제독 윌리엄 스탠리(William Standley)은 1935년 영국 해군의 훈련에서 "DH 82B 여왕벌"이라는 이름의 원거리 조정 무인 비행기를 띄워 날려 놓고 이를 맞추는 사격 훈련을 하였고, 이후 미국 해군 유사 모델에 '게으른 수컷 벌'의 뜻을 가진 '드론'이라는 이름을 붙였다.

초경량비행장치 운용과 비행실습

이후 미군은 전통비행기를 연습용으로 개조한 무인비행기를 드론이라 불렀으며, 드론이 미군에 의해 본격적으로 무인전투기 개발하게 되었다.

 수벌

 일벌과 달리 벌침도 갖고 있지도 않고, 일도 하지 않으며, 꿀도 모으지 않는 벌이 수벌이다. 처녀여왕벌과 공중에서 짝짓는 일만 한다.

3 무인비행장치 관련 용어

(1) 드론(Drone)

용어는 법적 용어가 아니며, 항공법상으로는 초경량비행장치에 해당하는 무인비행장치로서 이에 따라 관련 항공법에 적용을 받는다.

벌이 윙윙거리는 소리를 지칭하는 영어 표현이며, 초기에는 군사용 무인항공기만을 지칭하던 용어로 현재는 모든 무인항공기를 지칭하는데 가장 널리 사용되는 용어로, 드론(Drone)은 멀티콥터가 일반인에게 소개되면서 무인비행장치(UAV : Unmanned Aerial Vehicle)라는 통칭과 혼란이 생기게 되었으며, 무인항공기의 별칭으로 통용되고 있으며 대중 및 미디어에서 가장 많이 사용되는 용어 중 하나로, 무인항공기를 통칭한다.

실제로는 군용 표적기를 부를 때 처음 사용되었고, 영국의 경우 소형 무인항공기(small Unmanned Aircraft, sUAV[1])로 정의한다.

(2) 무인항공기(UV : Unmanned Vehicle)

조종사가 탑승하지 않은 상태에서 원격조종 또는 탑재 컴퓨터프로그래밍에 따라 비행이 가능한 항공기 그 자체를 설명할 때 사용한다.

(3) 무인비행장치(UAV : Unmanned Aerial Vehicle)

조종사가 탑승하지 않은 항공기를 뜻하며, 초기에 무인항공기를 지칭하는 데 사용되던 용어로 '항공기'의 분류를 명확하게 하는 점진적 과정에서 생겨난 용어로, 비행체 그 자체를 의미함. 우리나라 등 대다수 국가에서 사용한다.

(4) 무인항공기 시스템(UAS : Unmanned Aircraft System)

항공기체만을 지칭하던 UAV에서 벗어나, 기체·지상조종체계·통신시설 등을 통틀

---

[1] sUAS : 25kg(55lbs) 미만의 소형 무인항공기 시스템(small Unmanned Vehicle System)

어 하나의 체계로 보아야 한다는 관점에서 미국 국방부에서 UAV를 대체하여 채택한 용어로 UAV 등의 비행체, 비행장비, 지상통제장비, 데이터링크, 지상지원체계를 모두 포함한 개념으로, 전반적인 시스템을 지칭할 때 사용한다.

'대형 무인항공기', '중형 무인항공기'와 '무인동력비행장치'의 무인비행체, 지상조종 장비(GCS : Ground Control System) 및 지상지원체계(GSS : Ground Support System)를 포괄하는 개념이다.

(5) 원격조종항공기 시스템(RPAS : Remotely Piloted Aircraft System)

국제민간항공기구(ICAO)에서 채택한 원격조종항공기체계에 관한 용어로서 UAS와 마찬가지로 원격조종항공기(RPA)뿐만 아니라 전체 시스템을 통틀어 지칭한다.

UAS에서는 조종사가 탑승하지 않는다는 의미만 지니고 있지만, RPAS는 원격으로 조종이 되어야 한다는 의미를 직접적으로 가지고 있으며, 외부 조종사의 개입이 안 되는 완전자율항공기와 명확히 구분하고 있다.

(6) 경(輕)무인항공기 시스템(LUAS : Light Unmanned Aircraft System)

150kg/70kts 이하이며 충돌에너지가 95kJ 이하의 무인기로서 400ft AGL 이상 비행 금지한다.

(7) 무선조종(RC : Radio Controlled)

RC-A, RC-Car, RC-Boat 등 변조장치 없이 무선전파로 조종하는 것. 현재 400ft 이내의 고도로 비행이 제한되어 있다.

1.2 무인항공기의 분류

1 무인항공기란?

무인항공기는 조종사가 탑승하지 않고 원격으로 통제되는 항공기이다. 일반적으로 말하는 무인항공기는 탑재된 센서 및 컴퓨터를 이용하여 지정된 경로를 따라 스스로 비행하면서 임무를 수행하는 항공기를 지칭한다.

드론(Drone)은 무선전파로 조종할 수 있는 무인 항공기를 말하며 조종사의 탑승 없이 무선전파의 유도나, GPS좌표 등에 의해 프로그램된 대로, 비행하는 비행기나 멀티콥터 모양의 비행체를 총칭한다. 초기에는 군사적 목적으로 생겨난 군사무기였지만 최근에는 항공촬영, 택배, 인명구조, 측정, 감시, 구급 등 여러 가지 용도로 점차 그 활용 범위를 넓혀 가고 있다. 미래에 어느 정도까지 우리생활에 사용하게 될지도 모를 만큼 그 활용 가능성은 무궁무진하다.

【 군용 드론(무인 비행체) 】

【 초소형 쿼드콥터 】

【 팬텀(항공촬영용) 】

【 쿼드콥터(영화 어벤져스) 】

2 무인항공기의 역사 및 종류

드론은 본래 군사용으로 개발하여 사용하였다. 초창기 드론은 1916년 엘머 스페리와 피터 휴위트에 의해 비행체와 무선조종을 결합한 휴위트-스페리 자동 비행기 형태로 개발되었다. 이후 1918년 미 육군이 공중표적 프로젝트(Aerial Target Project)2를 진행하면서 캐터링 버그(Kettering Bug)라는 새로운 형태의 군사용 무인기를 제작하였다. 휴위트-스페리와 캐터링 버그는 오늘날 드론으로 불리는 무인기의 원조라 할 수 있다. 1930년 무인항공기에 드론이라는 이름으로 명명되면서 1982년 이스라엘의 레바논 침공 시 처음으로 실전에 투입하였다. 제2차 세계대전 직후 수명을 다한 낡은 유인 항공기를 '공중 표적용 무인기'로 재활용하는 데에서 만들어졌고, 냉전 시대에 들어서면서 무인항공기는 적 기지에 투입돼 정찰 및 정보수집의 임무를 담당하였다. 기술이 발달함에 따라 기체에 원격탐지장치, 위성제어장치 등 최첨단 장비를 갖춰 사람이 접근하기 힘든 곳이나 위험지역까지 그 영역을 확대되면서 공격용 무기를 장착해서 지상군 대신 적을 공격하는 공격기로 활용되기 시작하였다.

(1) 최초의 무인풍선

최초의 형태는 1849년 오스트리아에서 Bombing by Balloon(열기구)이란 무인풍선을 선보였고, 열기구에 폭탄운반이나 폭탄을 달아 떨어뜨리는 방식으로 베니스와의 전투에서 실제로 사용하였다고 한다. 하지만 기상 등 바람에 취약하여 성공률이 저조하였다.

(2) 제1차 세계대전

미국에서 최초로 1903년 무인 동력 비행체가 개발에 성공하며, 군사용 정찰 및 전투용으로 사용하면서, 여러 나라에서 무인항공기의 필요성을 인식하고 본격적으로 연구개발하기 시작하였다. 1916년 'Aerial Target Project'를 진행하면서 군사용 무인기 개발을 시작하면서, 무기를 실은 비행체가 원격으로 날아가 적을 타격한다는 원리를 기반으로 무인기를 개발하였고, 1917년에 미국에서 피터 쿠퍼와 엘머 스페리가 'Sperry Aerial Torpedo'라는 무인항공기를 개발하여 공중에서 수평으로 비행할 수 있는 기술을 개발을 적용하였고, 136kg의 폭탄을 싣고 비행할 수 있었다.

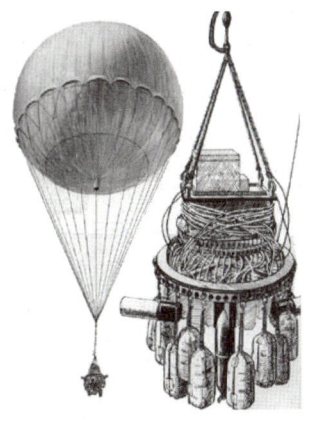

【 열기구를 이용한 무인 폭격 】

【 1차 세계대전 당시의 무인기 】

1918년에는 미국 제너럴 모터스(GM사)의 찰스 캐터링(Charles Kettering)이 'Bug'라는 폭격용 무인항공기를 개발하여 폭탄(80kg)을 싣고 입력된 항로를 따라 자동 비행한 뒤 목표지역에 도달하면 엔진이 꺼지고 낙하하는 형태로 목표물을 파괴하는 방식을 사용하는 무인기였다. 정해진 시간만큼 날아간 후 날개가 떨어져 나가면서 목표물에 떨어지는 방식으로 순항미사일 형태의 일회용 비행기를 개발하였다. 이는 무기로서의 실용성보다 '발명품'에 초점이 맞춰졌던 것 같다.

【 Sperry Aerial Torpedo 】　　　　　　【 Bug 】

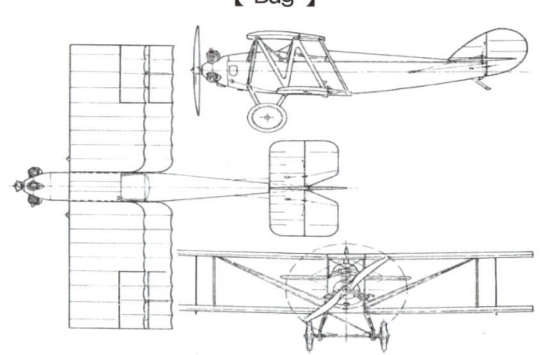

【 Sperry Messenger(M1) 】　　　【 Sperry Messenger(M1) 입체 도면 】

(3) 제2차 세계대전

제1차 세계대전 직후 다수의 무인비행체가 제작되었고 1920년에 "Sperry Messenger"는 최초의 원격조종 비행기를 개발하였으나 실전에는 제대로 사용되지 않았다. 제2차 세계대전을 거치면서 무인기기술의 혁신적 발전과 무인항공기가 중요한 전투용 무기로 발전하였다. 영국에서 최초의 왕복 재사용 무인항공기가 1935년 DH-82B "Queen Bee"를 개발하여 400기 이상을 양산하였고, 미국에서도 무인표적기 개발에 착수하여 1939년부터 2차 세계대전이 끝날 때까지 "Radio planes"이라는 무선조종으로 비행하는 무인표적기 15,000여 대가 생산되었다. 독일에서 1944년 최초의 대량살상 무인기전투용 무인폭격기 V-1을 실전에 투입하여 성공하였고 미국은 V-1을 대응하기 위해 PB4Y-1과 BQ-7 무인항공기를 개발하였다.

【 DH-82B Queen Bee 】

【 Radioplane(OQ-2A)과 Marilyn Monroe 】

【 V-1 】

【 PB4Y-1 】

(4) 제2차 세계대전 이후

무인항공기가 베트남전을 거치면서 적진 감시목적으로 이용되었고, 1950년대 이후 미국은 "Fire Bee"라는 제트추진 무인기를 개발하여 베트남에서 적진 정찰 감시목적으로 운용하면서 감시 무인기의 시초가 되었다. 이는 AQM-34 Rayn Fire Bee라는 무인항공기의 전신이 되었고, 1960년대 미국공군은 최초의 스텔스항공기를 개발하면서 정찰임무 및 전투용 무인항공기로 변경하면서 무인기에 엔진의 공기흡입구에 특별히 제작된 스크린을 씌우고, 기체 측면에 레이더를 흡수하는 담요를 씌어 놓고, 새로 개발한 레이더 도료로 항공기 기체를 가림으로써 레이더 신호를 줄이면서 Fire Bee라는 무인항공기를 개발하여 공중에 투입하였고 DC-130에서 조종하였다. 이후 일본, 한국, 베트남, 중국, 태국으로 감시 범위를 확장하고, 주간 및 야간 감시 전단지를 뿌리는 임무까지 수행했다. 베트남과 중국 전역의 대공미사일 레이더를 감지하기도 하였다. 신뢰성이 높아 베트남 전쟁 중에 날려 보낸 항공기 중 83%가 다시 돌아오는데 성공하였고 미국 공군은 AQM-34 외에도 마하 3의 속도로 90,000ft 고도를 비행할 수 있는 "D-21"이라는 극초음속 무인기를 극비 프로젝트로 개발하여 실전에 배치하였으며, 스텔스 기능으로 레이더에 감지되지 않는 유인항공기 M-12에 의해 상공에 날려놓고 8,000피트 상공에서 3,000마일의 범위를 감시할 수 있었다.

【 Fire Bee 】

【 DC-130A 】

【 M-12(D-21을 탑재) 】

【 D-21 】

【 Scout 】

【 Predator 】

(5) 1970년대 이후

Fire Bee가 베트남에서 성공을 거두자 다른 나라에서도 본격적으로 무인항공기 개발을 시작하면서 1973년 이스라엘 공군은 새로운 무인항공기를 세계 최초로 "Decoy(기만기)"와 무인항공기를 개발하였고, 미국에서 Fire Bee 12대를 구입하여 기만정찰기로 발전시켰다. 이는 대공미사일을 피하고 파괴하면서 성공적으로 정찰임무를 수행하였다.

1978년 이스라엘은 Scout라는 무인항공기를 개발했고 1982년 실전에 투입하면서 1982년 이스라엘, 레바논, 시리아 사이에 일어난 베카계곡 전투에 투입되어 17개의 시리아 미사일 기지 중 15개를 파괴하는데 큰 성과를 거뒀다. 1980년대 말에는 Pioneer라는 저렴하고 가벼운 무

무인비행장치(드론) 운용 chapter 01

【 Pioneer 】

【 RQ-180 】

인항공기가 만들어지면서, Pioneer에 로켓 부스터엔진을 탑재하여 땅이나 바다 위의 배 갑판에서도 이륙이 가능하였고 걸프전(Gulf War)에 성공적으로 임무를 수행하여 모니터링 작업에 효과적임이 입증되어 현재에도 이스라엘과 미국 등지에서 사용되고 있다.

(6) 1990년대 이후

1990년대 이후에는 무인항공기가 미국, 유럽에서 아시아와 중동지역에서 군용첨단무기 발전에 중요한 역할을 하였고, 지구환경을 감시함으로써 평화에 기여하였다.

드론 개발자는 크로아티아 출신의 전기공학자 니콜라 테슬라(Nikola Tesla · 1856~1943) 이다. 그의 이름이 붙은 자율 주행차 '테슬라'로 더 유명한 테슬라는 1900년대 초반 사람이 타지 않는 무인비행기(드론)의 기초 이론을 설립하면서 무인항공기는 미국과 유럽에서부터 아시아와 중동 전역에서 군용첨단무기 발전에 중요한 역할을 하면서 미국도 무인항공기 개발에 활발하게 참가하여 새로운 Predator(순수정찰용), Global Hawk(고도 장기체공 정찰기), Helios(대기연구 작업, 통신플랫폼 역할)모델을 개발하였다. Predator는 1999년 코소보 전쟁 때 무기를 탑재하여 전투 임무수행을 하였고, 여러 전쟁에서 이미 실전을 통해 무인기의 가능성을 충분히 확인하면서 무인기의 잠재능력에 관심을 두고 계속 개발을 하고 있던 중 90년대에 들어서면서 걸프전에 참전한다. 미래전의 단면을 보여주었던 걸프전에서는 최첨단 무기의 사용으로 유명하다. 걸프전 후에 각국에서 지역분쟁이 몇 차례 발생했는데 대표적인 것이 소말리아 내전과 보스니아 내전, 코소보 분쟁 등에도 무인기가 투입되어 분쟁지역의 평화 유지를 위해 도로망과 분쟁지역 감시, 표적지시 등의 임무를 수행함으로써 평화유지군의 성공적인 작전에 큰 도움을 주었다. 그 외 독일 CL-289, 프랑스 Crecerelle, 영국 Phoenix 등의 무인비행기도 코소보전쟁에 투입되었다. 1995년 제너럴 아토믹스의 무인비행기 MQ-1 프레데터(Predator)가 등장하면서 현재도 프레데터는 대중들에게 가장 잘 알려진 무인기이다.

【 Crecerelle 】

【 Phoenix 】

【 CL-289 】

【 Predator MQ-9 】

【 Helios 】

【 Global Hawk 】

(7) 2000년대 이후

2000년대 군사용 무인항공기는 첨단기술로 발전하였고, 군사 목적 이외에도 촬영, 배송, 통신, 환경 등 여러분야로 뻗어나가면서 미국이 2000년부터 본격적으로 사용하고 있는 글로벌 호크(Global Hawk)는 현존하는 최고의 성능의 무인정찰기로 최대 20km 상공까지 비행할 수 있었다. 지상에 있는 30cm의 물체를 식별할 수 있으며 그중에서도 고정익 비행기의 형태가 아닌 프로펠러가 여러 개 달린 멀티콥터 형태가 가장 눈부신 발전을 하였으며, 최근 들어서는 드론이라는 용어 자체가 멀티콥터 무인항공기를 통칭하는 용어로까지 인식되고 있다.

(8) 2010년대 이후

영국에서는 2013년에 천둥의 신이라는 Taranis라는 세계 최고로 평가되는 무인항공기 개발에 성공하였고, 아마존의 Prime Air는 세계최초의 무인드론이 배송지의 위치를 확인하고 날아가서 택배를 집에 배송해주는 소형 무인항공기 개발에 성공하였다.

최근의 드론 산업은 미국이 가장 앞서 있다. 최근 미국 네바다 주 호손에 위치한 드론 제조 스타트업 플러티(Flirtey)가 2017년 3월 미연방항공청(FAA)의 승인 하에 진행된 드론 물품배송 시험에서 800m를 자율주행으로 날아가 생수와 비상식량 등이 담긴 구호물자를 빈집 밖에 내려놓는 데 성공하였다. 우리나라는 CJ대한통운이 독일 마이크로드론사와 협력해 개발한 물품 배송용 드론 'CJ스카이도어' 개발하여 현재 긴급구호 활동부터 시범사업으로 시작하고 있으며 국토교통부는 2017년까지 5kg 이내의 택배 상자를 부착해 5km 이내의 거리에서 한 지점에서 다른 지점으로 물건을 배송하는 '포인트 투 포인트' 1단계 시범 사업을 추진하고 있으며 2018년부터 배송지에서 소비자의 집 문 앞까지 택배 물품을 배송하는 '도어 투 도어' 2단계 시범 사업을 2020년 상용화 단계까지 추진할 계획이다.

【 Taranis 】

【 Prime Air 】

【 미국의 플러티 드론 】

【 CJ스카이도어 】

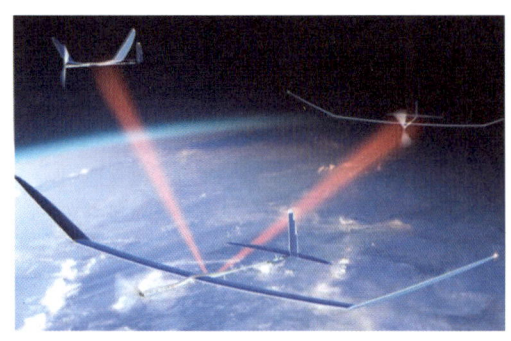

【 페이스북의 아퀼라(aquiar) 】

【 구글의 프로젝트 윙(Project Wing) 】

【 AR 드론 】

【 이항 184 】

구글, 페이스북 등 세계적인 IT 기업들은 드론을 이용해 전 세계를 인터넷으로 연결하려는 야심을 품고 있다. 아프리카 벽지나 히말라야 산간과 같은 오지에 드론을 띄워 인터넷을 연결하겠다는 포부다. 아직 전 세계 인구의 30% 이상이 인터넷을 사용할 수 없는 지역에 있다는 점을 노린 발상이다. 이 계획이 실현된다면 전 세계 어디에서나, 또 누구나 인터넷을 이용할 수 있을 것이다. 구글은 2014년 8월 '프로젝트 윙'을 가동하여 무인기 배송시스템 전쟁에 뛰어들겠다고 선언하였다. 아마존과 달리, 현재로서는 상업용 배송이 아닌 긴급물자 구호시스템 등에 드론을 이용할 것으로 전망된다.

2010년에 프랑스 드론업체 패럿(Parrot)이 스마트폰으로 조종할 수 있는 최초의 드론 'AR 드론'이 나왔고, 2016년에 중국 드론업체 이항(Ehang)이 사람의 탑승이 가능한 최초의 유인(有人)드론 '이항 184'를 선보였다. 두바이 도로교통청은 2017년 7월부터 사람을 태우고 하늘을 나는 드론 택시 서비스를 도입할 계획이다. 이드론 택시는 운전기사는 없고, 승객이 스마트폰으로 부른 뒤 앞좌석 화면에 목적지를 입력하면 자동 비행한다. 드론 택시 서비스에 도입할 모델은 중국의 떠오르는 드론계의 다크호스 이항(EHang) 사의 'Ehang 184'로, 8개(4×2)의 프로펠러를 지닌 자율 비행 드론(AAV, Autonomous Aerial Vehicle)이다.

1987년 일본 야마하에서 세계 최초로 농업용 드론인 'R-50' 완성하여 현재 약 2,400대의 헬리콥터가 일본 전역에서 사용되고 있다. 중국의 드론 생산업체인 DJI는 민간 드론 시장의 60%를 점유하고 있으며, 취미용 드론의 대중화를 주도한 업체로 '팬텀'(Phantom) 드론 판매로 매출액이 2015년에는 1조에 가까운 매출액을 기록하였다.

【 야마하 RMAX 】

【 DJI Phantom2 】

【 Parrot 】

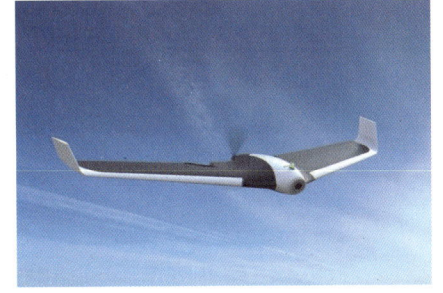
【 Disco 】

펀테나에서의 'Parrot' 드론은 스마트폰 앱과 연계를 통해 조종이 가능한 드론 제품으로 매출이 급성장했으며, 다양한 소비자 드론 라인업으로 글로벌 드론 시장을 장악하기 위한 시도를 하고 있다. 또한 Parrot의 Disco 드론을 소개 하였는데 4개의 프로펠러가 달린 기존 드론과는 달리 비행기처럼 생긴 모습에 1개의 프로펠러가 달린 드론제품이 조만간 출시될 예정이다.

(9) 우리나라 무인기 개발현황

현재 한국의 경우 드론 생산 경쟁에서 뒤쳐져 있는 상황이다. 국내의 경우 원천 기술은 보유하고 있으나 제품화시키는 전략이 미흡하여 전반적으로 경쟁력이 낮다. 우리나라의 무인기 기술은 세계 9위 수준으로 평가되며 드론 핵심부품은 수입에 의존하고 있다.

해외 드론 생산업체와 유사하게 국내 역시 방산 업체들이 드론 생산을 주도하고 있으며, 현재 알려져 있는 최초의 국산 드론은 1999년 한국항공우주산업이 군에 최초 납품한 군 정찰용 저고도 단거리 무인기 '송골매'이다. 이후 KAI와 대한항공, 퍼스텍, 휴니드 등이 국내 군용 드론 개발을 주도하고 있다. 한국항공우주 산업이 핵심원천기술(충돌회피, 데이터링크, 임무장비 등) 개발 위주로 드론 시장을 주도해왔으며, 대한항공, 유콘시스템 등이 드론 개발에 가세하면서 시장을 형성하고 있다.

【 솔골매(RQ-101) 】

【 유콘시스템의 드론킬러 】

【 중고도 무인정찰기 】

【 대한항공 무인항공기(KUS-9) 】

유콘 시스템의 경우 국내보다 해외에서 먼저 기술력을 인정받고 있다. 2001년 설립 후 자체 기술로 생산한 무인항공기 통제장비를 국내 최초로 수출했다. 무인항공기와 무인헬리콥터 등 항공 분야와 정찰용 로봇, 감시카메라 등으로 구성된 지상 분야를 실시간 통합 관리하는 '통합감시정찰체계' 기술을 보유하고 있다.

2009년에는 소형무인항공기 '리모아이'를 개발해 해병대와 아프가니스탄 파병 부대에 보급했으며, 최근 택배용·구호물품 수송용 등 상업용 드론 출시를 위한 기술 개발을 하고 있다.

한국형 드론 개발의 대표 주자 한국항공우주연구원은 틸트로터 스마트 무인기 개발에 성공하면서 2011년 말 미국에 이어 세계 두 번째로 틸트로터 항공기 기술을 개발해 대한항공에 기술을 이전했다.

스마트 무인기 틸트로터는 헬기처럼 수직 이착륙을 하면서도 비행기처럼 고속 비행도 가능한 신개념 무인 항공기로 일반 헬리콥터보다 약 2배 빠른 속도와 높은 고도에서 비행할 수 있고, 공중에서 제자리 비행이 가능해 인명 구조에도 활용할 수 있으며 체공 시간은 5시간이다.

대한항공은 틸트로터를 활용한 첨단 무인항공기 시장을 선점할 것으로 보이며 아직 본격적인 상업용 드론 개발에 대한 논의는 이뤄지지 않은 상태지만 관련 기술을 상업용 드론 개발에 적용하기 위한 연구를 진행하고 있다.

무인비행장치(드론) 운용 | chapter 01

【 스마트 무인기 틸트로터 】

【 플러스 에어 】

【 한화 테크윈의 무인기 STAR AM 】

【 휴인스 방제드론 MC-16 】

【 드론파이터 】

한화 테크윈은 로봇·무인차 분야와 드론 개발에 박차를 가하고 있고, LG CNS는 시설 감시, 재난 구조, 농약 살포 등 다양한 산업 영역 무인헬기를 개발하였고 한국전자통신연구원(ETRI)도 드론개발에 뛰어들어 드론의 두뇌에 해당하는 운영체제(OS)를 적용한 '큐플러스 에어(Qplus-Air)'를 개발하였다.

소형 드론 분야는 최근 수요가 급증하면서 활성화되고 있으나 아직은 규모가 작은 기업들이 해외 부품을 조립해 판매하는 경우가 대부분이다. '드론파이터'를 출시한 바이로봇이 앞서가고 있다. 완구용으로 개발한 드론파이터는 순수 국내 기술로 개발한 쿼드콥터 모형으로 기존 무선조종 헬기에 비해 조종이 쉽고 가상현실에서만 가능했던 비행게임을 현실에서 즐길 수 있다는 게 장점이다. 또 다른 대표주자인 2010년 설립 이후 공공 분야에서 집중해온 엑스드론이다. 이 회사는 적재중량 10kg의 중형 드론까지 특수목적에 맞는 다양한 드론을 내놓고 있으며, 데이터 자동 비행이 가능하고, 풍속에 강하며, 상대적으로 긴 비행시간이 특징이다.

【 엑스드론 】

35

3 무인항공기 형태에 따른 종류

(1) 고정익(Fixed Wing) 무인항공기

고정익 비행체는 날개가 고정되어 있다. 기체의 구조도 회전익 항공기에 비해 간단하고 장거리 비행에 유리하고 플랩과 슬롯 등의 구조물을 이용해 양력을 자유롭게 발생시킬 수 있고 비행 고도에도 제한이 없다. 수직 이착륙이 불가능해 이착륙 시에 활주로가 필요하다. 또한 고정익은 정지 비행과 후진 비행이 불가능하다. 고정익 비행체는 추력발생장치와 양력발생장치가 분리되어 전진 방향으로 기속을 얻으면 고정된 날개에서 양력을 발생하여 비행을 하게 되는데, 그 구조가 단순하고 고속, 고효율 비행이 가능하다. 고정익기는 주익과 미익으로 구성되며 주익에는 에일러론 및 플랩, 미익에는 방향타와 승강타가 부착되고 비교적 저가의 센서로 안정화가 가능하고 GPS를 이용하여 위치를 측정함으로써 정해진 경로비행을 간단히 구현되는 특징이 있다.

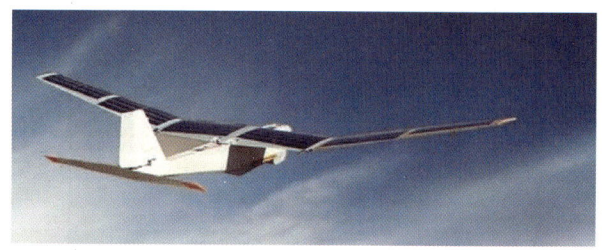

【 고정익(Fixed Wing) 무인항공기 】

(2) 회전익(Rotary Wing) 무인항공기

날개가 회전하는 비행체를 말한다. 수직 이착륙이 가능하여 이착륙 시에 활주로가 필요하지 않고 정지 비행을 할 수 있다. 후진 비행 역시 가능하다. 그러나 깃끝 실속으로 인해 속력 상승에 한계가 있어 음속(마하 단위 속력)으로 비행할 수 없고, 장거리 비행에 불리하고 비행 고도에도 제한이 있으며 양력을 자유롭게 발생시키기 힘들어 대형 항공기로 제작하였을 때에 효율성이 떨어지며 고정익에 비해 제어가 까다롭고 기체 구조가 복잡하다. 수직이착륙, 공중정지 및 저속비행이 가능하므로 공중 감시 및 정찰에 보다 적합한 비행체라고 할 수 있다.

【 회전익(Rotary Wing) 무인항공기 】

(3) 가변로터형(Tilt Rotor) 무인항공기

항공기의 속도에 맞추어 날개의 후퇴각을 변경할 수 있는 비행체이다. 가변익 항공기의 날개는 이착륙을 할 때는 직사각형 날개에 가까운 형태이지만 고속 비행 때는 후퇴익이 되며, 이륙할 때는 로터를 위로 향하게 하여 헬리콥터처럼 수직으로 오를 수 있고, 속도를 증가시키면 로터를 앞으로 기울어지는 고정익 항공기로 헬리콥터에 비해 2배의 속도와 고도에서 비행할 수 있고 장거리 비행도 가능한 특성을 가진 고성능의 항공기이다. 미국을 중심으로 개발되었고, 2005년에 틸트로터 항공기가 생산되었으며 우리 나라에서는 2002년부터 틸트로터 무인 항공기 개발을 추진하여 2011년에 전자동 비행시험에 성공하여 세계 2번째로 틸트로터 항공기 기술을 획득하였다.

【 가변로터형(Tilt Rotor) 무인항공기 】

(4) 동축반전형(Coaxial) 무인항공기

동축반전 헬리콥터는 전통적인 주로터-꼬리로터 헬리콥터와 달리 두 개의 로터가 모두 양력발생에 기여하여 중저속 영역에서 효율이 좋고, 전진 비행 시 양력분포가 대칭적이며, 안정성이 좋은 것으로 알려져 있고, 무엇보다도 꼬리로터가 없기 때문에 소형화가 가능하나 복잡한 허브 형상으로 인해 전진비행 시 저항이 증가하여 고속비행에 불리하다. 근거리 감시정찰 임무에서 고속비행은 중요한 요구조건이 아니므로 무인항공기용 플랫폼으로 다시 주목받고 있는 비행체이다.

【 동축반전형(Coaxial) 무인항공기 】

(5) 다중 로터형(Multi Rotor 또는 Multi Copter) 무인항공기

멀티로터 비행체는 일반적으로 3개 이상의 로터를 갖는 드론의 한 종류로서 전통적인 싱글로터 헬리콥터에 비하여 로터의 토크와 스피드를 변화시켜 비행하는 것이 가능하며, 유지와 조작이 용이하며, 비행 제어에 필요한 로터구조가 간단하다. 비행 안정성과 제어를 위해 블레이드가 회전함에 따라 피치가 달라지는 복잡한 가변 피치 로터를 사용하는 단일 및 이중 로터 헬리콥터와 달리 멀티 로터는 고정 피치 블레이드를 많이 사용한다.

1.3 헬리콥터(Helicopter)

로터(프로펠러)를 회전시켜 발생하는 양력과 추진력을 이용하는 항공기이다.

1 헬리콥터의 비행원리

헬리콥터에는 비행기와 마찬가지로 양력(Lift), 추력(Thrust), 항력(Drag), 무게(Weight)의 4가지 힘이 작용한다. 헬리콥터의 가장 두드러진 특징은 비행기에는 없는 회전날개인 로터를 가지고 있다는 것이다. 헬리콥터는 동체의 중심 부분에 있는 메인 로터와 꼬리 부분에 있는 테일 로터가 서로 동조하여 작용한다. 이 중 수직 비행에 필요한 양력 발생은 메인 로터의 역할이다. 즉 헬리콥터에서는 메인 로터의 회전이 프로펠러(Propeller)의 양력을 발생시키는 것과 같은 역할을 한다. 그리고 테일 로터는 동체의 방향을 전환시키고, 동체가 메인 로터의 회전으로 인해 반대 방향으로 회전하려고 하는 힘을 막아주는 역할을 한다. 즉 보조 역할이다. 로터 헤드(Rotor Head)는 회전 날개를 동체에 장착하고 발생하는 동력을 다시 회전날개에 전달하는 역할을 담당하고 있다. 그림과 같이 로터에 회전 날개를 장착하여 회전시키는 HUB가 로터 헤드의 중심부가 된다. 헬리콥터는 앞에서 소개한 메인 로터와 테일 로터로 구성된 단일 로터식 헬리콥터 외에도 로터의 구성과 배열에 따라 여러 종류로 나뉜다.

【 메인 로터와 테일 로터 】

2 헬리콥터의 종류

(1) 동축반전식

서로 반대로 도는 방향의 로터를 하나의 축에 연결하는 것으로 상하부에 로터가 장착되어 회전익의 단점인 반토큐 현상을 상쇄시키는 원리이다. 두 개의 로터가 모두 양력 발생에 기여하여 중저속 영역에서 효율이 좋고, 전진비행 시 양력 분포가 대칭적이며, 안정성이 좋고, 무엇보다도 꼬리 로터가 없기 때문에 소형화가 가능하나 복잡한 허브 형상으로 인해 전진비행 시 저항이 증가하여 고속비행에 불리하다. 동축반전 로터는 힘이 좋고 호버링이 매우 쉽다.

【 동축반전식(Ka-32) 】

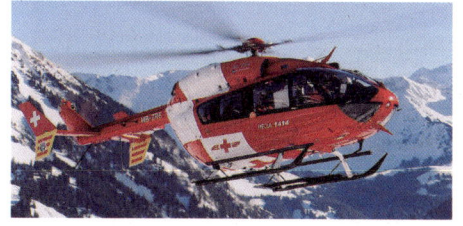
【 테일 로터식(단회전 날개식) 】

【 병렬 로터식(쌍회전 날개식)(V-22) 】

【 교차회전식 】

(2) 테일 로터식(단회전 날개식)

현재 널리 쓰이고 있는 방식은 꼬리에 있는 작은 로터, 즉 테일 로터를 사용하는 방식이다. 이 테일 로터는 머리 위의 메인 로터와 달리 수직으로 세워져 있으며, 헬리콥터의 동체가 돌아가려는 방향에 대해 반대로 돌리는 힘을 만들어 메인 로터에 의해 생기는 반동을 상쇄시킨다. 초창기에도 이러한 방식을 사용한 헬리콥터가 사용되었고, 최초의 상용화는 러시아계 미국인인 시코르스키이다. 이 방식은 설계가 간단하기 때문에 현재 대부분의 헬리콥터가 쓰고 있으나 민간용 헬리콥터의 경우 테일 로터에 사람이 부딪혀 큰 부상을 입거나 사망하는 사고의 위험이 있다.

(3) 병렬 로터식(쌍회전 날개식)

좌우 양쪽에 로터를 설치하여 토크를 상쇄시키며 가로안정성이 좋으나 양력 발생이 크고 세로 안전성을 위해 테일 로터를 가져야 한다. 병렬 로터는 두 개의 로터를 좌우에 두는 방식으로 초창기 헬리콥터에서 사용하였던 방식이나 현재는 거의 쓰고 있지 않다. 다만 세계 최대 헬리콥터인 V-12 해머나 V-22 틸트 로터기에서 병렬 로터를 사용하고 있다.

(4) 템덤회전 날개식(직렬 로터식)

두 개의 로터가 전후에 배치되어 있고 반대로 회전시켜 각각의 토크를 상쇄시키는 방식으로 무게중심의 이동 범위가 크기 때문에 하중의 배치가 용이하다. 하지만 조종장치가 복잡하고 무거워 전진비행 시 양력이 불균형이다. CH-46 치누크가 유명하다.

【 템덤회전날개식(치누크) 】

【 템덤회전날개식(Mil V-12) 】

3 비행원리

헬리콥터는 비행기 에어포일 형상과 같은 단면적을 가지는 로터 블레이드(Rotor Blade)의 회전을 통하여 프로펠러(Propeller)와 같이 양력을 발생하여 비행을 하게 된다. 헬리콥터 역시 비행기에서 작용하는 4가지 힘, 즉 양력(Lift), 무게(Weight), 추력(Thrust), 항력(Drag)이 작용하며 양력은 무게를 지지하고 추력은 항력을 압도하여 요구하는 방향으로 비행하게 된다.

4 헬리콥터의 비행

(1) 정지비행(Hovering)과 수직 상승·하강비행

헬리콥터가 제자리에서 정지비행을 할 때 이를 호버링이라 한다. 헬리콥터가 바람이 없는 상태에서 호버링 시 로터의 회전면 혹은 날개 끝 경로면은 수평지면과 평행이다. 호버링하는 동안 양력과 추력, 항력과 무게는 동일 방향으로 작용하며, 양력과 추력의 합은 무게와 항력의 합과 같다. 호버링 상태에서 추력을 증가시켜 양력과 추력의 합이 항력과 무게의 합보다 크게 되면 헬리콥터는 상승비행을 시작하고, 반대로 추력을 감소시켜 양력과 추력의 합이 항력과 무게의 합보다 작게 되면 헬리콥터는 하강비행을 시작한다.

로터 블레이드의 피치각을 조절하는 콜렉티브 조종간을 중간 위치에 놓으면 정지비행을 할 수 있고, 위로 당기면 상승비행, 아래로 밀면 하강비행을 할 수 있다. 정지·상승·하강비행 모두 로터 블레이드(Rotor Blade)의 각을 조절해 주는 것으로 각에 따라 양력이 증가하거나 감소하는 원리를 이용한 것이다.

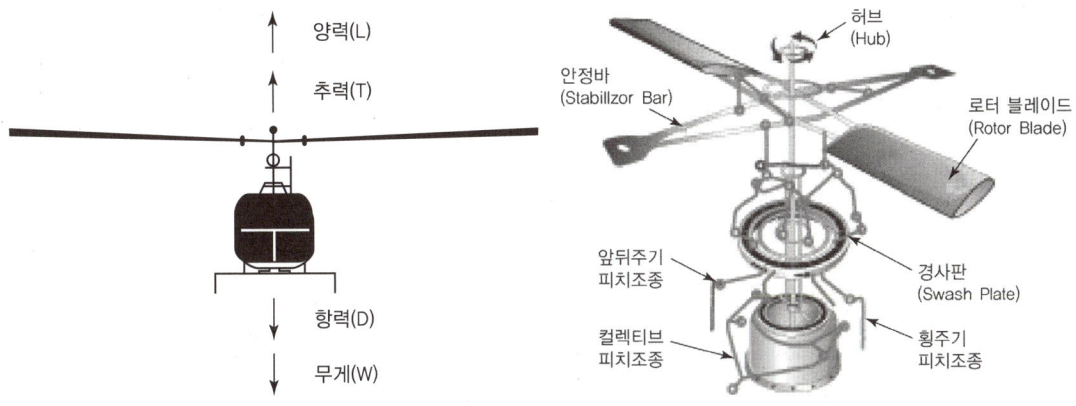

(2) 전진·후진비행

헬리콥터는 로터의 회전면을 앞뒤 좌우로 기울여 전진·후진, 횡진비행을 수행한다. 그림과 같이 로터회전면을 앞뒤로 기울였을 때, 양력과 무게의 크기는 같고 추력이 항력보다 크다면 헬리콥터는 로터회전면이 기운 방향으로 수평 전진·후진비행을 시작한다. 전진과 후진비행을 위해서는 로터의 회전면(Rotor Disc)의 경사각을 조절해 주면 된다. 사이클릭 조종간을 앞뒤로 움직이면 로터 전체가 앞뒤로 기울어져 전진과 후진비행이 가능하다.

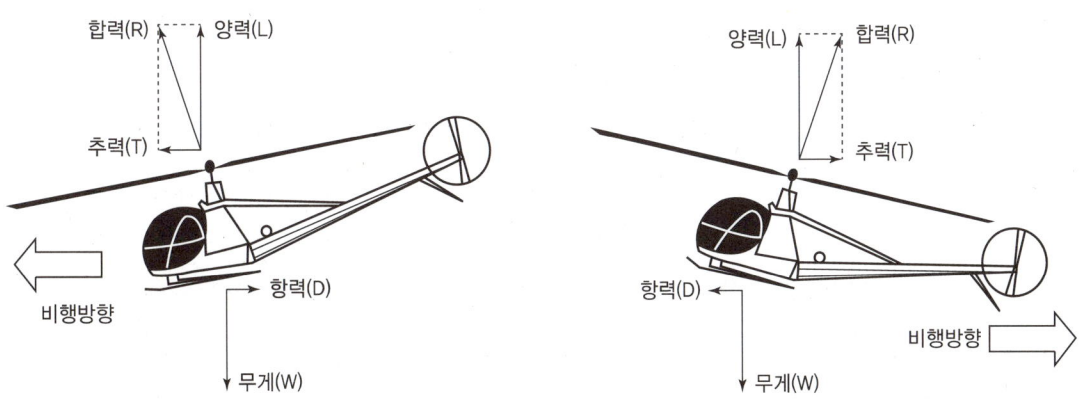

(3) 횡진비행

그림과 같이 헬리콥터의 로터 회전면을 좌우로 기울였을 때, 양력과 무게의 크기는 같고 추력이 항력보다 크다면 헬리콥터는 로터 회전면이 기운 방향으로 수평 횡진비행을 시작한다. 횡진비행을 위해서는 사이클릭 조종간을 좌우로 움직인다. 전진, 후진비행과 마찬가지로 로터 회전면의 경사각이 좌우로 움직여 왼쪽, 오른쪽으로 비행이 가능하다.

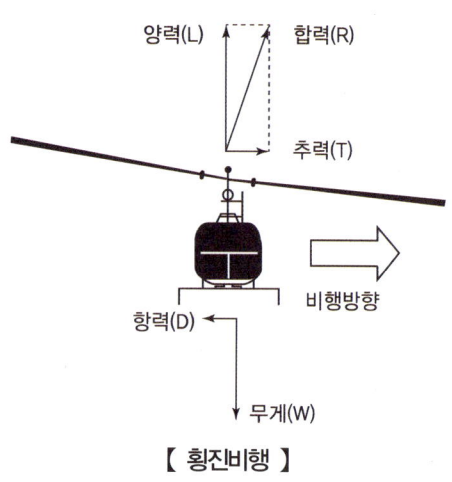

【 횡진비행 】

(4) 방향 조종

테일 로터 블레이드의 각을 조절하면 방향을 바꿀 수 있다. 이것은 방향 페달을 움직여서 조종하도록 설계되어 있다.

> **피칭(Pitching) 및 롤링(Rolling)**
>
> 헬리콥터의 피칭 및 롤링 운동은 싸이클릭 피치 조종(Cyclic Pitch Control)에 의해 수행되는데, 싸이클릭 피치 조종의 목적은 헬리콥터가 진행하고자 하는 방향으로 주 로터블레이드 회전면을 경사지게 하는 데 있다.
> 싸이클릭 피치 조종은 헬리콥터 조종간을 조작함으로써 경사판과 연동되어 이루어진다. 조종간을 밀거나 당기면 경사판이 앞·뒤로 경사지고 로터 회전면이 앞뒤로 경사지게 되어 헬리콥터는 전진 및 후진비행을 수행한다. 일정 비행속도 이후 헬리콥터는 조종간을 밀거나 당겨 피칭운동에 의해 비행기와 동일하게 하강 및 하강운동을 수행한다.

(5) 자전강하(Auto Rotation)

헬리콥터는 비행중 엔진이 고장났을 때 일정고도와 일정 전진비행 속도가 있다면 자전강하(Auto Rotation)에 의해 안전하게 지상에 착륙할 수 있다. 헬리콥터의 엔진이 고장 났을 때 엔진은 자동적으로 트랜스미션(Transmission)과 연결되어 있는 프리 휠 장치(Free Wheeling Device)를 통하여 로터와 분리되며, 로터블레이드는 엔진과의 연결 없이 독립적으로 자유회전하며 강하비행을 하는 것을 자전강하(Auto Rotation)이라 한다.

(6) 양력 불균형 (Dissymmetry of Lift)

양력 불균형(Dissymmetry of Lift)이란, 로터 회전면에서 발생하는 양력이 균일하지 않고 불균형하게 발생하는 현상으로써 전·후·횡진비행 시 상대풍에 대한 전진하는 로터블레이드(Advancing Rotor Blade)와 후퇴하는 로터블레이드(Retreating Rotor Blade)의 상대속도 차에 의해서 발생한다. 양력 불균형은 상대풍에 대한 로터 블레이드의 상대속도 차에 의해서 발생하므로 헬리콥터가 정지비행(Hovering) 시에는 발생하지 않는다.

(7) 용도 및 문제점

헬리콥터는 이착륙 시 활주할 필요도 없고 공중에서 정지할 수도 있어 공중측량·사진촬영·수송·소화구난작업·농약살포 등에 사용되며, 군용기로서도 쓰인다. 헬리콥터가 군용기로 처음 사용된 것은 제2차 세계대전 후인데, 미국은 시코르스키 VS316형(군명 R4)을 처음 실전에 사용한 후 수차례의 전쟁에서 사용·개량되었고 베트남 전쟁에서는 헬리본 작전(공수작전)의 운용법이 확립되어 공격 헬리콥터라는 전문 공격용 기종이 탄생하였다. 공격 헬리콥터는 지상 공격용의 강력한 무기를 보유하며, 지상의 포화공격(砲火攻擊)을 피하기 위해 기체를 가능한 한 작게 만든 공용용 헬리콥터도 출현하여 국지전에서 위력을 발휘하였다. 군용 헬리콥터 종류에는 정찰관측연락 헬리콥터, 수송 헬리콥터, 다용도 헬리콥터, 공격 헬리콥터, 대잠수함 헬리콥터, 소해[2] 헬리콥터가 있다. 1995년 3월 한국이 러시아에 제공한 차관에 대해 현물상환으로 들여온 4대의 헬리콥터(KA-32T : 대당 199만 달러)는 꼬리날개가 없는 세계 유일의 전천후 헬기로서, 산불진화 및 인명구조용으로 사용되었다. 그러나 헬리콥터는 기체구조나 기구가 복잡하여 대량생산하기 힘들고 가격이 비싼데다가, 부품이 섬세하여 분해검사 간격이 짧으므로 고정날개기 만큼 운항 비용을 내릴 수 없다는 점과 성능이 낮다는 점이 단점이다. 헬리콥터는 현재의 방식을 채택하고 있는 한 회전날개의 회전속도와 기체의 전진속도는 상대풍의 관계로 최대속도가 정해져 있어 그 이상의 속도는 낼 수 없으며 비행고도 역시 제한된다. 그리하여 새로운 방안으로 이착륙할 때는 회전날개를 사용하지만, 순항 시에는 고정 날개를 장치하고 그것에 양력을 부담시키는 양력 헬리콥터가 사용된다. 앞으로는 순항 중에 방해가 되는 회전날개를 접거나 동체 속에 넣는 것도 고려되고 있고 동시에 탑재량도 증대되어 운항비용도 인하가 기대되고 있다. 그러나 정기여객수송은 안전성 문제에서 해결 분야가 많이 남아 있다.

---

[2] 소해 : 안전한 항해를 위해 바다의 위험물을 제거하는 일

5 헬리콥터의 역사

회전익 항공기는 양력을 발생시킬 동력에 관한 연구부족과 회전익으로 인해 엔진 방향과 반대 방향으로 동체가 돌리는 힘이 생기는 문제 때문에 일반 고정익 항공기에 비하여 역사가 짧다.

【 레오나르도 다빈치는 1485년 일종의 헬리콥터(나사원리를 이용한 비행기구)를 고안 】

(1) 레오나르도 다빈치의 하늘을 나는 기구(1485)

로터로 비행한다는 아이디어의 시초는 중국의 도르래라고 하며 15세기에 레오나르도 다빈치는 새가 하늘을 나는 원리에서 새의 날개를 모방하는 것으로도 인간도 날 수 있다는 생각에서 착안하였다. 다빈치가 움직이는 날개의 형태로 하늘을 나는 기구를 설계한 것이 "오르니톱터"는 새의 날개와 같은 방식을 적용한 것이다. 나선형 로터가 있는 회전날개기의 스케치를 남겼다. 실제로 비행에는 성공하지 못하였다.

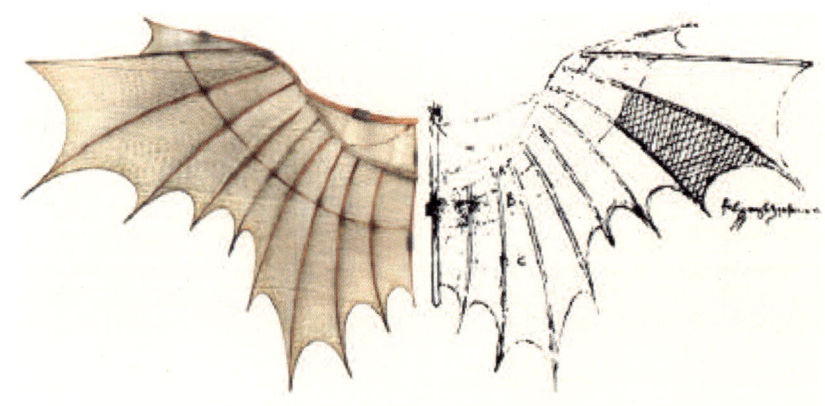

【 오르니톱터의 날개 】

(2) 영국의 남작 조지 케일리 경

영국 귀족인 케일리 경은 비행기의 역사를 말할 때 빼놓을 수 없는 인물이다. 비행기에 영향을 주는 공기역학을 고안하여 공기저항을 거스르는 힘에 의해 무게를 지지하게 만들 수 있다고 생각하여 1804년에 모형 비행기 실험을 1809년에 헬리콥터를 띄우는데 성공하였다. 1843년 이후 사람이 탈 수 있는 비행기를 만드는 데 주력하였고 1849년에 비로소 첫 번째 글라이더가 완성하였다.

【 프로펠러를 장착한 증기기관으로 움직이는 헬리콥터 'Aerial Carriage'와 3엽 글라이더 】

(3) 회전익 비행기의 발달사

사람이 타고 비행할 수 있는 헬리콥터가 만들어진 것은 20세기에 들어서이다. 4개의 프로펠러로 동작하는 멀티콥터(자이로플레인)는 1907년 최초로 소개되었다. 프랑스 비행기 디자이너 샤를 루이스 브레게(Louis Charles Breguet)는 최초로 멀티콥터(자이로플레인) 브레게 No.2를 제작하였으며 앞뒤에 로터를 단 기체에 사람을 태우고 최초로 멀티콥터를 제작하여 20초간 지상 30cm의 수직 자유비행에 성공하였다.

【 브레게 No.2(1908) 】　　　　　　【 에미션 No.2(1922) 】

【 포케가 제작한 포케아하게리스 Fw61 】

【 시코르스키가 최초로 만든 VS-300 】

【 시코르스키 R-4 】

【 세계 최초의 상업용 수송기인 S-55 】

    이후 1922년 프랑스 에티엔 에드몽 에미션(Etienne Edmond Oehmichen)이 헬리콥터(멀티콥터) 에미션 No.2를 개발해 공중에 띄우는 데 성공하였고, 1924년 세계 최초로 1km 헬리콥터 순회비행에 성공하였다. 그 뒤 프랑스의 브레게나 독일의 포케에 의해 현저하게 개량되어 1937년 포케가 제작한 포케 아하게리스(Focke Achgelis) Fw61 헬리콥터는 공중체류 시간이 1시간 20분 49초를 기록하여 최초의 실용 헬리콥터가 되었다. 1940년 시코르스키(Sikordky)도 VS-300으로 불린 단로터기로 자유비행에 성공하여, 이듬해 Fw61의 기록을 깬 1시간 32분의 비행기록을 수립하였다. 시코르스키는 1942년 세계 최초로 대량생산 헬리콥터 시코르스키 R-4를 생산하였고, 1950년대에는 세계 최초의 상업용 수송기인 S-55 치카소라는 헬리콥터를 개발하였다.

1.4 드론(멀티콥터)

1 멀티콥터(Multicopter)의 개요

    드론과 무인 헬리콥터의 차이는 둘 다 로터(Roter)라는 회전 날개가 있고 활주로가 없어도 그 자리에서 바로 이착륙을 할 수 있으며 다른 점은 로터의 수와 엔진 작동 방식이다. 보통 무인 헬리콥터는 커다란 로터 1개를 회전시켜 비행하지만 드론은 작은 프

무인비행장치(드론) 운용   chapter 01

【 트리콥터 】

【 쿼드콥터 】

【 헥사콥터 】

【 옥토콥터 】

로펠러를 여러 개 사용하므로 드론을 멀티콥터(Multi-copter)라고 한다. 당연히 프로펠러의 수에 따라 명칭도 달라진다.

로터(프로펠러)의 숫자에 따라 듀얼콥터(2개), 트리콥터(3개), 쿼드콥터(4개), 헥사콥터(6개), 옥토콥터(8개) 등으로 구분한다. 헬리콥터는 주 프로펠러가 1개로 구성되어 양력 이외에 반토크가 발생하여 동체가 프로펠러 회전 방향과 반대 방향으로 회전하는데, 이것을 막기 위해 테일 로터를 배치하여 반토크를 상쇄한다. 테일 로터를 메인 로터만큼 크게 만들면 쌍발기가 되며 이른바 "치누크"(듀얼콥터)라 알려진 메인 로터를 2개 가진 수송기가 예이다.

그러나 멀티콥터는 테일 로터가 없으며 그중에서 쿼드콥터를 기준으로 설명하자면, 메인 로터 4개로만 구성되어 있다.

2 드론(멀터콥터)의 비행원리

드론은 대부분 4개의 로터와 프로펠러가 탑재되어 있다. 이 4개의 프로펠러는 대각선으로 짝을 지어 서로 다른 방향으로 돌아 양력을 만들어 비행할 수 있으며, 공중에 정지할 수 있고 각각 프로펠러의 출력을 조정해 움직이게 된다. 헬리콥터 경우 몸체의 큰 프로펠러(주 회전익)를 회전시켜 양력을 얻고 꼬리 프로펠러(꼬리 회전익)를 이용해서 진행 방향을 결정하며 헬리콥터는 주 회전익과 꼬리 회전익이 기계적으로 결합된 복잡한 방식이나, 드론은 4개의 프로펠러가 각각 나눠져 동

| 47

작하기 때문에 다양한 움직임이 가능하고 유지보수도 쉽게 할 수 있게 되었다. 드론은 공기 역학적으로 불안정하며 안정적인 비행을 위해 비행 컨트롤러(FC : Flight Controller)라고 하는 온보드 컴퓨터를 반드시 필요로 한다. 컴퓨터가 작동하지 않으면 비행을 할 수 없으며 FC는 방향과 위치를 정확하게 계산하기 위해 보드에 내장된 미세전자 자이로스코프, 가속도계로부터 정보를 취합한다. 모터가 네 개인 쿼드콥터 중 기본적인 형태인 '십자 형태 쿼드콥터'의 작동 원리는 다음과 같다.

- 아래 그림에서와 같이 M1, M3 로터와 M2, M4 로터는 각각 같은 방향으로 회전하지만 서로 회전 방향이 반대입니다. 이는 모터에서 발생하는 반동 토크를 상쇄시키기 위함이다.
- 쿼드콥터의 프로펠러는 대각선으로 2개씩 마주보고 있으며 마주보는 프로펠러는 같은 방향으로 회전하고 인접한 프로펠러들은 서로 다른 방향으로 회전한다.
- 인접한 두 프로펠러가 다른 방향으로 돌아감으로 인해 반작용 현상이 상쇄되어 몸체가 빙빙 돌아가지 않고 공중으로 뜨게 된다.

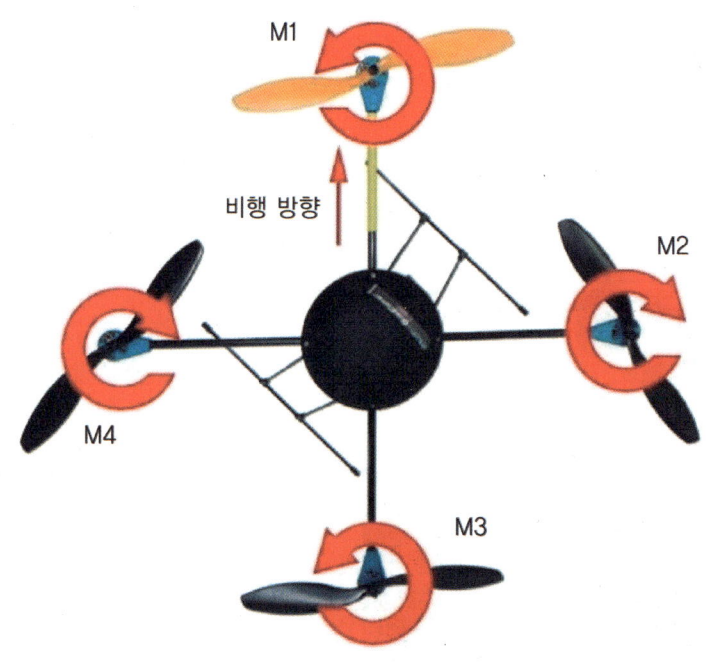

무인비행장치(드론) 운용 chapter 01

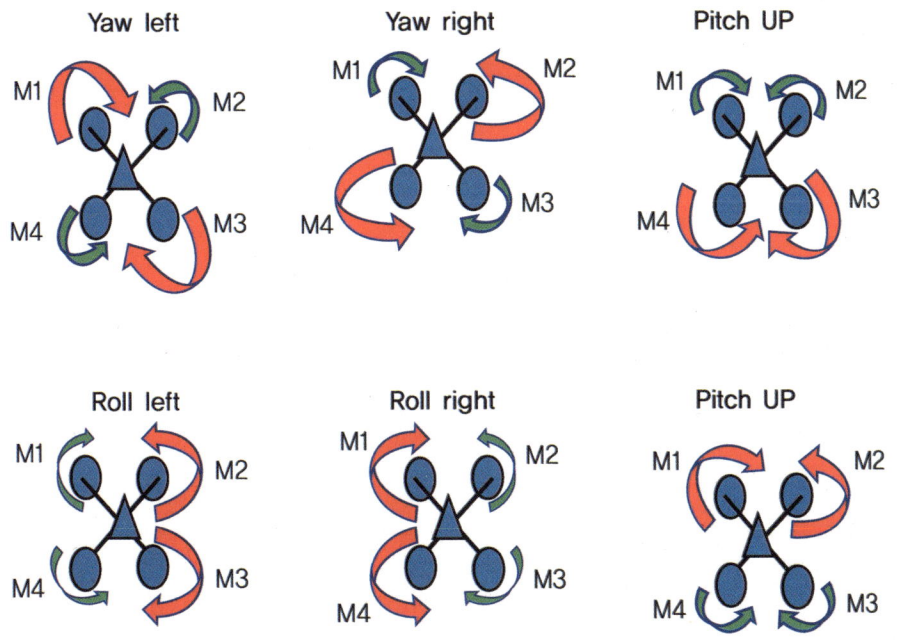

쿼드콥터는 위 그림처럼 네 개의 블레이드를 마주보는 것끼리 같은 방향으로 인접한 것은 역방향으로 회전하게끔 연결한 사각형 모양을 하고 있다. 화살표 방향을 정면이라고 한다면, 전체 블레이드의 속도를 변화시키면 기체의 상승과 하강을 일으킬 수 있고, 앞뒤 블레이드의 속도를 달리하면, 정면 쪽 방향을 X축이라 하고 Pitch Moment를 일으키면서 좌우 블레이드의 속도 변화로 Roll Moment를 동시에 좌우와 앞뒤를 쌍으로 속도 변화를 일으키고 Yaw Moment를 일으킬 수 있다. 즉, 쿼드콥터는 그 동작원리가 기존의 헬리콥터에 비해 너무나 간단하여 제어를 용이하게 할 수 있어서 비행기가 가지고 있는 장점을 가질 수 있다.

- 헬리콥터는 메인 로터의 회전으로 양력을 발생시키며, 보조로터를 이용하여 반동 토크를 상쇄시키면서 비행한다.
- 멀티콥터 회전은 M1 로터와 M3 로터의 회전속도를 동일하게 증가시키면 기체의 반 토크 균형이 깨져 기체 후미가 반시계 방향으로 회전하고, M2와 M4는 시계 방향으로 회전하면서 비행한다.
- 상승과 하강은 M1~M4 로터를 동일하게 회전 속도를 올리면 기체는 상승하고 회전 속도를 낮추면 기체는 하강을 한다.
- 전진과 후진은 M3 로터의 회전 속도를 올리면 기체는 진행 방향으로 기울어져 전진하고, M1 로터의 회전속도를 올리면 반대로 후진한다.

| 49

- 좌우는 M2 로터의 회전 속도를 올리면 기체는 왼쪽으로 기울어져 이동하고, M4로터의 회전 속도를 올리면 오른쪽으로 이동한다.

【 고정익(e-bee) 드론 】

3 회전익과 고정익 드론의 특징

드론을 형태에 따라 회전익 형태와 고정익 형태로 구분해 볼 수 있다. 헬리콥터형 회전익은 로터라고 불리는 날개를 회전시켜 양력을 얻어 비행하는 형식이고, 일반 비행기의 고정익은 동체에 고정되어 있는 날개의 양력으로 비행하는 형식이다.

헬기와 비교하면 아주 간단한 구조와 프로펠러 수 외에도 헬리콥터와 다른 점은 많다. 헬리콥터는 엔진(대부분의 경우 가스 터빈 엔진)의 회전력을 이용해 긴 로터를 회진시키는 구조다. 로터의 피치(비틀림 상태)에 따라 로터의 위치가 변화하는 실용적 조정 가능한 형태다.

이를 위해 헬리콥터 로터 밑 부분은 복잡한 로드와 관절 등이 필요로 한다.

반면 드론 등 멀티 콥터 구조는 심플하다. 엔진에 해당하는 모터에 각각의 프로펠러가 직결되어 있다. 각 모터의 회전수에 따라 전진하거나 회전한다. 모든 모터의 출력을 동일하게 높이면 수직 상승한다. 앞으로 나아가려면 뒤쪽 모터의 출력을 높이면 된다. 프로펠러 수가 많으면 위치에 따라 다르겠지만 1~2개 모터 회전이 멈춰도 남은 모터의 출력을 이용한 착륙이 가능한 경우도 있다.

구 분	장 점	단 점
회전익	- 수직 이착륙, 저고도 정지비행 가능 - 비교적 무거운 멀티센서장치 탑재 가능 - 구조 단순, 부품 구성이 간단 - 접이식 기체(이동 및 보관 용이) - 조종 및 제어가 용이 - 소음 및 진동이 적음.	- 무거운 기체(10kg)로 추락 시 위험 - 사람의 조작으로 추락 가능성 높음. - 비행 시간 짧음(10~15분), 숙련자 필요 - 대형화 과제가 있음. - 비행 시간 증가 필요 - RC 헬리콥터에 비해 기동성이 떨어짐.
고정익	- 가벼운 기체(0.7kg)로 추락 시 위험 작음. - 양력을 이용하여 체공 시간이 길다. (40~50분) - 자동 비행으로 조작 실수 최소화 가능 - 대형기체가 안정적임. - 소음 및 진동이 적음.	- 이착륙 활주로 필요(반경 50m 평지 및 주위 높은 장애물 없는 곳) - 무거운 멀티 센서 탑재 불가 - 기동성이 떨어짐.

4 비행고도에 따른 분류

(1) 저고도 드론

6,200m 이하의 무인항공기로서 저고도 비행을 하며 전자광학 카메라, 적외선 감지기 등을 탑재한다.

(2) 중고도 드론

13,950m 이하의 무인항공기로서 대류권 비행을 하며 전자 광학 카메라, 레이더 합성 카메라 등을 탑재한다.

(3) 고고도 드론

13,950m 이상의 무인항공기로서 성층권을 비행하며 레이더 합성 카메라 등을 탑재한다.

5 드론(무인항공기)의 구성요소

(1) 비행체

무인항공기의 기체를 말하며 기체에 실리는 추진 장비, 연료장치, 전기장치, 항법전자장치, 통신장비 등을 포함한다.

(2) 지상통제장치

임무 계획 수립과 비행체 및 임무 탑재체의 조종명령, 통계 그리고 영상 및 데이터의 수신 등 무인항공기 운용을 위한 주 통계 장치이다.

(3) 임무 탑재체

카메라, 합성구경레이더(SAR), 통신 중계기, 무장 등의 임무 수행을 위해 비행체에 탑재되어는 임무 장비이다.

(4) 데이터 링크

비행체 상태의 정보, 비행체의 조종통계, 임무 탑재체가 획득하거나 수행한 정보 등의 전달에 요구되는 비행체와 지상 간의 무선통신요소이다.

(5) 이착륙 장치

무인항공기가 지상으로부터 발사 및 이륙하고 착륙 및 회수하는 데 필요한 장치이다.

(6) 지상 지원

무인항공기 시스템의 운용과 유지를 위해 소요되는 일련의 지상 지원 설비 및 인력 등을 총칭하는 말이며 무인항공기의 효율적인 운용에 필요한 분석, 정비, 교육 장비 시스템을 포함한다.

(7) 기타

- 드론은 지상과의 지속적인 통신을 통해 임무를 수행하기 때문에 위성항법장치가 필수적으로 탑재되어야 하며, 스스로 수평을 유지하기 위해 자이로센서와 가속도계가 탑재되어 있다.
- 정찰용 등 영상 데이터를 수집하기 위해 카메라가 탑재될 경우 EO · IR(가시광선 · 적외선) 센서와 SAR(합성영상레이더) 센서 등을 탑재하여 외부 환경 변화에 따라 정보 수집이 방해를 받지 않아야 한다.
- 소형 드론의 경우 엔진 대신 전기모터를 사용하기도 하여 하드웨어적으로는 모터, 배터리, 프로펠러, 통신칩모듈, 근거리통신 모듈(블루투스 등)으로 구성되어 있다.
- 데이터링크(Data Link)로 무인항공기와 지상의 운용자, 즉 비행체와 지상통제장비를 연결하는 시스템으로 매우 중요한 역할을 한다.

6 조종기를 이용한 드론 구동방식

● 조정기 기본조작

① 스로틀(Throttle) : 오른쪽 레버를 위로 조작하면 비행체가 위로 상승하고 아래로 조작하면 비행체가 아래로 하강한다.
② 에일러론(Aileron) : 조정기의 오른쪽 레버를 왼쪽으로 조작하면 비행체가 왼쪽으로 오른쪽으로 조작하면 비행체가 오른쪽으로 조작한다.
③ 엘리베이터(Elevator) : 왼쪽 레버를 위로 조작하면 기체가 앞쪽으로 전진하고 아래쪽으로 조작하면 기체가 뒤쪽으로 후진한다.
④ 러더(Rudder) : 왼쪽 레버를 왼쪽으로 조작하면 기체 축을 중심으로 기체가 왼쪽으로 회전하고 오른쪽으로 조작하면 오른쪽으로 회전한다.

무인비행장치(드론) 운용 chapter 01

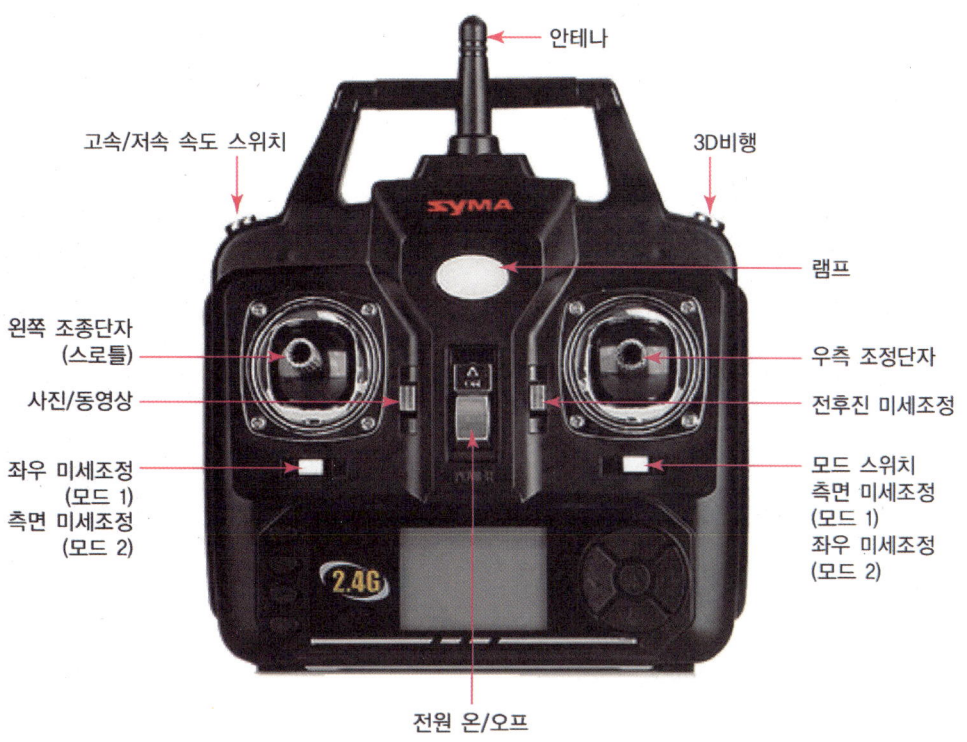

조정기 모드

조종기는 모드1에서 모드4까지가 있다. 각 국가별로 선호하는 모드가 있으며 대부분은 모드1과 모드2를 사용하며 모드1의 경우는 오른쪽 스틱으로 에일러론과 스로틀을 제어하며 왼손으로는 엘리베이터와 에일러론을 제어한다. 모드2는 실제 비행기와 가장 근접한 조종방식으로 오른쪽 스틱은 에일러론과 엘리베이터를 제어하고 왼쪽 스틱은 스로틀과 러더를 제어한다. 즉 오른손으로 조종간의 에일러론과 엘리베이터를 제어하고 왼손으로 스로틀 레버를 제어하는 실제 비행기와 매우 유사하다. 조종기를 사용하는 비행에서는 다음과 같은 비행 모드가 존재한다. 이는 FC에 따라 설정이 가능하다. 드론을 구입하면 무선조종기는 모드1 또는 모드2로 셋팅이 되어 있으며 모드1과 모드2는 조작버튼의 위치만 다른 것이 아니라 조작 방식도 차이가 있다. 모드1은 왼쪽 조이스틱 하나로 연속적인 곡선주행이 가능하기 때문에 빠른 움직임에서 유용하다. 모드2는 오른쪽 스틱만으로 호버링 한 채로 안정적인 촬영이 가능해 영상 촬영이 가능하다. 이 외에 모드1에서 회전과 이동이 바뀐 모드3과 모드2에서 바뀐 모드4도 있지만 대부분 모드1 또는 모드2 중에 하나를 선택해서 사용하게 된다.

MODE1

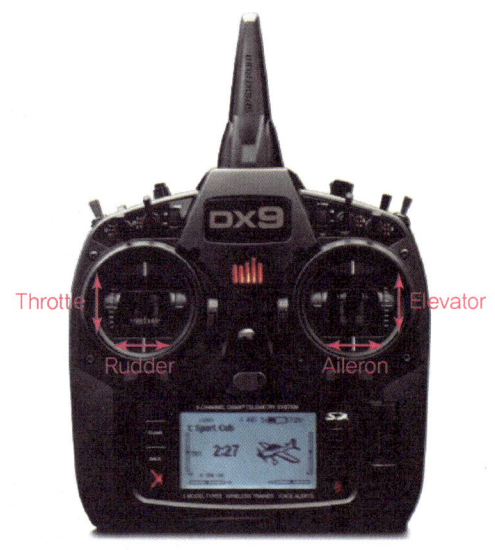
MODE2

모드1(Right Hand Throttle)은 오른쪽 조이스틱이 출력이고 모드2(Left Hand Throttle)은 왼쪽 조이스틱이 출력이다.

● 모드2 조정방법

① 고도상승 및 하강비행 조정 : 스로틀(Throttle) 위와 아래로 조정

② 기체 좌 및 우 선회비행 조정 : 로더(Rudder) 좌와 우로 조정

③ 전진 및 후진비행 조정 : 엘리베이터(Elevator) 위와 아래로 조정

④ 좌 및 우 이동비행 조정 : 엘리베이터(Elevator) 좌와 우로 조정

● 비행제어모드

① 수동 모드(Manual Mode) : 자세 제어가 없는 모든 비행조정을 조종자가 직접 감각으로 실시하는 모드로 조종기의 스틱(각도)에 기체의 피치, 롤 방향의 회전속도가 비례하는 모드이다. 스틱을 일정량 기울이고 있으면 기체는 상응하는 속도로 계속 회전한다. 기체가 기울어져 있는 상태에서 스틱을 중립으로 하면 그 각도를 유지하는 모드로 초보자에게는 어려운 모드이다.

② 자세제어 모드(Attitude Mode) : 비행자세를 유지시켜 수평을 잡아주는 모드로 조종기의 스틱에 기체의 각도가 비례한다. 스틱이 중립일 때 기체가 수평이며 스틱을 최대한 기울이면 기체 각도 또한 미리 설정된 한계값까지 기울여진다. 전후좌우 이동 시 해당 방향으로 스틱을 계속 기울이고 있어야 한다.

③ GPS Angle Mode : GPS Angle Mode에서 스틱이 중립이면 기체의 포지션이 고정된다. 스틱을 움직일 시 수동 Mode와 동일한 움직임을 보인다.

④ GPS Mode : 자동으로 자세 및 위치를 인식하여 경로비행을 실시할 수 있는 모드로 조종기의 스틱에 기체의 속도가 비례한다. 스틱을 중립으로 유지 시 동일한 위치에서 고정(호버링)된다.

【 GPS장착 드론 】

무인비행장치(드론) 운용 chapter 01

⑤ 자동복귀모드(RHT) : 이륙 전에 GPS 위성숫자가 6개 이상인 상태에서 첫 번째 스로틀을 올리면 자동으로 그 좌표를 Home 위치로 저장된다. 프로그램으로 Auto-land(자동 착륙)와 Auto-hover(자동 제자리비행)를 설정할 수 있다.

⑥ 컴퓨터를 활용한 구동방식 : GPS가 장착된 드론의 경우 컴퓨터상의 내비게이션 프로그램을 이용하여 자동주행의 경로를 지정할 수 있다. 이를 이용해 타블렛 PC나 노트북에서 지도상의 점을 찍으면 그 곳으로 날아가는 기능과 조종자를 Tracking 하는 기능들을 구현할 수 있다.

7 드론(멀터콥터) 주요부품 및 구조

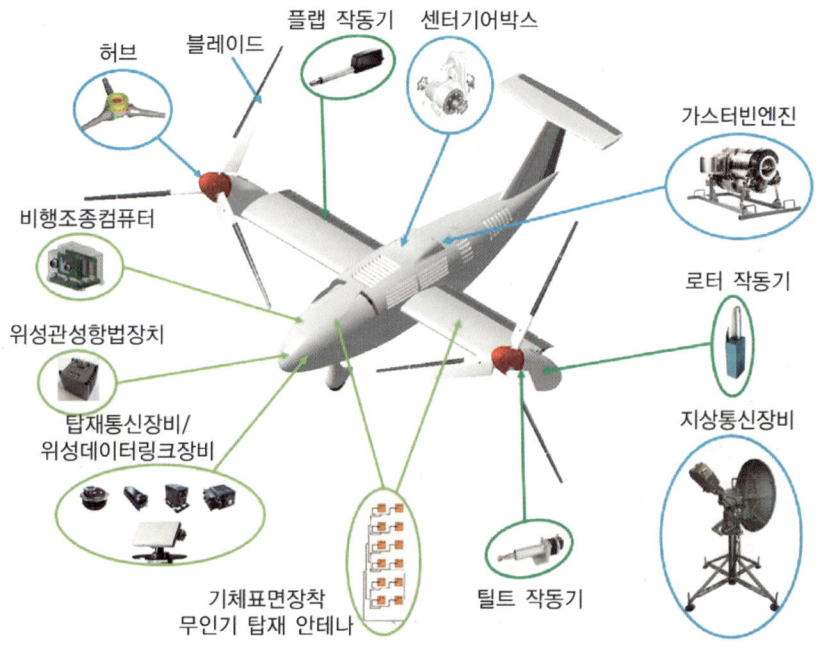

【 수직이착륙 드론 】

| 57

초경량비행장치 운용과 비행실습

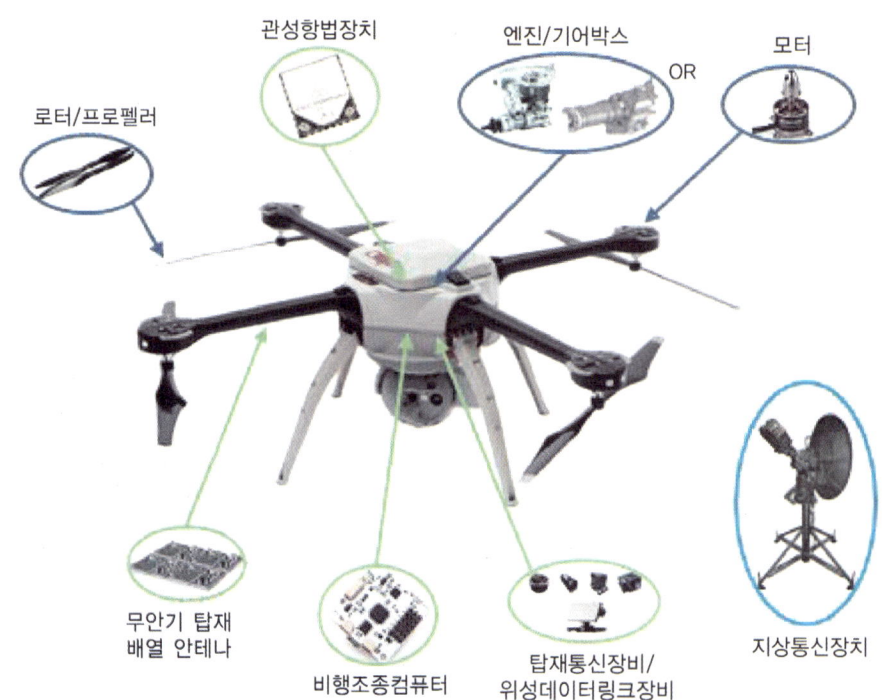

【 멀티콥터 드론 】

【 드론의 형상 및 구성품 】

8 명칭 및 용어정의

(1) 프로펠러(Propeller) or 로터(Rotor)

엔진의 회전력을 추진력(전진력)으로 바꾸는 장치이다.

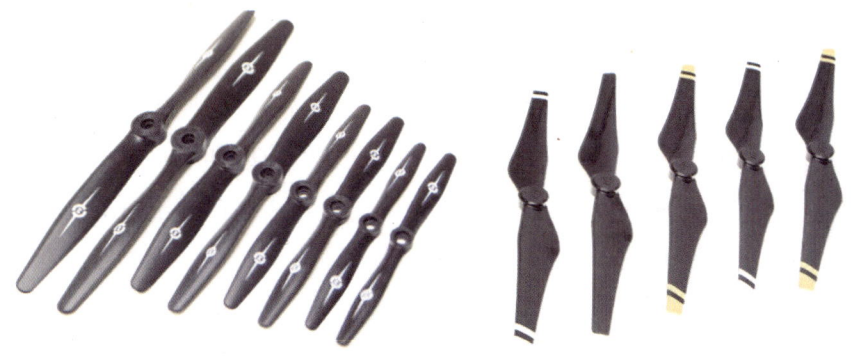

(2) 모터(Motor)

전류가 흐르는 도체가 자기장 속에서 받는 힘을 이용하여 전기에너지를 역학적 에너지로 바꾸는 장치로 기체의 추진력을 담당하며 비행기에 가장 큰 영향을 미친다. 전력을 받아서 회전하고 강한 회전력으로 로터 양력을 일으켜 비행이 가능하게 한다. 드론에 사용되는 모터는 회전력과 토크가 우수한 브러시리스(Brushless) 모터를 많이 사용한다.

(3) 암(Arm)

구조물에서 기체를 지지하는 팔 모양의 부품이다.

(4) 로터 스펙

로터의 스펙은 직경 피치로 나타내며, 직경은 로터가 한 바퀴 회전했을 때 그려지는 원의 지름(인치)이다. 피치는 로터의 날개 각(로터 회전면과 날개 사이의 각도)을 말하며, 피치는 로터가 한 바퀴 회전했을 때 앞으로 나아가는 거리이다.

(5) ESC(Electric Speed Controller)

각종 모터(엔진)에서 발생하는 동력을 속도에 따라 필요한 회전력으로 바꾸어 전달하는 전자변속장치는 조종기의 스로틀(출력) 스틱 제어에 따라 수신기 스로틀 채널 신호가 전자 변속기로 전달되어 브러시 리스 모터 출력을 제어하게 된다.

(6) FC(Flight Controller)

비행을 위한 제어의 구성 요소로서 목표값에서 벗어나는 것에 의해 동작하여 비행체를 동작하는 장치이다.

(7) 위성항법장치(GPS)

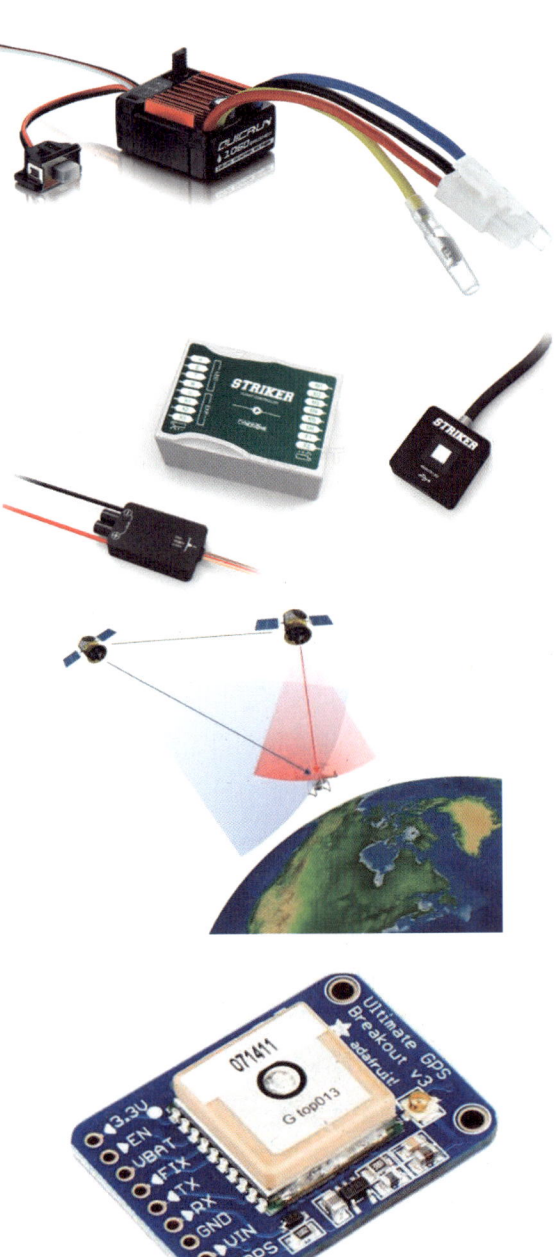

드론의 핵심 기술은 정확한 위치 파악이며 이를 위해 GPS가 꼭 필요하다. GPS는 인공위성으로부터 수신되는 전파를 분석해 세계 어디서나 자신의 현재 위치를 정확히 파악한다. 여러 개의 위성이 제공하는 정보를 종합하면 더욱 정확한 위치 파악이 가능하기 때문에 보통 3개 이상의 위성을 활용한다. 드론을 이용한 무인 배송도 GPS와 관련이 있으며 GPS가 내장된 내비게이션에 미리 비행 코스를 지정해두면 드론이 스스로 해당 경로를 비행할 수 있다. GPS는 위도 및 경도뿐만 아니라 고도까지 측정 가능하므로 비행코스를 미리 설정해 두면 굳이 복잡한 조종이 없어도 특정 위치까지 비행하고 되돌아올 수 있게 할 수 있다. 다만 이착륙 시 고도 제어가 매우 중요하므로 GPS는 물론 기압계, 고도계 등 이착륙에 쓰이는 초음파 센서가 꼭 필요하다.

초음파 센서와 적외선 센서는 주변 물체와 부딪히지 않기 위해 쓰인다. 정확성을 더 높이려면 카메라가 필요하다. 카메라가 촬영한 전방 이미지를 인식하여 드론이 특정 물체를 피해 날거나 앞서 비행하는 드론을 추적할 수 있다.

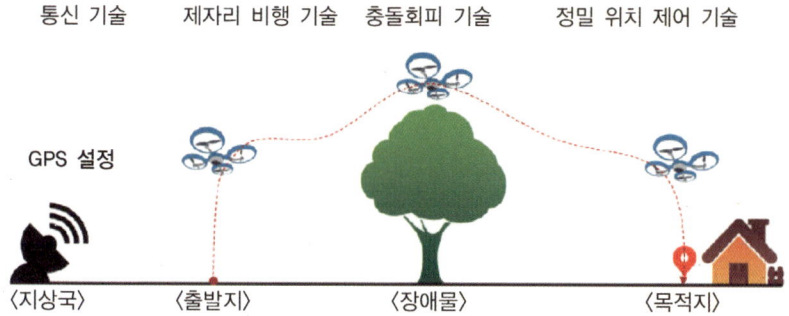

(8) 바인딩(Binding)

블루투스로 스마트폰과 헤드셋을 연결하는 것처럼 조종기와 드론을 연결할 때를 바인딩이라 한다. 기본적으로 조종기와 드론이 1:1로 연결되는 경우도 있지만, 일부 조종기는 여러 대의 드론과 연결 설정을 저장한 뒤 선택하여 연결한다. 바인딩을 하는 방법은 각 제조사, 모델별로 다르다. 대부분 바인딩은 드론에 전원을 켠 뒤 조종기의 전원을 넣고 조종기 컨트롤러를 특정하게 조작해서 진행한다. 드론과 거리가 멀어지면 연결이 풀어져 조종이 불가하기 하기 때문에 제조사에서 권고하는 거리 내에서 조작을 해야 한다.

(9) 주파수(Frequency)

주파수는 무선조종기에서 드론을 조작하기 위해 발생하는 신호 구간으로 드론을 무선조종기로 조작할 수 있는 것은 주파수를 사용해서 신호를 전달하기 때문이다. 드론은 국내 전파법상 '소출력 무선기기'로 구분되고 있다.

(10) 채널

채널은 드론이 움직일 수 있는 방향을 명령하는 신호를 인식할 수 있는 수를 나타낸다. 전후좌우, 상하회전이 필요한 드론은 대부분 4채널, 6채널로 구분되는데, 4채널은 상하(1채널), 좌우(1채널), 기울기(1채널), 전후진(1채널) 이렇게 4개의 채널을 사용한고 여기에 6채널은 상하가 뒤집어지는 배면 비행도 가능하게 된다.

(11) 지자기(Terrestrial Magnetism, 地磁氣)

지구 자기장 지구자기장은 지구가 방출하는 자기장을 말한다. 나침반이 항상 북쪽을 가리키는 것은 지구자기장 때문이다. 드론이 진행 방향을 인식할 수 있는 이유는 이 지자기를 인식할 수 있는 센서가 내장돼 있기 때문이다. 언제나 자신의 방향을 인식할 수 있는 전자나침반인 지자기 센서를 내장해 안정적인 비행을 할 수 있게 되었다.

- 기압계 : 고도를 측정하기 위해 사용한다.
- 자력계 : 자기장의 방향을 측정하여 나침판의 역할을 한다.
- 광류 및 음파탐지기 : 지면에서 수 미터 떨어져 있을 때 이를 측정할 수 있다. 자동 착륙 시 필수요소이다.

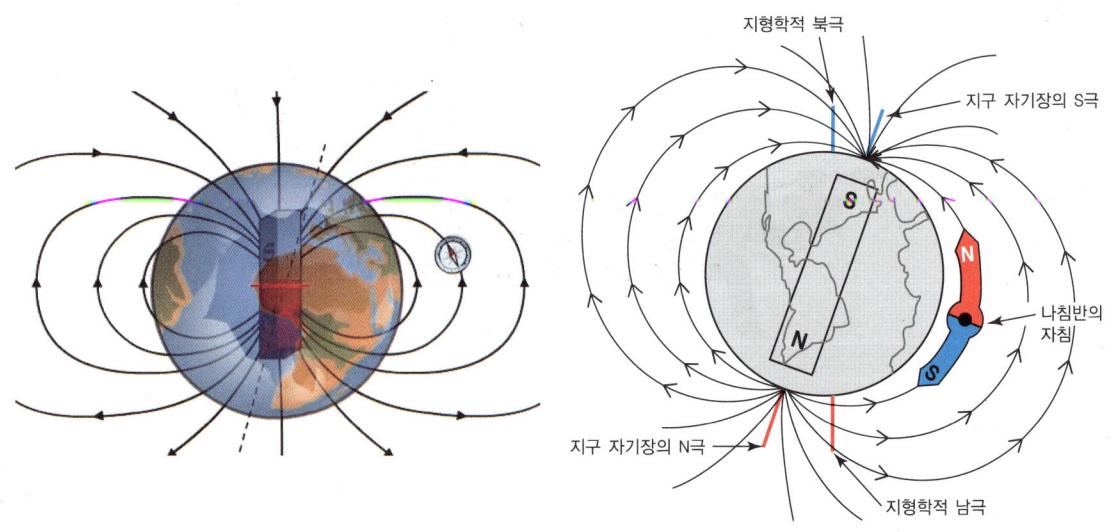

(12) 자이로 센서(Gyro Sensor)

자이로 센서는 지표면을 중심으로 기울기, 가속도 등을 측정할 수 있는 센서이다. 이 센서를 통해 드론은 자세나 위치를 추정해 비행을 보정할 수 있다. 대부분의 드론에 탑재되는 자이로 센서는 3축 가속도, 3축 각속도를 파악해 드론의 현재 위치를 파악해 기울어지지 않게 만들어 준다. 기체의 수평 안정성을 유지해 주기 때문에 안정적인 비행을 할 수 있게 해준다.

- 가속도 센서 : 자이로 센서와 함께 사용되며 중력가속도를 바탕으로 각도를 측정하는 장치이다.

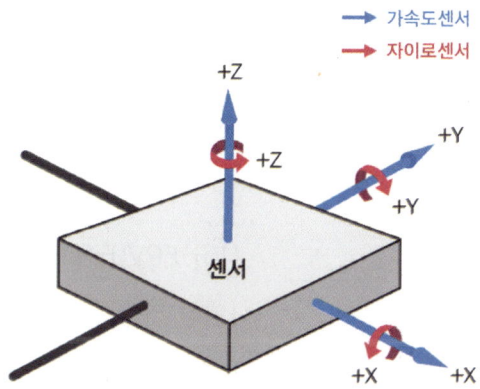

(13) 캘리브레이션(Calibration)

캘리브레이션은 드론과 무선조종기 기준을 다시 설정하는 작업이다. 대부분 일정 횟수로 비행을 하면 지자기 센서와 무선조종기 간 오차가 발생하기 때문에 캘리브레이션을 주기적으로 해줘야 한다. 캘리브레이션 방법은 브랜드와 제품마다 다르기 때문에 제조사에서 제공하는 설명서나 홈페이지에 나와 있는 방법으로 조작해야 한다.

(14) 짐벌(Gimbal)

드론에서 짐벌은 몸체에 부착된 카메라의 떨림에 상관없이 안정적이고 부드러운 영상을 촬영하게 만들어주는 역할을 한다. 짐벌이 없는 드론 경우 이동 시 기체의 움직임과 진동이 카메라에 반영되어 떨리는 영상이 만들어 지는데, 짐벌이 없다면 뛰어가면서 영상을 촬영하는 것과 마찬가지이다. 짐벌은 하나의 축을 중심으로 물체가 회전할 수 있도록 만들어진 구조물을 말한다. 짐벌을 이야기할 때 3축이라는 단어를 사용하는데, 3축은 가로축(Pitching), 세로축(Roling), 수직축(Yawing)을 말하며, 이 세 축의 움직임에도 항상 균형을 잡아 주기 때문에 떨림 없는 영상을 촬영할 수 있게 되었다.

(15) FPV(First-Person View)

1인칭 시점에서 조정하는 비행하는 것으로 FPV는 드론에 장착된 카메라를 통해 원격으로 영상을 송출해 마치 자신이 드론에 탑승하고 있는 것처럼 즐길 수 있는 기능이다.

FPV는 드론의 몸체에 탑재된 카메라 영상을 스마트폰이나 태블릿, 고글 등으로 실시간으로 전달해 볼 수 있다. 영상을 전사하는 방식은 2.4Ghz나 5.8Ghz 주파수를 사용한다.

현재 레이싱 드론은 영상을 보면서 비행하며 250급 레이싱 드론을 가지고 FPV를 사용하지 않고 날린다면 30m 정도만 벗어나도 전방 후방에 설치한 LED의 빛이 없다면 기체가 조종자를 보고 날아가는지 또는 등지고 날아가는지 알 수가 없게 된다. 물론 LED가 있어도 좀 거리가 있다면 정확한 자세를 알 수 없어서 사실 시력만으로 비행할 수 있는 반경은 30~40m 이내가 될 것이다. FPV를 사용하면 장애물을 통과하는 레이싱을 펼칠 수 있게 된다.

1) FPV 4가지 구성

- FPV(First Person View)는 크게 송신기, 수신기, 모니터, 카메라 4가지로 구성되어 있으며, RC비행기나 자동차에 카메라를 장착하고 그 영상을 실시간으로 보면서 조종을

무인비행장치(드론) 운용 chapter 01

하는 것을 말하며 그에 필요한 영상을 주고받는 영상 송수신 장치를 의미한다. FPV를 이용하여 장애물을 통과하며 레이싱을 펼치게 된다.

2) FPV에 사용하는 주파수

완구형 저가 기체 중 자체 카메라와 스마트폰으로 FPV를 하는 기종의 경우 기체에 부착된 카메라가 촬영한 영상을 2.4Ghz Wifi 주파수를 이용하여 스마트폰으로 전송한다. 조종기 주파수도 2.4Ghz를 사용하기 때문에 제작사에서 특별히 간섭을 피해서 설계를 한다.

3) FPV에 사용하는 영상 송신기(TX)

FPV장치로 카메라에서 송출한 영상신호를 지상으로 송출하는 장비이다. 이 장비는 물론 비행체에 장착하게 사용하게 되므로 무게와 크기의 한계를 극복해야하는 과제가 있다.

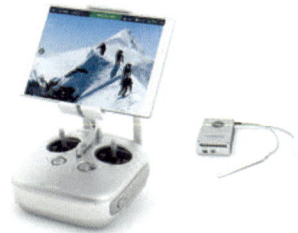

4) FPV에 사용하는 영상 수신기(RX)

영상 수신기는 송신기에서 발생하는 영상신호를 수신하여 모니터나 고글에 전송하는 장비를 말하며 영상송신(Tx) 측과 영상수신(Rx) 측 간에 주파수를 통일한다.

① 송·수신기

송신기는 전파를 발사하여 동작 명령을 내리는 부분으로 스틱식과 휠식이 있다. 와이파이방식의 2.4Ghz, 5.8Ghz 등 다양한 주파수를 사용하며 요즘은 사실상 5.8Ghz대로 보편화된 상태이며, 2.4Ghz대도 많이 사용하고 있으나 조종기 주파수가 가끔 혼선이 생겨서 점점 줄어들고 있다. 수신기는 송신기에서 발사한 전파를 받아들이는 부분으로 송·수신기는 별다른 세팅이 필요가 없으며 서로 사용 주파수만 설정하고 사용한다.

수신기의 명령에 따라서 전파의 신호를 기계적인 움직임으로 바꾸는 것이 서보(Servo)의 역할이다. 서보에는 기어와 모터가 내장되어 있어 모터가 돌아감에 따라 서보가 움직이는 것으로 동력원인 배터리가 필요하다.

【 조종기 】

【 수신기 】

② 모니터

모니터를 10인치 이하로 많이 사용하며 집중을 하기 위해 고글도 있다. 고글은 일반적으로 수신기 모듈이 포함되어 있으며, 모니터를 수신기 모듈을 따로 구매해야 한다.

③ 카메라

영상의 활용에 따라 다양한 종류의 카메라가 사용되게 된다. FPV Racing에서는 CCTV 카메라에 많이 사용하는데, CMOS방식보다 CCD방식이 좋다. FPV 카메라는 해상도 및 CMOS/CCD 인치로 제품이 나누어지며 화질 개선이나 밝기 변화에 대한 응답성이 좋은 제품을 선호한다. 항공촬영하시는 분들은 고화질 녹화가 가능한 액션 캠을 많이 사용한다.

영상의 활용에 따라 다양한 종류의 카메라가 사용되게 된다.

FPV Racing은 CCTV 카메라 많이 사용하는데 CMOS방식보다 CCD방식이 좋다. FPV 카메라는 해상도 및 CMOS/CCD 인치로 제품이 나누어지며 화질 개선이나 밝기 변화에 대한 응답성이 좋은 제품을 선택한다. 항공촬영에는 고화질 녹화가 가능한 액션 캠을 많이 사용한다.

(15) 호버링(Hovering)

호버링은 헬리콥터가 공중에 정지해 있는 상태로 드론이 한곳에 떠서 정지해 있는 상태를 말한다. 드론을 띄우게 되면 제자리에 있을 것 같지만 실제로는 자신의 의지와 달리 한 방향으로 움직이게 되고 전후좌우 방향이 틀어지면 조종자는 혼란을 겪게 된다. 이 경우에는 침착하게 조금씩 방향을 틀면서 드론을 자신의 방향이나 시야가 확보되는 것에 착륙시켜야 한다.

드론이 멀어졌다고 출력을 갑자기 낮추거나 높이게 되면 오히려 조종하기가 더 어려워지니 조금씩 움직이면서 안정화시키는 것이 중요하다.

(16) GPS 호버링

GPS 호버링은 드론에 내장된 GPS 센서를 통해 자동으로 호버링하는 기능이다. 이 기능을 사용하면 캘리브레이션이나 별도 조작 없이 드론을 특정 위치에 호버링을 할 수 있게 해준다. GPS를 기준으로 위치를 계산에 정지하기 때문에 초보자도 쉽게 호버링을 할 수 있다.

기존 RC 헬기 사용자 입장에서는 마법과 같은 기능이다. 하지만 GPS 호버링은 GPS 센서를 탑재한 고급 드론에서만 가능하고, 구름이 많이 껴 있는 경우 사용하지 못할 수도 있다.

9 드론에 사용하는 배터리

(1) 축전지의 종류와 특성

전지는 1회용인 수은전지, 망간건전지, 알칼라인전지와 같은 1차 전지와 재충전이 가능한 납축전지, 니켈카드뮴전지, 니켈수소전지, 리튬 이온전지 등의 2차 전지로 나눌 수 있다. 1차 전지도 전용 충전기를 쓰면 품질에 따라 1~10회까지 충전이 가능하고, 2차 전지는 300~500회 정도 재충전 사용이 가능하다. 전지의 형태는 둥근형인 AA, AAA, C, D형과 사각형인 SLIM, 9V형으로 나누어진다.

① **납(PB)축전지** : 1859년 프랑스의 R. L. G. 플랑테가 발명한 납축전지는 납축전지의 기전력은 약 2V이지만, 방전하는 사이에 서서히 저하하여 1.8V 정도까지 저하하면 다시 충전을 시켜야 한다. 충전과 방전의 반복 횟수는 많은 것에서는 1,000회 이상이

되며, 내용 연수도 길다. 용도는 가솔린 자동차의 점화용 전원, 전기기관차 · 전동차 · 잠수함의 동력(動力), 교통신호, 열차 내 전등용, 직류전원 등에 사용된다. RC비행기 사용자들은 납축전지가 대용량이며 가격이 저렴하여, 야외에서 RC용의 다른 소형 배터리의 충전용으로 많이 이용한다.

② 니켈카드뮴(Ni-Cd) : Ni-Cd는 2차 전지로 긴 수명, 높은 방전율, 경제적인 가격 등의 특징을 가지며 300~500회의 충방전이 가능하다. 단점으로는 순간전력 전달에 약한다.

③ 니켈수소(Ni-MH) : 니켈수소는 2차 전지로 주기 수명의 감소와 부하 전류를 낮춘 대가로 NiCd보다 용량이 증가하였다. 순간적인 전력을 사용해야 하는 디지털 카메라에 적당한 제품이다.

④ 리튬이온(Li-ion)/리튬폴리머(Li-Po) : 매우 높은 에너지 밀도를 가지고 있어 고밀도의 전력을 필요로 하는 제품에 적당하며 제조단가가 높아 가격이 비싸다. 주로 카메라와 휴대폰 등에 사용되는 용도로 개발되었으나 크기에 비하여 많은 저장 용량과 방전율을 가지고 있어 최근 가장 각광을 받고 있는 배터리이다. 셀당 공칭 전압이 3.7V이며, 완전 충전 시 4.2V까지 올라간다.

⑤ 충전용 알카라인(Rechargeable Alkaline) : 충전용 알카라인 전지는 재충전 반복 사용할 수 있는 전지로 반드시 지정된 충전기에만 사용해야 하며 완전 방전 사용하면 수명이 단축된다.

(2) 리튬이온배터리

【 리튬이온베터리 】

기존의 충전이 안 되는 전지를 1차 전지라고 하고 충전이 가능한 전지는 2차 전지라고 부르는데, 2차 전지에는 예전에 많이 사용되던 Ni-Cd(니켈카드뮴), Ni-MH(니켈수소)전지로 공통적으로 니켈이 포함되어 있다. 또한 이러한 전지는 메모리 효과를 가진다. 이에 반해 리튬이온 전지는 리튬산화물질로 +극을 만들고, 탄소로 -극의 구조를 가지고 있다. 전지를 사용하여 리튬이온 배터리 시작하면 +극의 리튬이온이 중간의 물질을 지나서 -극의 탄소격자 속으로 들어가면서 전류가 흐르게 된다. 이때, 극판에 손실이 거의 없기 때문에 수명이 긴 특성을 가지게 되며, 또한 메모리 효과가 없는 것이 특징이다. 또한 용량당 무게가 가벼워 가벼운 무게를 요하는 휴대폰 등에 집중적으로 채택 사용되고 있다. 물론, RC에서도 각광을 받는 것도 가벼운 무게와 긴 방전시간 때문이다.

Ni(니켈)을 포함하고 있는 전지는 완전 충전(100% 충전)하였다가 완전 방전이 날 때까지 사용 반복하는 것이 가장 잘 사용하는 방법이다. 그러나 리튬이온배터리는 메모리 현상이 없으므로 사용자가 임의대로 수시로 충전하여 사용하여도 거의 수명에 영향을 미치지 않는다. 오히려 조금 쓰고 또 충전하고 하면 Ni계 전지와는 정반대로 수명이 길어지는 효과가 있다.

(3) 리튬폴리머배터리(Lithium-Polymer Battery)

현재 드론에서 사용되는 전지는 대부분 리튬폴리머전지이다. 그러면 리튬이온전지와 리튬폴리머전지의 차이는 +극과 -극 사이에 들어가 있는 전해질에 따라 다르며 리튬이온전지의 경우는 전해질이 액체로 된 전해액이 들어 있다. 문제는 이 전해액은 유기성인데 휘발유보다 더 잘 타는 물질이다. 그래서 폭발의 위험이 있다. 리튬폴리머는 바로 이 점을 개선한 것으로 전해액 대신에 고분자 물질(폴리머)

【 리튬폴리머배터리 】

로 채워서 안정성(Safety)을 높인 것이다. 일반적으로 리튬폴리머전지는 1셀당 3.7V의 전압(완전 충전 시 4.2V)이 나오는 것으로 셀을 직렬로 패킹하여 사용하는 것이 보통이다. 리튬이온보다 용량이 작고 수명이 짧으나 리튬이온보다 안전하고 가벼운 장점이 있다.

리튬폴리머배터리 어떠한 경우에도 완전방전이 되면 재사용이 불가능하다. Cell당 3.7V를 기준으로 평균 전압이 2.8V 이하로 떨어지면 사용불능이 될 수 있다.

(4) 배터리 사용 시 공통 주의사항

① 완전 방전된 배터리를 재충전할 경우 부풀음이 발생하면 재사용이 불가능하다.
② 사용하지 않을 때에는 반드시 배터리 커넥터를 분리해 놓아야 한다. 전자변속기에 연결된 상태에서 장시간 보관 시 완전 방전이 되어 회복 불능 상태가 된다.
③ 충전 시에는 절대 충전기에 배터리를 연결해 놓고 외출하는 일이 없도록 해야 한다.
④ 과충전 및 과방전으로 인해 배터리에 이미 부풀음이 발생한 경우 장시간 충전 시 터짐으로 인해 화재가 발생할 수 있다.
⑤ 차량 내에서 절대 충전하지 않는다. 급속 충전기의 경우 반드시 외부 배터리에 직접 연결하여 충전하고, 차량 내부의 시가 잭을 통해 충전하면 차량 화재의 위험이 있다.

⑥ 보관 장소의 적절한 온도는 22℃~28℃이며 습기가 많은 장소에 배터리를 보관하지 않는다.
⑦ 완전 충전된 축전지는 충전기에서 분리 보관한다.
⑧ 충전 시간은 꼭 지켜 주고 만충시켜서 사용한다.
⑨ 전지 누액 및 기기의 손상이 발생될 수 있으므로 오랫동안 사용하지 않을 때는 축전지를 기기에서 분리해 놓는다.
⑩ 배터리는 -10℃~40℃의 온도 범위에서 사용한다. -10℃ 이하에서 사용할 경우 영구 손상의 우려와 50℃도 넘어가면 폭발의 위험이 있고, 상온에서 충전하지 않을 경우 배터리의 손실, 과열, 누수 등이 발생할 수 있다.
⑪ 손상된 배터리가 잔량이 50% 이상인 상태에서 배송하지 않는다.

(5) 리튬폴리머배터리의 폐기 방법

리튬배터리는 폭발의 위험성이 있으므로 망가진 배터리도 함부로 폐기하면 화재의 원인이 될 수 있다. 그러한 관계로 아래의 단계로 배터리를 폐기하는 것을 권장한다.
① 가능하면 배터리 잔량을 최소화한다.
② 대야에 묵과 소금 한두 줌 정도 넣고 소금물에 완전히 담가 완전 방전(하루 정도 지난) 후 폐기시킨다.
③ 배터리에 유해한 기포가 발생하므로 환기가 잘되는 곳에서 실시한다.
④ 0V를 확인하고 폐기 처리한다.
⑤ 반드시 폐기처리 및 재활용에 관한 규정에 따라 처리한다.

1.5 드론 비행 안전 관련사항

1 드론 비행조종 시 복장

(1) 복장을 드론 비행에 알맞게 단정하게 착용해야 하며 민소매, 러닝셔츠, 반바지 등 차림으로 비행조종을 해서는 아니 되며, 샌들, 슬리퍼 등의 착용을 금지하며 반드시 구두, 작업화, 운동화 등 미끄러지거나 벗겨질 위험이 없는 신발을 착용해야 한다.
(2) 비행에 따라 안전모 또는 비행모를 착용해야 한다.
(3) 보호안경(고글, 선글라스, 안경)을 착용해야 한다.
(4) 민소매, 러닝셔츠, 반바지 등 차림으로 비행 수행을 해서는 아니 된다.

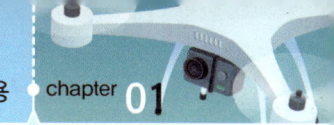

(5) 혹한기 방한복 착용 시 반드시 지퍼, 단추를 채운 상태에서 비행에 임해야 한다.

(6) 방한모 착용 시 눈, 코, 귀, 입 등을 완전히 가려서는 안 되며, 비행 중 가려질 위험이 없는 정도라야 한다.

(7) 머리는 과도한 염색, 긴 머리를 해서는 안 되며, 앞머리 또는 옆머리 칼이 시야를 가릴 위험이 없도록 해야 한다

(8) 비행체를 조종하는 조종자와 신호수, 안전요원은 비행 중 휴대폰 휴대를 금지한다.

2 드론 비행 안전수칙

(1) 사람이 많은 곳, 차도 옆 등 위험한 장소는 피하도록 한다.

(2) 프로펠러(로터)는 크기를 떠나 고속 회전하므로 몸에 닿을 경우 베이거나 찢어질 수 있으므로 주의한다.

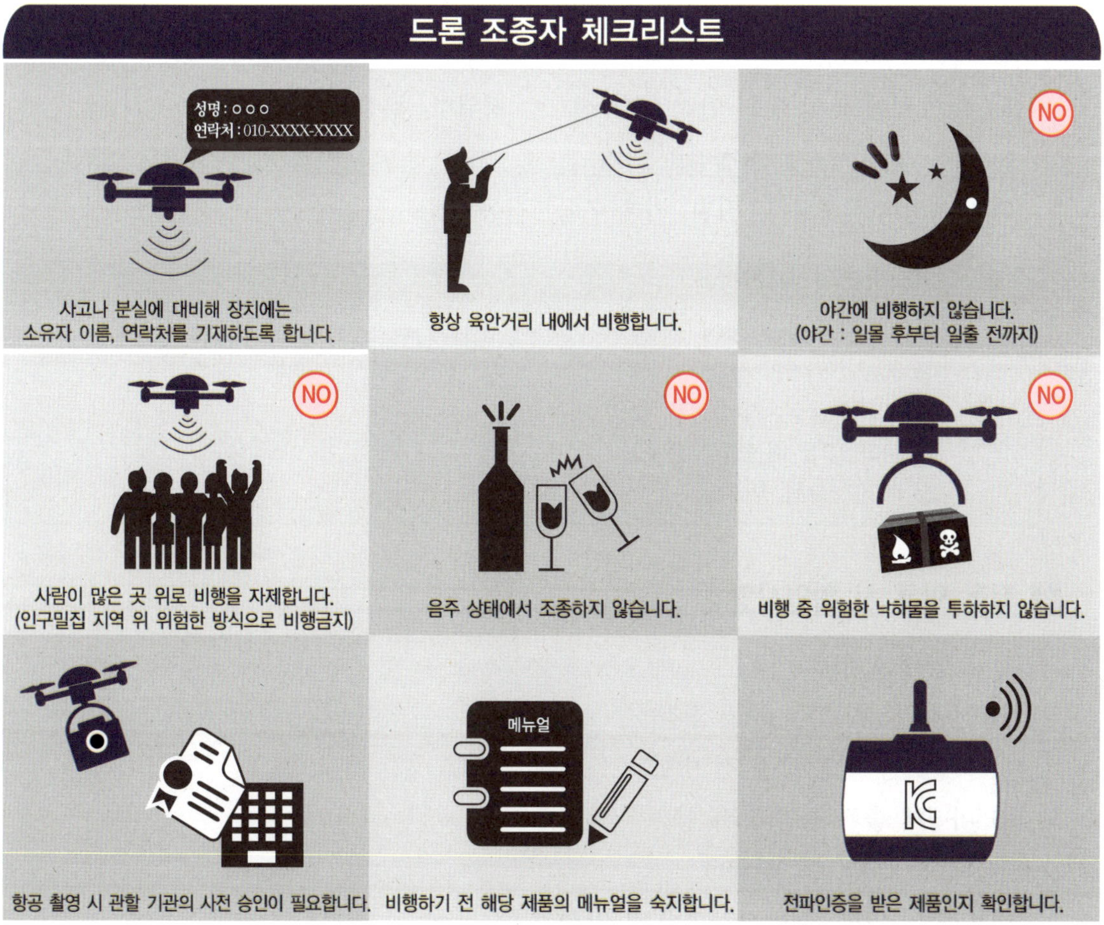
드론 조종자 체크리스트
성명 : ○○○
연락처 : 010-XXXX-XXXX
사고나 분실에 대비해 장치에는 소유자 이름, 연락처를 기재하도록 합니다.
항상 육안거리 내에서 비행합니다.
NO
야간에 비행하지 않습니다. (야간 : 일몰 후부터 일출 전까지)
NO
사람이 많은 곳 위로 비행을 자제합니다. (인구밀집 지역 위 위험한 방식으로 비행금지)
NO
음주 상태에서 조종하지 않습니다.
NO
비행 중 위험한 낙하물을 투하하지 않습니다.
항공 촬영 시 관할 기관의 사전 승인이 필요합니다.
메뉴얼
비행하기 전 해당 제품의 메뉴얼을 숙지합니다.
전파인증을 받은 제품인지 확인합니다.

(3) 비행체는 눈으로 방향을 식별할 수 있는 거리에서만 비행하며, 절대로 멀리 보내지 않는다.
(4) 야외에서는 바람의 영향을 많이 받으므로, 바람이 적을 때 비행한다.
(5) 사용되는 배터리는 리튬계열이 대부분으로, 과충전이나 직접적인 충격 시 사고의 위험이 있으므로 주의하도록 한다.
(6) 비행 장소가 비행금지구역이 아닌지 확인한다.
(7) 카메라가 달린 드론의 경우 촬영 시 사생활 침해나 금지구역 등이 찍히지 않도록 주의하며, 특히 웹상에 업로드할 경우 반드시 확인이 필요하다.

3 비행이륙 전 점검

(1) 현장 점검(비행지역 기상, 착륙지역, 전파간섭, 장애물 상황 등)
(2) 비행장비 장착 및 점검
(3) 이륙 30분 전까지 점검표에 의한 비행 전 점검 완료
(4) 개인장구 착용(안전모, 선글라스, 무전기 등)
(5) 주변 장애물 및 인원 안전조치, 신호수 정위치, 무전기 체크
(6) 시동 및 지상시운전(점검표 의거)
(7) 비행장비(살포장치, 짐벌, 카메라 등) 작동점검

> **비행이륙 전 육안점검**
> ① 로터(프로펠러) 상태
> ② 짐벌과 카메라 상태
> ③ 모터 이물질, 기체 먼지, 오염 제거
> ④ 댐퍼 상태, 배선접속 상태
> ⑤ 배터리 고정 상태

4 최초 이륙 시 확인사항

(1) 눈높이 호버링
(2) 진동, 소음, Tracking 점검
(3) 조종계통 점검(조종 전 방향)
(4) 비행체 출력 점검(하버 상승, 강하)
(5) 4방향 Taxi(±5 Meter)
(6) 바람의 영향, 전반적인 항공기 안정성 등 점검

5 비행 시 수행 절차

(1) 속도 및 고도 준수
(2) 비행체 불안정시 안전고도(비행고도 또는 3미터), 자세 회복 후 비행 재개
(3) 안전요원 및 신호수 정위치, 안전조치 철저
(4) 비행구역 내 위험요소 발생 시 비행 중단, 안전조치 후 비행재개
(5) 비행체 결함 징후 인지 시 안전지역 착륙 후 점검 수행
(6) 비행 중 비행체 트림(Trim) 수정은 금지되며 지상에 착륙하여 수정하는 것이 원칙이다.

6 비상상황 발생 시 절차

(1) 비행 중 결함 발생 시 비상절차 의거 조치
(2) 비상상황 선포(조종사, 안전요원, 신호수)
(3) 안전요원, 신호수 조치사항
   ① 주변 인원 대피
   ② 비행 관련 조언(조종관련사항, 바람 방향, 불시착 지점 등)
   ③ 화재 발생에 대비한 조치
(4) 불시착 후 현장 정리(인원구호, 화재진압, 비행체 수거 등)
(5) 결함 또는 사고내용 보고

7 착륙 후 절차

(1) 비행점검표 의거 착륙 후 점검 수행
(2) 비행 장비 장탈
(3) 비행 장비, 지원 장비, 개인 장구, 공구 탑재
(4) 비행체 탑재
(5) 현장 재확인(누락 장비, 공구, 가연성 물질 및 쓰레기 처리 등)

8 추락 및 불시착 시 절차

항공기가 지상·수상에 추락·불시착 또는 지상전복 등의 경우에 적용한다.

(1) 스로틀 Full Down
(2) 인원 구호를 위한 조치(구급차 호출, 응급조치 등)

(3) 화재 시 화재 진압
(4) 현장 정리(인원 접근 통제)
(5) 상황 보고

> **비행 후(정밀) 점검**
> ① 지자계 캘리브레이션 정상작동 여부
> ② 모니터 화면이 제대로 나타나는지 확인
> ③ 기체 시동 모터 소음 확인
> ④ 기체, 조정기 정상작동 여부
> ⑤ 모니터의 배터리 확인

> **지자계 캘리브레이션 세부 점검내용**
> 지구상의 임의 지점에 나침판을 놓으면 지침이 움직이면서 방향을 가리키는 것으로 지구가 하나의 자계를 형성하고 있다는 것을 의미한다.
> ① 기계 조정기에서 비행모드(GPS, ATT, Manual) 설정 키를 5~10회 위아래로 작동 후 기체 LED 상태에서 깜박이던 LED가 상하 키를 연속으로 넣은 후 점등 상태를 유지한다.
> ② 기체를 들고 수평 상태를 유지하며 일정한 속도로 시계 방향으로 한 바퀴 회전하고 기체 LED 상태에서 한 바퀴 돌고 나면 LED 색깔이 바뀌며 계속 점등 상태를 유지한다.
>   - 지자계 캘리브레이션을 위해 먼저 기체를 수직으로 들고 시계 방향으로 360도 회전한다.
> ③ 기체를 들고 수직 상태를 유지하며 일정한 속도로 시계 방향으로 한 바퀴 회전하고 기체 LED 상태에서 한 바퀴 돌고 나면 LED가 다시 깜박인다.
> ④ 기체 전원 OFF와 ON을 하면 지자계 캘리브레이션이 완료된다.

9 미래의 드론(멀티콥터)

(1) 항공촬영 드론

최근 들어 방송촬영이나 영화촬영 등에 멀티콥터를 활용하여 항공촬영을 하는 경우가 많다. 예전에는 방송사 헬기를 사용해야 했는데 수시로 띄울 수도 없으며, 비용 및 안전상의 이유로 많이 활용되지 못했었다. 그러나 멀티콥터를 활용하면서 시간과 장소, 비용의 제약으로부터 많은 자유로움이 생겼으며, 항공촬영이라는 새로운 직종이 탄생하기도 하였다. 방송용 헬리캠에 많이 쓰이는 드론 제품들이 많은데, UHD 영상을 실시간으로 전송하여 이를 보며 조종이 가능하며 1,200만 화소의 사진도 촬영이 가능하다.

멀티콥터를 이용한 항공촬영은 드라마는 물론 예능에서도 아주 많이 활용되고 있고 심지어 해외 예능 촬영에서도 활용하고 있다. 정글의 법칙이나 런닝맨, 무한도전, 1박

2일 등에서도 활용하고 있는데, 그 이유는 부피가 작아서 가방에 메고 다니다가 필요하면 조립해서 날릴 수 있기 때문이다.

【 물속 촬영 】

【 스키점프경기 영상 촬영 】

【 화산폭발 촬영 】

【 두오모 성당 촬영 】

(2) 항공구조용 드론

현재 헬리콥터를 이용해 산악이나 바다 등에서 인명 구조 활동을 하고 있다. 하지만 이착륙할 때 강한 로터의 바람 등으로 문제가 생기기도 한다. 그러나 멀티콥터는 크기가 작아 일반 경비정이나 좁은 곳에서도 이착륙이 가능하며, 안전성도 높아 앞으로 활용가능성이 높다. 구명튜브나, 장비 등을 필요한 사람에게 던져줄 수 있는 장점이 있으며, 보다 기술이 발전할 경우 직접적인 인명구조 및 구급차의 역할도 가능하리라 본다.

 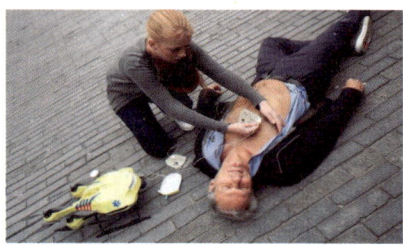 

(3) 드론을 이용한 물류 배송

아마존 프라임 에어(Amazon Prime Air)는 고객이 주문을 하면 아마존 물류 센터에서 16km 안에 있는 주문 고객에게 2.2kg 이하의 소형 제품을 무인 헬기를 이용해서 30분 안에 배송하는 시스템을 준비 중에 있다. 이에 UPS도 무인 헬기 택배 서비스를 검토하고 있지만 현재 법적 기준, 사생활 문제, 안전성 등 여러 가지 문제로 인해 전면적으로 확대되지 못하고 있다. DHL은 Parcel Copter를 이용하여 독일에서 육지로부터 12Km 떨어진 이스트 섬에 의약품과 긴급 구호물품을 운송하였고, 호주 교육포털 사이트인 Zookal은 고객 스마트폰의 GPS를 활용하여 고객의 위치를 인지하고 드론이 그 부근까지 비행하여 물품을 전달하였다. 아마존에서는 아마존 프라임 에어를 통하여 주문 후 30분 이내에 드론으로 배송하려는 계획을 세웠으나, 미국 정부의 규제로 인하여 실제 운용되지 않고 있다.

【 DHL 운송드론(Parcel copter) 】

【 Zookal의 배송드론 】

【 아마존 프라임에어 피자배달 드론 】

【 월마드 상품배달 드론 】

(4) 농업 분야 드론

원격농장관리 강화, 정밀농업 확대, 농가당 영농가능 규모 확대 등 농업생산성 향상에 기여할 것으로 보이며 앞으로 농촌의 고령화에 따른 노동력 부족을 드론으로 대체가 확대되고 있다.

일본은 2013년까지 약 2,500여 대의 농업용 드론을 판매했으며 전체 논 40%에 대한 살충제 및 비료 살포에 드론을 이용하고 있고, 호주는 약 100여대의 농업용 드론을 수입해 제초용으로 활용하고 있다. 국내에서도 농협이 농약살포, 작물파종, 산림보호 등을 위해 153여 대의 무인비행장치를 보유하고 있다.

【 농약방제 드론 】

【 목장관리 드론 】

【 일본의 농업용 드론 】

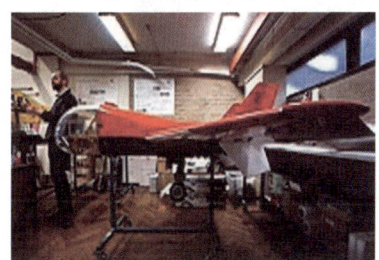
【 호주의 농업용 드론 】

(5) 새로운 교통수단의 출현

기존의 자동차, 고정익 비행기, 헬리콥터와는 다른 개념의 교통수단이 등장할 것으로 보인다. 바로 멀티콥터의 기술을 적용해서 수직 이착륙이 가능한 교통수단이다. 영화에서 보던 하늘을 나는 자동차가 현실이 될 수도 있을 것으로 보인다.

【 Joby Aviaton社 S2(2인승) 】

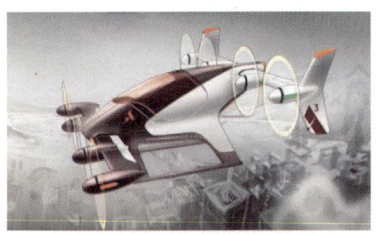
【 AirBus社 Vahana(1인승) 】

【 E-Volo社 Volocopter VC200(1인승) 】

【 Lilium Aviation社 Lilium Je(2인승) 】

(6) 레저용 드론

레이싱 드론은 고글 속의 화면을 보며 드론을 조종해 장애물을 통과하는 전 세계적으로 폭발적으로 인기를 얻고 있는 신종 레포츠이다. RC드론은 기존의 RC항공기에 비해 자이로나 GPS 등에 의해 자동 조종이 가능하고 공간의 제약도 적게 받아 급속도로 드론 인구가 늘고 있다. 다만 장비가 좋아지면서 기초 조작법도 숙달이 덜 된 상태에서 조종하다가 안전사고 등이 발생하는 문제점도 늘고 있으며, 항공관련법이 미숙지한 상태에서 자신도 모르는 사이에 법을 위반하는 사례도 있다.

(7) 감시, 측량, 무기장착 등을 활용될 무인 드론

무인 헬기는 이미 해외에서는 경찰들이 많이 활용하고 있다. 범인을 추적하거나 주변을 탐색할 때 무인 헬기를 하늘에 띄우고 주변을 샅샅이 뒤질 때 활용하기도 한다. 또한 이미 군사용으로 정찰 및 공격용으로도 활용되고 있고, 고고학자들이 주변을 측량하고 감시할 때도 활용되고 있으며, 우리나라 도로공사에서도 고속도로 버스전용차로 단속 등 교통정보 수집을 위해 무인 비행선을 활용하고 있다.

【 고도 장기체공 전기 동력 무인기 】

【 태양광 발전시설 관리 드론 】

【 소나무 관리용 드론 】

【 경찰 감시용 드론 】

【 전기톱을 장착한 드론 】

【 폭탄을 장착한 드론 】

(8) 기타 산업

건설지도 제작, 송전선 파손여부 점검, 알래스카 송유관 파손 여부 점검, 토지 측량 등 다양한 산업에 영향을 미침 건설부지의 3차원 지도 제작 등 건설업의 효율성이 확대되고 있다.

미국 Skycatch사가 제조한 드론은 고해상도 카메라와 GPS 및 여러 가지 센서를 부착하여 건설부지의 3차원 지도 제작, 건설공사 시 콘크리트 투입량 측정 등에 사용하여 송전선 파손 여부 점검 등 전력산업에 도입되어 원격관리 지원하고 있다.

Aeryon scout 드론은 중량 1.4kg, 배터리는 1회 25분, 풍속 80km에서도 비행이 가능하며, 지도 기반의 터치스크린 컴퓨터 인터페이스를 사용 환경 및 기상관측에 드론이 활용되면서 정확하고 정밀한 예측을 가능하게 하였고, 일본은 후쿠시마 원전사태 이후 주변 지역에 대한 방사선 지도 제작 등에 영국제 드론이 사용하고 있다.

또한 IT 분야에 기존 네트워크를 대체하는 세계 네트워크 및 통신망 구축이 가능할 것으로 보인다. 구글은 무인기 제작업체인 Titan Aerospace 인수하여 비행선 형태의 무인기를 이용하여 인터넷 및 통신망 구축에 활용하고 있고 Titan은 태양광 패널에

【 태양광용 자동 청소 드론(일본) 】

【 기상관측용 드론 】

【 해상석유시설관리용 Puma AE 드론 】

【 해상 수중 드론 】

【 구글이 인수한 타이탄 무인기 】

【 페이스북의 통신용 드론(Aquila) 】

【 송전선로 전선설치 】

【 송전선로 점검 】

의해 충전되는 배터리를 이용한 잠자리 형태의 'Solara 60'을 생산하였고, Loon Project 는 큰 풍선에 무선 접속장치를 탑재하여 하늘에 띄우고 가정에서는 Loon 수신기를 장착하여 인터넷에 접속하는 인터넷 접속망을 구축하였다. Loon은 20Km 상공에 떠다니고 태양열을 에너지로 인터넷 이용이 가능하고 페이스 북은 드론 "Aquila"를 통해 아프리카 및 남미 등의 오지에 무선인터넷을 공급할 예정으로 인공위성을 대체하여 저렴한 가격으로 세계 네트워크 구축이 될 것으로 보인다.

우리나라도 최근 드론에 열화상 자동분석 시스템을 설치하여 산악 등지에 위치한 철탑 및 전력설비를 진단하는데 성공하였고 향후 전력 분야에서 설비점검뿐만 아니라 송변전 설비 입지 분석을 위한 빅데이터 수집 등에 이르기까지 활용 분야가 점차 더 확대될 것으로 기대되며 에너지진단, 열사용 기자재 검사, 신재생 설비 설치 확인 등 다양한 에너지 분야에서 드론이 활용 가능할 것으로 예상한다.

10 드론의 문제점

(1) 사생활 침해

드론이 보편화가 되면 대다수의 무인항공기에는 카메라를 장착하기 때문에 이로 인한 사생활 침해가 발생할 소지가 있으므로 광학·영상 기술 발달에 따라 카메라는 소형화되고 반대로 화질은 높아지고 있기 때문에 사생활 침해 문제는 커질 수 있고 무인항공기의 전원 기술 및 비행제어 기술 발달로 인하여, 사전에 입력된 경로를 따라 자동으로 장시간 비행하며 타인의 영상을 무단으로 전송할 수도 있다.

(2) 전쟁과 테러, 범죄 및 인명살상용 드론이 생길 우려

인간 조종사가 없는 무인 항공기로 로봇 중심의 전쟁이 우려되며, 또 다른 전쟁과 테러 등의 위험이 있다. 미국의 한 학생이 드론에 권총을 설치하여 '플라잉 건'이라는 이름으로 동영상을 올린 적이 있고, 이것이 살상용으로 사용된다면 문제가 심각하며 드론은 비교적 조종이 쉬우므로 금지물품의 거래, 폭탄 투하 등 범죄에 사용될 우려가 있다.

【 여객기 날개와 충돌하는 드론 】

【 무기가 장착된 티커드 드론 】

【 권총을 장착한 드론 】

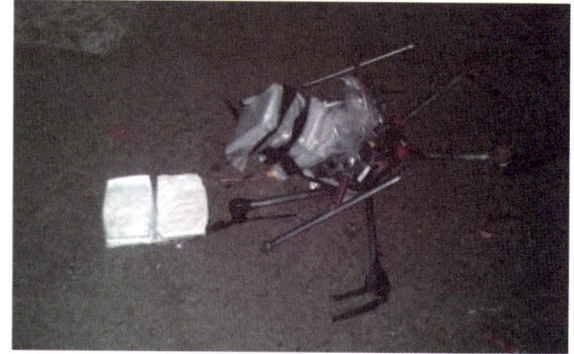
【 마약운반 중에 추락한 드론 】

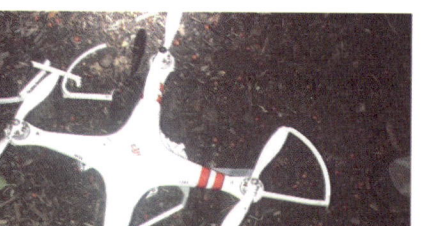
【 백악관에 추락한 드론 】

【 폭발한 배터리 】

(3) 드론 추락 및 충돌 사고

드론이 많아질 경우 공중 충돌 등이 우려되며, 실제로 항공기와 충돌한 적도 있었고, 동력으로 사용되는 배터리의 발화나 폭발의 위험이 있으며 통신 및 보안 대책이 요구된다.

현재 무인항공기에서 주로 사용하는 라디오 통신의 주파수는 2.4GHz로 무선 랜(Wifi)과 동일한 주파수여서 혼선의 가능성이 있고, 다른 신호와 혼선이 되어 무인항공기가 통제 불능이나 오작동을 일으키게 되면 바로 사고나 피해로 이어질 수 있으므로 통신 규격도 재정비해야 할 필요가 있다. 드론은 원격으로 조종을 하기 때문에 무인항공기에 대한 해킹 공격은 늘 존재할 가능성이 높으며 택배 배송 중 물품을 유실할 수도 있으므로 타인의 무인항공기를 해킹하여 테러에 악용할 수도 있다. 이미 주변의 무인항공기를 탈취하는 프로그램이 존재하고 있기 때문에, 통신 보안에 대한 대책은 필수적이다.

(4) 드론관련 규제완화와 강화의 딜레마

드론산업이 발전하기 위해서는 법적, 제도적 기반이 상당히 중요하다. 규제를 강화하면 드론산업이 발전할 수가 없고 완화하면 문제점이 상당하기 때문이다. 어쨌든 정부가 알아서 잘 할 일이겠지만 우려되는 건 관련 부처 간에 규제가 각기 다른 규제로 혼란이 야기되지 않도록 드론과 관련된 컨트롤 타워가 있어야 할 것이다. 이와 더불어 자동차와 같이 드론의 성능, 크기 등의 분류기준의 명확히 하여 의무적으로 책임보험제도를 운영해야 할 것으로 보인다.

11 드론의 과거와 현재 그리고 미래

드론은 과거 군사용으로 개발되었으나 현재 농업, 기상관리, 인명구조 등 다양한 분야에서 활용되고 있으며, 향후 1인 1드론시대가 도래될 전망되며 휴대폰이 각 산업에 미친 파급효과와 같이 드론의 발달은 과학, 의학, 물류 등 모든 산업의 변화를 견인할 전망이다.

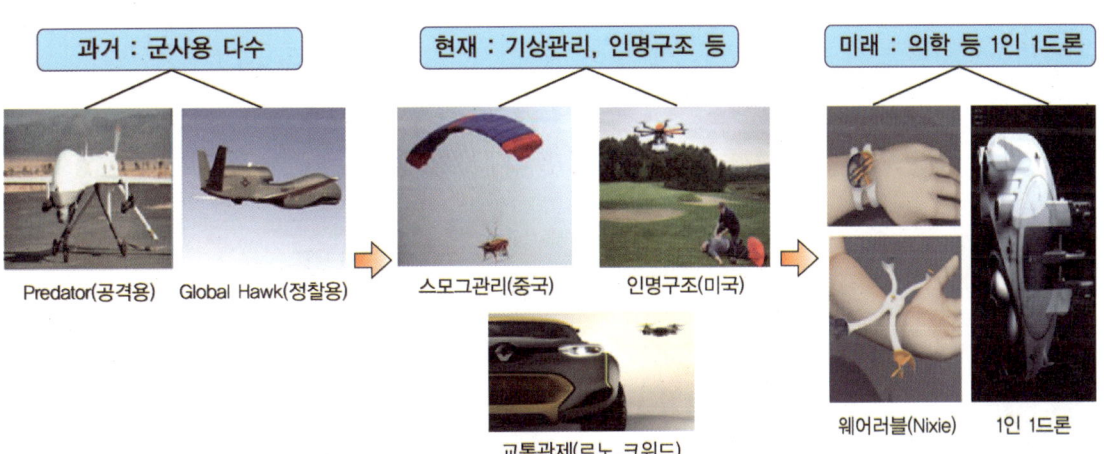

드론(무인멀티콥터) 조종사 필기 국가자격시험 대비
초경량비행장치 운용과 비행실습

🔵 드론사업 분야

【 물품 배송 】

【 산림보호 및 감시 】

【 시설물 안전진단 】

【 통신망 활용 】

무인비행장치(드론) 운용　chapter 01

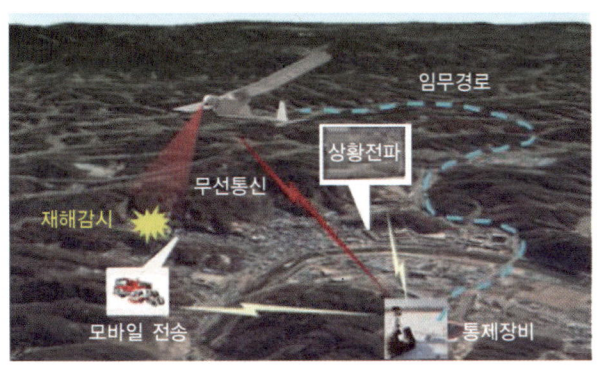
【 국토조사 및 순찰 】

【 해양관리 】

【 농업 지원 】　　　　　　　　　【 영상 촬영 】

● 미래의 무인기 활용 모습

● 미래의 드론 로드맵 지도

▶ 공공 분야 드론 활용

분야	활용 모델	기대 효과
공공건설	토지보상 단계 현지 조사	비용 50% 절감(연간 약 10억 원), 해상도 10배 증가
하천관리	하천측량 및 하상변동 조사	비용 70% 절감 및 작업시간 90% 단축
산림보호	소나무 재선충 피해조사(국토의 64%가 산림)	인력 대비 90% 기간단축 및 1인당 조사 면적 10배 증가
수색·정찰	적외선 카메라 탑재 드론 활용 실종자 수색	인력 접근이 어려운 지역 효과적 수색·탐지
에너지	송전선 철탑 안전점검(철탑 4만 2372개)	점검시간 최대 90% 단축, 1일 점검량 10배 이상 증가
국가통계	농업면적 등 통계조사(3만 2천개 표본 조사구)	인력 접근이 어려운 지역 효과적 조사

chapter 01 무인비행장치(드론) 운용

PILOT OF AN ULTRA LIGHT VEHICELE

▶ 핵심 문제 ◀

001 드론에 대한 설명으로 틀린 것은?

① 드론은 대형 무인항공기와 소형 무인항공기를 모두 포함하는 개념이다.
② 우리나라 항공안전법상 소형 무인항공기를 무인비행장치로 분류하고 있다.
③ 우리나라 항공안전법에 자체중량이 150kg 이하인 것은 '무인항공기'로 부른다.
④ 일반적으로 우리나라에서는 일정 무게 이하의 소형 무인항공기를 지칭한다.

해설
국내 항공법상 연료를 제외한 자체중량이 150kg 이하인 것은 '무인동력비행장치'로, 150kg 초과 시에는 '무인항공기'로 부른다.

002 동력비행장치는 자체중량이 몇 킬로그램 이하이어야 하는가?

① 70kg   ② 100kg
③ 115kg   ④ 250kg

003 다음 중 무인비행장치(드론)의 용어의 정의 포함 내용으로 적절하지 않은 것은?

① 조종사가 지상에서 원격으로 자동반자동형태로 통제하는 무인비행장치이다.
② 자동비행장치가 탑재되어 자동비행이 가능한 비행하는 무인비행장치이다.
③ 비행체, 지상통제장비, 통신장비, 탑재업무장비, 지원장비로 구성되어 있는 무인비행장치이다.
④ 자동항법장치가 없이 원격 통제되는 모형 무인비행장치이다.

해설
무인비행장치는 기본적으로 자동비행장치가 탑재되어 자동비행이 가능한 비행체, 통제 시스템 및 통신시스템이 포함된 비행장치를 말한다.

004 무인비행장치(무인항공기)를 지칭하는 용어로 볼 수 없는 것은?

① UAV   ② UGV
③ RPAS   ④ Drone

해설
- UGV(Unmanned Ground Vehicle) : 무인지상차량
- UA(Unmanned Vehicle) : 무인항공기
- UAV(Unmanned Aerial Vehicle) : 무인비행장치
- UAS(Unmanned Aircraft System) : 무인항공기 시스템
- RPAS(Remotely Piloted Aircraft System) : 원격조종항공기 시스템
- LUAS(Light Unmanned Aircraft System) : 경(輕)무인항공기 시스템
- RC(Radio Controlled) : 무선조종

005 다음 중 국제민간항공기구(ICAO)에서 공식 용어로 선정한 무인항공기의 명칭은?

① Drone
② UAV(Unmanned Aerial Vehicle)
③ RPAS(Remotely Piloted Aircraft System)
④ UA(Unmanned Vehicle)

해설
ICAO에서는 공식용어로 RPAS(Remoted Piloted

정답 001.③ 002.③ 003.④ 004.② 005.③

| 87

Aircraft System)를 사용하고 있다. UAS에서는 조종사가 탑승하지 않는다는 의미만 지니고 있지만, RPAS는 원격으로 조종이 되어야 한다는 의미를 직접적으로 가지고 있으며, 외부 조종사의 개입이 안되는 완전자율항공기와 명확히 구분하고 있다.

006 비행체, 비행장비, 지상통제장비, 데이터 링크, 지상지원체계를 모두 포함한 개념으로, 전반적인 시스템을 지칭할 때 사용하는 용어는?

① UAS　　② UAV
③ RPV　　④ RPAS

해설

UAS : '대형 무인항공기', '중형 무인항공기'와 '무인동력비행장치'의 무인비행체, 지상조종 장비(GCS : Ground Control System) 및 지상지원체계(GSS : Ground Support System)를 포괄하는 개념이다.

007 3개 이상의 로터 및 프로펠러가 장착되어 상대적으로 비행이 안정적이어서 조종이 쉬운 비행체 형태는?

① 멀티 로터형(Multi Rooter) 비행체
② 고정익 비행체
③ 동축반전형 비행체
④ 틸트 로터형 비행체

해설

멀티 로터형(Multi Rooter) 비행체
멀티 로터 비행체는 일반적으로 3개 이상의 로터를 갖는 헬리콥터의 한 종류이다. 전통적인 싱글로터 헬리콥터에 비해, 로터의 토크와 스피드를 변화시켜 비행하는 것이 가능하며, 유지와 조작이 용이한 장점이 있다.

008 다음 설명에 해당하는 무인항공 비행체는?

이륙할 때는 로터를 위로 향하게 하여 헬리콥터처럼 수직으로 오를 수 있고, 속도를 증가시키면 로터를 앞으로 기울어지는 고정익 항공기로 헬리콥터에 비해 2배의 속도와 고도에서 비행할 수 있고 장거리 비행도 가능한 특성을 가진 고성능의 무인항공기이다.

① 다중 로터형(Muli-Rotor) 비행체
② 고정익 비행체
③ 동축반전형 비행체
④ 틸트 로터형(Tilt Rotor) 비행체

해설

틸트 로터 무인항공기
수직이착륙 및 고속비행이 가능하며 활주로가 없는 좁은 공간에서 이착륙할 수 있고 제자리 비행도 할 수 있어 비행기가 할 수 없는 임무를 수행하는 데 활용되고 있다.

009 산악지형 등 공간이 좁은 지형에서 사용되는 이착륙 방식에 적합한 비행체 형태가 아닌 것은?

① 헬리콥터
② 고정익 비행체
③ 다중 로터형 수직이착륙기
④ 틸트 로터형 수직이착륙기

해설

고정익 비행기는 일반적으로 이착륙이 필요한 활주로와 접근 공간이 필요하므로 좁은 지형에서는 운용상 어렵다.

010 회전익 엔진으로 부적절한 엔진은?

① 증기기간　　② 제트엔진
③ 왕복엔진　　④ 로터리엔진

해설

회전익 비행체의 엔진으로 왕복엔진, 제트엔진, 로터리엔진 등이 사용된다.

정답　006.①　007.①　008.④　009.②　010.①

무인비행장치(드론) 운용 ➡ 핵심 문제

011 자이로 플레인은 어느 항공기에 속하는가?
① 계류식 비행장치
② 동력 비행장치
③ 회전익 비행장치
④ 모터 비행장치

012 회전익 비행장치가 호버링 상태로부터 전진비행으로 바뀌는 과도적인 상태는?
① 횡단류 효과
② 전이 비행
③ 자동 회전
④ 지면 효과

013 비행 중 떨림 현상이 발견되었을 때 착륙 후 올바른 조치상항을 모두 고르시오?

> 가. rpm을 낮추고 낮게 비행한다.
> 나. 프로펠러와 모터의 파손 여부를 확인한다.
> 다. 조임쇠와 볼트의 잠김 상태를 확인한다.
> 라. 기체의 무게를 줄인다.

① 가, 나   ② 나, 다
③ 나, 라   ④ 다, 라

014 프로펠러의 피치에 대한 설명으로 맞는 것은 어느 것인가?
① 프로펠러가 블레이드 각의 기준선이다.
② 프로펠러가 한번 회전할 때 전방으로 진행한 이동 거리를 기하학적 피치라 한다.
③ 프로펠러가 한번 회전할 때의 전방으로 진행한 실제 거리를 기하학적 피치라 한다.
④ 바람의 속도가 증가할 때 프로펠러의 회전을 유지하기 위해서는 피치를 감소시킨다.

🐕 **해설**
프로펠러가 한번 회전할 때 전방으로 진행한 이동 거리를 기하학적 피치라 한다.

015 프로펠러가 비행 중 한 바퀴 회전하여 실제로 전진한 거리는?
① 기하학적 피치
② 유효 피치
③ 슬립(slip)
④ 회전 피치

🐕 **해설**
유효 피치 : 프로펠러가 비행 중 한 바퀴 회전하여 실제로 전진한 거리

016 일반적으로 프로펠러 깃 각(blade angle)은?
① 깃 각은 깃 끝까지 일정하다.
② 깃 뿌리에서는 깃 각이 작고 깃 끝으로 갈수록 커진다.
③ 깃 뿌리에서는 깃 각이 크고 깃 끝으로 갈수록 작아진다.
④ 깃 중앙부분의 깃 각이 가장 크다.

🐕 **해설**
프로펠러 깃 각(blade angle) : 깃 뿌리에서는 깃 각이 크고 깃 끝으로 갈수록 작아진다.

017 고정피치 프로펠러(fixed pitch propeller) 설계 시 최대 효율 기준은?
① 이륙 시
② 상승 시
③ 순항 시
④ 최대출력 사용 시

정답 011. ③ 012. ② 013. ② 014. ② 015. ② 016. ③ 017. ③

018. 고정피치 프로펠러의 엔진출력 판정방법 중 옳은 것은?
① 스로틀(throttle)을 전개하여 규정의 rpm이 나오면 된다.
② 상승 시 6500rpm이 나오면 된다.
③ rpm이 순조롭게 상승하고 가속이 양호하면 된다.
④ 흡기 압력계가 장치된 항공기에 한하여 판정할 수 있다.

019. 일반적으로 프로펠러 깃의 대표 위치(blade station)는 어디서부터 측정이 되는가?
① 블레이드 섕크(blade shank)로부터 블레이드 팁(blade tip)까지 측정한다.
② 허브(hub)중심에서부터 블레이드 팁(blade tip)까지 측정한다.
③ 블레이드 팁(blade tip)부터 허브(hub)까지 측정한다.
④ 허브(hub)부터 섕크(shank)까지 측정한다.

020. 프로펠러에 작용하는 하중이 아닌 것은?
① 인장력
② 굽힘력
③ 압출력
④ 비틀림력

해설
프로펠러에 작용하는 하중은 인장력, 굽힘력, 비틀림력, 원심력이다.

021. 프로펠러 블레이드에 작용하는 힘은?
① 구심력   ② 인장력
③ 비틀림력   ④ 원심력

022. 공중조작 중 선회비행에 대한 설명으로 틀린 것은?
① 선회비행을 위해서는 선회하고자 하는 방향으로 경사시키는데 이를 선회경사각으로 롤인(roll in)한다고 한다.
② 선회가 끝나고 직선비행으로 되돌아오는 경우를 롤 아웃(roll out)한다고 한다.
③ 선회비행 시 정확한 선회경사각을 설정하지 못하면 side slip을 하게 된다.
④ 선회 중 양력은 수직양력분력과 수평양력분력으로 분리되며, 수직양력분력은 무게와 같은 방향으로 작용한다.

해설
수직양력분력은 무게와 반대 방향으로 작용하며, 수평양력분력은 원심력과 방향은 반대이고 그 힘은 대등하다.

023. 다음 중 무인회전익비행장치가 고정익형 무인비행체와 비행특성이 가장 다른 점은?
① 우선회비행   ② 좌선회비행
③ 정지비행   ④ 전진비행

해설
회전익비행장치의 가장 큰 차이점은 제자리에서 정지비행(호버링 : Hovering)이 가능한 것이다.

024. 무인비행장치 비행모드 중에서 자동복귀에 대한 설명으로 맞는 것은?
① 자동으로 자세를 잡아주면서 수평을 유지시켜주는 비행모드
② 자세제어에 GPS를 이용한 위치제어가 포함되어 위치와 자세를 잡아준다.
③ 설정된 경로에 따라 자동으로 비행하는 비행모드

정답 018. ① 019. ② 020. ③ 021. ④ 022. ④ 023. ③ 024. ④

④ 비행 중 통신두절 상태가 발생했을 이륙위치나 이륙 전 설정한 위치로 자동 복귀한다.

025 무인비행장치가 가지고 있는 일반적인 비행 모드가 아닌 것은?
① 수동모드(Manual Mode)
② 고도제어모드(Altitude Mode)
③ 자세제어모드(Attitude Mode)
④ GPS모드(GPS Mode)

해설
자동복귀모드(RHT)도 있다.

026 자이로를 이용한 계기가 아닌 것은?
① 선회 경사계
② 방향 지시계
③ 비행 자세계
④ 비행 속도계

027 비행기의 속도계에 나타난 속도는?
① 지시속도(IAS)
② 진대가속도(TAS)
③ 대지속도(GS)
④ 계산속도

028 항법의 4요소는 무엇인가?
① 위치, 거리, 속도, 자세
② 위치, 방향, 거리, 도착예정시간
③ 속도, 유도, 거리, 방향
④ 속도, 고도, 자세, 유도

029 다음 중 HF의 사용 주파수가 맞는 것은?
① 0.3~3MHz

② 3~30KHz
③ 30~300MHz
④ 300~3000KHz

030 항공기에 사용되는 통신장치(HF.VHF)에 대한 설명으로 맞는 것은?
① VHF는 단거리용이며 HF는 원거리용이다.
② VHF 통신장치는 원거리 사용되며 HF는 단거리에 사용된다.
③ 두 장치 모두 원거리에 사용된다.
④ 두 장치 모두 거리에는 관계없이 사용할 수 있다.

031 Knot MPH로 단위가 표시되는 계기가 있다. 다음 중 어느 계기인가?
① 외부공기온도계
② 비행속도계
③ 기관회전계
④ 기관압력계

032 비행장치의 무게 중심은 주로 어느 축을 따라서 계산되는가?
① 가로축
② 세로축
③ 수직축
④ 세로축과 수직축

033 상승 또는 하강의 양을 지시해주는 계기는?
① 승강계
② 속도계
③ 자세계
④ 선회계

정답 025. ② 026. ④ 027. ① 028. ② 029. ② 030. ① 031. ② 032. ② 033. ①

034 고도계의 작동원리는?
① 대기압을 측정
② 대기속도를 측정
③ 온도를 측정
④ 비행자세에 따라 다르다.

035 회전익 엔진으로 부적절한 엔진은?
① 왕복엔진
② 제트엔진
③ 증기기관
④ 로터리엔진

036 무인헬리콥터의 T/R에 의한 방향 조종은 무엇인가?
① Collective 상, 하
② Cyclic 전, 후
③ Cyclic 좌, 우
④ Rudder 좌, 우

037 무인헬리콥터의 고도를 상승하려는 조작은?
① Collective 상, 하
② Cyclic 좌, 우
③ Cyclic 전, 후
④ Rudder 좌, 우

038 착륙 접근 중 안전에 문제가 있다고 판단하여 다시 이륙하는 것을 무엇이라 하는가?
① 하드랜딩
② 복행
③ 플로팅
④ 바운싱

039 무인헬기가 선회비행 시 미끄러지려는 이유는?
① 경사각은 크고 원심력이 구심력보다 클 때
② 경사각은 작고 원심력이 구심력보다 클 때
③ 경사각은 크고 구심력이 원심력보다 클 때
④ 경사각은 작고 구심력이 원심력보다 클 때

해설
① skid(외활)은 선회율이 경사각에 비해서 너무 빠르기 때문에 과도한 원심력이 발생하여 밖으로 밀려나면서 선회하는 현상으로 러더의 양이 많다.
② slip(내활)은 선회율이 경사각에 비해서 너무 느리기 때문에 원심력의 부족으로 안쪽으로 미끄러지면서 선회하는 현상으로 러더의 양이 적다.

040 다음 중 무인회전익 비행장치에 사용되는 엔진으로 가장 부적합한 것은?
① 왕복엔진
② 로터리엔진
③ 터보팬 엔진
④ 가솔린 엔진

해설
회전익 무인항공기가 대형일 경우에는 터보 샤프트 엔진이 사용할 수 있다.

041 엔진이 장착된 무인헬리콥터의 동력계통의 주요 구성요소가 아닌 것은?
① 모터와 변속기
② 마스터 축 및 트랜스미션
③ 드라이브 샤프트와 클러치
④ 메인로터 및 허브

정답 034. ① 035. ③ 036. ④ 037. ① 038. ② 039. ② 040. ③ 041. ①

무인비행장치(드론) 운용 ▶ 핵심 문제 chapter 01

🐾 해설

모터와 변속기는 엔진이 없이 배터리 동력으로 구동되는 멀티콥터 및 헬리콥터 비행체의 주요 구성품이다.

042 멀티콥터 및 헬리콥터의 기체 구성품과 거리가 먼 것은?

① 클러치
② 모터와 변속기
③ 자동비행장치
④ 프로펠러

🐾 해설

클러치는 주로 엔진이 장착된 비행체에 사용된다.

043 멀티콥터의 구조의 특성을 설명한 것 중 틀린 것은?

① 통상 4개 이상의 동력축(모터)의 수직 프로펠러를 장착하여 각 로터에 의해 발생하는 반작용을 상쇄시키는 구조를 가지고 있다.
② 반작용을 상쇄시키기 위해 홀수의 동력 축과 프로펠러를 장착한다.
③ 기존 헬리콥터에 비해 구조가 간단하고 부품수가 적으며, 구조적으로 안전성이 뛰어나서 초보자들도 조종하기 쉽다.
④ 각 로터들이 독립적으로 통제되어 어느 한 부분이 문제가 되어도 상호보상을 하여 자세를 유지시켜 비행하는 것이 가능하다.

🐾 해설

짝수 동력 축과 프로펠러를 장착하여야 균형을 이루어 비행이 가능하다.

044 멀티콥터의 구조와 특성을 설명한 것 중 틀린 것은?

① 통상 4개 이상의 동력 축 모터와 수직 프로펠러를 장착하여 각 로터에 의해 발생하는 반작용을 상쇄시키는 구조를 가지고 있다.
② 헬리콥터에 비해 구조가 간단하고 부품 수가 적으며, 구조적으로 안정성이 뛰어나서 초보자들도 조종하기 쉽다.
③ 반작용을 상쇄시키기 위해 홀수의 동력 축 모터와 프로펠러를 장착한다.
④ 여러 개 로터들이 독립적으로 통제되어 어느 한 로터가 문제가 되어도 상호 보상을 하여 자세를 유지시켜 비행하는 것이 가능하다.

🐾 해설

반작용을 상쇄시키기 위해 짝수 동력 축 모터와 프로펠러를 장착한다.

🔴 참고 멀티콥터와 헬기의 차이점
① 멀티콥터 : 모터의 회전수로 운영되며 프로펠러가 반대 방향으로 돌아서 토크를 상쇄시켜 비행함.
② 헬리콥터 : 메인 로터의 양력으로 부양되며 테일 로터로 토크를 상쇄시키며, 피치각에 의해 운영됨.

045 헬리콥터 또는 회전익 비행장치의 특성이 아닌 것은?

① 제자리, 측·후방 비행이 가능하다.
② 엔진 정지 시 자동 활동이 가능하다.
③ 동적으로 불안하다.
④ 최저 속도를 제한한다.

🐾 해설

제자리 비행기능, 측방 및 후진비행가능, 수직 이착륙 가능, 엔진정지 시 자동 활동 가능, 치대속도제한, 동적 불안정 등이다.

정답 042.① 043.② 044.③ 045.④

93

046 회전익 무인비행장치에서 상하부에 로터가 장착되어 회전익의 단점인 반토큐현상을 상쇄시키는 원리를 가진 것은?

① 헬리콥터   ② 멀티콥터
③ 동축반전   ④ 틸트로터

해설

동축반전 헬리콥터는 두 개의 로터가 모두 양력 발생에 기여하여 중·저속 영역에서 효율이 좋고, 전진 비행 시 양력 분포가 대칭적이며, 안정성이 좋은 것으로 알려져 있고, 무엇보다도 꼬리 로터가 없기 때문에 소형화가 가능하나 복잡한 허브 형상으로 인해 전진 비행 시 저항이 증가하여 고속 비행에 불리하다.

047 헬리콥터 또는 회전익 비행장치의 특성이 아닌 것은?

① 최저 속도를 제한한다.
② 엔진 정지 시 자동 활공이 가능하다.
③ 동적으로 불안하다.
④ 제자리, 측·후방 비행이 가능하다.

해설

회전익 비행장치의 특성
① 제자리 비행이 가능하고, 엔진정지 시 자동 활공이 가능하다.
② 수평, 측방 및 전진, 후진 비행이 가능하고 수직 이·착륙이 가능하다.
③ 최대 속도가 제한되며 동적으로 불안정하다.

048 무인헬리콥터 선회 비행 시 발생하는 슬립과 스키드에 대한 설명 중 가장 적절한 것은?

① 슬립은 헬리콥터 선회 시 기수가 올라가는 현상을 의미한다.
② 슬립과 스키드는 모두 꼬리 회전날개 반토크가 적절치 못해 발생한다.
③ 슬립과 스키드는 헬리콥터 선회 시 기수가 선회 중심 방향으로 돌아가는 현상을 의미한다.
④ 스키드는 헬리콥터 선회 시 기수가 내려가는 현상을 의미한다.

해설

① 스키드 : 항공기가 충분한 경사각을 사용하지 않고 선회하는 비행 기동을 말하며, 선회하는 항공기에서 발생하는 원심력은 내부로 향하는 양력에 의해서 상쇄되지 못하고 항공기는 정확한 선회 비행 경로로부터 외부로 미끄러진다.
② 슬립 : 프로펠러의 이론적인 전진거리와 실제 전진 거리의 차이를 실각, 슬립이라 한다.

049 메인 블레이드의 밸런스 측정 방법 중 옳지 않은 것은?

① 메인 블레이드 각각의 무게가 일치하는지 측정한다.
② 메인 블레이드 각각의 중심(C.G)이 일치 하는지 측정한다.
③ 양손에 들어보아 가벼운 쪽에 밸런싱 테이프를 감아 준다.
④ 양쪽 블레이드의 드래그 홀에 축을 끼워 앞전이 일치하는지 측정한다.

해설

양손으로는 테이프 감을 정도의 미세한 무게 차이를 알 수 없다.

050 무인헬리콥터에서 주로터와 함께 회전면의 균형과 안정성을 높여 주는 것은?

① 스테빌라이저(안정바)
② T/R
③ 드라이브 샤프트
④ 마스트

해설

스테빌라이저(안정바) : 무인헬리콥터에서 주로터와 함께 회전면의 균형과 안정성을 높여 준다.

정답 046. ③ 047. ① 048. ③ 049. ③ 050. ①

무인비행장치(드론) 운용 ➡ 핵심 문제

051 회전익 비행장치가 제자리 비행 상태로부터 전진 비행으로 바뀌는 과도적인 상태는?
① 횡단류 효과
② 전이 비행
③ 자동 회전
④ 지면 효과

해설
전이 양력
회전익 계통의 효율 증대로 얻어지는 부가적인 양력으로 제자리 비행에서 전진 비행으로 전환 시 나타난다.

052 다음 중 무인비행장치 기본 구성 요소라 볼 수 없는 것은?
① 조종자와 지원인력
② 비행체와 조종기
③ 관제소 교신용 무전기
④ 임무 탑재 카메라

053 회전익 드론의 장점이 아닌 것은?
① 구조가 단순하고 부품 구성이 간단하다.
② 조종 및 제어가 용이하다.
③ 수직 이착륙 및 저고도 정지비행이 가능하다.
④ 양력을 이용하여 체공 시간이 길다.

해설
비행시간이 고정익 드론에 비하여 비교적 짧다.

054 무인항공기 시스템에서 비행체와 지상통제 시스템을 연결시켜 주어 지상에서 비행체를 통제 가능하도록 만들어 주는 장치는 무엇인가?
① 비행체
② 탑재 임무장비
③ 데이터 링크
④ 지상통제장비

해설
데이터 링크
비행체 상태의 정보, 비행체의 조종통제, 임무 탑재체가 획득하거나 수행한 정보 등의 전달에 요구되는 비행체와 지상 간의 무선통신요소이다.

055 무인항공 시스템의 지상지원장비로 볼 수 없는 것은?
① 발전기
② 비행체
③ 비행체 운반차량
④ 정비지원 차량

해설
비행체는 기본 장비에 속한다.

056 무인비행장치 탑재 임무장비(Payload)로 볼 수 없는 것은?
① 주간(EO) 카메라
② 데이터 링크 장비
③ 적외선(FLIR) 감시 카메라
④ 통신중계장비

해설
임무 탑재체 : 카메라, 합성구경레이더(SAR), 통신중계기, 무장 등의 임무 수행을 위해 비행체에 탑재되어는 임무 장비이다.

057 다음 중 무인비행장치(드론) 기본 구성 요소라 볼 수 없는 것은?
① 조종사와 지원 인력
② 비행체의 조종기
③ 관제소 교신용 무전기
④ 일부 탑재 카메라

정답 051. ② 052. ③ 053. ④ 054. ③ 055. ② 056. ② 057. ③

| 95

초경량비행장치 운용과 비행실습

해설

관제소 교신용 무전기는 무인비행장치(드론)의 기본 구성 요소라 볼 수 없다.

058 무인항공기 자동비행장치를 구성하는 기본 항공전자 시스템으로 볼 수 없는 것은?

① 자동비행컴퓨터(FCC, 자동비행)
② 레이저 및 초음파 센서(고도, 충돌방지)
③ GPS 시스템(위치, 고도)
④ 자이로 및 마그네틱 센서(자세, 방위각)

해설

레이저 및 초음파 등은 자동비행에 필수장치라 볼 수 없다.

059 무인비행장치 비행모드 중에서 자동복귀에 대한 설명으로 맞는 것은?

① 자동으로 자세를 잡아주면서 수평을 유지시켜주는 비행모드
② 자세제어에 GPS를 이용한 위치제어가 포함되어 위치와 자세를 잡아준다.
③ 설정된 경로에 따라 자동으로 비행하는 비행 모드
④ 비행 중 통신두절 상태가 발생했을 때 이륙 위치나 이륙 전 설정한 위치로 자동 복귀한다.

해설

GPS Mode : 자동으로 자세 및 위치를 인식하여 경로비행을 실시할 수 있는 모드로 조종기의 스틱에 기체의 속도가 비례한다. 스틱을 중립으로 유지시 동일한 위치에서 고정(호버링)된다. GPS가 장착된 드론의 경우 컴퓨터상의 내비게이션 프로그램을 이용하여 자동주행의 경로를 지정할 수 있다.

060 무인비행장치 비행모드 중에서 자동복귀 모드에 해당하는 설명이 아닌 것은?

① 이륙 전 임의의 장소를 설정할 수 있다.
② 이륙장소로 자동으로 되돌아 올 수 있다.
③ 수신되는 GPS 위성 수에 상관없이 설정할 수 있다.
④ Auto-land(자동착륙)과 Auto-hover (자동 제자리비행)을 설정할 수 있다.

해설

자동복귀모드(RHT) : 이륙 전에 GPS 위성숫자가 6개 이상인 상태에서 첫 번째 스로틀을 올리면 자동으로 그 좌표를 home 위치로 저장된다. 프로그램으로 auto-land(자동 착륙)와 auto-hover(자동 제자리비행)를 설정할 수 있다.

061 비행 중 GPS 에러 경고등이 점등되었을 때의 원인과 조치로 가장 적절한 것은?

① 건물 근처에서는 발생하지 않는다.
② 자세제어모드로 전환하여 자세제어 상태에서 수동으로 조종하여 복귀시킨다.
③ 마그네틱 센서의 문제로 발생한다.
④ GPS 신호는 전파 세기가 강하여 재밍의 위험이 낮다.

해설

GPS 에러가 발생하면 즉시 자세제어 모드로 전환하여 자세제어 상태에서 수동으로 조종하여 복귀시킨다.

062 무선주파수 사용에 대해서 무선국허가가 필요치 않은 경우는?

① 가시권 내의 산업용 무인비행장치는 미약주파수 대역을 사용할 경우
② 가시권 밖에 고출력 무선장비 사용시
③ 항공촬영 영상수신을 위해 5.8Ghz의 3W 고출력 장비를 사용할 경우
④ 원활한 운용자가 간 연락을 위해 고출력 산업용 무전기를 사용하는 경우

 058. ② 059. ④ 060. ③ 061. ② 062. ①

chapter 01 무인비행장치(드론) 운용 ▶ 핵심 문제

063 무인비행장치 운용 간 통신장비 사용으로 적절한 것은?
① 송수신 거리를 늘리기 위한 임의의 출력 증폭 장비를 사용
② 2.4Ghz주파수 대역에서는 미 인증된 장비를 마음대로 쓸 수 있다.
③ 영상송수신용은 5.8Ghz 대역의 장비는 미 인증된 장비를 쓸 수밖에 없다.
④ 무인기 제어용으로 국제적으로 할당된 주파수는 5030~5091Mhz이다.

🐮 해설
WRC에서 국제적으로 할당되었고, 국내에서도 할당되어 사용가능한 주파수 대역이다.

064 회전익 무인비행장치의 조종사가 비행 중 주의해야 하는 사항이 아닌 것은?
① 휴식장소
② 착륙장의 부유물
③ 비행지역의 장애물
④ 조종사 주변의 차량 접근

065 무인헬리콥터의 조종기를 장기간 사용하지 않을 경우 일반적인 관리요령이 아닌 것은?
① 보관온도에 상관없이 보관한다.
② 서늘한 곳에 장소 보관한다.
③ 배터리를 분리해서 보관한다.
④ 케이스에 보관한다.

🐮 해설
리튬폴리머 배터리는 저온에서 보관할 경우 성능이 저하되며, 고온에서 보관할 경우 폭발의 위험이 있다.

066 회전익무인비행장치의 비행 준비사항으로 적절하지 않은 것은?
① 기체 크기
② 기체 배터리 상태
③ 조종기 배터리 상태
④ 조종사의 건강 상태

🐮 해설
비행 전에 비행체, 조종기를 점검하고, 조종자의 건상이나 심리적인 상태도 확인해야 한다.

067 다음 중 비행 후 점검사항이 아닌 것은?
① 수신기를 끈다.
② 송신기를 끈다.
③ 기체를 안전한 곳으로 옮긴다.
④ 열이 식을 때까지 해당 부위는 점검하지 않는다.

068 회전익 무인비행장치 이착륙 지점으로 적합한 지역에 해당하지 않은 곳은?
① 모래먼지가 나지 않는 평탄한 농로
② 경사가 있으나 가급적 수평의 지점
③ 풍압으로 작물이나 시설물이 손상되지 않는 지역
④ 사람들이 접근하기 쉬운 지역

🐮 해설
사람들이 접근하기 쉬운 지역에서는 이착륙 지점으로 적합하지 않다.

069 무인회전익비행장치 비상절차로서 적절하지 않은 것은?
① 항상 비행 상태 경고등을 모니터하면서 조종해야 한다.
② GPS 경고등이 점등되면 즉시 자세모드로 전환하여 비행을 실시한다.
③ 제어시스템 고장 경고가 점등될 경우, 즉시 착륙시켜 주변 피해가 발생하지 않도록 한다.

정답 063. ④ 064. ① 065. ① 066. ① 067. ① 068. ④ 069. ④

초경량비행장치 운용과 비행실습

④ 이상이 발생하면 안전한 장소를 찾아 비스듬히 하강 착륙시킨다.

해설

무인비행장치는 이상이 발생하면, 이상이 있는 사태에서 안전지대로 이동시키기 보다는, 크게 파손될 상황이 아니면 바로 직하방으로 하강 착륙시키는 것이 항전장비들의 2차 고장에 따른 이상 비행으로 인한 추가적인 주변 피해를 최소화하는 방안이다.

070 회전익 무인비행장치 이륙 절차로서 적절하지 않은 것은?

① 비행 전 각 조종부의 작동점검을 실시한다.
② 시동이 걸리면 바로 고도로 상승시켜 불필요한 연료 낭비를 줄인다.
③ 이륙은 수직으로 천천히 상승시킨다.
④ 제자리비행 상태에서 전후, 좌우 작동 점검을 실시한다.

해설

시동 후 GPS, 센서 등 설정과 엔진, 구동부의 예열하여 충분한 작동 준비상태가 될 때까지 아이들링(idling) 작동을 한 후에 이륙을 실시한다.

071 회전익 무인비행장치의 이륙 절차로서 적절한 것은?

① 숙달된 조종자의 경우 비행체와 안전거리는 적당히 줄여서 적용한다.
② 시동 후 준비 상태가 될 때까지 아이들 작동을 한 후에 이륙을 실시한다.
③ 장애물들을 피해 측면비행으로 이륙과 착륙을 실시한다.
④ 비행 상태 등은 필요할 때만 모니터하면 된다.

해설

안전거리는 누구나 반드시 지켜야 하며, 회전익 비행장치는 수직으로 이륙과 착륙을 실시하는 것이 안전하며, 비행경고 장치는 항상 모니터링 하면서 비행을 실시해야 한다.

072 초경량비행장치의 외부 점검을 하면서 프로펠러 위에 서리를 발견하였다면?

① 이, 착륙에 무관하므로 정상적인 절차를 수행한다.
② 프로펠러를 두껍게 하므로 양력을 증가시키는 요소가 되어 그냥 둔다.
③ 착륙과 관계없으므로 비행 중 제거되지 않으면 제거될 때까지 비행한다.
④ 프로펠러의 양력 감소를 유발하기 때문에 비행 전에 반드시 제거한다.

해설

프로펠러 위에 서리는 발견 즉시 반드시 제거한다.

073 초경량비행장치 중 프로펠러가 4개인 멀티콥터를 무엇이라 부르는가?

① 헥사콥터   ② 옥토콥터
③ 쿼드콥터   ④ 트라이콥터

해설

로터(프로펠러)의 숫자에 따라 듀얼콥터(2개), 쓰리콥터(3개), 쿼드콥터(4개), 헥사콥터(6개), 옥토콥터(8개) 등으로 구분한다.

074 조종기 관리법으로 적당하지 않은 것은 어느 것인가?

① 조종기는 하루에 한번씩 체크를 한다.
② 조종기 점검은 비행 전 시행을 한다.
③ 조종기 장기 보관 시 베터리 커넥터를 분리한다.
④ 조종기는 22~28c 상온에서 보관한다.

해설

조종기 점검은 비행 전 시행을 한다.

 070. ② 071. ② 072. ④ 073. ③ 074. ①

무인비행장치(드론) 운용 ➡ 핵심 문제   chapter 01

075 멀티콥터가 언제 제일 열이 많이 발생하는가?
① 무거운 짐을 많이 실었을 때
② 기온이 30도 이상일 때
③ 착륙할 때
④ 조종기에서 조작키를 잡고 있을 때

076 비행 전 점검사항에 해당되지 않는 것은 어느 것인가?
① 조정기 외부 깨짐을 확인
② 보조 조종기의 점검
③ 배터리 충전 상태 확인
④ 기체 각 부품의 상태 및 파손 확인

077 무인 멀티콥터가 이륙할 때 필요 없는 장치는 무엇인가?
① 모터   ② 변속기
③ 배터리   ④ GPS

078 무인 멀티곱터의 위치를 제어하는 부품?
① GPS   ② 온도감지계
③ 레이저센서 ④ 자이로

 해설
GPS : 위도 및 경도뿐만 아니라 고도까지 측정 가능

079 멀티콥터 착륙지점으로 바르지 않는 것은?
① 고압선이 없고 평평한 지역
② 바람에 날아가는 물체가 없는 평평한 지역
③ 평평한 해안지역
④ 평평하면서 경사진 곳

080 조종기를 장기간 사용하지 않을 시 보관 방법으로 옳은 것은 어느 것인가?
① 케이스에 보관을 한다.
② 장기간 보관 시 배터리 커넥터를 분리한다.
③ 방전 후에 사용을 할 수 있다.
④ 온도에 상관없이 보관한다.

081 배터리 사용 시 주의사항으로 틀린 것은 어느 것인가?
① 매 비행 시마다 배터리를 완충시켜 사용한다.
② 정해진 모델의 전용 충전기만 사용한다.
③ 비행 시 저전력 경고가 표시될 때 즉시 복귀 및 착륙시킨다.
④ 배부른 배터리를 깨끗이 수리해서 사용한다.

해설
배부른 배터리는 폐기 처리한다.

082 드론 하강 시 조작해야 할 조종기의 레버는 어느 것인가?
① 엘리베이터
② 스로틀
③ 에일러론
④ 리터

083 멀티콥터 제어장치가 아닌 것은 어느 것인가?
① GPS
② FC
③ 제어컨트롤
④ 프로펠러

정답 075. ① 076. ② 077. ④ 078. ① 079. ④ 080. ② 081. ④ 082. ② 083. ④

초경량비행장치 운용과 비행실습

> **해설**
> ① FC(Flight control) : 모든 자동비행제어
> ② GPS : 위치에 고도정보
> ③ ESC(변속기) : 배터리의 전기를 조절하여 모터 속도조절제어
> ④ 마트네틱 센서 : 방위각 측정

084 모터의 설명 중 맞는 것은 어느 것인가?
① BLDC 모터는 브러시가 있는 모터이다.
② DC 모터는 BLDC 모터보다 수명이 짧다.
③ DC 모터는 영구적으로 사용할 수 없는 단점이 있다.
④ BLDC 모터는 변속기가 필요 없다.

085 멀티콥터의 무게 중심은 어느 곳에 위치하는가?
① 전진 모터의 뒤쪽
② 후진 모터의 뒤쪽
③ 기체의 중심
④ 래딩 스키드 뒤쪽

086 동체의 좌우 흔들림을 잡아주는 센서는?
① 자이로 센서   ② 자자계 센서
③ 기압 센서   ④ GPS

> **해설**
> ① 자이로 센서 : 자세를 측정
> ② 자자계 센서 : 자구의 자기장을 측정하고 측정된 값에 따라 자북(방향감지)을 측정(나침반 표시)
> ③ 기압 센서 : 고도와 속도 측정

087 드론을 우측으로 이동을 할 때 각 모터의 형태를 바르게 설명한 것은?
① 오른쪽 프로펠러의 힘이 약해지고 왼쪽 프로펠러의 힘이 강해진다.
② 왼쪽 프로펠러의 힘이 약해지고 오른쪽 프로펠러의 힘이 강해진다.
③ 왼쪽, 오른쪽 각각의 로터가 전체적으로 강해진다.
④ 왼쪽, 오른쪽 각각의 로터가 전체적으로 약해진다.

088 초경량비행장치 운항할 때 거리 등을 계산해서 운항하는 항법은 무엇인가?
① 지문항법   ② 위성항법
③ 추측항법   ④ 무선항법

089 다음 항법 방법 중 초경량비행장치가 이용하기에 적합한 것은?
① 천문항법   ② 지문항법
③ 추측항법   ④ 무선항법

090 기체가 움직이는 동안 추력이 발생하는데 비틀림과 속도제어에 사용되는 센서는?
① 자이로 센서
② 엑셀레이터 센서
③ 온도 센서
④ 기압 센서

091 초경량비행장치 비행 전 조정기 테스트로 적당한 것은 어느 것인가?
① 기체와 30m 떨어져서 레인지 모드로 테스트한다.
② 기체와 100m 떨어져서 일반 모드로 테스트한다.
③ 기체 바로 옆에서 테스트를 한다.
④ 기체를 이륙해서 조정기를 테스트를 한다.

정답 084. ③ 085. ③ 086. ① 087. ① 088. ③ 089. ② 090. ② 091. ①

무인비행장치(드론) 운용 ➡ 핵심 문제

092 기체가 좌우가 불안할 경우 조정기의 조작을 어떻게 해야 하는가?
① 에일러론을 조작한다.
② 조정기의 전원을 ON, OFF한다.
③ 스로틀을 조작한다.
④ 리더를 조작한다.

093 무인 멀티콥터가 비행할 수 없는 것은 어느 것인가?
① 전진비행 ② 후진비행
③ 회전비행 ④ 배면비행

094 멀티콥터 운영도중 비상사태가 발생 시 가장 먼저 조치해야 할 사항은?
① 육성으로 주위 사람들에게 큰 소리로 위험을 알린다.
② 에티모드로 전환하여 조정을 한다.
③ 가장 가까운 곳으로 비상 착륙을 한다.
④ 사람이 없는 안전한 곳에 착륙을 한다.

095 농업용 무인회전익 비행장치 비행 전 점검할 내용으로 맞지 않은 것은?
① 기체이력부에서 이전 비행기록과 이상 발생 여부는 확인할 필요가 없다.
② 연료 또는 배터리의 만충 여부를 확인한다.
③ 비행체 외부의 손상 여부를 육안 및 촉수 점검한다.
④ 전원 인가 상태에서 각 조종 부위의 작동 점검을 실시한다.

> **해설**
> 기체이력부에서 이전 비행기록과 이상 발생 여부를 확인한다.

096 멀티콥터가 쓰는 엔진으로 맞는 것은?
① 전기모터 ② 가솔린
③ 로터리엔진 ④ 터보엔진

097 무인멀티콥터의 기수를 제어하는 부품?
① 지자계센서 ② 온도
③ 레이저 ④ GPS

098 무인비행장치 운용에 따라 조종자가 작성할 문서가 아닌 것은?
① 비행훈련기록부
② 항공기 이력부
③ 조종자 비행기록부
④ 정기검사 기록부

099 터널 속 GPS 미작동 시 이용하는 항법은?
① 지문항법
② 추측항법
③ 관성항법
④ 무선항법

100 멀티콥터의 비행모드가 아닌 것은 어느 것인가?
① GPS모드
② 에티모드
③ 수동모드
④ 고도제한모드

101 멀티콥터 프로펠라 피치가 1회전 시 측정할 수 있는 것은 무엇인가?
① 속도 ② 거리
③ 압력 ④ 온도

정답 092.③ 093.④ 094.① 095.① 096.① 097.① 098.④ 099.② 100.④ 101.②

초경량비행장치 운용과 비행실습

102 비상착륙 시 알맞지 않은 것은?
① 논 ② 간헐지
③ 웅덩이 ④ 해안선

103 무인비행장치 조종자로서 갖추어야 할 소양이라 할 수 없는 것은?
① 정신적 안정성과 성숙도
② 정보처리 능력
③ 급함과 다혈질적 성격
④ 빠른 상황판단 능력

104 조종자가 방제작업 비행 전에 점검할 항목과 거리가 먼 것은?
① 살포구역, 위험장소, 장애물의 위치확인
② 풍향, 풍속 확인
③ 지형, 건물 등이 확인
④ 주차장 위치 및 주변 고속도로 교통량의 확인

105 현재 잘 사용하지 않는 배터리의 종류는 어느 것인가?
① Li-Po ② Li-Ch
③ Ni-MH ④ Ni-Cd

106 배터리를 떼어낼 때의 순서는?
① 아무거나 무방하다.
② 동시에 떼어낸다.
③ +극을 먼저 떼어낸다.
④ -극을 먼저 떼어낸다.

🐾 해설
첫 번째로 -극을 먼저 떼어낸다.

107 리튬폴리머 배터리 보관 시 주의사항이 아닌 것은?
① 더운 날씨에 차량에 배터리를 보관하지 않으며 적합한 보관 장소의 온도는 22℃~28℃이다.
② 배터리를 낙하, 충격, 쑤심 또는 인위적으로 합선시키지 말 것
③ 손상된 배터리나 전력수준이 50% 이상인 상태에서 배송하지 말 것
④ 화로나 전열기 등 열원주변처럼 따뜻한 장소에 보관

🐾 해설
열원 주변에 보관하면 위험하다.

108 리튬폴리머 (Li-Po) 배터리 취급보관방법으로 부적절한 것은?
① 배터리가 부풀거나, 누유 또는 손상된 상태일 경우에는 수리하여 사용한다.
② 빗속이나 습기가 많은 장소에 보관하지 말아야 한다.
③ 정격 용량 및 장비별 지정된 정품 배터리를 사용해야 한다.
④ 배터리는 -10℃~40℃의 온도 범위에서 사용한다.

🐾 해설
부풀거나 누유 또는 손상된 상태일 경우에는 폐기해야 한다.

109 리튬폴리머(Li-Po) 배터리 취급에 대한 설명으로 올바른 것은?
① 폭발위험이나 화재 위험이 적어 충격에 잘 견딘다.
② 50℃ 이상의 환경에서 사용될 경우 효율이 높아진다.

 정답 102.③ 103.③ 104.④ 105.② 106.④ 107.④ 108.① 109.④

③ 수중에 장비가 추락했을 경우에는 배터리를 잘 닦아서 사용한다.
④ -10℃ 이하로 사용될 경우 영구히 손상되어 사용불가 상태가 될 수 있다.

해설
① 폭발위험이나 화재 위험이 높고 충격에 약하다.
② 50℃ 이상의 환경에서 사용될 경우 폭발의 위험이 있다.
③ 안전한 개방된 곳에서 건조시키고 안전거리를 유지한다.

110 리튬폴리머배터리의 보관방법으로 적절한 것은?
① 뜨거운 곳이나 직사광선등 열이 잘 발생하는 곳에 보관한다.
② 자동차 안에 보관한다.
③ 화재폭발의 위험이 있으므로 밀폐용기에 보관한다.
④ 아무 곳이나 보관해도 상관없다.

해설
밀폐가방에 보관한다.

111 리튬폴리머 배터리 소금물을 이용한 폐기방법 중 틀린 것은?
① 대야에 물을 받고 소금을 한두 줌 넣어 소금물을 만든다.
② 배터리전원플러그가 소금물에 잠기지 않게 담근다.
③ 배터리에서 기포가 올라온다. 기포는 유해하므로 환기가 잘 되는 곳에서 한다.
④ 하루 정도 경과한 뒤 기포가 더 이상 나오지 않으면 완전방전된 것이므로 폐기한다.

해설
대야(큰 그릇)에 물과 소금 한두 줌 정도 넣고 소금물에 완전히 담가 완전 방전(하루 정도 지난) 후 폐기시킨다.

112 다음 중 메모리 효과가 있는 배터리는 어느 것인가?
① 리튬폴리머(Li-Po)배터리
② 납축전지(연축전지)(Pb)
③ 니켈카드뮴(Ni-Cd)배터리
④ 리튬인산철(A123)배터리(Li-FePO$_4$)

해설
리튬폴리머(Li-Po)배터리는 메모리 효과가 있는 배터리이다.

113 다음 중 2차 전지에 속하지 않는 배터리는?
① 리튬폴리머(Li-Po)배터리
② 니켈수소(Ni-MH)배터리
③ 니켈카드뮴(Ni-Cd)배터리
④ 알카라인 전지

해설
충전이 안 되는 전지를 1차 전지라고 하고 충전이 가능한 전지는 2차 전지라고 부르는데, 2차 전지에는 예전에 많이 사용되던 Ni-Cd(니켈카드뮴), Ni-MH(니켈수소)전지로 공통적으로 니켈과 리튬이 포함되어 있다.

114 리튬폴리머배터리의 장점으로 틀린 것은?
① 같은 크기에 비해 더 큰 용량(에너지저장 밀도가 크다.)
② 높은 전압을 가진다.
③ 중금속을 사용한다.
④ 다양한 형상의 설계가 가능하다.

정답 110. ③ 111. ② 112. ① 113. ④ 114. ③

> **해설**
> - 단점 : 리튬이온보다 용량이 작고 수명이 짧다.
> - 장점 : 리튬이온보다 안전하고 가볍다.

115 회전익무인비행장치의 기체 및 조종기의 배터리 점검사항 중 틀린 것은?

① 조종기에 있는 배터리 연결단자의 헐거워지거나 접촉 불량 여부를 점검한다.
② 기체의 배선과 배터리와의 고정 볼트의 고정 상태를 점검한다.
③ 배터리가 부풀어 오른 것을 사용하여도 문제 없다.
④ 기체 배터리와 배선의 연결부위의 부식을 점검한다.

> **해설**
> 부풀어 오른 배터리는 사용해서는 안 된다.

116 비행 중 조종기의 배터리 경고음이 울렸을 때 취해야 할 행동은?

① 즉시 기체를 착륙시키고 엔진 시동을 정지시킨다.
② 경고음이 꺼질 때까지 기다려본다.
③ 재빨리 송신기의 배터리를 예비 배터리로 교환한다.
④ 기체를 원거리로 이동시켜 제자리 비행으로 대기한다.

> **해설**
> 송신기 배터리 경고음이 울리면 가급적 빨리 복귀시켜 엔진을 정지 후 조종기 배터리를 교체한다.

117 리튬폴리머 배터리 사용상의 설명으로 적절한 것은?

① 비행 후 배터리 충전은 상온가지 온도가 내려간 상태에서 실시한다.
② 수명이 다 된 배터리는 그냥 쓰레기들과 같이 버린다.
③ 여행 시 배터리는 화물로 가방에 넣어서 운반이 가능하다.
④ 가급적 전도성이 좋은 금속 탁자 등에 두어 보관한다.

> **해설**
> ② 완전히 방전시킨 후 특별히 정해진 재활용 박스에 버린다.
> ③ 여행 시 비행기 화물로는 운송할 수 없으며, 기내 화물로 2개까지 보유 가능하다.
> ④ 가급적 전도성이 좋은 금속 탁자 등에 두어서는 안 된다.

118 초경량무인비행장치 배터리의 종류가 아닌 것은?

① 니켈카드늄(Ni-Ca)
② 니켈(메탈)수소
③ 니켈아연(Ni-Zi)
④ 니켈폴리머(Ni-Po)

> **해설**
> 니켈폴리머가 아니고 리튬폴리머(Li-Po)이다.

119 배터리를 오래 효율적으로 사용하는 방법으로 적절한 것은?

① 충전기는 정격 용량이 맞으면 여러 종류 모델 장비를 혼용해서 사용한다.
② 10일 이상 장기간 보관할 경우 100% 만충시켜서 보관한다.
③ 매 비행 시마다 배터리를 만충시켜 사용한다.
④ 충전이 다 된 경우도 배터리를 계속 충전기에 걸어 놓아 자연 방전을 방지한다.

> **해설**
> ① 충전기는 가급적 전용 충전기를 사용한다.

 정답 115. ③ 116. ① 117. ① 118. ④ 119. ③

② 10일 이상 장기간 보관할 경우 50% 전·후 방전시켜 보관한다.
④ 충전이 다 된 경우 충전기에서 분리해서 보관한다.

120 배터리를 장기 보관할 때 적절하지 않은 것은 무엇인가?

① 4.2V로 완전 충전해서 보관한다.
② 상온 15도~28도에서 보관한다.
③ 밀폐된 가방에서 보관한다.
④ 화로나 전열기 등 뜨거운 곳에 보관하지 않는다.

해설
배터리를 장기 보관할 때 완전 충전하지 않는다(50% 전·후 충전).

정답 120. ①

Chapter 02

항공관련 법규

2.1 — 목적 및 용어의 정리
2.2 — 항공안전법의 목적 및 용어의 정리
2.3 — 항공안전 자율보고 및 금지행위
2.4 — 신고 및 관리
2.5 — 시험비행허가
2.6 — 안전성 인증
2.7 — 조종자 증명
2.8 — 전문교육기관의 지정
2.9 — 초경량비행장치 비행승인
2.10 — 초경량비행장치 사업
2.11 — 초경량비행장치 사고
2.12 — 초경량비행장치 보험 및 벌칙(과태료)
2.13 — 공역

항공관련 법규

2.1 목적 및 용어의 정리

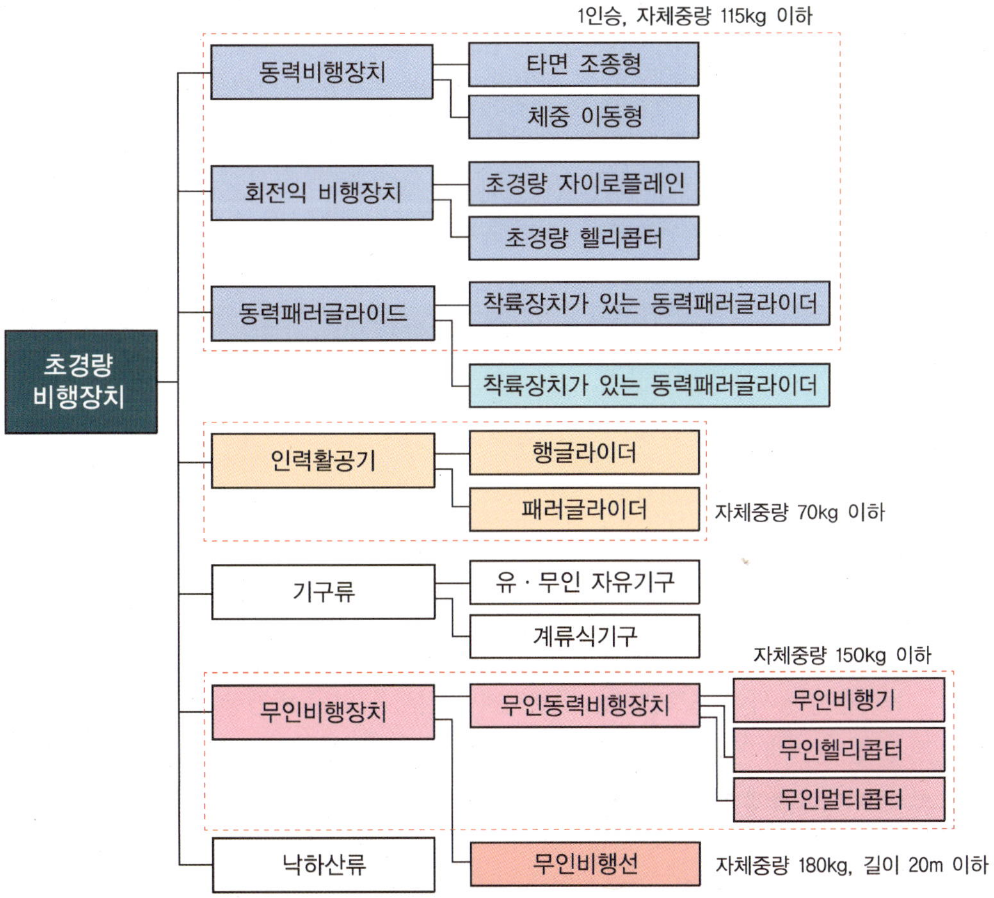

```
                                            1인승, 자체중량 115kg 이하
                    ┌─ 동력비행장치 ──┬─ 타면 조종형
                    │                └─ 체중 이동형
                    │
                    ├─ 회전익 비행장치 ─┬─ 초경량 자이로플레인
                    │                  └─ 초경량 헬리콥터
                    │
                    ├─ 동력패러글라이드 ─┬─ 착륙장치가 있는 동력패러글라이더
   초경량            │                  └─ 착륙장치가 있는 동력패러글라이더
   비행장치 ─────────┤
                    ├─ 인력활공기 ──┬─ 행글라이더
                    │              └─ 패러글라이더       자체중량 70kg 이하
                    │
                    ├─ 기구류 ──┬─ 유·무인 자유기구
                    │          └─ 계류식기구
                    │                                   자체중량 150kg 이하
                    ├─ 무인비행장치 ─┬─ 무인동력비행장치 ─┬─ 무인비행기
                    │                │                   ├─ 무인헬리콥터
                    │                │                   └─ 무인멀티콥터
                    │                │
                    │                └─ 무인비행선       자체중량 180kg, 길이 20m 이하
                    │
                    └─ 낙하산류
```

【 초경량장치의 분류 】

1 초경량동력비행장치의 정의

항공에 사용할 수 있는 기기 중 동력을 사용하는 것을 초경량동력비행장치(이하 "비행장치"라 칭함)라 한다. 이를 다시 운용 목적상 구분하여 취미생활에 사용되는 것을 동력비행장치라 한다. 주로 취미생활을 목적으로 하는 기기인 이 비행장치를 상용 항공기와 동일한 규칙과 기준을 적용한다면 취미활동의 발전에 저해가 되므로 형식승인 또는 인정, 생산품 품질인증, 감항성 유지 등의 상용 항공기 기준이 아닌 최소한의 안전기준만을 요구하고 있다. 그러나 상용 항공기의 비행안전성을 확보하기 위하여 강제하는 규정과 기준에서 벗어나 자발적인 안전 확보를 기대하는 비행장치는 이와 반대로 어느 정도는 위험에 노출되어 있다고 보아야 하며 비행장치를 사용하여 비행을 하고자 하는 조종사는 스스로 안전을 확보하기 위한 노력에 최선을 다하여야 한다.

2 초경량비행체란

항공기와 경량항공기 외에 공기의 반작용으로 뜰 수 있는 장치로서 자체중량, 좌석 수 등 국토교통부령으로 정하는 기준에 해당하는 동력비행장치, 행글라이더, 패러글라이더, 기구류 및 무인비행장치 등을 말한다(항공안전법 제2조).

• 비행체 구분

구 분	항공기	경량항공기	초경량비행체
무 게	600kg 이상	115~600kg	115kg 이하
좌석수	제한 없음	2인승 이하	1인승 이하
종 류	비행기, 비행선, 활공기, 회전익항공기	조종형 비행기, 회전익 경량항공기	동력비행장치, 행글라이더, 패러글라이더, 기구 및 무인비행장치

(1) 동력비행장치

동력을 이용하여 프로펠러를 회전시켜 추진력을 얻는 비행장치로서 착륙장치가 장착된 고정익(날개가 움직이지 않는) 비행장치를 말하며, 자체중량이 115킬로그램 이하이고 좌석이 1개에 해당된다.

(2) 행글라이더

행글라이더는 가벼운 알루미늄합금 골조에 질긴 나일론 천을 씌운 활공기로서, 쉽게 조립하고, 분해할 수 있으며, 70킬로그램 이하로서 체중 이동, 타면조종 등의 방법으로 조종하는 비행장치이다.

① 타면조종형 : 현재 국내에 가장 많이 있는 종류로서, 무게 및 연료용량이 제한되어 있을 뿐 구조적으로 일반 항공기와 거의 같다고 할 수 있으며, 조종면, 동체, 엔진, 착륙장치의 4가지로 이루어져 있다.

② 체중이동형 : 활공기의 일종인 행글라이더를 기본으로 발전해 왔으며, 높은 곳에서 낮은 곳으로 활공할 수밖에 없는 단점을 개선하여 평지에서도 이륙할 수 있도록 행글라이더에 엔진을 부착하여 개발하였다. 체중을 이동하여 비행장치의 방향을 조종한다.

(3) 패러글라이더

낙하산과 행글라이더의 특성을 결합한 것으로 낙하산의 안정성, 분해, 조립, 운반의 용이성과 행글라이더의 활공성, 속도성을 장점으로 가지고 있으며, 자체중량이 70킬로그램 이하로서 날개에 부착된 줄을 이용하여 조종하는 비행장치이다.

【 타면조종형 】

【 체중이동형 】

【 행글라이더 】

【 패러글라이더 】

【 유인자유기구 】

【 계류식기구 】

【 동력패러글라이더 】

(4) 기구류

기체의 성질·온도차 등을 이용하는 다음의 비행장치이다.

① 유인자유기구 : 기구란, 기체의 성질이나 온도차 등으로 발생하는 부력을 이용하여 하늘로 오르는 비행장치이다. 기구는 비행기처럼 자기가 날아가고자 하는 쪽으로 방향을 전환하는 그런 장치가 없다. 한번 뜨면 바람 부는 방향으로만 흘러 다니는, 그야말로 풍선이다. 같은 기구라 하더라도 운용목적에 따라 계류식 기구와 자유기구로 나눌 수 있는데, 비행훈련 등을 위해 케이블이나 로프를 통해서 지상과 연결하여 일정고도 이상 오르지 못하도록 하는 것을 계류식 기구라고 하고, 이런 고정을 위한 장치 없이 자유롭게 비행하는 것을 자유기구라고 한다.

② 무인자유기구 : 사람이 탑승하지 않고 공기보다 가볍고 동력이 없이 자유롭게 비행하는 기구

③ 계류식(繫留式) 기구 : 열기구, 가스기구 등이 있다.

(5) 동력패러글라이더

낙하산류에 추진력을 얻는 장치를 부착한 비행장치이다. 조종자의 등에 엔진을 매거나, 패러글라이더에 동체(Trike)를 연결하여 비행하는 2가지 타입이 있으며, 조종 줄을 사용하여 비행장치의 방향과 속도를 조종한다. 높은 산에서 평지로 뛰어내리는 것에 비해 낮은 평지에서 높은 곳으로 날아올라 비행을 즐길 수 있다. 착륙장치가 있는 것으로서 좌석이 1개이고 자체중량이 115kg 이하인 것이다.

(6) 낙하산류

항력(抗力)을 발생시켜 대기(大氣) 중을 낙하하는 사람 또는 물체의 속도를 느리게 하는 비행장치이다.

(7) 회전익 비행장치

고정익 비행장치와는 달리 1개 이상의 회전익을 이용하여 양력을 얻는 비행장치를 말한다. 즉 고정익의 경우는 날개가 고정되어 있고 비행장치가 전진하여 생기는 공기속도로 양력을 발생시키는 반면, 회전익의 경우 비행장치가 정지되어 있더라도 날개를 회전시켜 발생하는 상대속도를 이용하여 양력을 얻을 수 있는 것이다.

【 낙하산류 】

【 초경량 헬리콥터 】

① 초경량 헬리콥터 : 일반 항공기의 헬리콥터와 구조적으로 같지만, 무게 및 연료 용량의 제한을 받는다. 엔진을 이용하여 동체 위에 있는 주회전 날개를 회전시킴으로써 양력을 발생시키고, 주회전날개의 회전면을 기울여 양력이 발생하는 방향을 변화시키면 앞으로 전진할 수 있는 추진력도 발생된다.

② 초경량 자이로플레인 : 고정익과 회전익의 조합형이라고 할 수 있으며 공기력 작용에 의하여 회전하는 1개 이상의 회전익에서 양력을 얻는 비행장치를 말한다. 자이로플레인은 동력을 프로펠러에 전달하여 추력을 얻게 되고 비행장치가 전진함에 따라 공기가 아래에서 위로 흐르면서 주회전 날개를 회전시켜 양력을 얻는다.

【 초경량 자이로플레인 】

(8) 무인비행장치

사람이 탑승하지 아니하는 것으로서 다음의 비행장치로 무인동력비행장치는 연료의 중량을 제외한 자체중량이 150킬로그램 이하인 무인비행기, 무인헬리콥터 또는 무인멀티콥터이고, 무인비행선는 연료의 중량을 제외한 자체중량이 180킬로그램 이하이고 길이가 20미터 이하인 무인비행선이다.

① 무인비행기 : 사람이 타지 않고 무선통신장비를 이용하여 조종하거나, 내장된 프로그램에 의해 자동으로 비행하는 비행체로써, 구조적으로 일반 항공기와 거의 같고, 레저용으로 쓰이거나, 정찰, 항공촬영, 해안 감시 등에 활용되고 있다.

② 무인헬리콥터 : 사람이 타지 않고 무선통신장비를 이용하여 조종하거나, 내장된 프로그램에 의해 자동으로 비행하는 비행체로써, 구조적으로 일반 회전익항공기와 거의 같고, 항공촬영, 농약살포 등에 활용되고 있다.

③ 무인멀티콥터 : 사람이 타지 않고 무선통신장비를 이용하여 조종하거나, 내장된 프로그램에 의해 자동으로 비행하는 비행체로써, 구조적으로 헬리콥터와 유사하나 양력을 발생하는 부분이 회전익이 아니라 프로펠러 형태이며, 각 프로펠러의 회전수를 조정하여 방향 및 양력을 조정한다. 사용처는 항공촬영, 농약살포 등에 널리 활용되고 있다.

④ 무인비행선 : 가스기구와 같은 기구비행체에 스스로의 힘으로 움직일 수 있는 추진 장치를 부착하여 이동이 가능하도록 만든 비행체이며 추진 장치는 전기식 모터, 가솔린 엔진 등이 사용되며 각종 행사 축하비행, 시범비행, 광고에 많이 쓰인다.

【 무인멀티콥터 】

【 무인비행선 】

2.2 항공안전법의 목적 및 용어의 정리

1 항공안전법의 목적

「국제민간항공협약」 및 같은 협약의 부속서에서 채택된 표준과 권고되는 방식에 따라 항공기, 경량항공기 또는 초경량비행장치가 안전하게 항행하기 위한 방법을 정함으로써 생명과 재산을 보호하고, 항공기술 발전에 이바지함을 목적으로 한다(항공안전법 제1조).

2 항공안전정보

(1) 우리나라의 항공정보 관리

ICAO 이사회에서는 1953년 5월 ICAO Annex 15 Aeronautical Information Services를 채택, 이에 따라 우리나라는 국토해양부 항공안전본부에서 대한민국 전 영토와 인천비행정보구역을 포함한 해상공역에 대하여 정보수집 및 전파에 책임을 지고 항공기의 안전, 규칙과 국내·외 항공항행을 위해 필요한 정보교류업무를 수행하고 있다.

① 항공정보간행물(AIP : Aeronautical Information Publication) : 우리나라 항공정보간행물은 한글과 영어로 된 단행본으로 발간되며 국내에서 운항되는 모든 민간항공기의 능률적이고 안전한 운항을 위하여 영구성 있는 항공정보를 수록한다.

② 항공정보간행물 보충판(AIP SUP) : 장기간의 일시변경(3개월 또는 그 이상)과 내용이 광범위하고 도표 등이 포함된 운항에 중대한 영향을 끼칠 수 있는 정보를 항공정보간행물 황색용지를 사용하여 보충판으로 발간한다.

③ 항공정보 회람(AIC : Aeronautical Information Circular) : 항공정보회람은 AIP나 NOTAM으로 전파될 수 없는 주로 행정사항에 관한 다음의 항공정보를 제공한다.
- 법령, 규정, 절차 및 시설 등의 주요한 변경이 장기간 예상되거나 비행기 안전에 영향을 받는다.
- 기술, 법령 또는 순수한 행정사항에 관한 설명과 조언의 정보 통지한다.
- 매년 새로운 일련번호를 부여하고 최근 유효한 대조표는 1년에 한 번씩 발행한다.

④ AIRAC(Aeronautical Information Regulation & Control) : 운영방식에 대한 변경을 필요로 하는 사항을 공통된 발효일자를 기준하여, 사전 통보하기 위한 체제(및

관련 항공고시보)를 의미하는 약어이다.

⑤ 항공고시보(NOTAM) : 직접 비행에 관련 있는 항공 정보(일시적인 정보, 사전 통고를 요하는 정보, 항공정보간행물에 수록되어야 할 사항으로서 시급한 전달을 요하는 정보)를 전달하고자 할 때 매월 초순에 발행한다.
- 정의 : 비행운항에 관련된 종사자들에게 반드시 적시에 인지하여야 하는 항공시설, 업무, 절차 또는 위험의 신설, 운영 상태 또는 그 변경에 관한 정보를 수록하여 전기통신 수단에 의하여 배포되는 공고문을 말한다.
- 기간 : 3개월 이상 유효해서는 안 된다. 만일 공고되어지는 상황이 3개월을 초과할 것으로 예상되어진다면, 반드시 항공정보간행물 보충판으로 발간되어져야 한다.

3 항공정보의 제공

(1) 국토교통부장관은 항공기 운항의 안전성·정규성 및 효율성을 확보하기 위하여 필요한 정보(이하 "항공정보"라 한다)를 비행정보구역에서 비행하는 사람 등에게 제공하여야 한다.
(2) 국토교통부장관은 항공로, 항행안전시설, 비행장, 공항, 관제권 등 항공기 운항에 필요한 정보가 표시된 지도(이하 "항공지도"라 한다)를 발간(發刊)하여야 한다.
(3) 항공정보 또는 항공지도의 내용, 제공방법, 측정단위 등에 필요한 사항은 국토교통부령으로 정한다.

4 용어의 정의

(1) "항공기"란 공기의 반작용(지표면 또는 수면에 대한 공기의 반작용은 제외한다. 이하 같다)으로 뜰 수 있는 기기로서 최대이륙중량, 좌석 수 등 국토교통부령으로 정하는 기준에 해당하는 다음의 기기와 그 밖에 대통령령으로 정하는 기기를 말한다.
① 비행기
② 헬리콥터
③ 비행선
④ 활공기(滑空機)
(2) "경량항공기"란 항공기 외에 공기의 반작용으로 뜰 수 있는 기기로서 최대이륙중량, 좌석 수 등 국토교통부령으로 정하는 기준에 해당하는 비행기, 헬리콥터, 자이로플

레인(Gyroplane) 및 동력패러슈트(Powered Parachute) 등을 말한다.
(3) "초경량비행장치"란 항공기와 경량항공기 외에 공기의 반작용으로 뜰 수 있는 장치로서 자체중량, 좌석 수 등 국토교통부령으로 정하는 기준에 해당하는 동력비행장치, 행글라이더, 패러글라이더, 기구류 및 무인비행장치 등을 말한다.
(4) "국가기관등항공기"란 국가, 지방자치단체, 그 밖에 「공공기관의 운영에 관한 법률」에 따른 공공기관으로서 대통령령으로 정하는 공공기관(이하 "국가기관등"이라 한다)이 소유하거나 임차(賃借)한 항공기로서 다음의 어느 하나에 해당하는 업무를 수행하기 위하여 사용되는 항공기를 말한다. 다만, 군용·경찰용·세관용 항공기는 제외한다.
   ① 재난·재해 등으로 인한 수색(搜索)·구조
   ② 산불의 진화 및 예방
   ③ 응급환자의 후송 등 구조·구급활동
   ④ 그 밖에 공공의 안녕과 질서유지를 위하여 필요한 업무
(5) "항공업무"란 다음의 어느 하나에 해당하는 업무를 말한다.
   ① 항공기의 운항(무선설비의 조작을 포함한다) 업무(항공기 조종연습은 제외한다)
   ② 항공교통관제(무선설비의 조작을 포함한다) 업무(항공교통관제연습은 제외한다)
   ③ 항공기의 운항관리 업무
   ④ 정비·수리·개조(이하 "정비 등"이라 한다)된 항공기·발동기·프로펠러(이하 "항공기 등"이라 한다), 장비품 또는 부품에 대하여 안전하게 운용할 수 있는 성능(이하 "감항성"이라 한다)이 있는지를 확인하는 업무
(6) "항공기사고"란 사람이 비행을 목적으로 항공기에 탑승하였을 때부터 탑승한 모든 사람이 항공기에서 내릴 때까지[사람이 탑승하지 아니하고 원격조종 등의 방법으로 비행하는 항공기(이하 "무인항공기"라 한다)의 경우에는 비행을 목적으로 움직이는 순간부터 비행이 종료되어 발동기가 정지되는 순간까지를 말한다] 항공기의 운항과 관련하여 발생한 다음의 어느 하나에 해당하는 것으로서 국토교통부령으로 정하는 것을 말한다.
   ① 사람의 사망, 중상 또는 행방불명
   ② 항공기의 파손 또는 구조적 손상
   ③ 항공기의 위치를 확인할 수 없거나 항공기에 접근이 불가능한 경우
(7) "초경량비행장치 사고"란 초경량비행장치를 사용하여 비행을 목적으로 이륙[이수(離水)를 포함한다. 이하 같다]하는 순간부터 착륙[착수(着水)를 포함한다. 이하 같다]

하는 순간까지 발생한 다음의 어느 하나에 해당하는 것으로서 국토교통부령으로 정하는 것을 말한다.
   ① 초경량비행장치에 의한 사람의 사망, 중상 또는 행방불명
   ② 초경량비행장치의 추락, 충돌 또는 화재 발생
   ③ 초경량비행장치의 위치를 확인할 수 없거나 초경량비행장치에 접근이 불가능한 경우

(8) "항공기준사고"(航空機準事故)란 항공안전에 중대한 위해를 끼쳐 항공기사고로 이어질 수 있었던 것으로서 국토교통부령으로 정하는 것을 말한다.

(9) "비행정보구역"이란 항공기, 경량항공기 또는 초경량비행장치의 안전하고 효율적인 비행과 수색 또는 구조에 필요한 정보를 제공하기 위한 공역(空域)으로서「국제민간항공협약」및 같은 협약 부속서에 따라 국토교통부장관이 그 명칭, 수직 및 수평 범위를 지정·공고한 공역을 말한다.

(10) "영공"(領空)이란 대한민국의 영토와「영해 및 접속 수역법」에 따른 내수 및 영해의 상공을 말한다.

(11) "항공로"(航空路)란 국토교통부장관이 항공기, 경량항공기 또는 초경량비행장치의 항행에 적합하다고 지정한 지구의 표면상에 표시한 공간의 길을 말한다.

(12) "비행장"이란 항공기·경량항공기·초경량비행장치의 이륙[이수(離水)를 포함한다. 이하 같다]과 착륙[착수(着水)를 포함한다. 이하 같다]을 위하여 사용되는 육지 또는 수면(水面)의 일정한 구역으로서 대통령령으로 정하는 것을 말한다.

(13) "관제권"(管制圈)이란 비행장 또는 공항과 그 주변의 공역으로서 항공교통의 안전을 위하여 국토교통부장관이 지정·공고한 공역을 말한다.

(14) "관제구"(管制區)란 지표면 또는 수면으로부터 200미터 이상 높이의 공역으로서 항공교통의 안전을 위하여 국토교통부장관이 지정·공고한 공역을 말한다.

(15) "초경량비행장치사용사업"이란 타인의 수요에 맞추어 국토교통부령으로 정하는 초경량비행장치를 사용하여 유상으로 농약살포, 사진촬영 등 국토교통부령으로 정하는 업무를 하는 사업을 말한다.

(16) "초경량비행장치사용사업자"란 국토교통부장관에게 초경량비행장치사용 사업을 등록한 자를 말하며 초경량비행장치사용 사업을 등록하려는 자는 다음의 요건을 갖추어야 한다.
   ① 자본금 또는 자산평가액이 3천만 원 이상으로서 대통령령으로 정하는 금액 이상일 것. 다만, 최대이륙중량이 25킬로그램 이하인 무인비행장치 만을 사용하여

초경량비행장치 사용사업을 하려는 경우는 제외한다.
② 초경량비행장치 1대 이상 등 대통령령으로 정하는 기준에 적합할 것

(17) "이착륙장"이란 비행장 외에 경량항공기 또는 초경량비행장치의 이륙 또는 착륙을 위하여 사용되는 육지 또는 수면의 일정한 구역으로서 대통령령으로 정하는 것을 말한다.

(18) "계기비행"(計器飛行)이란 항공기의 자세·고도·위치 및 비행방향의 측정을 항공기에 장착된 계기에만 의존하여 비행하는 것을 말한다.

(19) "계기비행방식"이란 계기비행을 하는 사람이 국토교통부장관 또는 항공교통업무증명(이하 "항공교통업무증명"이라 한다)을 받은 자가 지시하는 이동·이륙·착륙의 순서 및 시기와 비행의 방법에 따라 비행하는 방식을 말한다.

(20) "군 관할 공역"이란 「항공안전법」에서 정하는 관제공역, 통제공역, 주의공역 중 국방부 소속의 부대(서)가 통제권을 행사하는 공역을 말한다.

(21) "관제권"이란 비행장과 그 주변 5NM 이내의 범위에서 비행장 표고로부터 5,000ft 이내의 범위에서 국토부장관이 지정한 공역으로서 항공교통의 안전을 위하여 해당 비행장의 관제탑이 관할하는 공역을 말한다.

(22) "비행금지구역"이란 국가 주요 시설물 보호, 국방상, 그밖의 이유로 항공기의 비행을 금지하는 공역이다.

(23) "비행제한구역"이란 항공사격, 대공사격 등으로 인한 위험으로부터 항공기의 안전을 보호 하거나 그 밖의 이유로 비행허가를 받지 않는 항공기의 비행을 제한하는 공역이다.

(24) "초경량비행장치 비행구역"이란 초경량비행장치의 안전을 확보하기 위하여 국토교통부 장관이 지정한 초경량비행장치 비행활동을 보장하는 공역을 말한다.

(25) "초경량비행장치사용사업"이란 다른 사람의 수요에 맞추어 초경량비행장치(무인비행장치에 한한다)를 사용하여 유상으로 비료, 농약, 씨앗 뿌리기 등 농업지원, 사진촬영, 측량, 관측, 탐사, 조종교육 등을 제공하는 사업을 말한다.

(26) "비행장"이란 항공기·경량항공기·초경량비행장치의 이륙[이수(離水)를 포함한다. 이하 같다]과 착륙[착수(着水)를 포함한다. 이하 같다]을 위하여 사용되는 육지 또는 수면(水面)의 일정한 구역으로서 대통령령으로 정하는 것을 말한다.

(27) "공항"이란 공항시설을 갖춘 공공용 비행장으로서 국토교통부장관이 그 명칭·위치 및 구역을 지정·고시한 것을 말한다.

(28) "공항구역"이란 공항으로 사용되고 있는 지역과 공항·비행장개발예정지역 중 「국

토의 계획 및 이용에 관한 법률」에 따라 도시·군계획시설로 결정되어 국토교통부장관이 고시한 지역을 말한다.

(29) "비행장구역"이란 비행장으로 사용되고 있는 지역과 공항·비행장개발예정지역 중 「국토의 계획 및 이용에 관한 법률」에 따라 도시·군계획시설로 결정되어 국토교통부장관이 고시한 지역을 말한다.

(30) "공항·비행장개발예정지역"이란 공항 또는 비행장 개발사업을 목적으로 제4조에 따라 국토교통부장관이 공항 또는 비행장의 개발에 관한 기본계획으로 고시한 지역을 말한다.

(31) "공항시설"이란 공항구역에 있는 시설과 공항구역 밖에 있는 시설 중 대통령령으로 정하는 시설로서 국토교통부장관이 지정한 다음의 시설을 말한다.
  ① 항공기의 이륙·착륙 및 항행을 위한 시설과 그 부대시설 및 지원시설
  ② 항공 여객 및 화물의 운송을 위한 시설과 그 부대시설 및 지원시설

(32) "비행장시설"이란 비행장에 설치된 항공기의 이륙·착륙을 위한 시설과 그 부대시설로서 국토교통부장관이 지정한 시설을 말한다.

(33) "공항개발사업"이란 이 법에 따라 시행하는 다음의 사업을 말한다.
  ① 공항시설의 신설·증설·정비 또는 개량에 관한 사업
  ② 공항개발에 따라 필요한 접근교통수단 및 항만시설 등 기반시설의 건설에 관한 사업
  ③ 공항이용객 및 항공과 관련된 업무종사자를 위한 사업 등 대통령령으로 정하는 사업

(34) "비행장개발사업"이란 이 법에 따라 시행하는 다음의 사업을 말한다.
  ① 비행장시설의 신설·증설·정비 또는 개량에 관한 사업
  ② 비행장개발에 따라 필요한 접근교통수단 등 기반시설의 건설에 관한 사업

(35) "활주로"란 항공기 착륙과 이륙을 위하여 국토교통부령으로 정하는 크기로 이루어지는 공항 또는 비행장에 설정된 구역을 말한다.

(36) "착륙대"(着陸帶)란 활주로와 항공기가 활주로를 이탈하는 경우 항공기와 탑승자의 피해를 줄이기 위하여 활주로 주변에 설치하는 안전지대로서 국토교통부령으로 정하는 크기로 이루어지는 활주로 중심선에 중심을 두는 직사각형의 지표면 또는 수면을 말한다.

(37) "장애물 제한표면"이란 항공기의 안전운항을 위하여 공항 또는 비행장 주변에 장애물(항공기의 안전운항을 방해하는 지형·지물 등을 말한다)의 설치 등이 제한되는

표면으로서 대통령령으로 정하는 구역을 말한다.

(38) "항행안전시설"이란 유선통신, 무선통신, 인공위성, 불빛, 색채 또는 전파(電波)를 이용하여 항공기의 항행을 돕기 위한 시설로서 국토교통부령으로 정하는 시설을 말한다.

(39) "항공등화"란 불빛, 색채 또는 형상(形象)을 이용하여 항공기의 항행을 돕기 위한 항행안전시설로서 국토교통부령으로 정하는 시설을 말한다.

(40) "항행안전무선시설"이란 전파를 이용하여 항공기의 항행을 돕기 위한 시설로서 국토교통부령으로 정하는 시설을 말한다.

(41) "항공정보통신시설"이란 전기통신을 이용하여 항공교통업무에 필요한 정보를 제공·교환하기 위한 시설로서 국토교통부령으로 정하는 시설을 말한다.

(42) "이착륙장"이란 비행장 외에 경량항공기 또는 초경량비행장치의 이륙 또는 착륙을 위하여 사용되는 육지 또는 수면의 일정한 구역으로서 대통령령으로 정하는 것을 말한다.

(43) "항공학적 검토"란 항공안전과 관련하여 시계비행 및 계기비행절차 등에 대한 위험을 확인하고 수용할 수 있는 안전수준을 유지하면서도 그 위험을 제거하거나 줄이는 방법을 찾기 위하여 계획된 검토 및 평가를 말한다.

 2.3 항공안전 자율보고 및 금지행위

항공안전을 해치거나 해칠 우려가 있는 경우 자율보고를 해야 하며 생명과 재산을 보호하기 위해 비행 금지행위를 준수하여야 한다.

1 항공안전 자율보고

(1) 항공안전을 해치거나 해칠 우려가 있는 사건·상황·상태 등(이하 "항공안전위해요인"이라 한다)을 발생시켰거나 항공안전위해요인이 발생한 것을 안 사람 또는 항공안전위해요인이 발생될 것이 예상된다고 판단하는 사람은 국토교통부장관에게 그 사실을 보고할 수 있다.

(2) 국토교통부장관은 위항에 따른 보고(이하 "항공안전 자율보고"라 한다)를 한 사람의

의사에 반하여 보고자의 신분을 공개해서는 아니 되며, 항공안전 자율보고를 사고예방 및 항공안전 확보 목적 외의 다른 목적으로 사용해서는 아니 된다.
(3) 누구든지 항공안전 자율보고를 한 사람에 대하여 이를 이유로 해고·전보·징계·부당한 대우 또는 그 밖에 신분이나 처우와 관련하여 불이익한 조치를 해서는 아니 된다.
(4) 국토교통부장관은 항공안전위해요인을 발생시킨 사람이 그 항공안전위해요인이 발생한 날부터 10일 이내에 항공안전 자율보고를 한 경우에는 처분을 하지 아니할 수 있다. 다만, 고의 또는 중대한 과실로 항공안전위해요인을 발생시킨 경우와 항공기사고 및 항공기 준사고에 해당하는 경우에는 그러하지 아니하다.
(5) 규정한 사항 외에 항공안전 자율보고에 포함되어야 할 사항, 보고 방법 및 절차 등은 국토교통부령으로 정한다.

2 항공안전프로그램

(1) 국토교통부장관은 다음의 사항이 포함된 항공안전프로그램을 마련하여 고시하여야 한다.
   ① 국가의 항공안전에 관한 목표
   ② 목표를 달성하기 위한 항공기 운항, 항공교통업무, 항행시설 운영, 공항 운영 및 항공기 설계·제작·정비 등 세부 분야별 활동에 관한 사항
   ③ 항공기사고, 항공기준사고 및 항공안전장애 등에 대한 보고체계에 관한 사항
   ④ 항공안전을 위한 조사활동 및 안전감독에 관한 사항
   ⑤ 잠재적인 항공안전 위해요인의 식별 및 개선조치의 이행에 관한 사항
   ⑥ 정기적인 안전평가에 관한 사항 등
(2) 다음의 어느 하나에 해당하는 자는 제작, 교육, 운항 또는 사업 등을 시작하기 전까지 항공안전프로그램에 따라 항공기사고 등의 예방 및 비행안전의 확보를 위한 항공안전관리시스템을 마련하고, 국토교통부장관의 승인을 받아 운용하여야 한다. 승인받은 사항 중 국토교통부령으로 정하는 중요사항을 변경할 때에도 또한 같다.
   ① 형식증명, 부가형식증명, 제작증명, 기술표준품형식승인 또는 부품등제작자증명을 받은 자
   ② 항공종사자 양성을 위하여 지정된 전문교육기관
   ③ 항공교통업무증명을 받은 자
   ④ 항공운송사업자, 항공기사용사업자 및 국외운항항공기 소유자 등

⑤ 항공기정비업자로서 정비조직인증을 받은 자

⑥ 「공항시설법」에 따라 공항운영증명을 받은 자

⑦ 「공항시설법」에 따라 항행안전시설을 설치한 자

(3) 국토교통부장관은 국토교통부장관이 하는 업무를 체계적으로 수행하기 위하여 항공안전프로그램에 따라 그 업무에 관한 항공안전관리시스템을 구축·운용하여야 한다.

(4) 규정한 사항 외에 다음의 사항은 국토교통부령으로 정한다.

① 항공안전프로그램의 마련에 필요한 사항

② 항공안전관리시스템에 포함되어야 할 사항, 항공안전관리시스템의 승인기준 및 구축·운용에 필요한 사항

③ 업무에 관한 항공안전관리시스템의 구축·운용에 필요한 사항

3 항공안전정책기본계획의 수립

(1) 국토교통부장관은 국가항공안전정책에 관한 기본계획(이하 "항공안전정책기본계획"이라 한다)을 5년마다 수립하여야 한다.

(2) 항공안전정책기본계획에는 다음의 사항이 포함되어야 한다.

① 항공안전정책의 목표 및 전략

② 항공기사고·경량항공기사고·초경량비행장치 사고 예방 및 운항 안전에 관한 사항

③ 항공기·경량항공기·초경량비행장치의 제작·정비 및 안전성 인증체계에 관한 사항

④ 비행정보구역·항공로 관리 및 항공교통체계 개선에 관한 사항

⑤ 항공종사자의 양성 및 자격관리에 관한 사항

⑥ 그 밖에 항공안전의 향상을 위하여 필요한 사항

(3) 국토교통부장관은 항공안전정책기본계획을 수립 또는 변경하려는 경우 관계 행정기관의 장에게 필요한 협조를 요청할 수 있다.

(4) 국토교통부장관은 항공안전정책기본계획을 수립하거나 변경하였을 때에는 그 내용을 관보에 고시하고, 제3항에 따라 협조를 요청한 관계 행정기관의 장에게 알려야 한다.

(5) 국토교통부장관은 항공안전정책기본계획을 시행하기 위하여 연도별 시행계획을 수립할 수 있다.

4 항공기의 비행 중 금지행위

항공기를 운항하려는 사람은 생명과 재산을 보호하기 위하여 다음의 어느 하나에 해당하는 비행 또는 행위를 해서는 아니 된다. 다만, 국토교통부령으로 정하는 바에 따라 국토교통부장관의 허가를 받은 경우에는 그러하지 아니하다.

(1) 국토교통부령으로 정하는 최저비행고도(最低飛行高度) 아래에서의 비행
(2) 물건의 투하(投下) 또는 살포
(3) 낙하산 강하(降下)
(4) 국토교통부령으로 정하는 구역에서 뒤집어서 비행하거나 옆으로 세워서 비행하는 등의 곡예비행
(5) 무인항공기의 비행
(6) 그 밖에 생명과 재산에 위해를 끼치거나 위해를 끼칠 우려가 있는 비행 또는 행위로서 국토교통부령으로 정하는 비행 또는 행위

5 항공안전 의무보고

(1) 항공기사고, 항공기준사고 또는 항공안전장애를 발생시켰거나 항공기사고, 항공기준사고 또는 항공안전장애가 발생한 것을 알게 된 항공종사자 등 관계인은 국토교통부장관에게 그 사실을 보고하여야 한다.
(2) 위항에 따른 항공종사자 등 관계인의 범위, 보고에 포함되어야 할 사항, 시기, 보고 방법 및 절차 등은 국토교통부령으로 정한다.

6 주류 등의 섭취·사용 제한

(1) 항공종사자, 항공기 조종연습 및 항공교통관제연습을 하는 사람을 포함한다. 객실승무원은 「주세법」에 따른 주류, 「마약류 관리에 관한 법률」에 따른 마약류 또는 「화학물질관리법」에 따른 환각물질 등(이하 "주류 등"이라 한다)의 영향으로 항공업무에 따른 항공기 조종연습 및 항공교통관제연습을 포함한다. 또는 객실승무원의 업무를 정상적으로 수행할 수 없는 상태에서는 항공업무 또는 객실승무원의 업무에 종사해서는 아니 된다.
(2) 항공종사자 및 객실승무원은 항공업무 또는 객실승무원의 업무에 종사하는 동안에는 주류 등을 섭취하거나 사용해서는 아니 된다.

(3) 국토교통부장관은 항공안전과 위험 방지를 위하여 필요하다고 인정하거나 항공종사자 및 객실승무원이 위반하여 항공업무 또는 객실승무원의 업무를 하였다고 인정할 만한 상당한 이유가 있을 때에는 주류 등의 섭취 및 사용 여부를 호흡측정기 검사 등의 방법으로 측정할 수 있으며, 항공종사자 및 객실승무원은 이러한 측정에 응하여야 한다.

(4) 국토교통부장관은 항공종사자 또는 객실승무원이 측정 결과에 불복하면 그 항공종사자 또는 객실승무원의 동의를 받아 혈액 채취 또는 소변 검사 등의 방법으로 주류 등의 섭취 및 사용 여부를 다시 측정할 수 있다.

(5) 주류 등의 영향으로 항공업무 또는 객실승무원의 업무를 정상적으로 수행할 수 없는 상태의 기준은 다음과 같다.
   ① 주정성분이 있는 음료의 섭취로 혈중알코올농도가 0.02퍼센트 이상인 경우
   ②「마약류 관리에 관한 법률」에 따른 마약류를 사용한 경우
   ③「화학물질관리법」에 따른 환각물질을 사용한 경우

(6) 규정에 따라 주류 등의 종류 및 그 측정에 필요한 세부 절차 및 측정기록의 관리 등에 필요한 사항은 국토교통부령으로 정한다.

2.4 신고 및 관리

1 초경량비행장치 신고

(1) 초경량비행장치를 소유하거나 사용할 수 있는 권리가 있는 자(이하 "초경량비행장치 소유자 등"이라 한다)는 초경량비행장치의 종류, 용도, 소유자의 성명, 개인정보 및 개인위치정보의 수집 가능 여부 등을 국토교통부령으로 정하는 바에 따라 국토교통부장관에게 신고하여야 한다. 다만, 대통령령으로 정하는 초경량비행장치는 그러하지 아니하다.

(2) 국토교통부장관은 초경량비행장치의 신고를 받은 경우 그 초경량비행장치 소유자 등에게 신고번호를 발급하여야 한다.

(3) 신고번호를 발급받은 초경량비행장치 소유자 등은 그 신고번호를 해당 초경량비행장치에 표시하여야 한다.

(4) 초경량비행장치 소유자는 안전성 인증을 받기 전(안전성 인증 대상이 아닌 초경량비

행장치인 경우에는 초경량비행장치를 소유하거나 사용할 수 있는 권리가 있는 날부터 30일 이내)까지 지방항공청장에게 제출하여야 한다.
  ① 초경량비행장치를 소유하거나 사용할 수 있는 권리가 있음을 증명하는 서류
  ② 초경량비행장치의 제원 및 성능표
  ③ 초경량비행장치의 사진(가로 15센티미터, 세로 10센티미터의 측면사진)
(5) 지방항공청장은 초경량비행장치의 신고를 받으면 초경량비행장치 소유자 등은 비행 시 이를 휴대하여야 한다.
(6) 초경량비행장치 신고대장은 전자적 처리가 불가능한 특별한 사유가 없으면 전자적 처리가 가능한 방법으로 작성·관리하여야 한다.
(7) 초경량비행장치 소유자 등은 초경량비행장치 신고증명서의 신고번호를 해당 장치에 표시하여야 하며, 표시방법, 표시장소 및 크기 등 필요한 사항은 지방항공청장이 정한다.

2 초경량비행장치 변경신고

(1) 초경량비행장치 소유자 등은 신고한 초경량비행장의 용도, 소유자의 성명 등 국토교통부령으로 정하는 사항을 변경하려는 경우에는 국토교통부령으로 정하는 바에 따라 국토교통부장관에게 변경신고를 하여야 한다.
(2) 초경량비행장치 소유자 등은 신고한 초경량비행장치가 멸실되었거나 그 초경량비행장치를 해체(정비 등, 수송 또는 보관하기 위한 해체는 제외한다)한 경우에는 그 사유가 발생한 날부터 15일 이내에 국토교통부장관에게 말소신고를 하여야 한다.
(3) 초경량비행장치 소유자 등이 제2항에 따른 말소신고를 하지 아니하면 국토교통부장관은 30일 이상의 기간을 정하여 말소신고를 할 것을 해당 초경량비행장치 소유자 등에게 최고하여야 한다.
(4) 최고를 한 후에도 해당 초경량비행장치 소유자 등이 말소신고를 하지 아니하면 국토교통부장관은 직권으로 그 신고번호를 말소할 수 있으며, 신고번호가 말소된 때에는 그 사실을 해당 초경량비행장치소유자 등 및 그 밖의 이해관계인에게 알려야 한다.
  ① "초경량비행장치의 용도, 소유자의 성명 등 국토교통부령으로 정하는 사항"이란 다음의 어느 하나를 말한다.
    ㉠ 초경량비행장치의 용도
    ㉡ 초경량비행장치 소유자 등의 성명, 명칭 또는 주소

ⓒ 초경량비행장치의 보관 장소
② 초경량비행장치 소유자 등은 변경하려는 경우에는 그 사유가 있는 날부터 30일 이내에 초경량비행장치 변경·이전신고서를 지방항공청장에게 제출하여야 한다.
③ 지방항공청장은 신고를 받은 날부터 7일 이내에 수리 여부 또는 수리 지연 사유를 통지하여야 한다. 이 경우 7일 이내에 수리 여부 또는 수리 지연 사유를 통지하지 아니하면 7일이 끝난 날의 다음 날에 신고가 수리된 것으로 본다.

3 초경량비행장치 말소신고

(1) 말소신고를 하려는 초경량비행장치 소유자 등은 그 사유가 발생한 날부터 15일 이내에 말소신고서를 지방항공청장에게 제출하여야 한다.
  ① 비행장치가 멸실된 경우
  ② 비행장치의 존재 여부가 2개월 이상 불분명한 경우
  ③ 비행장치가 외국에 매도된 경우 등
(2) 지방항공청장은 위항에 따른 신고가 신고서 및 첨부서류에 흠이 없고 형식상 요건을 충족하는 경우 지체없이 접수하여야 한다.
(3) 지방항공청장은 최고(催告)를 하는 경우 해당 초경량비행장치 소유자 등의 주소 또는 거소를 알 수 없는 경우에는 말소신고를 할 것을 관보에 고시하고, 국토교통부홈페이지에 공고하여야 한다.

4 신고를 필요로 하지 아니하는 초경량비행장치의 범위

"대통령령으로 정하는 초경량비행장치"란 다음의 어느 하나에 해당하는 것으로서 「항공사업법」에 따른 항공기대여업·항공레저스포츠사업 또는 초경량비행장치사용사업에 사용되지 아니하는 것을 말한다.
(1) 행글라이더, 패러글라이더 등 동력을 이용하지 아니하는 비행장치
(2) 계류식(繫留式) 기구류(사람이 탑승하는 것은 제외한다)
(3) 계류식 무인비행장치
(4) 낙하산류
(5) 무인동력비행장치 중에서 연료의 무게를 제외한 자체무게(배터리 무게를 포함한다)가 12킬로그램 이하인 것
(6) 무인비행선 중에서 연료의 무게를 제외한 자체무게가 12킬로그램 이하이고, 길이가

7미터 이하인 것
(7) 연구기관 등이 시험 · 조사 · 연구 또는 개발을 위하여 제작한 초경량비행장치
(8) 제작자 등이 판매를 목적으로 제작하였으나 판매되지 아니한 것으로서 비행에 사용되지 아니하는 초경량비행장치
(9) 군사목적으로 사용되는 초경량비행장치

2.5 시험비행허가

1 초경량비행장치의 시험비행허가

(1) "시험비행 등 국토교통부령으로 정하는 경우"란 다음의 어느 하나에 해당하는 경우를 말한다.
  ① 연구 · 개발 중에 있는 초경량비행장치의 안전성 여부를 평가하기 위하여 시험비행을 하는 경우
  ② 안전성 인증을 받은 초경량비행장치의 성능개량을 수행하고 안전성 여부를 평가하기 위하여 시험비행을 하는 경우
  ③ 그 밖에 국토교통부장관이 필요하다고 인정하는 경우
(2) 시험비행 등을 위한 허가를 받으려는 자는 별지 제119호 서식의 초경량비행장치 시험비행허가 신청서에 해당 초경량비행장치가 같은 조 전단에 따라 국토교통부장관이 정하여 고시하는 초경량비행장치의 비행안전을 위한 기술상의 기준(이하 "초경량비행장치 기술기준"이라 한다)에 적합함을 입증할 수 있는 다음의 서류를 첨부하여 국토교통부장관에게 제출하여야 한다.
  ① 해당 초경량비행장치에 대한 소개서
  ② 초경량비행장치의 설계가 초경량비행장치 기술기준에 충족함을 입증하는 서류
  ③ 설계도면과 일치되게 제작되었음을 입증하는 서류
  ④ 완성 후 상태, 지상 기능점검 및 성능시험 결과를 확인할 수 있는 서류
  ⑤ 초경량비행장치 조종절차 및 안전성 유지를 위한 정비방법을 명시한 서류
  ⑥ 초경량비행장치 사진(전체 및 측면사진을 말하며, 전자파일로 된 것을 포함한다) 각 1매
  ⑦ 시험비행계획서

2.6 안전성 인증

1 개요

시험비행 등 국토교통부령으로 정하는 경우로서 국토교통부장관의 허가를 받은 경우를 제외하고는 동력비행장치 등 국토교통부령으로 정하는 초경량비행장치를 사용하여 비행하려는 사람은 국토교통부령으로 정하는 기관 또는 단체의 장으로부터 그가 정한 안정성 인증의 유효기간 및 절차·방법 등에 따라 그 초경량비행장치가 국토교통부장관이 정하여 고시하는 비행안전을 위한 기술상의 기준에 적합하다는 안전성 인증을 받지 아니하고 비행하여서는 아니 된다. 이 경우 안전성 인증의 유효기간 및 절차·방법 등에 대해서는 국토교통부장관의 승인을 받아야 하며, 변경할 때에도 또한 같다(항공안전법 제124조).

2 초경량비행장치 안전성 인증 대상

(1) "동력비행장치 등 국토교통부령으로 정하는 초경량비행장치"란 다음의 어느 하나에 해당하는 초경량비행장치를 말한다.
   ① 동력비행장치
   ② 행글라이더, 패러글라이더 및 낙하산류(항공레저스포츠사업에 사용되는 것만 해당한다)
   ③ 기구류(사람이 탑승하는 것만 해당한다)
   ④ 무인비행기, 무인헬리콥터 또는 무인멀티콥터 중에서 최대이륙중량이 25킬로그램을 초과하는 것
   ⑤ 무인비행선 중에서 연료의 중량을 제외한 자체중량이 12킬로그램을 초과하거나 길이가 7미터를 초과하는 것
   ⑥ 회전익비행장치
   ⑦ 동력패러글라이더

(2) "국토교통부령으로 정하는 기관 또는 단체"란 교통안전공단, 기술원, 시설기준을 충족하는 기관 또는 단체 중에서 국토교통부장관이 정하여 고시하는 기관 또는 단체(이하 "초경량비행장치 안전성 인증기관"이라 한다)를 말한다.

3 초경량비행장치 안전성 인증검사 절차

"안전성 인증검사"라 함은 비행장치가 항공안전본부장이 정하여 고시한 "초경량비행장치의 비행안전을 확보하기 위한 기술상의 기준(이하 "비행장치 안전기준"이라 한다)"에 적합함을 증명하고, 비행장치의 비행안전을 확보하기 위하여 설계 및 제작 및 정비관련 기록과 비행장치의 상태 및 비행성능을 확인하는 검사로써 다음의 각목과 같이 구분한다.

(1) 초도검사 : 비행장치 설계 및 제작 후 최초로 안전성 인증을 받기 위하여 행하는 검사
(2) 정기검사 : 초도검사 이후 안전성 인증서의 유효기간 1년이 도래되어 새로운 안전성 인증서를 교부받기 위하여 실시하는 검사
(3) 수시검사 : 비행장치의 비행안전에 영향을 미치는 엔진 및 부품의 교체 또는 수리 및 개조 후 비행장치 안전기준에 적합한지를 확인하기 위하여 행하는 검사
(4) 재검사 : 정기검사 또는 수시검사에서 불합격 처분된 항목에 대하여 보완 또는 수정 후 행하는 검사

2.7 조종자 증명

1 개요

동력비행장치 등 국토교통부령으로 정하는 초경량비행장치를 사용하여 비행하려는 사람은 국토교통부령으로 정하는 기관 또는 단체의 장으로부터 그가 정한 해당 초경량비행장치별 자격기준 및 시험의 절차·방법에 따라 해당 초경량비행장치의 조종을 위하여 발급하는 증명(이하 "초경량비행장치 조종자 증명"이라 한다)을 받아야 한다. 이 경우 해당 초경량비행장치별 자격기준 및 시험의 절차·방법 등에 관하여는 국토교통부령으로 정하는 바에 따라 국토교통부장관의 승인을 받아야 하며, 변경할 때에도 또한 같다.

2 조종자 증명 효력정지

국토교통부장관은 초경량비행장치 조종자 증명을 받은 사람이 다음의 어느 하나에 해당하는 경우에는 초경량비행장치 조종자 증명을 취소하거나 1년 이내의 기간을 정하여 그 효력의 정지를 명할 수 있다.

(1) 이 법을 위반하여 벌금 이상의 형을 선고받은 경우

항공관련 법규 chapter 02

(2) 초경량비행장치의 조종자로서 업무를 수행할 때, 고의 또는 중대한 과실로 초경량비행장치 사고를 일으켜 인명피해나 재산피해를 발생시킨 경우
(3) 초경량비행장치 조종자의 준수사항을 위반한 경우
(4) 주류 등의 영향으로 초경량비행장치를 사용하여 비행을 정상적으로 수행할 수 없는 상태에서 초경량비행장치를 사용하여 비행한 경우
(5) 초경량비행장치를 사용하여 비행하는 동안에 주류 등을 섭취하거나 사용한 경우
(6) 주류 등의 섭취 및 사용 여부의 측정 요구에 따르지 아니한 경우

3 조종자 증명 취소

다음에 해당하는 경우에는 초경량비행장치 조종자 증명을 취소하여야 한다.
(1) 거짓이나 그 밖의 부정한 방법으로 초경량비행장치 조종자 증명을 받은 경우
(2) 초경량비행장치 조종자 증명의 효력정지 기간에 초경량비행장치를 사용하여 비행한 경우

4 초경량비행장치의 조종자 증명

(1) 동력비행장치 등 국토교통부령으로 정하는 초경량비행장치를 사용하여 비행하려는 사람은 국토교통부령으로 정하는 기관 또는 단체의 장으로부터 그가 정한 해당 초경량비행장치별 자격기준 및 시험의 절차·방법에 따라 해당 초경량비행장치의 조종을 위하여 발급하는 증명(이하 "초경량비행장치 조종자 증명"이라 한다)을 받아야 한다. 이 경우 해당 초경량비행장치별 자격기준 및 시험의 절차·방법 등에 관하여는 국토교통부령으로 정하는 바에 따라 국토교통부장관의 승인을 받아야 하며, 변경할 때에도 또한 같다.
(2) 국토교통부장관은 초경량비행장치 조종자 증명을 받은 사람이 다음의 어느 하나에 해당하는 경우에는 초경량비행장치 조종자 증명을 취소하거나 1년 이내의 기간을 정하여 그 효력의 정지를 명할 수 있다. 다만, 아래 내용에서 어느 하나에 해당하는 경우에는 초경량비행장치 조종자 증명을 취소하여야 한다.
① 거짓이나 그 밖의 부정한 방법으로 초경량비행장치 조종자 증명을 받은 경우
② 이 법을 위반하여 벌금 이상의 형을 선고받은 경우
③ 초경량비행장치의 조종자로서 업무를 수행할 때 고의 또는 중대한 과실로 초경량비행장치 사고를 일으켜 인명피해나 재산피해를 발생시킨 경우

④ 초경량비행장치 조종자의 준수사항을 위반한 경우
⑤ 주류 등의 영향으로 초경량비행장치를 사용하여 비행을 정상적으로 수행할 수 없는 상태에서 초경량비행장치를 사용하여 비행한 경우
⑥ 초경량비행장치를 사용하여 비행하는 동안에 주류 등을 섭취하거나 사용한 경우
⑦ 주류 등의 섭취 및 사용 여부의 측정 요구에 따르지 아니한 경우
⑧ 초경량비행장치 조종자 증명의 효력정지기간에 초경량비행장치를 사용하여 비행한 경우

(3) "동력비행장치 등 국토교통부령으로 정하는 초경량비행장치"란 다음의 어느 하나에 해당하는 초경량비행장치를 말한다.
① 동력비행장치
② 행글라이더, 패러글라이더 및 낙하산류(항공레저스포츠사업에 사용되는 것만 해당한다)
③ 유인자유기구
④ 초경량비행장치 사용사업에 사용되는 무인비행장치. 다만 다음의 어느 하나에 해당하는 것은 제외한다.
　㉠ 무인비행기, 무인헬리콥터 또는 무인멀티콥터 중에서 연료의 중량을 제외한 자체중량이 12킬로그램 이하인 것
　㉡ 무인비행선 중에서 연료의 중량을 제외한 자체중량이 12킬로그램 이하이고, 길이가 7미터 이하인 것
⑤ 회전익비행장치
⑥ 동력패러글라이더

〈드론 Life-Cycle 안전관리〉

구 분		장치신고	안전성검사	사업등록	보험등록	비행승인	준수사항	조종자격	장치말소
사업용	25kg 초과	O	O	O	O	O	O	O	O
	12~25kg	O	X	O	O	X	O	O	O
	12kg 이하	O	X	O	O	X	O	X	O
비사업용	25kg 초과	O	O	X	X	O	O	X	O
	12~25kg	O	X	X	X	X	O	X	O
	12kg 이하	X	X	X	X	X	O	X	X

※ 무게와 상관없이 관제권, 비행금지구역에서는 비행승인 필요

5 초경량비행장치의 응시자격 및 시험방법

(1) 응시자격

학과시험은 만 14세 이상자로 실기시험은 해당 비행장치 비행경력 20시간 전문교육기관 해당과정 이수자

(2) 시험방법

학과시험	초경량비행장치조종자 (통합 1과목 40문제) 합격기준 : 70점 이상	항공법규	해당 업무에 필요한 항공법규
		항공기상	가. 항공기상의 기초지식 나. 항공기상 통보와 일기도의 해독 등 　　(무인비행장치는 제외) 다. 항공에 활용되는 일반기상의 이해 등 　　(무인비행장치에 한함)
		비행이론 및 운용	가. 해당 비행장치의 비행 기초원리 나. 해당 비행장치의 구조와 기능에 관한 지식 등 다. 해당 비행장치 지상활주(지상활동) 등 라. 해당 비행장치 이·착륙 마. 해당 비행장치 공중조작 등 바. 해당 비행장치 비상절차 등 사. 해당 비행장치 안전관리에 관한 지식 등
실기시험	초경량비행장치조종자 (구술포함 조종실무) 합격기준 : 구술 및 전항목 만족		가. 기체 및 조종자에 관한 사항 나. 기상·공역 및 비행장에 관한 사항 다. 일반지식 및 비상절차 등 마. 비행 전 점검 바. 지상활주(또는 이륙과 상승 또는 이륙동작) 사. 공중조작(또는 비행동작) 아. 착륙조작(또는 착륙동작) 자. 비행 후 점검 등 차. 비정상절차 및 비상절차 등

※ 접수방법 : 공단 홈페이지 항공종사자 자격시험 페이지

6 초경량비행장치의 훈련기준

(1) 학과(이론) : 20시간 이상

구 분	법적요건	시간
학과	항공법규	2
	항공기상	2
	항공역학(비행이론)	5
	비행운용 이론	11
계		20

(2) 모의 비행(시뮬레이터를 이용한 비행교육) : 20시간 이상

구 분	법적요건(시간)	실제운영(시간)
모의 비행	20	정지비행(5)
		방향전환(2)
		전/후진 비행(3)
		좌/우측면비행(2)
		이착륙(8)
계	20	20

(3) 실기비행 : 20시간 이상

과 목	교관동반 비행시간	단독 비행시간	계
1. 장주 이착륙	2	3	5
2. 공중 조작	2	3	5
3. 지표부근에서의 조작	3	6	9
4. 비정상 및 비상절차	1	0	1
계	8시간	12시간	20시간

2.8 전문교육기관의 지정

1 초경량비행장치 전문교육기관의 지정(법 126조)

(1) 개요

① 국토교통부장관은 초경량비행장치 조종자를 양성하기 위하여 국토교통부령으로 정하는 바에 따라 초경량비행장치 전문교육기관(이하 "초경량비행장치 전문교육기관"이라 한다)을 지정할 수 있다.

② 국토교통부장관은 초경량비행장치 전문교육기관이 초경량비행장치 조종자를 양성하는 경우에는 예산의 범위에서 필요한 경비의 전부 또는 일부를 지원할 수 있다.

③ 초경량비행장치 전문교육기관의 교육과목, 교육방법, 인력, 시설 및 장비 등의 지정기준은 국토교통부령으로 정한다.

④ 국토교통부장관은 초경량비행장치 전문교육기관으로 지정받은 자가 다음의 어느 하나에 해당하는 경우에는 그 지정을 취소할 수 있다. 다만, 제1호에 해당하는 경우에는 그 지정을 취소하여야 한다.
  ㉠ 거짓이나 그 밖의 부정한 방법으로 초경량비행장치 전문교육기관으로 지정받은 경우
  ㉡ 초경량비행장치 전문교육기관의 지정기준 중 국토교통부령으로 정하는 기준에 미달하는 경우

(2) 다음에 해당하는 경우에는 그 지정을 취소하여야 한다.

① 거짓이나 그 밖의 부정한 방법으로 초경량비행장치 전문교육기관으로 지정받은 경우

② 초경량비행장치 전문교육기관의 지정기준 중 국토교통부령으로 정하는 기준에 미달하는 경우

2 초경량비행장치 조종자 전문교육기관의 지정(시행규칙 제307조)

(1) 초경량비행장치 조종자 전문교육기관 지정신청서에 다음의 사항을 적은 서류를 첨부하여 교통안전공단에 제출하여야 한다.

① 전문교관의 현황

② 교육시설 및 장비의 현황
③ 교육훈련계획 및 교육훈련규정

(2) 초경량비행장치 조종자 전문교육기관의 지정기준 전문교관 자격

① 비행시간이 200시간(무인비행장치의 경우 조종경력이 100시간) 이상이고, 국토교통부장관이 인정한 조종교육교관과정을 이수한 지도조종자 1명 이상
② 비행시간이 300시간(무인비행장치의 경우 조종경력이 150시간) 이상이고 국토교통부장관이 인정하는 실기평가과정을 이수한 실기평가조종자 1명 이상

(3) 시설 및 장비 지정기준

① 강의실 및 사무실 각 1개 이상
② 이륙·착륙 시설
③ 훈련용 비행장치 1대 이상

 초경량비행장치 비행승인(법 127조)

1 개요

(1) 제2항 동력비행장치 등 국토교통부령으로 정하는 초경량비행장치를 사용하여 국토교통부장관이 고시하는 초경량비행장치 비행제한공역에서 비행하려는 사람은 국토교통부령으로 정하는 바에 따라 미리 국토교통부장관으로부터 비행승인을 받아야 한다. 다만, 비행장 및 이착륙장의 주변 등 대통령령으로 정하는 제한된 범위에서 비행하려는 경우는 제외한다.
(2) 제2항 본문에 따른 비행승인 대상이 아닌 경우라 하더라도 다음 각 호의 어느 하나에 해당하는 경우에는 제2항의 절차에 따라 국토교통부장관의 비행승인을 받아야 한다.〈신설 2017.8.9.〉

① 제68조제1호에 따른 국토교통부령으로 정하는 고도 이상에서 비행하는 경우
② 제78조제1항에 따른 관제공역·통제공역·주의공역 중 국토교통부령으로 정하는 구역에서 비행하는 경우

2 초경량비행장치의 비행승인(시행규칙 308조)

(1) 법 제127조제2항 본문에서 "동력비행장치 등 국토교통부령으로 정하는 초경량비행장치"란 제5조에 따른 초경량비행장치를 말한다. 다만, 다음 각 호의 어느 하나에 해당하는 초경량비행장치는 제외한다. 〈개정 2017.7.18.〉
   ① 영 제24조제1호부터 제4호까지의 규정에 해당하는 초경량비행장치(항공기대여업, 항공레저스포츠사업 또는 초경량비행장치사용사업에 사용되지 아니하는 것으로 한정한다)
   ② 제199조제1호나목에 따른 최저비행고도(150미터) 미만의 고도에서 운영하는 계류식 기구
   ③ 「항공사업법 시행규칙」 제6조제2항제1호에 사용하는 무인비행장치로서 다음의 어느 하나에 해당하는 무인비행장치
      ㉠ 제221조제1항 및 별표 23에 따른 관제권, 비행금지구역 및 비행제한구역 외의 공역에서 비행하는 무인비행장치
      ㉡ 「가축전염병 예방법」 제2조제2호에 따른 가축전염병의 예방 또는 확산 방지를 위하여 소독·방역업무 등에 긴급하게 사용하는 무인비행장치
   ④ 다음 각 목의 어느 하나에 해당하는 무인비행장치
      ㉠ 최대이륙중량이 25킬로그램 이하인 무인동력비행장치
      ㉡ 연료의 중량을 제외한 자체중량이 12킬로그램 이하이고 길이가 7미터 이하인 무인비행선
   ⑤ 그 밖에 국토교통부장관이 정하여 고시하는 초경량비행장치

(2) 제1항에 따른 초경량비행장치를 사용하여 비행제한공역을 비행하려는 사람은 법 제127조제2항 본문에 따라 별지 제122호서식의 초경량비행장치 비행승인신청서를 지방항공청장에게 제출하여야 한다. 이 경우 비행승인신청서는 서류, 팩스 또는 정보통신망을 이용하여 제출할 수 있다. 〈개정 2017.7.18.〉

(3) 지방항공청장은 제2항에 따라 제출된 신청서를 검토한 결과 비행안전에 지장을 주지 아니한다고 판단되는 경우에는 이를 승인하여야 한다. 이 경우 동일지역에서 반복적으로 이루어지는 비행에 대해서는 6개월의 범위에서 비행기간을 명시하여 승인할 수 있다.

(4) 법 제127조제3항제1호에서 "국토교통부령으로 정하는 고도"란 제199조제1호나목에 따른 최저비행고도(150미터)를 말한다. 〈신설 2017.11.10.〉

(5) 법 제127조제3항제2호에서 "국토교통부령으로 정하는 구역"이란 별표 23 제2호에 따른 관제공역 중 관제권과 통제공역 중 비행금지구역을 말한다. 〈신설 2017.11.10.〉

3 드론 비행절차

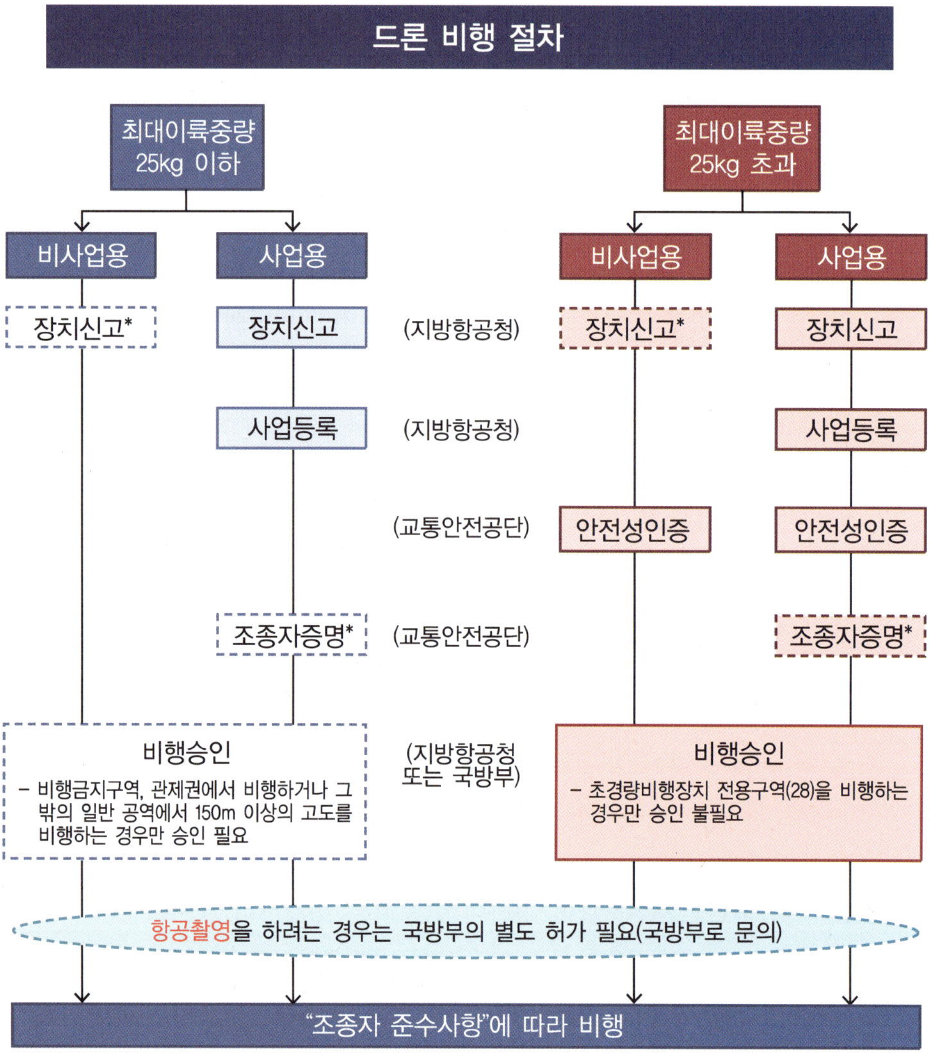

드론 비행 절차

최대이륙중량 25kg 이하
- 비사업용: 장치신고*
- 사업용: 장치신고 (지방항공청) → 사업등록 (지방항공청) → 조종자증명* (교통안전공단)

최대이륙중량 25kg 초과
- 비사업용: 장치신고* → 안전성인증 (교통안전공단)
- 사업용: 장치신고 → 사업등록 → 안전성인증 → 조종자증명*

비행승인 (지방항공청 또는 국방부)
- (25kg 이하) 비행금지구역, 관제권에서 비행하거나 그 밖의 일반 공역에서 150m 이상의 고도를 비행하는 경우만 승인 필요
- (25kg 초과) 초경량비행장치 전용구역(28)을 비행하는 경우만 승인 불필요

항공촬영을 하려는 경우는 국방부의 별도 허가 필요(국방부로 문의)

"조종자 준수사항"에 따라 비행

* 최대 이륙중량과 관계없이 자체중량 12kg을 초과하는 경우 장치신고 및 조종자증명 취득 필요

4 비행승인 신청방법

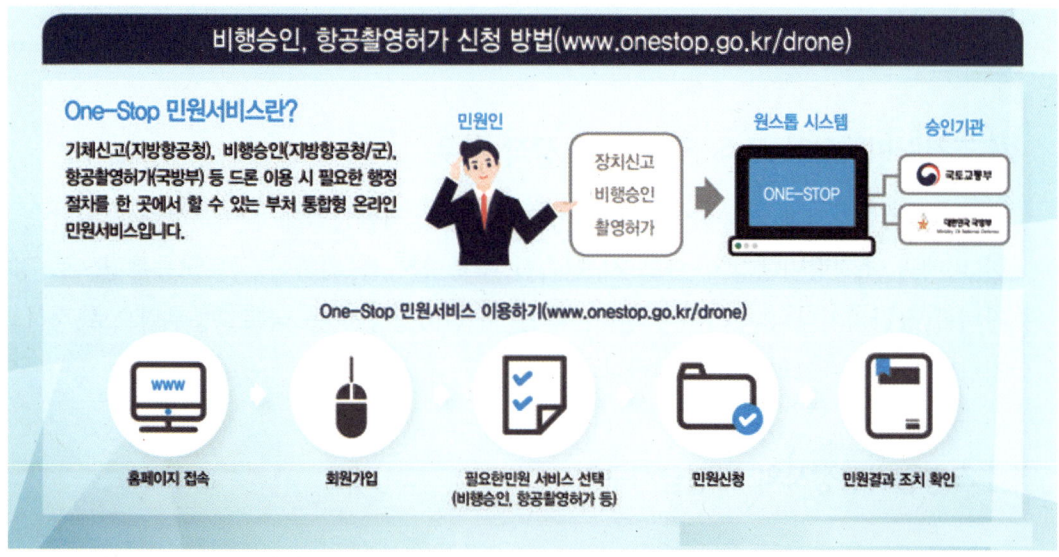

5 초경량비행장치의 비행승인 제외 범위(시행령 25조)

"비행장 및 이착륙장의 주변 등 대통령령으로 정하는 제한된 범위"란 다음의 어느 하나에 해당하는 범위를 말한다.
(1) 비행장(군 비행장은 제외한다)의 중심으로부터 반지름 3킬로미터 이내의 지역의 고도 500피트 이내의 범위(해당 비행장에서 항공교통업무를 수행하는 자와 사전에 협의가 된 경우에 한정한다)
(2) 이착륙장의 중심으로부터 반지름 3킬로미터 이내의 지역의 고도 500피트 이내의 범위(해당 이착륙장을 관리하는 자와 사전에 협의가 된 경우에 한정한다)

6 초경량비행장치의 구조지원 장비

(1) "국토교통부령으로 정하는 장비"란 다음의 어느 하나에 해당하는 것을 말한다.
   ① 위치추적이 가능한 표시기 또는 단말기
   ② 조난구조용 장비
(2) "무인비행장치 등 국토교통부령으로 정하는 초경량비행장치"란 다음의 어느 하나에 해당하는 초경량비행장치를 말한다.
   ① 동력을 이용하지 아니하는 비행장치

② 계류식 기구
③ 동력패러글라이더
④ 무인비행장치

7 초경량비행장치 구조 지원 장비 장착 의무

초경량비행장치를 사용하여 초경량비행장치 비행제한공역에서 비행하려는 사람은 안전한 비행과 초경량비행장치 사고 시 신속한 구조 활동을 위하여 국토교통부령으로 정하는 장비를 장착하거나 휴대하여야 한다. 다만, 무인비행장치 등 국토교통부령으로 정하는 초경량비행장치는 그러하지 아니하다.

8 초경량비행장치의 비행금지구역

(1) 비행장으로부터 반경 9.3km(5NM) 이내이고 육군 관제권(비행장교통구역)의 경우 통상 비행장 반경 5.6km(3NM) 이내의 곳은 금지한다.
  → "관제권"이라고 불리는 곳으로 이착륙하는 항공기와 충돌위험 있음.
(2) 비행금지구역(휴전선 인근, 서울도심 상공 일부)
  → 국방, 보안상의 이유로 비행이 금지된 곳
(3) 150m 이상의 고도, 비행장 반경 5.6km 이내
  → 항공기 비행항로가 설치된 공역임.
(4) 인구밀집지역 또는 사람이 많이 모인 곳의 상공
  예 스포츠 경기장, 각종 페스티벌 등 인파가 많이 모인 곳) - 위에 조종자 준수사항 참고
  → 기체가 떨어질 경우 인명피해 위험이 높음.

※ 비행금지 장소에서 비행하려는 경우 지방항공청 또는 국방부의 허가 필요
(타 항공기 비행계획 등과 비교하여 가능할 경우에는 허가)
(5) 비행 중 낙하물 투하 금지(위에 조종자 준수사항 참고), 조종자 음주 상태에서 비행금지 – 조종자가 육안으로 장치를 직접 볼 수 없을 때 비행 금지
※ 안개·황사 등으로 시야가 좋지 않은 경우, 눈으로 직접 볼 수 없는 곳까지 멀리 날리는 경우

9 초경량비행장치 조종자의 준수사항

(1) 초경량비행장치의 조종자는 초경량비행장치로 인하여 인명이나 재산에 피해가 발생하지 아니하도록 국토교통부령으로 정하는 준수사항을 지켜야 한다.
(2) 초경량비행장치 조종자는 무인자유기구를 비행시켜서는 아니 된다. 다만, 국토교통부령으로 정하는 바에 따라 국토교통부장관의 허가를 받은 경우에는 그러하지 아니하다.
(3) 초경량비행장치 조종자는 초경량비행장치 사고가 발생하였을 때에는 국토교통부령으로 정하는 바에 따라 지체없이 국토교통부장관에게 그 사실을 보고하여야 한다. 다만, 초경량비행장치 조종자가 보고할 수 없을 때에는 그 초경량비행장치 소유자 등이 초경량비행장치 사고를 보고하여야 한다.
(4) 무인비행장치를 사용하여「개인정보 보호법에 따른 개인정보(이하 "개인정보"라 한다) 또는「위치정보의 보호 및 이용 등에 관한 법률」에 따른 개인위치정보(이하 "개인위치정보"라 한다)를 수집하거나 이를 전송하는 경우 개인정보 및 개인위치정보의 보호에 관하여는 각각 해당 법률에서 정하는 바에 따른다.
(5) 인명이나 재산에 위험을 초래할 우려가 있는 낙하물을 투하(投下)하는 행위
(6) 인구가 밀집된 지역이나 그 밖에 사람이 많이 모인 장소의 상공에서 인명 또는 재산에 위험을 초래할 우려가 있는 방법으로 비행하는 행위
(7) 관제공역·통제공역·주의공역에서 비행하는 행위. 다만, 다음의 행위와 지방항공청장의 허가를 받은 경우는 제외한다.
① 군사목적으로 사용되는 초경량비행장치를 비행하는 행위
② 관제권 또는 비행금지구역이 아닌 곳에서 최저비행고도(150미터) 미만의 고도에서 비행하는 행위
③ 무인비행기, 무인헬리콥터 또는 무인멀티콥터 중 최대이륙중량이 25킬로그램 이

하인 것

④ 무인비행선 중 연료의 무게를 제외한 자체 무게가 12킬로그램 이하이고, 길이가 7미터 이하인 것

(8) 안개 등으로 인하여 지상목표물을 육안으로 식별할 수 없는 상태에서 비행하는 행위

(9) 비행시정 및 구름으로부터의 거리기준을 위반하여 비행하는 행위

(10) 일몰 후부터 일출 전까지의 야간에 비행하는 행위. 다만, 최저비행고도(150미터) 미만의 고도에서 운영하는 계류식 기구 또는 허가를 받아 비행하는 초경량비행장치는 제외한다.

(11) 「주세법」에 따른 주류, 「마약류 관리에 관한 법률」에 따른 마약류 또는 「화학물질관리법」에 따른 환각물질 등(이하 "주류 등"이라 한다)의 영향으로 조종업무를 정상적으로 수행할 수 없는 상태에서 조종하는 행위 또는 비행 중 주류 등을 섭취하거나 사용하는 행위

(12) 그 밖에 비정상적인 방법으로 비행하는 행위

10 비행 준수사항

(1) 초경량비행장치 조종자는 항공기 또는 경량항공기를 육안으로 식별하여 미리 피할 수 있도록 주의하여 비행하여야 한다.

(2) 동력을 이용하는 초경량비행장치 조종자는 모든 항공기, 경량항공기 및 동력을 이용

하지 아니하는 초경량비행장치에 대하여 진로를 양보하여야 한다.
(3) 무인비행장치 조종자는 해당 무인비행장치를 육안으로 확인할 수 있는 범위에서 조종하여야 한다. 다만, 허가를 받아 비행하는 경우는 제외한다.
(4) 「항공사업법」 항공레저스포츠사업에 종사하는 초경량비행장치 조종자는 다음의 사항을 준수하여야 한다.
　① 비행 전에 해당 초경량비행장치의 이상 유무를 점검하고, 이상이 있을 경우에는 비행을 중단할 것
　② 비행 전에 비행안전을 위한 주의사항에 대하여 동승자에게 충분히 설명할 것
　③ 해당 초경량비행장치의 제작자가 정한 최대이륙중량을 초과하지 아니하도록 비행할 것
　④ 동승자에 관한 인적사항(성명, 생년월일 및 주소)을 기록하고 유지할 것

11 비행 시 유의사항

(1) 군 방공비상사태 인지 시 즉시 비행을 중지하고 착륙할 것
(2) 항공기의 부근에 접근하지 말 것. 특히 헬리콥터의 아랫쪽에는 Down wash가 있고 대형·고속항공기의 뒤쪽 및 부근에는 Turbulence가 있음을 유의할 것
(3) 군 작전 중인 전투기가 불시에 저고도·고속으로 나타날 수 있음을 항상 유의할 것
(4) 다른 초경량비행장치에 불필요하게 가깝게 접근하지 말 것
(5) 비행 중 사주경계를 철저히 할 것
(6) 태풍·돌풍이 불거나 번개가 칠 때, 또는 비나 눈이 내릴 때에는 비행하지 말 것
(7) 비행중 비정상적인 방법으로 기체를 흔들거나, 자세를 기울이거나 급상승/급강하하거나, 급선회하지 말 것
(8) 제원에 표시된 중량을 초과하여 탑승시키지 말 것
(9) 이륙 전 제반 기체·엔진 안전점검을 철저히 할 것
(10) 주변에 지상 장애물이 없는 장소에서 이착륙할 것
(11) 야간에는 비행하지 말 것
(12) 음주·약물복용 상태에서 비행하지 말 것
(13) 초경량비행장치를 정해진 용도 이외의 목적으로 사용하지 말 것
(14) 비행금지공역·비행제한공역·위험공역·경계구역·군부대상공·화재 발생지역 상공·해상·화학공업단지·기타 위험한 구역의 상공에서 비행하지 말 것

(15) 공항·대형비행장 반경 약 10킬로미터 이내에서 관할 관제탑의 사전승인 없이 비행하지 말 것
(16) 고압송전선 주위에서 비행하지 말 것
(17) 추락·비상착륙 시 인명·재산의 보호를 위해 노력할 것
(18) 인명이나 재산에 위험을 초래할 우려가 있는 낙하물을 투하하지 말 것
(19) 인구가 밀집된 지역 기타 사람이 운집한 장소의 상공을 비행하지 말 것

12 초경량비행장치사용사업자에 대한 안전개선명령

국토교통부장관은 초경량비행장치사용사업의 안전을 위하여 필요하다고 인정되는 경우에는 초경량비행장치사용사업자에게 다음의 사항을 명할 수 있다.
(1) 초경량비행장치 및 그 밖의 시설의 개선
(2) 그 밖에 초경량비행장치의 비행안전에 대한 방해 요소를 제거하기 위하여 필요한 사항으로서 국토교통부령으로 정하는 사항

13 비행계획의 제출

(1) 비행정보구역 안에서 비행을 하려는 자는 비행을 시작하기 전에 비행계획을 수립하여 관할 항공교통업무기관에 제출하여야 한다. 다만, 긴급출동 등 비행 시작 전에 비행계획을 제출하지 못한 경우에는 비행 중에 제출할 수 있다.
(2) 비행계획은 구술·전화·서류·전문(電文)·팩스 또는 정보통신망을 이용하여 제출할 수 있다. 이 경우 서류·팩스 또는 정보통신망을 이용하여 비행계획을 제출할 때에는 별지 제71호서식의 비행계획서에 따른다.
(3) 항공운송사업에 사용되는 항공기의 비행계획을 제출하는 경우에는 별지 제72호서식의 반복비행계획서를 항공교통본부장에게 제출할 수 있다.
(4) 비행계획을 제출하여야 하는 자 중 국내에서 유상으로 여객이나 화물을 운송하는 자 또는 두 나라 이상을 운항하는 자는 다음의 구분에 따른 시기까지 별지 제73호서식의 항공기 입출항 신고서(GENERAL DECLARATION)를 지방항공청장에게 제출(정보통신망을 이용할 경우에는 해당 정보통신망에서 사용하는 양식에 따른다)하여야 한다.
① 국내에서 유상으로 여객이나 화물을 운송하는 자 : 출항 준비가 끝나는 즉시
② 두 나라 이상을 운항하는 자

- 입항의 경우 : 국내 목적공항 도착 예정 시간 2시간 전까지. 다만, 출발국에서 출항 후 국내 목적공항까지의 비행시간이 2시간 미만인 경우에는 출발국에서 출항 후 20분 이내까지 할 수 있다.
- 출항의 경우 : 출항 준비가 끝나는 즉시

(5) 비행계획서는 국토교통부장관이 정하여 고시하는 작성방법에 따라 작성되어야 한다.
(6) 항공기 입출항 신고서를 제출받은 지방항공청장은 신고서 및 첨부서류에 흠이 없고 형식적 요건을 충족하는 경우에는 지체없이 접수하여야 한다.

14 비행계획에 포함되어야 할 사항

비행계획에는 다음의 사항이 포함되어야 한다.
(1) 항공기의 식별부호
(2) 비행의 방식 및 종류
(3) 항공기의 대수·형식 및 최대이륙중량 등급
(4) 탑재장비
(5) 출발비행장 및 출발 예정시간
(6) 순항속도, 순항고도 및 예정항공로
(7) 최초 착륙예정 비행장 및 총 예상 소요 비행시간
(8) 교체비행장
(9) 시간으로 표시한 연료탑재량
(10) 출발 전에 연료탑재량으로 인하여 비행 중 비행계획의 변경이 예상되는 경우에는 변경될 목적비행장 및 비행경로에 관한 사항
(11) 탑승 총 인원(탑승수속 상 불가피한 경우에는 해당 항공기가 이륙한 직후에 제출할 수 있다)
(12) 비상무선주파수 및 구조장비
(13) 기장의 성명(편대비행의 경우에는 편대 책임기장의 성명)
(14) 낙하산 강하의 경우에는 그에 관한 사항
(15) 그 밖에 항공교통관제와 수색 및 구조에 참고가 될 수 있는 사항

15 비행계획의 종료

(1) 항공기는 도착비행장에 착륙하는 즉시 관할 항공교통업무기관(관할 항공교통업무기

관이 없는 경우에는 가장 가까운 항공교통업무기관)에 다음의 사항을 포함하는 도착보고를 하여야 한다. 다만, 지방항공청장 또는 항공교통본부장이 달리 정한 경우에는 그러하지 아니하다.
① 항공기의 식별부호
② 출발비행장
③ 도착비행장
④ 목적비행장(목적비행장이 따로 있는 경우만 해당한다)
⑤ 착륙시간

(2) 도착비행장에 착륙한 후 도착보고를 할 수 있는 적절한 통신시설 등이 제공되지 아니하는 경우에는 착륙 직전에 관할 항공교통업무기관에 도착보고를 하여야 한다.

2.10 초경량비행장치 사업

다른 사람의 수요에 맞추어 무인비행장치를 이용하여 유상으로 농약살포, 사진촬영 등 국토부령으로 정하는 업무를 하는 사업을 할 수 있다.

(1) 무인동력비행장치 : 연료를 제외한 자체중량이 150kg 이하인 무인비행기 또는 무인회전익비행장치
(2) 무인비행선 : 연료를 제외한 자체중량이 180kg이하이고 길이가 20미터 이하인 무인비행선

1 국토부령으로 정하는 업무

(1) 비료 또는 농약 살포, 씨앗 뿌리기 등 농업 지원
(2) 사진촬영, 육상 및 해상 측량 또는 탐사
(3) 산림 또는 공원 등의 관측 및 탐사
(4) 조정교육
(5) 그 밖에 유사한 사업으로서 국토교통부장관이 인정하는 사업

항공관련 법규 chapter 02

2.11 초경량비행장치 사고

1 사고

"항공기사고"란 사람이 비행을 목적으로 항공기에 탑승하였을 때부터 탑승한 모든 사람이 항공기에서 내릴 때까지[사람이 탑승하지 아니하고 원격조종 등의 방법으로 비행하는 항공기(이하 "무인항공기"라 한다)의 경우에는 비행을 목적으로 움직이는 순간부터 비행이 종료되어 발동기가 정지되는 순간까지를 말한다] 항공기의 운항과 관련하여 발생한 다음의 어느 하나에 해당하는 것으로서 국토교통부령으로 정하는 것을 말한다.
  (1) 초경량비행장치에 의한 사람의 사망·중상 또는 행방불명
  (2) 초경량비행장치의 추락·충돌 또는 화재 발생
  (3) 초경량비행장치의 위치를 확인할 수 없거나 초경량비행장치에 접근이 불가능한 경우

2 사고 발생 시 조치사항

  (1) 인명구호를 위해 신속하게 필요한 조치를 취한다.
  (2) 사고 조사를 위해서 비행기체 등 현장을 보존한다.
  (3) 사고조사에 도움이 될 수 있는 정황에 대한 사진, 동영상 자료를 촬영한다.
  (4) 비행장치로 인한 사고발생이나 목격 시에는 관할 지방항공청 및 항공·철도사고조사위원회에 신속히 사고내용을 통보하고 또한, 동일한 사고의 재발방지를 위한 정확한 원인규명이 될 수 있도록 임의 잔해이동 등 증거를 훼손하지 않도록 한다.

3 사고의 보고

초경량비행장치 사고를 일으킨 조종자 또는 그 초경량비행장치 소유자 등은 다음의 사항을 지방항공청장에게 보고하여야 한다.
  (1) 조종자 및 그 초경량비행장치 소유자 등의 성명 또는 명칭
  (2) 사고가 발생한 일시 및 장소
  (3) 초경량비행장치의 종류 및 신고번호
  (4) 사고의 경위
  (5) 사람의 사상(死傷) 또는 물건의 파손 개요
  (6) 사상자의 성명 등 사상자의 인적사항 파악을 위하여 참고가 될 사항

4 안전점검

지방항공청장(이하 '청장'이라 한다)은 안전점검활동을 수행함에 있어서 항공안전에 미치는 영향을 고려하여 다음 각 호와 같이 점검을 구분하여 실시할 수 있다.

(1) 정기점검 : 반기 1회 정기적으로 실시하는 점검(표본검사 포함)
(2) 특별점검 : 초경량비행장치사고 발생 등 지방항공청장이 필요하다고 인정한 때 실시하는 점검
(3) 합동점검 : 군 또는 국토해양부, 지방항공청, 교통안전공단, 지방자치단체 등과 합동으로 실시하는 점검

2.12 초경량비행장치 보험 및 벌칙(과태료)

1 보험가입

초경량비행장치를 초경량비행장치 사용사업, 항공기대여업 및 항공레저스포츠사업에 사용하려는 자는 국토교통부령으로 정하는 보험 또는 공제에 가입하여야 한다.

비행시 보험가입 증명서가 요구되는 초경량비행장치는 다음과 같다.

(1) 항공기 대여업에 사용하는 모든 초경량비행장치
(2) 초경량비행장치 사용사업에 사용하는 모든 초경량비행장치
(3) 항공레저스포츠사업에 사용하는 모든 초경량비행장치

2 초경량비행장치 불법 사용 등의 죄

(1) 다음의 어느 하나에 해당하는 자는 3년 이하의 징역 또는 3천만 원 이하의 벌금에 처한다.
   ① 주류 등의 영향으로 초경량비행장치를 사용하여 비행을 정상적으로 수행할 수 없는 상태에서 초경량비행장치를 사용하여 비행을 한 사람
   ② 초경량비행장치를 사용하여 비행하는 동안에 주류 등을 섭취하거나 사용한 사람
   ③ 국토교통부장관의 측정 요구에 따르지 아니한 사람
(2) 비행안전을 위한 기술상의 기준에 적합하다는 안전성 인증을 받지 아니한 초경량비행장치를 사용하거나 초경량비행장치 조종자 증명을 받지 아니하고 비행을 한 사람

은 1년 이하의 징역 또는 1천만 원 이하의 벌금에 처한다.
(3) 초경량비행장치의 신고 또는 변경신고를 하지 아니하고 비행을 한 자는 6개월 이하의 징역 또는 500만 원 이하의 벌금에 처한다.
(4) 국토교통부장관의 허가를 받지 아니하고 무인자유기구를 비행시킨 사람은 500만 원 이하의 벌금에 처한다.
(5) 국토교통부장관의 승인을 받지 아니하고 초경량비행장치 비행제한공역을 비행한 사람은 200만 원 이하의 벌금에 처한다.

3 명령 위반의 죄

초경량비행장치사용사업의 안전을 위한 명령을 이행하지 아니한 초경량비행장치사용사업자는 1천만 원 이하의 벌금에 처한다.

4 과태료

(1) 다음의 어느 하나에 해당하는 자에게는 500만 원 이하의 과태료를 부과한다.
   ① 초경량비행장치의 비행안전을 위한 기술상의 기준에 적합하다는 안전성 인증을 받지 아니하고 비행한 사람(위 불법 사용 등의 죄(2)항에 적용되는 경우는 제외한다)
   ② 보고 등을 하지 아니하거나 거짓 보고 등을 한 사람
   ③ 질문에 대하여 거짓 진술을 한 사람
   ④ 운항정지, 운용정지 또는 업무정지를 따르지 아니한 자
   ⑤ 시정조치 등의 명령에 따르지 아니한 자
(2) 다음의 어느 하나에 해당하는 자에게는 300만 원 이하의 과태료를 부과한다.
   ① 초경량비행장치 조종자 증명을 받지 아니하고 초경량비행장치를 사용하여 비행을 한 사람
(3) 다음의 어느 하나에 해당하는 자에게는 200만 원 이하의 과태료를 부과한다.
   ① 변경등록 또는 말소등록의 신청을 하지 아니한 자
   ② 항공기 등록기호표를 부착하지 아니하고 항공기를 사용한 자
   ③ 변경된 항공기기술기준을 따르도록 한 요구에 따르지 아니한 자
   ④ 항공종사자가 아닌 사람으로서 고의 또는 중대한 과실로 항공안전위해요인을 발생시킨 사람

초경량비행장치 운용과 비행실습

⑤ 항공교통의 안전을 위한 국토교통부장관 또는 항공교통업무증명을 받은 자의 지시에 따르지 아니한 자

⑥ 국토교통부령으로 정하는 준수사항을 따르지 아니하고 초경량비행장치를 이용하여 비행한 사람

(4) 다음의 어느 하나에 해당하는 자에게는 100만 원 이하의 과태료를 부과한다.

① 보고를 하지 아니하거나 거짓으로 보고한 자

② 항공기사고, 항공기준사고 또는 항공안전장애를 보고하지 아니하거나 거짓으로 보고한 자

③ 신고번호를 해당 초경량비행장치에 표시하지 아니하거나 거짓으로 표시한 초경량비행장치 소유자 등

④ 국토교통부령으로 정하는 장비를 장착하거나 휴대하지 아니하고 초경량비행장치를 사용하여 비행을 한 자

(5) 다음의 어느 하나에 해당하는 자에게는 30만 원 이하의 과태료를 부과한다.

① 초경량비행장치의 말소신고를 하지 아니한 초경량비행장치소유자 등

② 초경량비행장치 사고에 관한 보고를 하지 아니하거나 거짓으로 보고한 초경량비행장치 조종자 또는 그 초경량비행장치소유자 등

◆ 초경량비행장치 불법 및 규정위반 처벌·행정처분 요약

불법사용, 규정위반 비행의 유형		처벌 및 행정처분 기준		
		징역	벌금	과태료
(1) 장치신고	미신고	6개월 이하	500만 원 이하	
	신고번호 미표시 또는 거짓표시			100만 원 이하
(2) 비행승인 없이 비행 시			200만 원 이하	
(3) 안전성 인증 없이 비행 시				500만 원 이하
(4) 조종자 증명 없이 비행 시				300만 원 이하
(5) 영리목적 사용 (제10조제2호)	등록사업 이외	6개월 이하	500만 원 이하	
	보험 미가입			500만 원 이하
(6) 조종자 준수사항 미준수 시				200만 원 이하
(7) 구조활동 보조장비 미구비				100만 원 이하
(8) 사고 미보고 또는 거짓보고				30만 원 이하
(9) 상기 (3),(4),(5) 위반하고 사람을 탑승시켜 영리비행 시		1년 이하	1,000만 원 이하	

2.13 공역

"공역"이란 항공기, 초경량비행장치 등의 안전한 활동을 보장하기 위하여 지표면 또는 해수면으로부터 일정 높이의 특정 범위로 정해진 공간을 말한다. 적용 범위는 인천 비행정보구역(이하 "인천 FIR"이라 한다.) 내의 공역관리와 운영업무에 관련 있는 기관과 그 소속 종사자 또는 공역을 사용하고자 하는 자에게 적용한다.

1 공역의 종류

구 분		내 용
관제 공역	A등급	모든 항공기가 계기비행을 하여야 하는 공역
	B등급	계기비행 및 시계비행을 하는 항공기가 비행가능하고, 모든 항공기에 분리를 포함한 항공교통관제업무가 제공되는 공역
	C등급	모든 항공기에 항공교통관제업무가 제공되나, 시계비행을 하는 항공기간에는 비행정보 업무만 제공되는 공역
	D등급	모든 항공기에 항공교통관제업무가 제공되나, 계기비행을 하는 항공기와 시계비행을 하는 항공기 및 시계비행을 하는 항공기간에는 비행정보 업무만 제공되는 공역
	E등급	계기비행을 하는 항공기에 항공교통관제업무가 제공되고, 시계비행을 하는 항공기에 비행정보 업무가 제공되는 공역
비관제 공역	F등급	계기비행을 하는 항공기에 비행정보업무와 항공교통조언업무가 제공되고, 시계비행항공기에 비행정보 업무가 제공되는 공역
	G등급	모든 항공기에 비행정보업무만 제공되는 공역

2 공역의 분류

(1) 관제공역 : 항공교통의 안전을 위하여 항공기의 비행 순서·시기 및 방법 등에 관하여 국토교통부장관의 지시를 받아야 할 필요가 있는 공역

(2) 비관제공역 : 관제공역 외의 공역으로서 항공기에 탑승하고 있는 조종사에게 비행에 필요한 조언이나·비행정보 등을 제공하는 공역

(3) 통제공역 : 항공교통의 안전을 위하여 항공기의 비행을 금지하거나 제한할 필요가 있는 공역

(4) 주의공역 : 항공기의 비행 시 조종사의 특별한 주의·경계·식별 등이 필요한 공역

3 초경량비행장치 비행구역(UA)

29개소(드론 전용 8개소) 초경량비행장치 비행공역(UA)에서는 비행승인 없이 비행이 가능하며, 기본적으로 그 외 지역은 비행 불가 지역이나, 최대이륙중량 25kg의 드론은 관제권 및 비행금지공역을 제외한 지역에서는 150m 미만의 고도에서는 비행승인 없이 비행 가능하다.

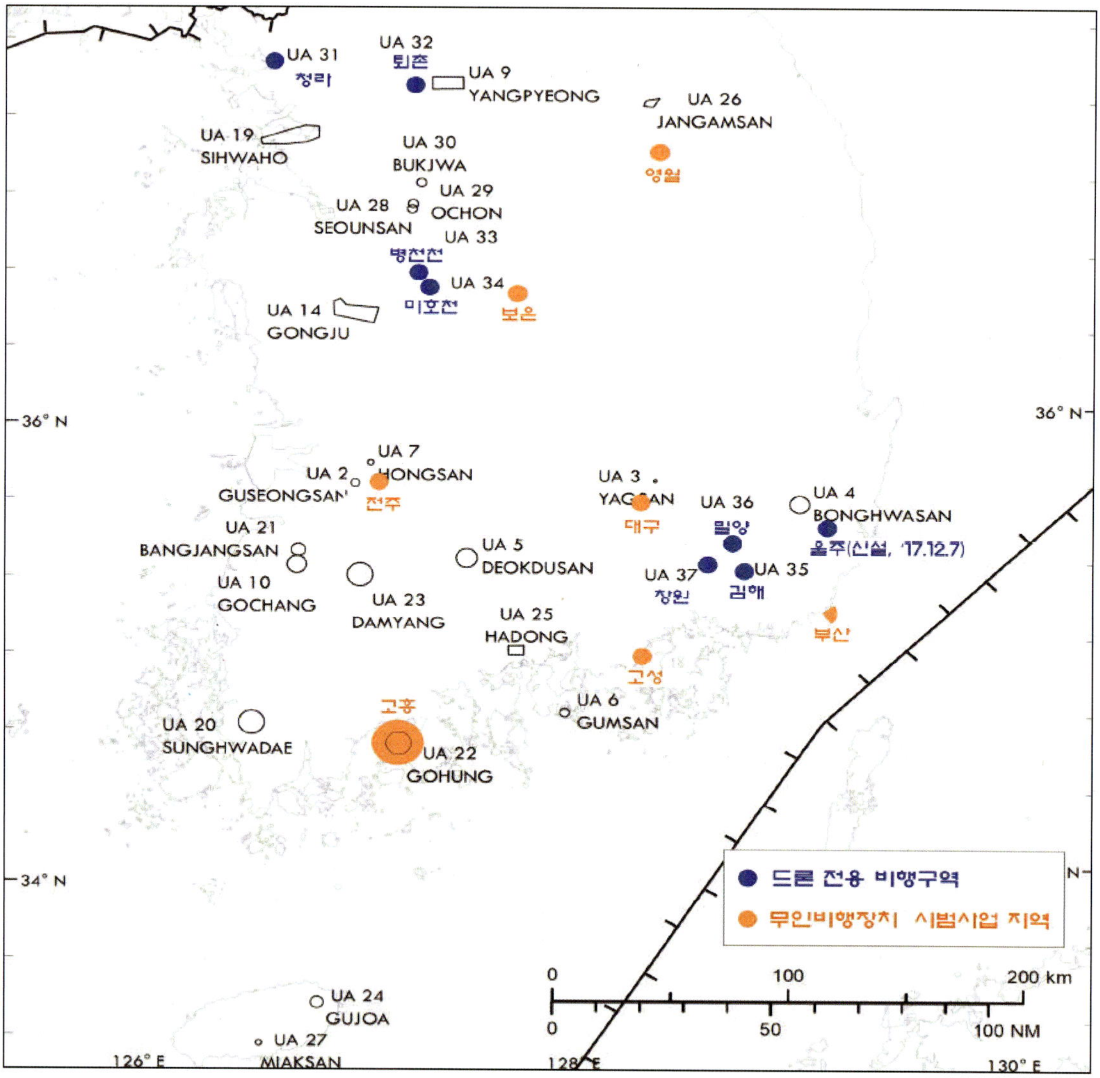

【 드론 등 초경량비행장치 전용 비행공역 현황 】

항공관련 법규 chapter 02

4 비행금지구역

비행금지구역은 ICAO에서 정의한 바에 따르면 체약국의 영토 또는 영해 상공에 비행이 금지되는 공역으로 설정한 범위를 말하며, 또한 국가안보 및 국민의 복리증진 등의 기타 이유로 항공기의 비행을 금지하는 공역이다. 우리나라 비행금지구역(P73(서울 도심), P518(휴전선 지역), P61A(고리원전), P62A(월성원전), P63A(한빛원전), P64A(한울원전), P65A(원자력연구소), P61B(고리원전), P62B(월성원전), P63B(한빛원전), P64B(한울원전), P65B(원자력연구소)) 12개가 운영되고 있다.

	구분	관할기관	연락처
1	P73 (서울 도심)	수도방위사령부 (화력과)	전화 : 02-524-3353, 3419, 3359 팩스 : 02-524-2205
2	P518 (휴전선 지역)	합동참모본부 (항공작전과)	전화 : 02-748-3294 팩스 : 02-796-7985
3	P61 A (고리원전)	합동참모본부 (공중종심작전과)	전화 : 02-748-3435 팩스 : 02-796-0369
4	P62 A (월성원전)		
5	P63 A (한빛원전)		
6	P64 A (한울원전)		
7	P65 A (원자력연구소)		
8	P61 B (고리원전)	부산지방항공청 (항공운항과)	전화 : 051-974-2154 팩스 : 051-971-1219
9	P62 B (월성원전)		
10	P63 B (한빛원전)		
11	P64 B (한울원전)		
12	P65 B (원자력연구소)	서울지방항공청 (항공안전과)	전화 : 032-740-2153 팩스 : 032-740-2159

■ 전국 관제권 및 비행금지구역 현황

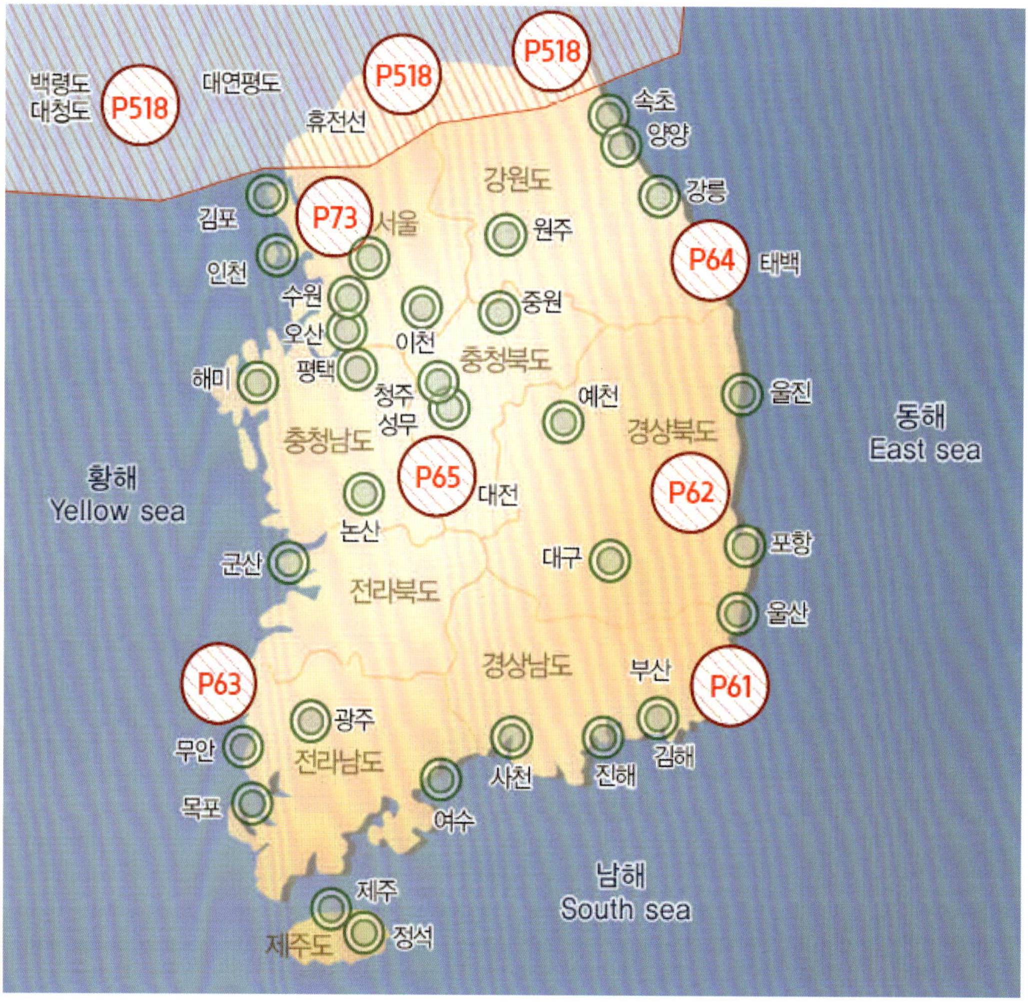

항공관련 법규 · chapter 02

■ 관제권 허가기관과 연락처

구분		관할기관	연락처
1	인 천	서울지방항공청 (항공운항과)	전화 : 032-740-2153 팩스 : 032-740-2159
2	김 포		
3	양 양		
4	울 진	부산지방항공청 (항공운항과)	전화 : 051-974-2146 팩스 : 051-971-1219
5	울 산		
6	여 수		
7	정 석		
8	무 안		
9	제 주	제주지방항공청 (안전운항과)	전화 : 064-797-1745 팩스 : 064-797-1759
10	광 주	광주기지(계획처)	전화 : 062-940-1110~1 / 팩스 : 062-941-8377
11	사 천	사천기지(계획처)	전화 : 055-850-3111~4 / 팩스 : 055-850-3173
12	김 해	김해기지(작전과)	전화 : 051-979-2300~1 / 팩스 : 051-979-3750
13	원 주	원주기지(작전과)	전화 : 033-730-4221~2 / 팩스 : 033-747-7801
14	수 원	수원기지(계획처)	전화 : 031-220-1014~5 / 팩스 : 031-220-1176
15	대 구	대구기지(작전과)	전화 : 053-989-3210~4 / 팩스 : 054-984-4916
16	서 울	서울기지(작전과)	전화 : 031-720-3230~3 / 팩스 : 031-720-4459
17	예 천	예천기지(계획처)	전화 : 054-650-4517 / 팩스 : 054-650-5757
18	청 주	청주기지(계획처)	전화 : 043-200-3629 / 팩스 : 043-210-3747
19	강 릉	강릉기지(계획처)	전화 : 033-649-2021~2 / 팩스 : 033-649-3790
20	충 주	중원기지(작전과)	전화 : 043-849-3084~5 / 팩스 : 043-849-5599
21	해 미	서산기지(작전과)	전화 : 041-689-2020~4 / 팩스 : 041-689-4155
22	성 무	성무기지(작전과)	전화 : 043-290-5230 / 팩스 : 043-297-0479
23	포 항	포항기지(작전과)	전화 : 054-290-6322~3 / 팩스 : 054-291-9281
24	목 포	목포기지(작전과)	전화 : 061-263-4330~1 / 팩스 : 061-263-4754
25	진 해	진해기지 (군사시설보호과)	전화 : 055-549-4231~2 / 팩스 : 055-549-4785
26	이 천	항공작전사령부 (비행정보반)	전화 : 031-634-2202(교환) ⇒ 3705~6 팩스 : 031-634-1433
27	논 산		
28	속 초		
29	오 산	미공군 오산기지	전화 : 0505-784-4222 문의 후 신청
30	군 산	군산기지	전화 : 063-470-4422 문의 후 신청
31	평 택	미육군 평택기지	전화 : 0503-353-7555 / 팩스 : 0503-353-7655

■ 비행금지구역(적색 표시구역) : 휴전선 일대(P-518), 서울도심(P-73)

■ 서울도심 비행금지구역 확대

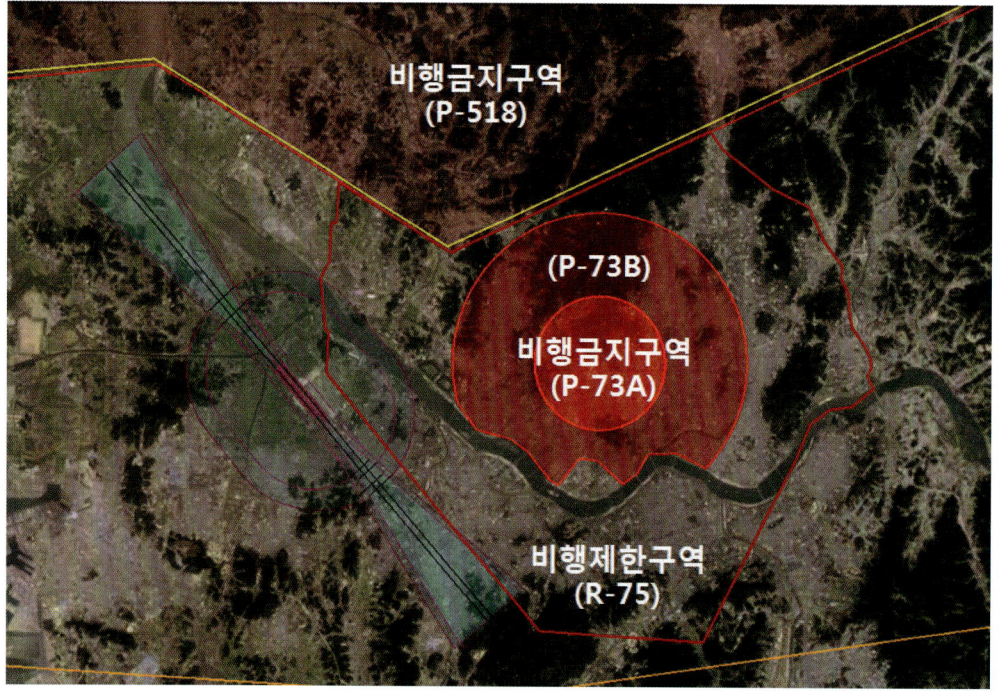

항공관련 법규 chapter 02

■ 리플릿을 통해 비행장 주변 관제권(반경 9.3km), 비행금지구역(서울강북지역, 휴전선·원전주변) 등 비행하기 전 승인이 필요한 지역과 이를 위치기반으로 확인이 가능한 'Ready to Fly' 스마트폰 앱의 이용방법 및 주요기능에 대해 알 수 있다.

'Ready to Fly' 스마트폰 앱 주요 기능

- (공역정보 조회) 전국에 설정된 공역 현황
- (지역정보) 비행승인 소관기관(연락처) 및 현재위치, 유의사항 등
- (기상정보 조회) 일출일몰시각, 풍속, 자기장 정보 등
- (기타기능) 비행예정지역 정보 검색 및 조종자 준수사항 확인

사전 비행승인 필요지역 확인 방법('Ready to Fly' 스마트폰 앱 안내)

앱(App) 설치방법
- ANDROID: Google Play 스토어 접속 후 'Ready to Fly' 검색 → 'Ready to Fly' 다운 설치
- iOS: App Store 접속 후 'Ready to Fly' 검색 → 'Ready to Fly' 다운 설치

Ready to Fly 기능
- 공역정보 조회 : 전국에 설정된 공역 현황
- 지역정보 : 비행승인 기관별 연락처 등
- FAQ : 드론과 관련된 필요 정보, 질의응답 등
- 조종자 준수사항 확인
- 기상정보조회 : 일출·일몰시각, 풍속, 지구자기장 정보 등

Ready to Fly 주요기능
- 공역 정보 조회 : 비행금지구역, 관제권 등 전국에 설정된 공역 현황
- 비행예정지역 정보 검색 : 검색한 지역의 공역정보 등
- 지역 정보 : 비행승인 소관기관(연락처) 및 현재위치, 유의사항 등

◆ Ready to fly 주요기능 소개 ◆

【 공역 정보 조회 】
비행금지 구역, 관제권 등 전국에 설정된 공역 현황

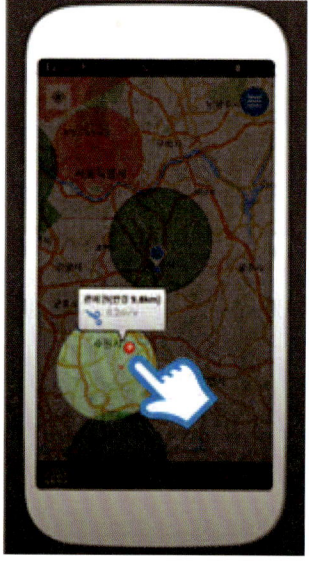

【 비행예정지역 정보 검색 】
검색한 지역의 공역정보 및 비행허가 기관 연락처 등 바로 안내

【 기상 정보 조회 】
해당 지역의 온·습도, 풍속, 일출·일몰시각, 지구자기장 정보 등

【 관련 법규 링크 기능 】
조종자 준수사항, 항공법규, 비행허가 신청서 양식 등

■ 항공안전법 시행규칙 [별지 제122호서식]

초경량비행장치 비행승인신청서

※ 색상이 어두운 난은 신청인이 작성하지 아니하며, [ ]에는 해당되는 곳에 √표를 합니다. (앞 쪽)

접수번호		접수일시		처리기간	3일
신 청 인	성명/명칭			생년월일	
	주소				
비행장치	종류/형식			용도	
	소유자		(전화:)		
	신고번호		안전성 인증서번호 (유효만료기간) (. .)		
비행계획	일시 또는 기간(최대 30일)		구역		
	비행목적/방식		보험 [ ] 가입 [ ] 미가입		
	경로/고도				
조종자	성명			생년월일	
	주소				
	자격번호 또는 비행경력				
동승자	성명			생년월일	
	주소				
탑재장치	무선전화송수신기				
	2차감시레이더용트랜스폰더				

「항공안전법」 제127조제2항 및 같은 법 시행규칙 제308조제2항에 따라 비행승인을 신청합니다.

년   월   일

신고인   (서명 또는 인)

지방항공청장   귀하

작 성 방 법

1. 「항공안전법 시행령」 제24조에 따른 신고를 필요로 하지 않는 초경량비행장치 또는 「항공안전법 시행규칙」 제305조제1항에 따른 안전성 인증의 대상이 아닌 초경량비행장치의 경우에는 신청란 중 제①번(신고번호) 또는 제②번(안전성 인증서번호)을 적지 않아도 됩니다.
2. 항공레저스포츠사업에 사용되는 초경량비행장치이거나 무인비행장치인 경우에는 제③번(동승자)을 적지 않아도 됩니다.

210mm×297mm[백상지(80g/㎡) 또는 중질지(80g/㎡)]

(뒤 쪽)

처 리 절 차

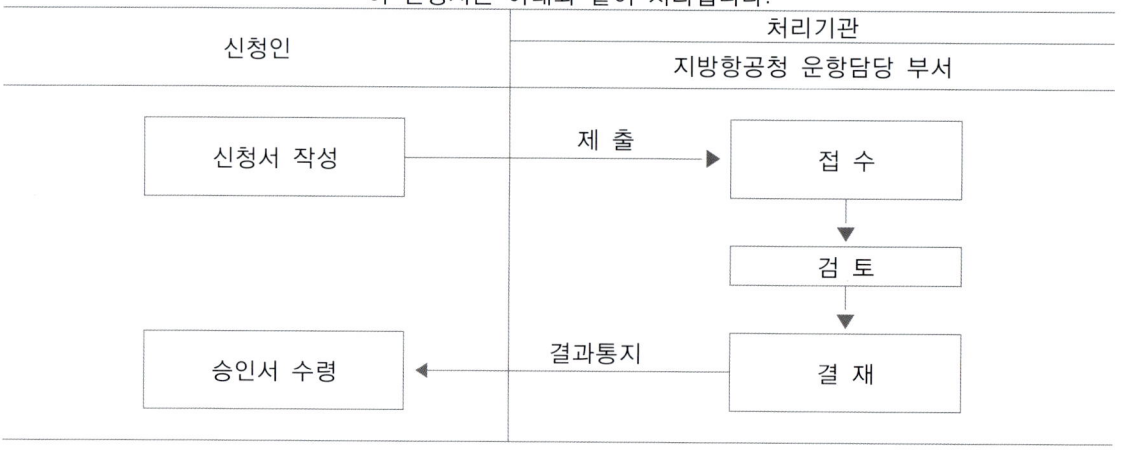

항공사진 촬영 지침서

1. 목 적
이 지침은 국가정보원법 제3조 및 보안업무규정 제37조의 규정에 의한 국가보안시설 및 보호장비 관리지침 제32조, 제33조의 항공사진촬영 허가 업무 수행에 관하여 필요한 사항을 규정함을 목적으로 한다.

2. 적용 범위
이 지침은 국방부(정보본부) 및 기무사령부와 항공촬영 업체 및 기관이 항공촬영 업무를 수행하는 때에 적용한다.

3. 보안 책임
가. 이 지침의 적용을 받는 업체 및 기관의 대표는 보안업무규정을 적용받는 분야에 대한 전반적인 보안책임이 있으며, 소속인원은 부여된 업무와 관련하여 보안책임을 지며 비밀사항을 지득하거나 점유 시 이를 보호할 책임이 있다.

나. 국군기무사령관은 국방부장관의 명을 받아 이 지침의 적용을 받는 업체 및 기관의 효율적인 보안업무 수행에 필요한 지원임무를 수행할 책임이 있다.

4. 항공촬영 신청 및 허가
   가. 항공사진 촬영신청자는 촬영 7일 전(천재지변에 의한 긴급보도 등 부득이한 경우는 제외)까지 국방부장관에게 촬영대상·일시·목적·촬영자 인적사항 등을 명시한 항공사진 촬영허가신청서(별지 서식)를 제출한다.
      ※ 국방부 정보본부 보안정책과
      ※ 전화 : 02-748-2344, FAX : 02-796-0369 [확인 : 02-748-0543]
   나. 국방부장관은 촬영목적·용도 및 대상시설·지역의 보안상 중요도 등을 검토하여 항공촬영 허가여부를 결정하되, 다음에 해당되는 시설에 대하여는 항공사진 촬영을 금지한다.
      (1) 국가보안목표 시설 및 군사보안목표 시설
      (2) 비행장, 군항, 유도탄 기지 등 군사시설
      (3) 기타 군수산업시설 등 국가안보상 중요한 시설·지역
   다. 감독기관의 장은 촬영금지 시설에 대하여 국익목적 또는 국가이익상 촬영이 필요할 때에는 그 사유를 첨부하여 국방부장관에게 촬영협조를 요청할 수 있다. 이 경우 국방부장관은 국정원장과 협의하여 그 제한을 완화할 수 있다.
   라. 국방부장관은 항공촬영 허가 시 관련 기관 및 업체의 업무를 고려하여 촬영허가 기간을 최장 1개월 이내에서 허가할 수 있다.

5. 항공촬영 보안조치
   가. 국군기무사령관은 항공촬영을 위한 항공기 이착륙시 승무원·탑승자의 신원과 촬영 필름의 수량을 확인하고 촬영 불가지역 고지 등 보안조치를 하며, 필요시 담당관을 탑승시켜 이를 확인하게 할 수 있다.
   나. 국군기무사령관은 항공 촬영한 필름에 대하여 촬영 금지시설과 지형정보를 삭제하는 등 필요한 보안조치를 한 후 사진을 인화토록 하고, 필요시 항공사진 및 필름 취급기관(업체)으로 하여금 적정등급의 비밀로 분류·관리토록 하여야 한다.

6. 비행승인
   가. 항공촬영을 위한 비행 시에는 항공촬영 허가와 별도로 국토교통부에 신고하여야 한다. 다만, 비행금지구역을 비행할 경우 항공촬영 신청자는 해당 지역의 공역(空域)관리기관(합참·수방사 등)의 별도 승인을 얻은 후 국토교통부에 신고하여야 한다.
   나. 군사작전 지역 내 비행 및 군시설 이용이 필요할 경우 사전에 관할 군부대와 협조하여야 한다.

7. 행정사항
   항공촬영 업체 및 기관에서 부득이한 사정으로 촬영일정, 촬영대상, 촬영관계자, 항공기 이착륙지 등 촬영 허가된 내용을 변경(3차까지 가능)할 경우에는 촬영 종료 5일전까지 국방부장관의 재허가를 받아야 한다.

Q&A 자주 묻는 질문(국토부)

Q1 '무인기'는 잘못된 표현이다?

A1. Yes (O)

무인기는 법률적 용어는 아닙니다. 「항공안전법」에 따라 연료를 제외한 자체중량이 150kg 이하인 것은 '무인비행장치'로, 150kg 초과 시에는 '무인항공기'로 부르는 것이 정확한 표현입니다.

Q2 12kg 이하 무인비행장치는 아무 제약 없이 마음대로 날릴 수 있다?

A2. No (X)

12kg 이하 무인비행장치라도 모든 조종자가 반드시 준수해야 할 사항을 항공안전법에 정하고 있습니다. 조종자는 장치를 눈으로 볼 수 있는 범위 내에만 조종해야 하며 특히 관제권 내 또는 150m 이상의 고도에서 비행하려는 경우는 지방항공청장의 허가를 받아야 하며, 비행금지구역에서의 비행은 국방부장관의 허가가 필요합니다.

비행허가 신청은 비행일로부터 최소 3일 전까지, 국토교통부 원스톱민원처리시스템(www.onestop.go.kr)을 통해 신청과 처리가 가능합니다. 조종자 준수사항을 위반할 경우 항공안전법에 따라 최대 200만 원의 과태료가 부과됩니다.

Q3 취미용 무인비행장치는 안전관리 대상이 아니다?

A3. No (X)

취미활동으로 무인비행장치를 이용하는 경우라도 조종자 준수사항은 반드시 지켜야 합니다. 이는 타 비행체와의 충돌을 방지하고 무인비행장치 추락으로 인한 지상의 제 3자 피해를 예방하기 위한 최소한의 안전장치이기 때문입니다.

Q4 국내에서 무인비행장치로 사업을 할 수 있다?

A4. Yes (O)

국내 항공안전법은 무인비행장치를 이용한 사업을 "초경량비행장치 사용사업"으로 구분하고, 비료나 농약살포 등의 농업지원, 사진촬영, 육상·해상의 측량 또는 탐사, 산림·공원의 관측 등에 영리 목적으로 사용할 수 있도록 정하고 있습니다.

무인비행장치로 사용사업을 하기 위해서는 항공안전법에서 정하는 자본금, 인력, 보험 등 등록요건을 갖추고 지방항공청에 등록하여야 합니다. 또한 12kg을 초과하는 무인비행장치로 사용사업을 할 경우는 소속 조종자가 조종자 증명을 취득하여야 합니다. 2014년 7월 15일부터는 개정 항공안전법이 발효되어, 등록하지 않고 사업을 하다

항공관련 법규 chapter 02

적발될 경우 6개월 이하의 징역 또는 5백만 원 이하의 벌금에 처해질 수 있으니 유의하시기 바랍니다.

Q5 취미용 무인비행장치는 안전관리 대상이 아니다?

A5. No (X)

취미활동으로 무인비행장치를 이용하는 경우라도 조종자 준수사항은 반드시 지켜야 합니다. 이는 타 비행체와의 충돌을 방지하고 무인비행장치 추락으로 인한 지상의 제3자 피해를 예방하기 위한 최소한의 안전장치이기 때문입니다. 또한 비행금지구역이나 관제권(공항 주변 반경 9.3km)에서 비행할 경우에도 무게나 비행 목적에 관계없이 허가가 필요합니다.

Q6 드론을 실내에서 비행할 때에도 비행승인을 받아야 되나요?

A6. No (X)

사방, 천장이 막혀있는 실내 공간에서의 비행은 승인을 필요로 하지 않습니다. 적절한 조명장치가 있는 실내 공간이라면 야간에도 가능합니다. 다만 어떠한 경우에도 인명과 재산에 위험을 초래할 우려가 없도록 주의하여 비행하여야 합니다.

Q7 내가 비행하려는 장소가 허가가 필요한 곳인지 쉽게 찾아볼 수 있는 방법이 있나요?

A7. Yes (O)

국토교통부와 (사)한국드론협회가 공동 개발한 스마트폰 어플(명칭 : Ready to fly)을 다운받으면 전국 비행금지구역, 관제권 등 공역현황 및 지역별 기상정보, 일출·일몰 시각, 지역별 비행허가 소관기관과 연락처 등을 간편하게 조회할 수 있습니다.
※ 마켓에서 "readytofly" 또는 "드론협회" 검색·설치 후 이용

Q8 조종자가 지켜야 할 사항은 어떤 것들이 있을까요?

A8. 단순 취미용 무인비행장치라도 모든 조종자가 준수해야 할 안전수칙을 항공안전법에 정하고 있고 조종자는 이를 지켜야 합니다. 조종자 준수사항은 비행장치의 무게나 용도와 관계없이 무인비행장치를 조종하는 사람 모두에게 적용됩니다. 조종자 준수사항을 위반할 경우 항공안전법에 따라 최대 200만 원의 과태료가 부과됩니다.

〈조종자 준수사항(항공안전법 시행규칙 제310조)〉

△ 비행금지 시간대 : 야간비행(※ 야간 : 일몰 후부터 일출 전까지)

△ 비행금지 장소
  (1) 비행장으로부터 반경 9.3km 이내인 곳
    → "관제권"이라고 불리는 곳으로 이착륙하는 항공기와 충돌위험 있음

(2) 비행금지구역(휴전선 인근, 서울도심 상공 일부)
  → 국방, 보안상의 이유로 비행이 금지된 곳
(3) 150m 이상의 고도
  → 항공기 비행항로가 설치된 공역임.
(4) 인구밀집지역 또는 사람이 많이 모인 곳의 상공
  예 스포츠 경기장, 각종 페스티벌 등 인파가 많이 모인 곳 – 위에 조종자 준수사항 참고 → 기체가 떨어질 경우 인명피해 위험이 높음.
  ※ 비행금지 장소에서 비행하려는 경우 지방항공청 또는 국방부의 허가 필요
    (타 항공기 비행계획 등과 비교하여 가능할 경우에는 허가)

△ 비행 중 금지행위
 – 비행 중 낙하물 투하 금지(위에 조종자 준수사항 참고), 조종자 음주 상태에서 비행 금지
 – 조종자가 육안으로 장치를 직접 볼 수 없을 때 비행 금지
  예 안개·황사 등으로 시야가 좋지 않은 경우, 눈으로 직접 볼 수 없는 곳까지 멀리 날리는 경우

Q9 무인비행장치로 취미생활을 하고 싶은데 자유롭게 날릴 만한 공간이 없다?

A9 No (X)

시화, 양평 등 전국 각지에 총 29개소의 "초경량비행장치 전용공역"이 설정되어 있고, 그 안에서는 허가를 받지 않아도 자유롭게 비행할 수 있습니다. 참고로, 초경량비행장치 전용공역을 확대하기 위해 관계부처간 협의를 활발히 진행하고 있습니다.

최근 국토부, 국방부, 동호단체 간 협의를 통해 수도권 내 4곳의 드론 비행장소를 운영하고 있으니 많은 이용 바랍니다.

※ 수도권 드론 전용장소 : 가양대교 북단, 신정교, 광나루, 별내 IC 인근
  (비행장 문의 : 한국모형항공협회 ☎ 02-548-1961)

➤ 주변 헬기장 등에서 헬기 운항이 있는 경우 드론을 날려서는 안 된다.

항공관련 법규 chapter 02

Q10 드론으로 사진촬영 하는 데도 허가가 필요한가요?

A10. Yes (O)

항공사진 촬영 허가권자는 국방부 장관이며 국방정보본부 보안암호정책과에서 업무를 담당하고 있습니다.

촬영 7일 전에 국방부로 "항공사진촬영 허가신청서"를 전자문서(공공기관의 경우) 또는 팩스(일반업체의 경우)로 신청하면 촬영 목적과 보안상 위해성 여부 등을 검토 후 허가합니다.

※ 전화 : 02-748-2344, FAX : 02-796-0369 [확인 : 02-748-0543]
※ 공공기관, 신문방송사 사용 목적인 경우, 대행업체(촬영업체 등)가 아닌 직접 신청만 가능합니다.
※ 일반업체의 경우 원 발주처의 신청을 원칙으로 하되, 촬영업체가 신청하는 경우 계약서 등을 첨부하면 됩니다.

Q11 항공촬영 허가를 받으면 비행승인을 받지 않아도 됩니까?

A11. No (X)

항공촬영 허가와 비행승인은 별도입니다.

항공사진 촬영 목적으로 드론을 날리려면 먼저 국방부로부터 항공사진 촬영 허가를 받고, 이를 첨부하여 공역별 관할기관에 비행승인을 신청해야 합니다.

Q12 비행허가가 필요한 지역과 지방항공청을 알려주세요.

A12. 아래 지역은 장치 무게나 비행 목적에 관계없이 드론을 날리기 전 반드시 허가가 필요합니다.

▶ 지방항공청별 관할지역

① 서울지방항공청 관할 : 서울특별시, 경기도, 인천광역시, 강원도, 대전광역시, 충청남도, 충청북도, 세종특별자치시, 전라북도
② 부산지방항공청 관할 : 부산광역시, 대구광역시, 울산광역시, 광주광역시, 경상남도, 경상북도, 전라남도
③ 제주지방항공청 관할 : 제주특별자치도

▶ 업무별 처리기관 연락처

- 장치 신고 및 사업 등록 : 서울지방항공청 항공안전과(032-740-2147)
　　　　　　　　　　　　부산지방항공청 항공안전과(051-974-2147)
　　　　　　　　　　　　제주제방항공청 안전운항과(064-797-1743)
- 안전성 인증 : 교통안전공단 항공교통안전처(054-459-7394)
- 조종자증명 : 교통안전공단 항공시험처(054-459-7414)
- 비행승인 : 서울지방항공청 항공운항과(032-740-2153)
　　　　　　부산지방항공청 항공운항과(051-974-2154)
　　　　　　제주지방항공청 안전운항과(064-797-1745)
- 공역관련 : 서울지방항공청 관제과(032-740-2185)
　　　　　　부산지방항공청 항공관제국(051-974-2206)
　　　　　　제주지방항공청 항공관제과(064-797-1764)
- 국방부 : 콜센터 1577-9090, 대표전화(교환실) 02-748-1111,
　　　　　수도방위사령부(서울 비행금지구역 허가 관련) 02-524-3413
　　　　　보안암호정책과(항공촬영 허가 관련) 02-748-2341~7

Q13 무인비행장치 조종자로서 야간에 비행하거나 육안으로 확인할 수 없는 범위에서의 비행은 불가능한가요?

A13. 항공안전법 제129조제5항에 따라 무인비행장치 조종자로서 야간에 비행하거나 육안으로 확인할 수 없는 범위에서 비행하려는 자는 특별비행승인을 받아 그 승인 범위 내에서 비행 가능합니다.

〈드론 특별승인 절차〉

접수·선람 (국토교통부) → 검사 의뢰 → 안전기준* 검사 (항공안전기술원) → 결과 송부 → 종합검토 (국토교통부) → 승인서 발급 → 최종승인 (국토교통부)

* '무인비행장치 특별비행승인을 위한 안전기준 및 승인절차에 관한 기준'(고시)

항공관련 법규

▶◀ 핵심 문제 ▶◀

001 우리나라 항공안전법의 목적은 무엇인가?
① 항공기의 안전한 항행과 생명과 재산을 보호
② 항공기 등 안전항행 기준을 법으로 정함
③ 국제 민간항공 안전 항행과 발전 도모
④ 국내 민간 항공의 안전 항행과 발전 도모

해설
이 법은 「국제민간항공협약」 및 같은 협약의 부속서에서 채택된 표준과 권고되는 방식에 따라 항공기, 경량항공기 또는 초경량비행장치가 안전하게 항행하기 위한 방법을 정함으로써 생명과 재산을 보호하고, 항공기술 발전에 이바지함을 목적으로 한다.

002 우리나라 항공안전법의 기본이 되는 국제법은?
① 일본 동경협약
② 국제민간항공협약 및 같은 협약의 부속서
③ 미국의 항공안전법
④ 중국의 항공안전법

해설
이 법은 「국제민간항공협약」 및 같은 협약의 부속서에서 채택된 표준과 권고되는 방식에 따른다.

003 항공안전법에 대한 내용 중 바르지 못한 것은?
① 국제민간항공협약의 규정과 동 협약의 부속서로서 채택된 표준과 방식에 따른다.
② 항공기, 경량항공기 또는 초경량비행장치가 안전하게 항행하기 위한 방법을 정한 것이다.
③ 시행령과 시행규칙은 국토부령으로 제정되었다.
④ 생명과 재산을 보호하고, 항공기술 발전에 이바지함을 목적으로 한다.

해설
항공안전법 시행규칙은 국토부령으로 제정되어 있지만 항공안전법 시행령은 대통령령으로으로 제정되었다.

004 초경량비행장치의 정의로서 옳게 설명한 것은?
① 공기의 반작용으로 뜰 수 있는 기기로서 최대이륙중량, 좌석 수 등 국토교통부령으로 정하는 기준에 해당하는 것을 말한다.
② 항공기와 경량항공기 외에 공기의 반작용으로 뜰 수 있는 장치로서 자체중량, 좌석 수 등 국토교통부령으로 정하는 기준에 해당하는 것을 말한다.
③ 민간항공에 사용하는 비행선과 활공기를 제외한 모든 것을 말한다.
④ 활공기, 회전익항공기, 비행기, 비행선을 말한다.

해설
"초경량비행장치"란 항공기와 경량항공기 외에 공기의 반작용으로 뜰 수 있는 장치로서 자체중량, 좌석 수 등 국토교통부령으로 정하는 기준에 해당하는 동력비행장치, 행글라이더, 패러글라이더, 기구류 및 무인비행장치 등을 말한다.

정답 001. ① 002. ② 003. ③ 004. ②

초경량비행장치 운용과 비행실습

005 다음 중 항공안전법의 목적과 관계없는 것은?

① 항공 운송사업의 통제
② 항공기 항행의 안전도모
③ 생명과 재산을 보호
④ 항공기술 발전에 이바지

해설
「국제민간항공협약」 및 같은 협약의 부속서에서 채택된 표준과 권고되는 방식에 따라 항공기, 경량항공기 또는 초경량비행장치가 안전하게 항행하기 위한 방법을 정함으로써 생명과 재산을 보호하고, 항공기술 발전에 이바지함을 목적으로 한다.

006 항공안전법이 정하는 비행장이란?

① 항공기의 이·착륙을 위하여 사용되는 육지 또는 수면
② 항공기를 계류시킬 수 있는 곳
③ 항공기의 이·착륙을 위하여 사용되는 활주로
④ 항공기의 승객을 탑승시킬 수 있는 곳

해설
"비행장"이란
항공기·경량항공기·초경량비행장치의 이륙[이수(離水)를 포함한다. 이하 같다]과 착륙[착수(着水)를 포함한다. 이하 같다]을 위하여 사용되는 육지 또는 수면(水面)의 일정한 구역으로서 대통령령으로 정하는 것을 말한다.

007 항공로 지정은 누가 하는가?

① 국토교통부 자관
② 대통령
③ 지방항공청장
④ 국제민간항공기구

008 다음 초경량비행장치 중 인력활공기에 해당하는 것은?

① 비행선
② 패러플레인
③ 행글라이더
④ 자이로 플레인

009 다음 중 항공기 상호간의 우선순위 중 가장 빠른 것은?

① 동력 항공기
② 비행선
③ 회전익 항공기
④ 활공기

010 우리나라 항공기 국적기호는 무엇인가?

① KAL   ② HL
③ K   ④ N

011 동력비행장치의 연료 제외 무게는 어느 것인가?

① 70kg 이하   ② 115kg 이하
③ 150kg 이하   ④ 225kg 이하

012 초경량비행장치가 아닌 것은 어느 것인가?

① 우주선
② 중동력비행장치
③ 행글라이더
④ 기구류

해설
초경량비행장치는 동력비행장치, 행글라이더, 패러글라이더, 기구류 및 무인비행장치 등을 말한다.

정답 005. ① 006. ① 007. ① 008. ③ 009. ④ 010. ② 011. ② 012. ①

항공관련 법규 ➡ 핵심 문제

013 동력비행장치는 자체 중량이 몇 킬로그램 이하 이어야 하는가?

① 70킬로그램 ② 100킬로그램
③ 115킬로그램 ④ 120킬로그램

해설

동력비행장치
동력을 이용하여 프로펠러를 회전시켜 추진력을 얻는 비행 장치로서 착륙장치가 장착된 고정익(날개가 움직이지 않는) 비행 장치를 말하며 자체중량이 115 킬로그램 이하이고 좌석이 1개에 해당된다.

014 초경량비행장치 라고 할 수 없는 것은?

① 자체중량이 70킬로그램 이하의 패러글라이더
② 초경량 자이로플레인
③ 좌석이 2개인 비행장치로서 자체 중량이 115kg을 초과하는 동력비행장치
④ 180킬로그램 이하이고 길이가 20미터 이하인 무인비행선

해설

동력비행장치는 자체중량이 115킬로그램 이하이고 좌석이 1개에 해당된다.

015 착륙장치가 달린 동력패러글라이딩이 초경량비행장치가 되기 위해서 몇 kg인가?

① 70kg ② 115kg
③ 150kg ④ 180kg

016 초경량비행장치의 용어 설명으로 틀린 것은?

① 무인비행장치는 연료의 중량을 제외한 자체 중량이 120kg 이하인 무인비행기 또는 무인회전익 비행장치를 말한다.
② 초경량비행장치의 종류에는 무인비행장치, 동력비행장치, 인력활공기, 기구류 등이 있다.
③ 회전익비행장치에는 초경량 자이로플레인, 초경량 헬리콥터 등이 있다.
④ 무인비행선은 연료의 중량을 제외한 자체 중량이 180kg 이하이고, 길이가 20m 이하인 무인비행선을 말한다.

해설

무인동력비행 장치는 연료의 중량을 제외한 자체중량이 150kg 이하인 무인비행기, 무인헬리콥터 또는 무인멀티콥터이고, 무인비행선는 연료의 중량을 제외한 자체중량이 180kg 이하이고 길이가 20m 이하인 무인비행선이다.

017 항공고시보(NOTAM)의 최대 유효기간은?

① 3개월 ② 6개월
③ 12개월 ④ 12개월

해설

기간 : 3개월 이상 유효해서는 안 된다. 만일 공고되어지는 상황이 3개월을 초과할 것으로 예상되어진다면, 반드시 항공정보간행물 보충판으로 발간되어져야 한다.

018 항공시설 업무, 절차 또는 위험요소의 시설, 운영상태 및 그 변경에 관한 정보를 수록하여 전기통신 수단으로 항공종사자들에게 배포하는 공고문은?

① AIC ② AIP
③ AIRAC ④ NOTAM

해설

항공고시보(NOTAM)
직접 비행에 관련 있는 항공정보(일시적인 정보, 사전 통고를 요하는 정보, 항공정보간행물에 수록되어야 할 사항으로서 시급한 전달을 요하는 정보)를 전달하고자 할 때 매월 초순에 발행한다.

정답 013. ③ 014. ③ 015. ② 016. ① 017. ① 018. ④

019 비행정보를 고시할 때 어디를 통해서 고시를 하는가?
① 관보
② 일간신문
③ 항공협회 회랑
④ 항공협회 정기 간행물

020 항공정보 간행물은 무엇인가?
① NOTAM
② AIP
③ AIC
④ AIRAC

해설

항공정보 간행물(AIP : Aeronautical Information Publication)
우리나라 항공정보간행물은 한글과 영어로 된 단행본으로 발간되며, 국내에서 운항되는 모든 민간항공기의 능률적이고 안전한 운항을 위하여 영구성 있는 항공정보를 수록한다.

021 법령, 규정, 절차 및 시설 등의 변경이 장기간 예상되는 설명과 조언 정보를 통지하는 것은 무엇인가?
① 항공고시보(NOTAM)
② 항공정보 간행물(AIP)
③ 항공정보 회람(AIC)
④ AIRAC

해설

AIP(Aeronautical Information Publication)
해당국가에서 비행하기 위해 필요한 항법관련정보로 항공정보간행물

참고 항공정보 회람(AIC : Aeronautical Information Circular) : 항공정보회람은 AIP나 NOTAM으로 전파될 수 없는 주로 행정사항에 관한 다음의 항공정보를 제공한다.
- 법령, 규정, 절차 및 시설 등의 주요한 변경이 장기간 예상되거나 비행기 안전에 영향을 받는다.
- 기술, 법령 또는 순수한 행정사항에 관한 설명과 조언의 정보 통지한다.
- 매년 새로운 일련번호를 부여하고 최근 유효한 대조표는 1년에 한 번씩 발행한다.

022 기술, 법령 또는 순수한 행정사항에 관한 설명과 조언의 정보 통지의 항공정보를 제공은?
① AIC
② AIP
③ AIRAC
④ NOTAM

023 항공안전법에서 정한 용어의 정의가 맞는 것은?
① 관제구라 함은 평균해수면으로부터 500미터 이상 높이의 공역으로서 항공교통의 통제를 위하여 지정된 공역을 말한다.
② 항공등화라 함은 전파, 불빛, 색채 등으로 항공기 항행을 돕기 위한 시설을 말한다.
③ 관제권이라 함은 비행장 및 그 주변의 공역으로서 항공교통의 안전을 위하여 지정된 공역을 말한다.
④ 항행안전시설이라 함은 전파에 의해서만 항공기 항행을 돕기 위한 시설을 말한다.

해설

"관제구"(管制區)란 지표면 또는 수면으로부터 200미터 이상 높이의 공역으로서 항공교통의 안전을 위하여 국토교통부장관이 지정·공고한 공역을 말한다.

024 항공안전법상 항행안전시설이 아닌 것은?
① 항공교통관제시설

019. ① 020. ② 021. ③ 022. ① 023. ① 024. ①

② 항공등화
③ 항공정보통신시설
④ 항공안전무선시설

해설
"항행안전시설"이란 유선통신, 무선통신, 불빛, 색채 또는 전파(電波)을 이용하여 항공기의 항행을 돕기 위한 시설로서 국토교통부령으로 정하는 시설을 말한다. 종류는 항행안전무선시설, 항공등화, 항공정보통신시설 등이다.

025 항공안전법에서 규정하는 "항공업무"가 아닌 것은?

① 항공기의 운항(무선설비의 조작을 포함한다) 업무
② 항공교통관제(무선설비의 조작을 포함한다) 업무
③ 항공기의 운항관리 업무
④ 항공기 탑승하여 실시하는 조종연습 업무

해설
항공기의 운항(무선설비의 조작을 포함한다) 업무(제46조에 따른 항공기 조종연습은 제외한다)

026 무인항공 시스템의 운용요원과 거리가 먼 것은?

① 비행 교관   ② 내부조종사
③ 외부조종사   ④ 탑재장비 조종관

해설
무인항공기 운용요원은 내부조종사, 외부조종사, 탑재장비 조종관, 통신 및 전자 정비관, 기체 및 엔진 정비관 등이 있으며, 임무지휘자, 안전통제관 등이 있을 수 있다.

027 항공업 종사자로 볼 수 없는 것은 어느 것인가?

① 관제사
② 자가용 운전사
③ 초경량비행장치 조종자
④ 승무원

028 항공안전법에서 규정하는 "항공업무"가 아닌 것은?

① 항공교통관제
② 운항관리 및 무선설비의 조작
③ 정비, 수리, 개조된 항공기, 발동기, 프로펠러 등의 장비나 부품의 안전성 여부 확인 업무
④ 항공기 탑승하여 실시하는 조종연습 업무

해설
"항공업무"란
① 항공기의 운항(무선설비의 조작을 포함한다)업무(제46조에 따른 항공기 조종연습은 제외한다)
② 항공교통관제(무선설비의 조작을 포함한다) 업무(제47조에 따른 항공교통관제연습은 제외한다)
③ 항공기의 운항관리 업무
④ 정비·수리·개조(이하 "정비 등"이라 한다)된 항공기·발동기·프로펠러(이하 "항공기 등"이라 한다), 장비품 또는 부품에 대하여 안전하게 운용할 수 있는 성능(이하 "감항성"이라 한다)이 있는지를 확인하는 업무

029 비행장에 설정하여야 할 장애물 제한 표면과 관계없는 것은?

① 기초표면   ② 전이표면
③ 수평표면   ④ 진입표면

해설
진입표면·수평표면·원추표면 또는 전이표면을 초과하는 높이의 공역

정답 025. ④ 026. ① 027. ② 028. ④ 029. ①

030 비행 중 목표물을 육안으로 식별할 수 있도록 요구되는 초소한의 수평거리를 무엇이라 하는가?
① 최저 비행시정   ② 최고 비행시정
③ 최소 수평거리   ④ 최대 수평거리

031 공역의 설정기준에 어긋나는 것은?
① 국가안전보장과 항공안전율을 고려한다.
② 항공교통에 관한 서비스의 제공여부를 고려해야 한다.
③ 공역의 구분이 이용자보다는 설정자가 쉽게 설정할 수 있어야 한다.
④ 공역의 활용에 효율성과 경제성이 있어야 한다.

🐎 해설
공역의 구분이 이용자가 쉽게 설정할 수 있어야 한다.

032 항공안전법에서 항행안전시설이 아닌 것은?
① 유선통신시설   ② 항공교통 관제시설
③ 무선통신시설   ④ 인공위성시설

🐎 해설
"항행안전시설"이란 유선통신, 무선통신, 인공위성, 불빛, 색채 또는 전파(電波)를 이용하여 항공기의 항행을 돕기 위한 시설로서 국토교통부령으로 정하는 시설을 말한다.

033 다음 중 항공안전법 상 항공등화의 종류가 아닌 것은?
① 진입각 지시동   ② 지향 선호등
③ 위험 항공등대   ④ 비행장 등대

034 정면 또는 가까운 각도로 접근비행 중 동순위의 항공기 상호간에 있어서는 항로를 어떻게 하여야 하나?
① 상방으로 바꾼다.
② 하방으로 바꾼다.
③ 우측으로 바꾼다.
④ 좌측으로 바꾼다.

035 전방에서 비행 중인 항공기를 다른 항공기가 추월하고자 할 경우 어떻게 하는가?
① 후방의 항공기는 전방의 항공기 좌측으로 추월한다.
② 후방의 항공기는 전방의 항공기 상방으로 통과한다.
③ 후방의 항공기는 전방의 항공기 하방으로 통과한다.
④ 후방의 항공기는 전방의 항공기 우측으로 통과한다.

036 초경량비행장치의 운용제한에 관한 설명 중 틀린 것은?
① 인명이나 재산에 위험을 초래할 우려가 있는 낙하물을 투하하는 행위를 하여서는 안 된다.
② 인명 또는 재산에 위험을 초래할 우려가 있는 방법으로 비행하는 행위를 하여서는 안 된다.
③ 지상목표물을 육안으로 식별할 수 없는 상태에서 비행하는 행위를 하여서는 안 된다.
④ 동력비행장치 조종자는 동력을 사용하지 아니하는 비행장치에 대하여 진로를 우선한다.

정답 030. ① 031. ③ 032. ② 033. ③ 034. ③ 035. ④ 036. ④

037 진로의 양보에 대한 설명이 틀리는 것은?
① 다른 항공기를 우측으로 보는 항공기가 진로를 양보한다.
② 착륙을 위하여 최종접근 중에 있거나 착륙 중인 항공기에 진로를 양보
③ 상호간 비행장에 접근 중일 때는 높은 고도에 있는 항공기에 진로를 양보
④ 발동기의 고장, 연료의 결핍 등 비정상 상태에 있는 항공기에 대해서는 모든 항공기가 양보

038 다음 중 항공기의 추월 요령은?
① 우측으로 추월한다.
② 좌측으로 추월한다.
③ 아래쪽으로 추월한다.
④ 위쪽으로 추월한다.

039 접근하는 항공기 상호간의 통행 우선순위를 바르게 나열한 것은?
① 활공기-물건을 예항하는 항공기-비행선-비행기
② 활공기-동력으로 추진되는 활공기-비행선-비행기
③ 동력으로 추진되는 활공기-물건을 예항하는 항공기-회전익항공기-비행선
④ 비행선-물건을 예항하는 항공기-활공기-동력으로 추진되는 활공기

040 다음 중 비행장 부근 비행방법으로 옳지 않은 것은?
① 이륙하고자하는 항공기는 안전고도 미만의 고도에서는 선회하지 않는다.
② 당해 비행장의 착륙기상최저치 미만의 기상 상태에서는 시계비행방식에 의해 착륙한다.
③ 이륙하고자 하는 항공기는 안전속도 미만의 속도에서는 선회하지 않는다.
④ 당해 비행장의 이륙기상최저치 미만의 기상 상태에서는 이륙하지 않는다.

041 비행장의 기동지역 내를 이동하는 사람, 차량 등을 통제하는 곳?
① 공항시설공사
② 항공안전본부
③ 관제탑
④ 청원경찰

042 항공기 소음피해방지대책을 수립, 시행하는 곳은?
① 국토교통부장관
② 지방자치단체장
③ 공항공사
④ 항공안전본부

043 항공교통관제소장이 인천비행정보구역(인천 FIR) 내에서 다음과 같은 사유가 발생하여 항공정보를 제공하자 한다. 다음 중 항공정보 제공이 필요하지 않은 경우는?
① 수평표면을 초과하는 높이의 공역에서 무인 기구를 계류할 때
② 항공로안의 150미터 이상의 높이의 공역에서 무인 기구를 계류할 때
③ 항공로 이외 지역의 250미터 이상 높이의 공역에서 무인 기구를 계류할 때
④ 진입표면 내에서 기상관측용 무인 기구를 부양할 때

◆ 정답 037. ③ 038. ① 039. ① 040. ② 041. ③ 042. ① 043. ④

044 다음 중 전파에 의하여 항공기의 항행을 돕는 시설은?

① 항공등화
② 항행안전무선시설
③ 풍향등
④ 착륙방향지시등

045 수평시정에 대한 설명 중 맞는 것은?

① 관제탑에서 알려져 있는 목표물을 볼 수 있는 수평거리이다.
② 조종사가 이륙 시 볼 수 있는 가시거리이다.
③ 조종사가 착륙 시 볼 수 있는 가시거리이다.
④ 관측지점으로부터의 알려져 있는 목표물을 참고하여 측정한 거리이다.

046 다음은 장주비행(Traftic pattern)에 관한 사항이다. 옳은 것은?

① 장주는 이륙 활주로를 기준으로 좌측 장주가 표준이다.
② 장주는 이륙 활주로를 기준으로 우측 장주가 표준이다.
③ 장주 방향은 상황에 따라 조종사의 판단에 따라서 행해진다.
④ 조종사가 왼손잡이일 경우에는 우측 장주가 표준이다.

047 초경량비행장치 비행공역이 포함된 "G등급" 공역 내에서 지표면 1,200피트 고도 이하로 비행하고자 하는 경우에 적용하는 최저비행시점 기준은?

① 1,000m   ② 1,600m
③ 3,000m   ④ 5,000m

해설
지표면에서 고도 1,200피트 이하로 특별관제구역을 시계비행할 때 주간 최저 비행지점은 1,600m이다.

048 항공종사자는 항공 업무에 지장이 있을 정도의 주정성분이 든 음료를 마실 수 없다. 혈중 알코올 농도 제한 기준으로 맞는 것은?

① 혈중 알코올 농도 0.02% 이상
② 혈중 알코올 농도 0.06% 이상
③ 혈중 알코올 농도 0.03% 이상
④ 혈중 알코올 농도 0.05% 이상

해설
주정성분이 있는 음료의 섭취로 혈중알코올 농도가 0.02% 이상인 경우

049 항공안전관련 중요업무 종사자는 알코올 및 약물의 오남용으로 사고 및 인명 손상을 일으켜서는 안 된다. 관련 내용으로 틀리는 것은?

① 알코올 및 약물검사가 요구되는 경우 임무 종사 8시간 전부터 임무수행 직후까지 검사할 수 있다.
② 검사정보는 관계기관에 제공되어 법적 절차의 증거로 사용할 수 있다.
③ 알코올 테스트 결과 기록은 3년간 보관한다.
④ 해당 업무에 종사한 경우라도 사고와 관련이 없으면 알코올 테스트를 생략할 수 있다.

050 항공안전프로그램에 포함사항이 아닌 것은?

정답 044. ② 045. ④ 046. ① 047. ② 048. ① 049. ④ 050. ④

① 정기적인 안전평가에 관한 사항
② 항공기 사고, 항공기 준사고 및 항공안전장애 등에 관한 보고체계 내용
③ 항공안전을 위한 조사활동 및 안전감독에 관한 사항
④ 단기적인 감사계획과 수시 자체 안전평가에 관한 사항

해설

항공안전프로그램에 포함사항
① 국가의 항공안전에 관한 목표
② 목표를 달성하기 위한 항공기 운항, 항공교통업무, 항행시설 운영, 공항 운영 및 항공기 설계·제작·정비 등 세부 분야별 활동에 관한 사항
③ 항공기사고, 항공기준사고 및 항공안전장애 등에 대한 보고체계에 관한 사항
④ 항공안전을 위한 조사활동 및 안전 감독에 관한 사항
⑤ 잠재적인 항공안전 위해요인의 식별 및 개선조치의 이행에 관한 사항
⑥ 정기적인 안전평가에 관한 사항 등

051 국토교통부령으로 정하는 항공안전 자율보고의 중요사항이 아닌 것은?

① 안전목표   ② 안전조직
③ 안전평가   ④ 안전장비

해설

자율보고 중요사항 : 안전목표, 안전조직, 안전평가이다.

052 항공안전법상 신고를 필요로 하지 아니하는 초경량비행장치의 범위가 아닌 것은?

① 군사목적으로 사용되지 아니하는 초경량비행장치
② 계류식 무인비행장치
③ 무인비행선 중에서 연료의 무게를 제외한 자체무게가 12킬로그램 이하이고, 길이가 7미터 이하인 것
④ 동력을 이용하지 아니하는 비행장치

해설

군사목적으로 사용되는 초경량비행장치

053 초경량비행장치의 기체 등록은 누구에게 신청하는가?

① 지방항공청장
② 국토교통부장관
③ 국방부장관
④ 지방경찰청장

해설

국토교통부장관은 초경량비행장치의 신고를 받은 경우 그 초경량비행장치 소유자 등에게 신고번호를 발급하여야 한다.

054 초경량비행장치의 말소신고의 설명 중 틀린 것은?

① 사유 발생일로부터 30일 이내에 신고하여야 한다.
② 비행장치가 멸실된 경우 실시한다.
③ 비행장치의 존재 여부가 2개월 이상 불분명할 경우 실시한다.
④ 비행장치가 외국에 매도된 경우 실시한다.

해설

말소신고를 하려는 초경량비행장치 소유자 등은 그 사유가 발생한 날부터 15일 이내에 말소신고서를 지방항공청장에게 제출하여야 한다.

055 초경량비행장치의 신고 시 지방항공청장에게 첨부하여 제출할 서류가 아닌 것은?

① 초경량비행 장치를 소유하거나 사용할 수 있는 권리가 있음을 증명하는 서류
② 초경량비행장치의 제원 및 성능표
③ 초경량비행장치를 운용할 조종사, 정

정답 051. ④ 052. ① 053. ① 054. ① 055. ③

비사 인적사항
④ 초경량비행장치의 사진(가로 15cm, 세로 10cm의 측면사진)

🛩 해설

신고 시 필요한 서류
① 초경량비행 장치를 소유하거나 사용할 수 있는 권리가 있음을 증명하는 서류
② 초경량비행장치의 제원 및 성능표
③ 초경량비행장치의 사진(가로 15cm, 세로 10cm의 측면사진)

056 초경량비행장치의 변경신고는 사유발생일로부터 며칠 이내에 신고하여야 하는가?

① 15일　　　② 30일
③ 60일　　　④ 90일

🛩 해설

초경량비행장치소유자등은 변경하려는 경우에는 그 사유가 있는 날부터 30일 이내에 초경량비행장치 변경·이전신고서를 지방항공청장에게 제출하여야 한다.

057 초경량비행장치의 신고번호 등은 누가 부여하는가?

① 국토교통부장관
② 교통안전공단 이사장
③ 항공협회장
④ 지방항공청장

🛩 해설

국토교통부장관은 초경량비행장치의 신고를 받은 경우 그 초경량비행장치소유자등에게 신고번호를 발급하여야 한다.

058 초경량비행장치소유자는 안전성인증을 받기 전까지 제출 기관은?

① 국방부　　　② 국토교통부
③ 지방항공청　　　④ 교통안전공단

🛩 해설

초경량비행장치소유자는 안전성 인증을 받기 전(안전성 인증 대상이 아닌 초경량비행장치인 경우에는 초경량비행장치를 소유하거나 사용할 수 있는 권리가 있는 날부터 30일 이내)까지 지방항공청장에게 제출하여야 한다.

059 초경량비행장치의 멸실 등의 사유로 신고를 말소할 경우에 그 사유가 발생한 날부터 며칠 이내에 지방항공청장에게 말소신고서를 제출하여야 하는가?

① 5일　　　② 15일
③ 20일　　　④ 30일

🛩 해설

① 말소신고를 하려는 초경량비행장치 소유자 등은 그 사유가 발생한 날부터 15일 이내에 말소신고서를 지방항공청장에게 제출하여야 한다.
② 초경량비행장치 소유자 등은 변경하려는 경우에는 그 사유가 있는 날부터 30일 이내에 초경량비행장치 변경·이전신고서를 지방항공청장에게 제출하여야 한다.

060 국토교통부장관에게 소유신고를 하지 않아도 되는 것은?

① 동력비행장치
② 초경량 헬리콥터
③ 계류식 무인비행장치
④ 초경량 자이로플레인

🛩 해설

신고를 필요로 하지 않는 초경량비행장치
① 행글라이더, 패러글라이더 등 동력을 이용하지 아니하는 비행장치
② 계류식(繫留式) 기구류(사람이 탑승하는 것은 제외한다)
③ 계류식 무인비행장치

 056. ②　057. ①　058. ③　059. ②　060. ③

④ 낙하산류
⑤ 무인동력비행장치 중에서 연료의 무게를 제외한 자체무게(배터리 무게를 포함한다)가 12kg 이하인 것
⑥ 무인비행선 중에서 연료의 무게를 제외한 자체무게가 12kg 이하이고, 길이가 7m 이하인 것
⑦ 연구기관 등이 시험·조사·연구 또는 개발을 위하여 제작한 초경량비행장치
⑧ 제작자 등이 판매를 목적으로 제작하였으나 판매되지 아니한 것으로서 비행에 사용되지 아니하는 초경량비행장치
⑨ 군사목적으로 사용되는 초경량비행장치

061 초경량비행장치를 지방항공청에 신고한 후 조치사항으로 틀리는 것은?

① 신고한 초경량비행장치의 측면사진(가로 15cm×세로 10cm)을 조종석 내에 부착해야 한다.
② 초경량비행장치 신고증명서는 비행시 휴대하여야 한다.
③ 초경량비행장치의 제원 및 성능이 변경된 경우 지방항공청장에게 통보하여야 한다.
④ 신고증명서의 번호를 비행장치에 표시해야 한다.

062 초경량비행장치 등록기호표 부착 시기는?

① 항공기 등록 시
② 안전성 인증검사 신청 시
③ 항공기 등록 후
④ 안전성 인증검사 받을 때

063 다음 등록증명서 등의 비치가 면제되는 것 중 국토교통부령이 정하는 것은?

① 비행기
② 활공기
③ 회전익 항공기
④ 초경량비행장치

064 초경량비행장치에 의하여 사람이 사망하거나 중상을 입은 사고가 발생한 경우 사고자 조사를 담당하는 기관은?

① 항공, 철도 사고조사위원회
② 관할 지방항공청
③ 항공교통관제소
④ 교통안전공단

065 초경량비행장치로 인한 사람의 사상 또는 물건의 손괴 사고 시 항공사고조사단의 구성 분야가 아닌 것은?

① 기체 분야
② 엔진 분야
③ 전기 분야
④ 조종실 음성기록 장치 분야

066 초경량동력비행장치를 소유한 자는 다음 중 누구에게 신고를 하여야 하는가?

① 지방항공청장
② 항공안전본부 자격관리과장
③ 항공안전본부 기술과장
④ 교통안전공단 이사장

067 신고번호 표시방법을 규정하는 것으로 틀린 것은?

① 오른쪽날개 윗면
② 왼쪽날개 아랫면
③ 수직꼬리날개 양쪽
④ 조종면 양쪽

정답 061. ① 062. ③ 063. ② 064. ① 065. ④ 066. ① 067. ④

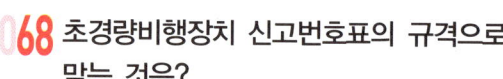

068 초경량비행장치 신고번호표의 규격으로 맞는 것은?
① 3×5   ② 5×7
③ 7×9   ④ 9×11

069 초경량비행장치 신고서에 첨부하여야 할 서류가 아닌 것은?
① 비행장치의 설계도면
② 초경량비행장치를 소유하고 있음을 증명하는 서류
③ 비행장치의 제원 및 성능표
④ 가로 15cm×세로 10cm의 비행장치 측면사진

070 초경량비행장치의 말소신고의 설명 중 틀린 것은?
① 사유 발생일로부터 30일 이내에 신고하여야 한다.
② 비행장치가 멸실된 경우 실시한다.
③ 비행장치의 존재 여부가 2개월 이상 불분명할 경우 실시한다.
④ 비행장치가 외국에 매도된 경우 실시한다.

▶ 해설
사유가 발생한 날부터 15일 이내에 말소신고서를 지방항공청장에게 제출하여야 한다.

071 초경량비행장치를 이용하여 비행정보구역 내에 비행 시 비행계획을 제출하여야 하는데 포함사항이 아닌 것은?
① 비행의 방식 및 종류
② 순항속도, 순항고도 및 예정항로
③ 비상 무선주파수 및 구조방비
④ 기장의 연락처

072 초경량비행장치를 이용하여 비행 후 착륙 보고에 포함사항이 아닌 것은?
① 항공기 식별 부호
② 출발 및 도착 비행장
③ 비행시간
④ 착륙시간

073 초경량비행장치 비행승인 신청서에 포함되지 않는 것은?
① 동승자의 자격번호
② 비행경로 및 고도
③ 조종자의 비행경력
④ 탑재장치

▶ 해설
항공안전법 시행규칙 별지 제122호 서식 초경량비행장치 비행승인신청서 참조

074 비행승인을 받기위해 서류를 제출하여야 하는 기관은 어느 곳인가?
① 지방항공청   ② 시청
③ 교통안전공단   ④ 국토교통부

075 초경량비행장치 비행계획 선정 시 포함되지 않는 것은 무엇인가?
① 조종자의 비행경력
② 비행기 제작사
③ 신청인의 성명
④ 계류식 무인 비행장치

076 항공촬영을 하려는 경우 별도 허가 기관은 어느 곳인가?
① 지방항공청   ② 국방부
③ 교통안전공단   ④ 국토교통부

정답 068.② 069.① 070.① 071.④ 072.③ 073.① 074.① 075.② 076.②

077 항공안전법에 의해 설치된 항공장애등 및 주간 장애표식을 관리 책임이 있는 자로 맞는 것은?

① 항공장애 표시등 및 주간 장애표식 설치자
② 국토교통부 장관
③ 비행장 소유자 또는 점유자
④ 해당 지방항공청

078 다음의 초경량비행장치 중 국토교통부장관이 고시한 비행안전을 위한 기술상의 기준에 적합하다는 증명을 받지 않아도 되는 것은?

① 비행선
② 동력비행장치
③ 회전익비행장치
④ 패러플레인

079 초경량비행장치의 인증검사 종류 중 초도검사 이후 안전성 인증서의 유효기간이 도래하여 새로운 안전성 인증서를 교부받기 위하여 실시하는 검사는 무엇인가?

① 정기검사
② 초도검사
③ 수시검사
④ 재검사

🐪 해설
안전성 인증검사의 종류
① 초도검사 : 비행장치 설계 및 제작 후 최초로 안전성 인증을 받기 위하여 행하는 검사
② 정기검사 : 초도검사 이후 안전성인증서의 유효기간 1년이 도래되어 새로운 안전성인증서를 교부받기 위하여 실시하는 검사
③ 수시검사 : 비행장치의 비행안전에 영향을 미치는 엔진 및 부품의 교체 또는 수리 및 개조 후 비행장치 안전기준에 적합 한지를 확인하기 위하여 행하는 검사
④ 재검사 : 정기검사 또는 수시검사에서 불합격 처분된 항목에 대하여 보완 또는 수정 후 행하는 검사

080 안전성 인증검사 유효기간으로 적당하지 않은 것은 어느 것인가?

① 안전성 인증검사는 발급일로 1년으로 한다.
② 비영리목적으로 사용하는 초경량장치는 2년으로 한다.
③ 안전성 인증검사는 발급일로 2년으로 한다.
④ 인증검사 재검사시 불합격 통지 6개월 이내 다시 검사한다.

081 국토교통부령으로 정하는 초경량비행장치를 사용하여 비행하려는 사람은 비행안전을 위해 기술상의 기준에 적합하다는 안전성인증을 받아야 한다. 다음 중 안전성 인증대상이 아닌 것은?

① 착륙장치가 없는 동력패러글라이더
② 무인비행장치
③ 회전익비행장치
④ 무인기구류

🐪 해설
초경량비행장치 안전성인증 대상
① 동력비행장치
② 행글라이더, 패러글라이더 및 낙하산류(항공레저스포츠사업에 사용되는 것만 해당한다)
③ 기구류(사람이 탑승하는 것만 해당한다)
④ 무인비행기, 무인헬리콥터 또는 무인멀티콥터 중에서 최대이륙중량이 25킬로그램을 초과하는 것
⑤ 무인비행선 중에서 연료의 중량을 제외한 자체중량이 12킬로그램을 초과하거나 길이가 7미터를 초과하는 것
⑥ 회전익비행장치
⑦ 동력패러글라이더

정답 077.① 078.① 079.① 080.③ 081.④

082 무인 회전익 비행장치의 기체점검 사항 중 부적절 한 것은 어느 것인가?

① 비행 전·비행 중·비행 후 점검은 운용자에 의해 실시한다.
② 30시간 점검·정기 점검(연간정비)을 받아야 한다.
③ 종합 점검은 지정 정비기관에서 실시하여야 한다.
④ 종합 점검과 정기 점검을 한꺼번에 실시한다.

083 국토교통부장관이 정하는 초경량동력비행장치를 사용하여 비행하고자 하는 자는 자격증명이 있어야 한다. 다음 중 초경량동력비행장치의 조종 자격증명을 발행하는 기관으로 맞는 것은?

① 항공안전본부
② 지방항공청
③ 교통안전공단
④ 국토교통부

084 다음 중 초경량비행장치 조종 자격 증명으로 조종이 가능한 것으로 맞는 것은?

① 초급활공기와 중급활공기
② 특수활공기와 동력비행장치
③ 동력비행장치와 회전익 비행장치
④ 초급활공기와 동력비행장치

085 초경량 동력비행장치의 자격증명 응시자격 연령은?

① 만 14세
② 만 16세
③ 만 18세
④ 만 20세

086 자격증명 취소 처분 후 몇 년 후에 재 응시 할 수 있는가?

① 2년   ② 3년
③ 4년   ④ 5년

087 자격증명 취소 사유가 아닌 것은?

① 자격증을 분실한 후 1년이 경과하도록 분실 신고를 하지 않은 경우
② 항공안전법을 위반하여 벌금 이상의 형을 선고 받은 경우
③ 고의 또는 중대한 과실이 있는 경우
④ 항공안전법에 의한 명령에 위반한 경우

088 초경량비행장치 지도조종자 자격증명 시험 응시 기준으로 틀린 것은?

① 나이가 만 20세 이상인 사람
② 나이가 만 18세 이상인 사람
③ 해당 비행장치의 비행경력이 200시간 이상인 사람
④ 유인 자유기구는 비행경력이 70시간 이상인 사람

해설
초경량비행장치 지도조종자 자격증명 시험은 만 20세 이상으로 비행시간이 200시간(무인비행장치의 경우 조종경력이 100시간) 이상

089 무인비행장치 운용에 따라 조종자가 작성할 문서가 아닌 것은?

① 비행훈련기록부
② 항공기 이력부
③ 조종사 비행기록부
④ 정기검사 기록부

해설
정기검사 기록부는 정비사가 작성한다.

정답 082.④ 083.③ 084.③ 085.① 086.① 087.① 088.② 089.④

090 조종자가 서로 논평을 하는 것은 어느 것인가?

① 못하는 부분만 찾아서 꾸짖는다.
② 서로 대화하며 문제점을 찾는다.
③ 일상생활의 이야기를 한다.
④ 상대방의 의견에 반론을 제기한다.

091 초경량비행장치 조종자 전문교육기관이 확보해야 할 지도조종자의 최소비행시간은?

① 50시간   ② 100시간
③ 150시간   ④ 200시간

092 초경량비행장치 조종자 전문교육기관 지정기준으로 맞는 것은?

① 비행시간이 100시간 이상인 지도조종자 1명 이상 보유
② 비행시간이 300시간 이상인 지도조종자 2명 보유
③ 비행시간이 200시간 이상인 실기평가조종자 1명 보유
④ 비행시간이 300시간 이상인 실기평가조종자 2명 보유

093 초경량비행장치 조종자 전문 교육기관의 구비 조건이 아닌 것은 무엇인가?

① 사무실 1개 이상
② 강의실 1개 이상
③ 격납고
④ 이착륙 공간

094 초경량비행장치 조종자 전문교육기관의 지정기준 전문교관 자격기준으로 맞는 것은?

① 비행시간이 200시간 이상인 지도조종자 1명 이상 보유
② 비행시간이 300시간 이상인 지도조종자 2명 이상 보유
③ 비행시간이 200시간 이상인 실기평가조종자 1명 이상 보유
④ 비행시간이 300시간 이상인 실기평가조종자 2명 이상 보유

해설

전문교관자격
① 비행시간이 200시간(무인비행장치의 경우 조종경력이 100시간) 이상이고, 국토교통부장관이 인정한 조종교육교관과정을 이수한 지도조종자 1명 이상
② 비행시간이 300시간(무인비행장치의 경우 조종경력이 150시간) 이상이고 국토교통부장관이 인정하는 실기평가과정을 이수한 실기평가조종자 1명 이상

095 초경량비행장치 조종자 전문교육기관 지정을 위해 국토교통부 장관에게 제출할 서류가 아닌 것은?

① 전문교관의 현황
② 보유한 비행장치의 제원
③ 교육훈련계획 및 교육훈련 규정
④ 교육시설 및 장비의 현황

해설

제출 서류
① 전문교관의 현황
② 교육시설 및 장비의 현황
③ 교육훈련계획 및 교육훈련규정

096 초경량비행장치 조종자 전문교육기관지정 시의 시설 및 장비 보유 기준으로 틀린 것은?

① 강의실 및 사무실 각 1개 이상

정답 090. ② 091. ② 092. ① 093. ③ 094. ① 095. ② 096. ④

초경량비행장치 운용과 비행실습

② 이륙·착륙 시설
③ 훈련용 비행장치 1대 이상
④ 훈련용 비행장치 최소 2대 이상

🐾 해설

훈련용 비행 장치는 1대 이상만 보유하면 가능하다.

097 초경량비행장치 조종자 자격시험에 응시할 수 있는 최소 연령은?

① 만 12세 이상
② 만 13세 이상
③ 만 14세 이상
④ 만 18세 이상

🐾 해설

학과시험은 만 14세 이상자로 실기시험은 해당 비행장치 비행경력 20시간 전문교육기관 해당과정 이수자

098 조종자 리더쉽에 관하여 올바른 것은?

① 기체 손상여부 관리를 의논한다.
② 다른 조종자의 험담을 한다.
③ 결점을 찾아내서 수정을 한다.
④ 편향적 안전을 위하여 의논한다.

099 비행 준비 및 학과교육 단계에서 교육 요령으로 부적절한 것은?

① 시뮬레이션 교육을 최소화시킨다.
② 교관이 먼저 비행 원리에 정통하게 적용한다.
③ 안전 교육을 철저히 시킨다.
④ 교육 기록부 철저하게 기록한다.

🐾 해설

시뮬레이션 교육을 철저히 시켜야 실기에서도 적응이 빠르다.

100 무인비행장치 조종자가 조종교육을 통해 배양해야 할 요소와 거리가 먼 것은?

① 자세(비행에 관한 안정적인 자세 배양)
② 위험관리
③ 자동적인 조종 반응
④ 사회적 인성

101 비행제한공역에서 비행을 하기 위해 승인 절차를 거쳐야 한다. 누구에게 신청을 하여야 하는가?

① 지방항공청장
② 국토교통부장관
③ 국방부장관
④ 지방경찰청장

🐾 해설

초경량비행장치 비행제한공역에서 비행하려는 사람은 국토교통부령으로 정하는 바에 따라 미리 국토교통부장관으로부터 비행승인을 받아야 한다.

102 국토교통부장관이 항공안전본부장에게 위임한 권한으로 틀린 것은?

① 초경량비행장치 비행금지공역의 고시
② 초경량비행장치 조종자의 자격기준의 고시
③ 초경량비행장치의 비행안전을 위한 기술상의 기준의 고시
④ 초경량비행장치 조종자 전문교육기관의 지정

103 국토교통부장관이 지방항공청장에게 위임한 권한이 아닌 것은?

① 초경량비행장치의 신고의 수리 및 비행 계획의 승인

 097.③ 098.③ 099.① 100.④ 101.② 102.① 103.④

② 곡예비행의 허가
③ 위배비행에 대한 과태료 처분
④ 초경량비행장치 조종자 전문기관의 지정

104 초경량비행장치의 운용시간은 언제부터 언제인가?
① 일출부터 일몰 30분 전까지
② 일출부터 일몰까지
③ 일출 30분 후부터 일몰까지
④ 일출 30분 후부터 일몰 30분 전까지

105 초경량비행장치를 사용하여 비행제한공역을 비행하고자 하는 자는 비행계획승인 신청서에 다음 각호의 서류를 첨부하여 지방항공청장에게 제출하여야 한다. 맞는 것은?
① 초경량비행장치 신고증명서
② 초경량비행장치의 사진
③ 초경량비행장치의 제원 및 제작 설명서
④ 초경량비행장치 설계도면

106 초경량비행장치 조종자의 준수사항에 어긋나는 것은?
① 항공기 또는 경량 항공기를 육안으로 식별하여 미리 피하여야 한다.
② 해당 무인비행장치를 육안으로 확인 할 수 있는 범위 내에서 조종해야 한다.
③ 모든 항공기, 경량항공기 및 동력을 이용하지 아니하는 초경량비행장치에 대하여 우선권을 가지고 비행하여 한다.
④ 레저스포츠사업에 종사하는 초경량비행장치 조종자는 비행 전 비행안전사항을 동승자에게 충분히 설명하여야 한다.

107 시계비행을 하는 항공기에 갖추어야 할 항공계기에 속하지 않는 것은?
① 나침반
② 시계
③ 승강계
④ 정밀고도계

108 다음 중 초경량비행장치가 비행하고자 한 때의 설명으로 맞는 것은?
① 주의공역은 지방항공청장의 비행계획 승인만으로 가능하다.
② 통제공역의 비행계획승인을 신청할 수 없다.
③ 관제공역, 통제공역, 주의공역은 관할 기관의 승인이 있어야 한다.
④ CTA(CIVIL TRAINING AREA) 비행승인 없이 비행이 가능하다.

109 조종자는 비행시 다음에 해당하는 행위를 하여서는 아니 된다. 해당사항이 아닌 것은?
① 인명이나 재산에 위험을 초래할 우려가 있는 낙하물을 투하하는 행위
② 인명 또는 재산에 위험을 초래할 우려가 있는 방법으로 비행하는 행위
③ 승인을 얻지 않고 비행제한을 고시하는 구역 또는 관제공역, 통제공역, 주의공역에서 비행하는 행위
④ 안개등으로 인하여 지상목표물을 육안으로 식별할 수 없는 상태에서 계기 비행하는 행위

110 초경량비행장치 운용제한에 관한 설명 중 틀린 것은?
① 인명 또는 재산에 위험을 초래할 우려

정답 104. ② 105. ① 106. ③ 107. ① 108. ③ 109. ④ 110. ④

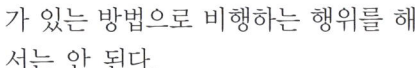

가 있는 방법으로 비행하는 행위를 해서는 안 된다.
② 인명이나 재산에 위험을 초래할 우려가 있는 낙하물을 투여하는 행위를 하여서는 안 된다.
③ 안개 등으로 지상목표물을 육안으로 식별할 수 없는 상태에서 비행하는 행위를 해서는 안 된다.
④ 일몰 후에 비행을 한다.

111 초경량비행장치 조종자의 준수사항이 아닌 것은?

① 인명이나 재산에 위험을 초래할 우려가 있는 낙하물을 투하하는 행위
② 관제공역, 통제공역, 주의공역에서 허가 없이 비행하는 행위
③ 안개 등으로 인하여 지상목표물을 육안으로 식별할 수 없는 상태에서 비행하는 행위
④ 일출 후부터 일몰 전이라도 날씨가 맑고 밝은 상태에서 비행하는 행위

112 초경량비행장치를 이용하여 비행정보구역 내에 비행 시 비행계획을 제출하여야 하는데 포함사항이 아닌 것은?

① 비행의 방식 및 종류
② 연료 재보급 비행장 또는 지점
③ 기장의 성명
④ 출발비행장 및 출발 예정시간

🐫 해설
출발 전에 연료탑재량으로 인하여 비행 중 비행계획의 변경이 예상되는 경우에는 변경될 목적비행장 및 비행경로에 관한 사항

113 초경량비행장치를 이용하여 비행정보구역 내에 비행 시 비행계획을 제출하여야 하는 데 포함사항이 아닌 것은?

① 항공기의 식별부호
② 탑재 장비
③ 순항속도, 순항고도 및 예정항공로
④ 보안 준수사항

🐫 해설
비행계획에는 다음 각 호의 사항이 포함되어야 한다.
① 항공기의 식별부호
② 비행의 방식 및 종류
③ 항공기의 대수·형식 및 최대이륙중량 등급
④ 탑재장비
⑤ 출발비행장 및 출발 예정시간
⑥ 순항속도, 순항고도 및 예정항공로
⑦ 최초 착륙예정 비행장 및 총 예상 소요 비행시간
⑧ 교체비행장
⑨ 시간으로 표시한 연료탑재량
⑩ 출발 전에 연료탑재량으로 인하여 비행 중 비행계획의 변경이 예상되는 경우에는 변경될 목적비행장 및 비행경로에 관한 사항
⑪ 탑승 총 인원(탑승수속 상 불가피한 경우에는 해당 항공기가 이륙한 직후에 제출할 수 있다.)
⑫ 비상무선주파수 및 구조장비
⑬ 기장의 성명(편대비행의 경우에는 편대 책임기장의 성명)

114 초경량비행장치를 이용하여 비행정보구역 내에 비행 시 비행계획을 제출하여야 하는데 포함사항이 아닌 것은?

① 탑승 총 인원
② 비상무선주파수 및 구조장비
③ 교체비행장
④ 기장의 연락처

🐫 해설
기장의 성명(편대비행의 경우에는 편대 책임기장의 성명)

 111. ④ 112. ② 113. ④ 114. ④

항공관련 법규 ➡ 핵심 문제　chapter 02

115 초경량비행장치 비행계획승인 신청 시 포함되지 않는 것은 어느 것인가?
① 비행경로 및 고도
② 동승자의 소지자격
③ 조종자의 비행경력
④ 비행장치의 종류 및 형식

116 초경량비행장치를 이용하여 비행계획의 종료 후 착륙보고에 포함사항이 아닌 것은?
① 항공기 식별 부호
② 출발 및 도착 비행장
③ 착륙시간
④ 도착시간

🐎 해설

비행계획의 종료 후 착륙보고
① 항공기의 식별부호
② 출발비행장
③ 도착비행장
④ 목적비행장(목적비행장이 따로 있는 경우만 해당한다.)
⑤ 착륙시간

117 다음 중 초경량비행장치 사용사업의 범위가 아닌 경우는?
① 비료 또는 농약살포, 씨앗 뿌리기 등 농업 지원
② 사진 촬영, 육상 및 해상 측량 또는 탐사
③ 산림 또는 공원 등의 관측 및 탐사
④ 지방 행사 시 시험 비행

118 초경량비행장치를 사용하여 영리목적을 할 경우 보험에 가입하여야 한다. 그 경우가 아닌 것은?

① 항공기 대여업에서의 사용
② 초경량비행장치 사용 사업에의 사용
③ 초경량비행장치 조종교육에의 사용
④ 초경량비행장치의 판매 시 사용

119 항공기 사고를 보고해야 할 의무가 있는 자는?
① 기장
② 항공기 소유자
③ 정비사
④ 기장 및 항공기의 소유자

120 항공사고조사위원회가 항공사고조사보고서를 작성, 송부하는 기구 또는 국가가 아닌 곳은?
① NASA
② ICAO
③ 항공기제작국
④ 항공기운영국

121 초경량비행장치에 의하여 중사고가 발생한 경우 사고조사를 담당하는 기관은?
① 관할 지방항공청
② 항공교통관제소
③ 교통안전공단
④ 항공 철도사고조사위원회

🐎 해설

항공기의 중대사고 조사는 모두 항공 철도사고조사위원회에서 담당한다.

122 초경량비행장치 사고로 분류할 수 없는 것은?
① 초경량비행장치에 의한 사람의 사람,

정답　115. ②　116. ④　117. ④　118. ④　119. ④　120. ①　121. ④　122. ②

| 185

중상 또는 행방불명
② 초경량비행장치의 덮개나 부품의 고장
③ 초경량비행장치의 추락, 충돌 또는 화재 발생
④ 초경량비행장치의 위치를 확인할 수 없거나 비행장치에 접근이 불가할 경우

123 초경량비행장치 사고로 분류할 수 없는 것은?

① 초경량비행장치의 덮개나 부분품의 고장
② 초량비행 장치에 의한 사람의 사망, 중상 또는 행방불명
③ 초경량비행장치의 추락, 충돌 또는 화재 발생
④ 초경량비행장치의 위치를 확인할 수 없거나 비행 장치에 접근이 불가할 경우

해설

초경량비행장치사고
① 초경량비행 장치에 의한 사람의 사망, 중상 또는 행방불명
② 초경량비행장치의 추락, 충돌 또는 화재 발생
③ 초경량비행장치의 위치를 확인할 수 없거나 초경량비행 장치에 접근이 불가능한 경우

124 초경량비행자치 사고를 일으킨 조종자 또는 소유자는 사고 발생 즉시 지방항공청장에게 보고하여야 하는데 그 내용이 아닌 것은?

① 조종자 및 그 초경량비행장치 소유자 등의 성명 또는 명칭
② 사고의 정확한 원인분석 결과
③ 사고가 발생한 일시 및 장소
④ 초경량비행장치의 종류 및 신고번호

해설

사고의 보고
① 조종자 및 그 초경량비행장치 소유자 등의 성명 또는 명칭
② 사고가 발생한 일시 및 장소
③ 초경량비행장치의 종류 및 신고번호
④ 사고의 경위
⑤ 사람의 사상(死傷) 또는 물건의 파손 개요
⑥ 사상자의 성명 등 사상자의 인적사항 파악을 위하여 참고가 될 사항

125 항공안전법 상에 무인비행장치 사용사업을 위해 가입해야 하는 필수 보험은?

① 기체보험
② 자손종합보험
③ 대인 및 대물배상책임보험
④ 살포보험

126 다음의 초경량비행장치 중 건설교통부령으로 정하는 보험에 가입하여야 하는 것은?

① 영리 목적으로 사용되는 인력활공기
② 개인의 취미생활에 사용되는 행글라이더
③ 영리목적으로 사용되는 동력비행장치
④ 개인의 취미생활에 사용되는 낙하산

127 초경량비행장치를 사용하여 영리 목적을 할 경우 보험에 가입하여야 한다, 그 경우가 아닌 것은?

① 항공기 대여업에서의 사용
② 초경량비행장치 사용 사업에의 사용
③ 항공레저스포츠사업에 사용
④ 초경량비행장치의 판매 시 사용

정답 123. ① 124. ② 125. ③ 126. ③ 127. ④

> **해설**
> 보험 가입의 경우
> ① 항공기 대여업에 사용하는 모든 초경량비행장치
> ② 초경량비행장치 사용사업에 사용하는 모든 초경량비행장치
> ③ 항공레저스포츠사업에 사용하는 모든 초경량비행장치

128 초경량비행장치를 소유하거나 사용할 수 있는 권리가 있는 자는 초경량비행장치를 영리목적으로 사용하여서는 아니된다. 그러나 국토교통부령으로 정하는 보험 또는 공제에 가입한 경우는 그러하지 않는데 아닌 경우는?

① 항공기 대여업에 사용
② 항공기 운송사업
③ 초경량비행장치 사용사업에의 사용
④ 항공레저스포츠 사업에의 이용

129 항공기의 항행안전을 저해할 우려가 있는 장애물 높이가 지표 또는 수면으로부터 몇 미터 이상이면 항공장애 표시등 및 항공장애 주간표지를 설치하여야 하는가? (단, 장애물 제한구역 외에 한 한다.)

① 50미터　　② 100미터
③ 150미터　　④ 200미터

> **해설**
> 주야간 150미터 이하는 생략 가능하다.

130 초경량비행장치 조종자의 준수사항에 어긋나는 것은?

① 항공기 또는 경량항공기를 육안으로 식별하여 미리 피할 수 있도록 주의하여 비행하여야 한다.
② 해당 무인비행장치를 육안으로 확인할 수 있는 범위 내에서 조종해야 한다.
③ 모든 항공기, 경량항공기 및 동력을 이용하지 아니하는 초경량비행장치에 대하여 진로를 양보하지 않는다.
④ 레포츠 사업에 종사하는 초경량비행장치 조종자는 동승자에 관한 인적사항(성명, 생년월일 및 주소)을 기록하고 유지한다.

> **해설**
> 동력을 이용하는 초경량비행장치 조종자는 모든 항공기, 경량항공기 및 동력을 이용하지 아니하는 초경량비행장치에 대하여 진로를 양보하여야 한다.

131 초경량비행장치를 이용하여 비행 시 유의 사항이 아닌 것은?

① 군 방공비상사태 인지 시 즉시 비행을 중지하고 착륙하여야 한다.
② 항공기 부근에는 접근하지 말아야 한다.
③ 군 작전 중인 전투기가 불시에 저고도·고속으로 나타날 수 있음을 항상 유의한다.
④ 유사 초경량비행 장치끼리는 가까이 접근이 가능하다.

> **해설**
> 다른 초경량비행장치에 불필요하게 가깝게 접근하지 말아야 한다.

132 초경량비행장치의 운용시간은 언제부터 언제인가?

① 일출부터 일몰 30분전까지
② 일출부터 일몰까지
③ 일몰부터 일출까지
④ 일출 30분 후부터 일몰 30분전까지

정답 128. ②　129. ③　130. ③　131. ④　132. ②

초경량비행장치 운용과 비행실습

133 초경량비행장치를 이용하여 비행 시 유의사항이 아닌 것은?

① 날씨가 맑은 날이나 보름달 등으로 시야가 확보되면 야간비행도 하여야 한다.
② 제원표에 표시된 최대이륙중량을 초과하여 비행하지 말아야 한다.
③ 주변에 지상 장애물이 없는 장소에서 이·착륙하여야 한다.
④ 태풍 및 돌풍 등 악기상 조건하에서는 비행하지 말아야 한다.

🐄 해설

일몰 후부터 일출 전까지는 시야확보 등 청명하여도 야간비행은 불가하다.

134 초경량비행장치를 이용하여 비행 시 유의사항이 아닌 것은?

① 인구가 밀집된 지역 기타 사람이 운집한 장소의 상공을 비행하지 말아야 한다.
② 고압 송전선 주위에서 비행하지 말아야 한다.
③ 추락, 비상착륙 시는 인명, 재산의 보호를 위해 노력해야 한다.
④ 공항 및 대형 비행장 반경 7km를 벗어나면 관할 관제탑의 승인 없이 비행하여도 된다.

🐄 해설

공항·대형비행장 반경 약 9.3킬로미터 이내에서 관할 관제탑의 사전승인 없이 비행할 수 없다.

135 초경량비행장치 조종자의 준수사항에 어긋나는 것은?

① 인명이나 재산에 위험을 초래할 우려가 있는 낙하물을 투하하는 행위
② 비행시정 및 구름으로부터의 거리기준을 위반하여 비행하는 행위
③ 안개 등으로 인하여 지상목표물을 육안으로 식별할 수 없는 상태에서 비행하는 행위
④ 일몰 후부터 일출 전이라도 날씨가 맑고 밝은 상태에서 비행하는 행위

🐄 해설

일몰 후부터 일출 전까지의 야간에 비행하는 행위. 다만, 최저비행고도(150m) 미만의 고도에서 운영하는 계류식 기구 또는 허가를 받아 비행하는 초경량비행장치는 제외한다.

136 안전성인증검사를 받지 않은 초경량비행장치를 비행에 사용하다 적발되었을 경우 부과되는 과태료는?

① 200만 원 이하의 벌금
② 300만 원 이하의 벌금
③ 400만 원 이하의 벌금
④ 500만 원 이하의 벌금

137 영리를 목적으로 초경량비행장치를 이용하여 초경량비행장치 비행제한공역을 승인 없이 비행을 한 자의 처벌로 맞는 것은?

① 과태료 500만 원 이하
② 과태료 200만 원 이하
③ 1년 이하의 징역 또는 1000만 원 이하의 벌금
④ 과태료 300만 원 이하

138 영리목적으로 자격증 없는 조종자가 초경량비행장치에 타인을 탑승시켜 비행을 한 자의 처벌은?

 정답 133. ① 134. ④ 135. ④ 136. ④ 137. ② 138. ③

① 1년 이하의 징역 또는 1천만 원 이하의 벌금
② 500만 원 이하의 과태료
③ 300만 원 이하의 과태료
④ 2년 이하의 징역 또는 3천만 원 이하의 벌금

139 초경량비행장치를 운용하여 위반 시의 벌칙 중 틀린 것은?

① 신고, 변경신고, 이전신고를 하지 않고, 비행보험에 들지 않고 항공기 대여, 사용사업, 조종교육을 실시한 자는 6개월 징역 또는 500만 원 벌금
② 조종 자격증명 없이 비행한 자는 100만 원의 벌금
③ 안전성 인증을 받지 않고 비행한 자는 500만 원의 벌금
④ 조종 준사사항을 따르지 않고 비행한 자는 200만 원 벌금

해설
조종 자격증명 없이 비행한 자는 300만 원의 벌금

140 초경량비행장치를 운용하여 위반 시의 벌칙 중 틀린 것은?

① 변경신고, 이전신고, 말소신고를 하지 않은 자는 30만 원의 벌금
② 신고번호 표시를 하지 않거나 거짓으로 한 자는 100만 원의 벌금
③ 안전성 인증을 받지 않고 비행한자는 500만 원의 벌금
④ 신고 또는 변경신고를 하지 아니하고 비행을 한 자는 300만 원 벌금

해설
초경량비행장치의 신고 또는 변경신고를 하지 아니하고 비행을 한 자는 6개월 이하의 징역 또는 500만 원 이하의 벌금에 처한다.

141 초경량비행장치 운용관련 벌칙에 대한 내용 중 맞는 것은?

① 명의대여 등의 금지를 위반한 초경량비행장치 사용사업자는 1년 이하의 징역 또는 2천만 원 이하의 벌금에 처한다.
② 등록 또는 신고를 하지 아니하고 초경량비행장치 사용사업을 경영하는 자는 1년 이하의 징역 도는 1천만 원 이하의 벌금에 처한다.
③ 초경량비행장치 조종자 증명을 받지 아니하고 비행한 자는 500만 원 이하의 과태료를 부과한다.
④ 초경량비행장치의 변경등록 도는 말소등록의 신청을 아니 한 자는 500만 원 이하의 과태를 부과한다.

해설
초경량비행장치 운용관련 벌칙
① 명의대여 등의 금지를 위반한 초경량비행장치 사용사업자는 1년 이하의 징역 또는 1천만 원 이하의 벌금에 처한다.
③ 초경량비행장치 조종자 증명을 받지 아니하고 비행한 자는 300만 원 이하의 과태료를 부과한다.
④ 초경량비행장치의 변경등록 도는 말소등록의 신청을 아니한 자는 30만 원 이하의 과태를 부과한다.

142 초경량비행장치로 비행제한구역에 승인 없이 비행한 사람의 과태료는 얼마인가?

① 50만 원
② 200만 원
③ 300만 원
④ 500만 원

해설
국토교통부장관의 승인을 받지 아니하고 초경량비행장치 비행제한공역을 비행한 사람은 200만 원 이하의 벌금에 처한다.

정답 139. ② 140. ④ 141. ② 142. ②

143 소멸, 말소등록을 하지 않을 시 1차 벌금은 얼마인가?
① 10만 원 ② 20만 원
③ 30만 원 ④ 50만 원

144 조종자 준수사항을 어길 시 1차 벌금은 얼마인가?
① 100만 원 ② 200만 원
③ 50만 원   ④ 20만 원

145 다음 벌금 중 가장 큰 금액의 벌금은?
① 변경신고, 이전신고, 말소신고를 하지 않은자
② 초경량 비행 장치를 신고하지 않은자
③ 조종자 자격증명 없이 초경량비행장치를 비행한 자
④ 안전성 인증을 받지 않고 비행한자

> **해설**
> 초경량비행장치의 신고 또는 변경신고를 하지 아니하고 비행을 한 자는 6개월 이하의 징역 또는 500만 원 이하의 벌금에 처한다.

146 초경량비행장치 운영 시 범칙금으로 가장 높은 것은?
① 신고변경을 하지 않을 경우
② 조종자 증명 없이 비행한 경우
③ 조종자 비행준수사항을 위반한 경우
④ 안전성 인증검사를 받지 않고 비행한 경우

> **해설**
> 초경량비행장치 운영 시 범칙금
> ① 말소 신고를 하지 않을 경우 : 30만 원
> ② 조종자 증명 없이 비행한 경우 : 300만 원
> ③ 조종자 비행준수사항을 위반한 경우 : 200만 원
> ④ 안전성 인증검사 받지 않고 비행한 경우 : 500만 원

147 항공기의 항행안전을 저해할 우려가 있는 장애물 높이가 지표 또는 수면으로부터 몇 미터이상이면 항공장애 표시등 및 항공장애 주간 표지를 설치하여야 하는가? (단, 장애물 제한구역 외에 한한다.)
① 50m   ② 100m
③ 150m   ④ 200m

148 갑자기 드론을 운용하다가 스트레스로 인한 증상으로 틀린 것은?
① 심장 박동 수 증가
② 혈당치 증가
③ 간에서 생성된 글로코겐 증가
④ 신진 대사율 향진

149 비행장 및 그 주변의 공역으로서 항공 교통의 안전을 위하여 지정한 공역을 무엇이라 하나?
① 관제구   ② 항공공역
③ 관제권   ④ 항공로

150 초경량비행장치를 제한공역에서 비행하고자 하는 자는 비행계획 승인 신청서를 누구에게 제출해야 하는가?
① 대통령
② 국토교통부장관
③ 국토교통부 항공국장
④ 지방항공청장

151 완전히 비행이 금지된 곳은 아니지만 대공포 사격, 유도탄 사격 등으로 항공기에게 보이지 않는 위험이 존재하므로 민간 비행기의 비행이 금지되어 있는 공역은?

정답 143. ③ 144. ④ 145. ② 146. ④ 147. ③ 148. ③ 149. ③ 150. ④ 151. ②

① 금지공역
② 제한공역
③ 경고공역
④ 군사작전/훈련공역

152 비 관제 공역 중 모든 항공기에 비행 정보 업무만 제공되는 공역은?
① A등급 ② C등급
③ E등급 ④ G등급

153 다음 공역 중 통제구역이 아닌 것은?
① 비행금지 구역
② 비행제한 구역
③ 초경량비행장치 비행제한 구역
④ 군 작전 구역

154 동력비행장치를 사용하여 초경량비행장치 비행제한공역을 비행하고자 할 경우 필요한 사항이다. 다음 중 해당되지 않는 것은 무엇인가?
① 초경량비행장치비행제한공역을 비행하고자 하는 자는 미리 비행계획을 수립하여 국토교통부장관의 승인을 얻어야 한다.
② 교통안전공단에서 발행한 자격증명이 있어야 한다.
③ 초경량비행장치가 건설교통부장관이 정하여 고시하는 비행안전을 위한 기술상의 기준에 적합하다는 안전성인증 증명이 있어야 한다.
④ 국토교통부령이 정하는 인력, 설비 등의 기준을 갖추었다고 인정하여 지정한 전문교육기관에서 비행 승인하여야 한다.

155 제한공역을 비행하고자 하는 자는 비행계획 승인 신청서를 누구에게 제출하여야 하는가?
① 대통령령
② 건설교통부 장관
③ 건설교통부 항공국장
④ 지방항공청장

156 초경량비행장치 비행공역이 포함된 "E등급" 공역 내에서 지표면 10,000피트 미만 고도 이하로 비행하고자 하는 경우에 적용되는 최저비행시점 기준은?
① 1,000m ② 1,600m
③ 3,000m ④ 5,000m

157 다음 공역 중 통제공역이 아닌 것은?
① 군 작전구역
② 비행제한 구역
③ 초경량비행장치 비행제한 구역
④ 비행금지 구역

해설
통제공역 : 항공교통의 안전을 위하여 항공기의 비행을 금지하거나 제한할 필요가 있는 공역으로 비행금지 구역, 비행제한 구역, 초경량비행장치 비행제한 구역이다.

158 다음 중 통제 공역에 포함되지 않은 것은 어느 것인가?
① 비행금지구역
② 비행제한구역
③ 초경량비행장치 비행제한구역
④ 군 작전지역

정답 152. ④ 153. ④ 154. ④ 155. ④ 156. ④ 157. ① 158. ④

159 공역의 설정기준에 어긋나는 것은?
① 항공교통에 관한 서비스의 제공 여부를 고려할 것
② 국가안전보장과 항공안전을 고려할 것
③ 공공역의 활용에 효율성과 경제성이 있을 것
④ 공역의 구분이 설정자의 편의에 적합할 것

해설
공역의 설정기준
① 국가안전보장과 항공안전을 고려할 것
② 항공교통에 관한 서비스의 제공 여부를 고려할 것
③ 공역의 구분이 이용자의 편의에 적합할 것
④ 공역의 활용에 효율성과 경제성이 있을 것

160 용어의 정의가 틀린 것은?
① 관제공역 : 항공교통의 안전을 위하여 항공기의 비행순서 시기 및 방법등에 관하여 국토교통부장관의 지시를 받아야 할 필요가 있는 공역으로서 관제권 및 관제구를 포함하는 공역
② 비관제공역 : 관제공역 외의 공역으로서 항공기에게 비행에 필요한 조언, 비행정보 등을 제공하는 공역
③ 통제공역 : 항공교통의 안전을 위하여 항공기의 비행을 금지 또는 제한할 필요가 있는 공역
④ 경계공역 : 항공기의 비행 시 조종사의 특별한 주의, 경계, 식별 등을 요구할 필요가 있는 공역

161 항공교통의 안전을 위하여 항공기의 비행 순서 시기 및 방법 등에 관하여 국토교통부장관의 지시를 받아야 할 필요가 있는 공역은?
① 관제공역 ② 비관제공역
③ 통제공역 ④ 주의공역

162 초경량비행장치의 비행안전을 확보하기 위하여 비행활동에 대한 제한이 필요한 공역은?
① 관제공역 ② 주의공역
③ 훈련공역 ④ 비행제한공역

163 항공기 사격, 대공사격 등으로 인한 위험으로부터 항공기의 안전을 보호하거나 그 밖의 이유로 비행허가를 받지 아니한 항공기의 비행을 제한하는 공역은?
① 비행금지 구역 ② 군 작전 구역
③ 비행제한 구역 ④ 위험 구역

해설
"비행제한 구역"이란 항공사격, 대공사격 등으로 인한 위험으로부터 항공기의 안전을 보호하거나 그 밖의 이유로 비행 허가를 받지 않는 항공기의 비행을 제한하는 공역이다.

164 다음 공역 중 주의공역이 아닌 것은?
① 훈련 구역 ② 경계 구역
③ 위험 구역 ④ 비행제한 구역

해설
주의공역 : 항공기의 비행 시 조종사의 특별한 주의·경계·식별 등이 필요한 공역으로 훈련 공역, 위험 공역, 경계구역이다.

165 항공기의 비행시 조종자의 특별한 주의 경계 식별 등이 필요한 공역은 어느 것인가?
① 관제공역 ② 통제공역
③ 주의공역 ④ 비관제공역

정답 159. ④ 160. ④ 161. ① 162. ④ 163. ③ 164. ④ 165. ③

166 비행정보구역(FIR)을 지정하는 목적과 거리가 먼 것은?

① 영공통과료 징수를 위한 경계설정
② 항공기 수색, 구조에 필요한 정보제공
③ 항공기 안전을 위한 정보제공
④ 항공기 효율적인 운항을 위한 정보제공

167 다음 중 관제공역은 어느 것인가?

① A등급 공역   ② G등급 공역
③ F등급 공역   ④ H등급 공역

🐄 해설
관제공역 : A등급, B등급, C등급, D등급, E등급

168 비 관제 공역 중 모든 항공기에 비행 정보 업무만 제공되는 공역은?

① A등급 공역   ② C등급 공역
③ D등급 공역   ④ G등급 공역

🐄 해설
비관제공역
① F등급공역 : 계기비행을 하는 항공기에 비행정보 업무와 항공교통조언업무가 제공되는 공역
② G등급공역 : 모든 항공기에 비행 정보업무만 제공되는 공역

169 다음 중 초경량비행장치의 비행 가능한 지역은 어느 것인가?

① P73   ② P518
③ P61B ④ UA31

🐄 해설
UA(비행구역)31은 청라지역의 드론전용 비행구역이다. 29개소(드론 전용 8개소) 초경량비행장치 비행공역(UA)에서는 비행승인 없이 비행이 가능하다.

170 초경량비행장치 비행 공역을 나타내는 것은?

① R-35   ② CP-16
③ UA-14 ④ P-73A

🐄 해설
UA-14 : 공주지역이다.

171 다음 중 국가 안전상 비행이 금지된 공역으로 항공지도에 표시되어 있으며 특별한 인가 없이는 절대 비행이 금지되는 지역은?

① P-73   ② R-110
③ W-99   ④ MOA

🐄 해설
P73 : 서울 도심

172 항법 지도에서 초경량비행장치 비행공역을 나타내는 것은?

① UA   ② MOA
③ P-71 ④ R-81

173 초경량 동력비행장치의 통행 우선순위로 맞는 것은?

① 모든 항공기와 초경량 무동력비행장치에 대해 진로를 양보해야 한다.
② 항공기보다 우선하며 초경량 무동력비행장치에 대해 진로를 양보해야 한다.
③ 초경량 무동력비행장치보다 우선하며 항공기에 대해 진로를 양보해야 한다.
④ 모든 항공기와 무동력 초경량비행장치보다 진로에 우선권이 있다.

정답 166. ① 167. ① 168. ④ 169. ④ 170. ③ 171. ① 172. ① 173. ①

174 초경량비행장치로 비행 중 정면 또는 이와 유사하게 접근하는 다른 초경량비행장치를 발견하였다. 적절한 비행방법으로 맞는 것은?

① 지면에 충돌 위험이 없는 범위 내에서 상대 비행장치의 아래쪽으로 진행하여 교차한다.
② 상대 비행장치가 나의 왼쪽으로 기수를 바꿀 것이므로 나는 오른쪽으로 기수를 바꾼다.
③ 상대 비행장치의 진로 변경을 알 수 없으므로 상대 비행장치가 기수를 바꿀 때까지 현재 상태를 유지한다.
④ 신속하게 상대 비행장치의 진로를 신속히 파악하여 같은 진로로 기수를 변경한다.

175 초경량비행장치 비행제한 공역과 초경량비행장치 비행제한 공역 외 공역에 대한 설명이다. 틀리는 것은?

① 초경량비행장치 비행제한 공역 외 공역에서 승인을 받지 않고 지표면에서 500ft 이하까지 상승할 수 있다.
② 초경량비행장치 비행제한 공역 외 공역은 G급 공역에 속한다.
③ 초경량비행장치 비행제한공역에서 비행은 국토교통부장관의 비행승인 없이 가능하다.
④ 비행계획승인 신청서는 지방항공청장에게 제출하여야 한다.

176 다음 중 초경량비행장치가 비행하고자 할 때 관제기관의 승인을 얻지 않아도 가능한 지역으로 맞는 것은?

① 관제공역
② MOA(MILITARY OPERATION AREA)
③ 주의공역
④ 초경량비행장치 비행제한공역 외 지역

177 다음 중 초경량비행장치가 비행하고자 할 때의 설명으로 맞는 것은?

① 주의공역은 지방항공청장의 비행계획 승인만으로 가능하다.
② 통제공역의 비행계획승인을 신청할 수 없다.
③ 관제공역, 통제공역, 주의공역은 관할 기관의 승인이 있어야 한다.
④ CTA(CIVIL TRAINING AREA) 비행승인 없이 비행이 가능하다.

178 곡예비행에 해당하지 않는 것은?

① 항공기를 뒤집어서 하는 비행
② 항공기를 옆으로 세우거나 회전시키며 하는 비행
③ 항공기를 급강하 또는 급상승시키는 비행
④ 사람 또는 건축물이 밀집하여 있는 지역의 상공에서의 비행

해설

시행규칙 제203조(곡예비행) 법 제68조제4호에 따른 곡예비행은 다음 각 호와 같다.
1. 항공기를 뒤집어서 하는 비행
2. 항공기를 옆으로 세우거나 회전시키며 하는 비행
3. 항공기를 급강하시키거나 급상승시키는 비행
4. 항공기를 나선형으로 강하시키거나 실속(失速)시켜 하는 비행
5. 그 밖에 항공기의 비행자세, 고도 또는 속도를 비정상적으로 변화시켜 하는 비행

정답 174. ② 175. ③ 176. ④ 177. ③ 178. ④

179 곡예비행에 대한 내용이다. 맞는 것은?

① 관제구 및 관제권에만 가능하다.
② 당해 항공기를 중심으로 반경 500m내의 가장 높은 장애물 상단으로부터 450m 이하 고도에서는 금지이다.
③ 지표면으로부터 450m 미만의 고도에서는 금지이다.
④ 사람 또는 건축물이 밀집 지역의 상공에서는 지표면으로부터 500ft 이상 고도를 확보하여야 한다.

180 항공교통관제업무는 항공기간의 충돌방지, 항공기와 장애물간의 충돌방지 및 항공교통의 촉진 및 질서유지를 위해 행하는 업무이다. 다음 속하지 않는 것?

① 비행장 관제업무
② 접근 관제업무
③ 항로 관제업무
④ 조난 관제업무

181 다음 중 항공장애 표시등 및 주간 장애표식의 설치대상으로 틀리는 것은?

① 진입표면 지상 투영면과 일치되는 구역에 근접한 항공기 항행의 안전을 해할 우려가 있는 구조물
② 지표 또는 수면으로부터 30m 이상 높이의 구조물
③ 전이표면 지상 투영면과 일치되는 구역에 근접한 항공기 항행의 안전을 해할 우려가 있는 구조물
④ 수평표면 지상 투영면과 일치되는 구역에 근접한 항공기 항행의 안전을 해할 우려가 있는 구조물

> **해설**
> 장애물 제한표면 밖의 지역에서 지표면이나 수면으로부터 높이가 60m 이상 되는 구조물을 설치하는 자는 국토교통부령으로 정하는 표시등 및 표지의 설치 위치 및 방법 등에 따라 표시등 및 표지를 설치하여야 한다. 다만, 구조물의 높이가 표시등이 설치된 구조물과 같거나 낮은 구조물 등 국토교통부령으로 정하는 구조물은 그러하지 아니하다.

182 다음 중 항공장애 표시등 중 중광도 항공장애 표시등의 색채로 맞는 것은?

① 적색   ② 백색
③ 황색   ④ 청색

183 비행 중 마주보고 오는 다른 비행기를 회피하는 방법으로 바른 것은?

① 우측   ② 좌측
③ 위   ④ 아래

184 다음 중 공항시설법상 유도로 등의 색은?

① 녹색   ② 청색
③ 백색   ④ 황색

> **해설**
> 유도로 등이란 지상 주행 중인 항공기에 유로로, 대기지역 또는 계류장 등의 가장자리를 알려주기 위하여 설치하는 등으로 청색이다.

185 초경량비행장치의 지표면과의 실측높이는 얼마인가?

① 고도 500ft AGL
② 고도 500ft MSL
③ 고도 500m AGL
④ 고도 500m MSL

정답 179. ③ 180. ④ 181. ② 182. ① 183. ① 184. ② 185. ①

186 다음 중 항공기 상호간의 교차 또는 접근하는 경우, 통행 우선 순위를 바르게 나열한 것은?

① 활공기, 비행선, 회전익 항공기, 물건을 예항하고 있는 비행기, 비행기 순
② 활공기, 물건을 예항하고 있는 비행기, 비행선, 회전익 항공기, 비행기 순
③ 회전익 항공기, 활공기, 비행기, 비행선, 물건을 예항하고 있는 비행기 순
④ 활공기, 비행선, 물건을 예항하고 있는 비행기, 회전익 항공기, 비행기 순

187 다음 중 항공장애 표시등의 종류로 틀리는 것은?

① 저광도 항공장애등
② 중광도 항공장애등
③ 고광도 항공장애등
④ 주간장애표식

188 다음 보기에서 항공기의 진로 우선순위 중 맞는 것은?

[보기]
A. 지상에 있어서 운행 중인 항공기
B. 착륙을 위하여 최종 진입의 진로에 있는 항공기
C. 착륙 조작을 행하고 있는 항공기
D. 비행 중의 항공기

① D-C-A-B   ② B-A-C-D
③ C-B-A-D   ④ B-C-A-D

정답 186. ② 187. ④ 188. ③

Chapter 03

항공역학(비행원리)

3.1 — 동력비행장치
3.2 — 안전비행
3.3 — 비행원리

항공역학(비행원리)

Chapter 03

3.1 동력비행장치

1 기체일반

비행장치의 외부 세부명칭은 다음과 같다.

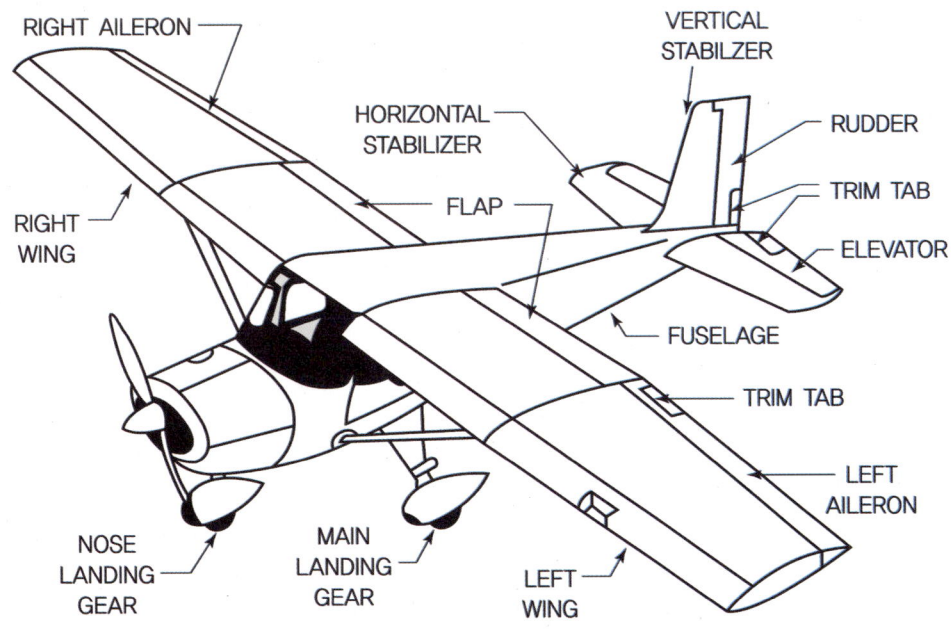

【 기체 구조의 명칭 】

2 동체(Fuselage)의 구조

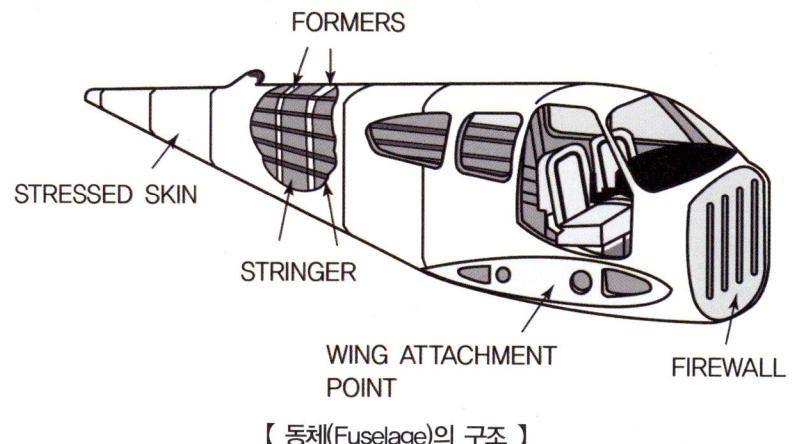

【 동체(Fuselage)의 구조 】

항공기를 구성하고 있는 몸통으로 내부에 조종석과 연료탱크를 구성하고 날개, 발동기, 꼬리날개, 착륙장치가 장착되어 있어 구조적으로 충분한 강도와 강성을 가지고 안전한 운항을 할 수 있어야 하며, 비행 중 공기의 저항을 허용한계 내로 줄일 수 있는 기하학적 모양을 유지하여야 한다. 동체 구조 형식에 따라 분류하면 삼각형의 뼈대는 기체의 모든 하중을 담당하며 외피는 항공기의 외부 형상을 유지한다. 항공 역학적 부력(浮力)을 발생시키는 트러스(Truss) 구조는 구조 설계와 제작이 용이하여 경비행기에 주로 사용되고 내부 공간을 마련과 유선형으로 만들기 어려운 단점이 있다. 기체의 하중을 외피가 주로 담당하도록 하는 응력 외피형 구조 형태의 하나인 세미모노코크(Semi-monocoque) 구조는 세로대, 스트링어로 정형하여 외피를 입히는 구조 방식으로 내부 공간마련과 기체를 유선형으로 제작하기 용이한 구조이다. 세미모노코크 구조는 부분적으로 가해지는 집중하중을 프레임, 벌크헤드, 링, 스트링어 등을 통해서 외피로 전달토록 하여 강도를 유지한다. 금속판이나 복합소재로 제작되어 외형을 유선형으로 만들기 때문에 내부 공간의 활용도가 높고 외형이 수려한 장점이 있다.

3 주 날개(Main Wing)

항공기가 부양할 수 있도록 하는 힘으로 양력을 발생시키는 구조로 동체에 고정되어 있다. 날개의 구조는 동체와 같이 하중을 담당하는 부재에 따라 구조방식이 구분되며 주 구성품으로 스파(Spar)와 리브(Rib) 그리고 지지대(Strut)가 있는 경우도 있다. 스파는 각 날개 좌우를 연결하고 있는 주요 구조재로 하중을 담당하는 중요한 부재이며 리브는 날개의 Airfoil 형태를 만들어주는 역할을 하며 복합소재의 경우 별도의 스파와 리브가 없는 형태도 있다. 외형으로는 항공기의 좌우 균형을 유지하거나 기울임을 주는 도움날개(보조익, Ailerons)와 필요에 따라 양력과 항력을 증가시켜 주는 플랩(Flap)이 장착되며 내부에 연료탱크와 작은 화물을 넣을 수 있는 공간이 마련되기도 한다.

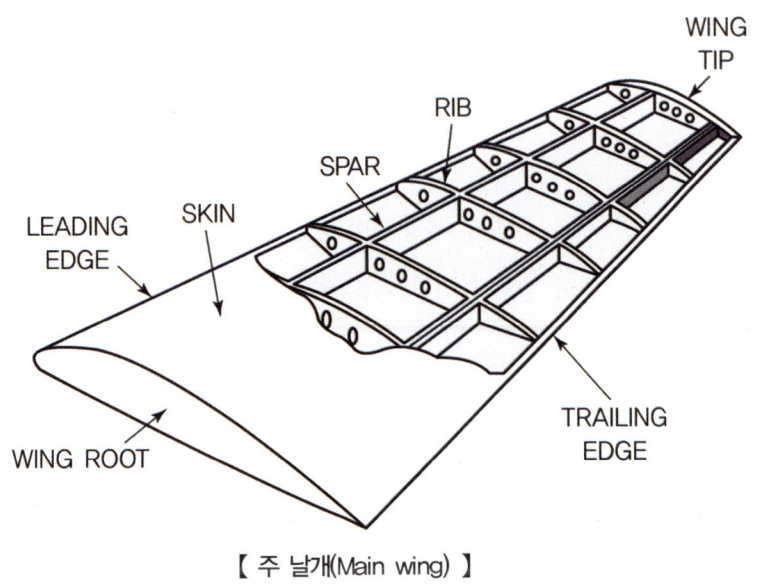

【 주 날개(Main wing) 】

4 꼬리날개

비행기에 안정성 주는 수직안정판(Vertical Stabilizer)과 수평안정판(Horizontal Stabilizer)이 있으며 수직안정판의 뒷부분에는 기수의 좌우 방향을 운동을 주는 방향키(Rudder)가 장착되고 수평안전판의 뒷부분에 장착된 승강키(Elevator)는 기수의 위아래 방향의 운동을 준다.

5 도움날개

좌우 날개의 외측 뒷전에 있는 2개의 도움 날개에는 조종익면의 하나로서 기체의 전후 축 주위의 운동을 컨트롤한다. 도움날개에 의해 행해지는 운동은 횡요(좌우경사)이다. 한편 날개의 도움날개가 내려가면 반대편은 날개의 도움날개는 올라간다. 내려간 도움날개 측의 날개에는 양력을 증가시키기 위해 위로 올라가고 올라간 도움날개는 양력을 감소시키기 위해 아래로 내려간다. 그리하여 동시에 또는 상호 반대 방향으로 작동함으로써 도움날개는 상기와 같은 2가지 효과를 이용하고 있다. 양측의 도움날개는 롯토 또는 조종색으로 결합되어 동시에 조종석 내의 조종간에 결합되어 있다. 조종간을 우로 뉘여 경사를 주면 좌측 도움날개가 내려가며 우측 도움날개가 올라가 기체는 우로 횡요(Rolling, 기수의 가로 흔들림)를 일으킨다. 이것은 좌측 도움날개가 내려감에 따라 좌측 날개의 캠버(Camber)가 증가하여 동시에 받음각(Angle Of Attack : 영각)을 증가시키며 우측도움날개는 올라가 캠버를 감소시키므로 받음각은 감소하게 된다. 그리하여 우측 날개의 양력은 감소하고 좌측날개의 양력은 증가하므로 우측으로 발생하여 우로 경사(Bank)지게 되는 것이다.

6 승강키

승강키는 비행기의 세로 조종에 사용되며 비행 조건에 따라서 수평 안정판을 움직여 평형을 잡는 승강키도 있고, 수평 꼬리날개 전체를 승강키로 사용하는 전가동식 수평 꼬리날개도 있다.

7 방향키

방향키는 좌우 방향 전환에 사용될 뿐만 아니라 측풍이나 도움 날개의 조종에 따른 빗놀이 모멘트를 상쇄할 때에도 사용된다.

8 착륙장치(Landing Gear)

비행기의 지상 이동과 이·착륙 시 활주를 위한 장치로 3개 또는 2개의 바퀴(Wheel)로 된 것이 가장 일반적인 형태이며 수상 이·착수를 위한 뜨게(Float)방식이 있다. 이외에도 눈이나 빙판에서 사용할 수 있도록 고안된 스키드(Skid) 형태와 동체의 밑면을 배처럼 만들어 수상 이·착수하는 것도 있다. 착륙장치는 착륙 때 충격을 흡수하기 위한 완충장치가 포함되어 있으며 비행기가 비행을 위한 기기이므로 지상에서는 이에 대하여 다른 부품보다 소홀히 다루기 쉬우나 반드시 지상으로 돌아와야 하는 필연적인 비행기를 생각한다면 비행기의 날개 등 다른 부속품 못지않게 중요한 장치이므로 정비를 소홀히 해서는 안 된다.

9 계기

항공기는 안전성과 신뢰성이 중시되는 만큼 항공기 안전에 필요한 정보를 제공하는 계기는 정확히 지시하고 바르게 작동해야 하며 다음과 같은 조건을 구비하여야 한다.
① 무게와 크기는 작아야 하며 내구성(耐久性)이 높아야 한다.

② 정확하여야 하며 각종 외부 조건의 영향을 적게 받아야 한다.
③ 누설오차와 접촉부분의 마찰력이 적어야 한다.
④ 온도 변화에 대한 오차가 적어야 하며 진동으로부터 보호되어야 한다.
⑤ 방습, 방염처리 및 항균처리가 되어야 한다.

(1) 계기의 눈금 또는 덮개 유리에 색깔로 표시

① **녹색호선** : 안전한 상태를 나타내며 속도계는 실속속도에서 운용가능속도 범위를 표시한다. 연료 유량계, 오일 압력계, 실린더 헤드 온도계, 오일 온도계, 냉각수 온도계 등에서는 안전운전 범위를 나타낸다.
② **황색호선** : 안전운전 범위에서 초과금지까지의 범위를 나타내는 것으로 경고 또는 주의 범위를 뜻하며 위험에 이를 수 있음을 예고하는 범위를 표시하며, 그 끝부분은 안전운전 범위와 초과 금지인 적색 방사선이 있다.
③ **흰색호선** : 대기 속도계에서 플랩을 작동시킬 수 있는 범위를 알려주는 것으로 최대 착륙하중에 대한 실속속도로부터 플랩을 작동하여도 구조 강도상 무리가 없는 최대 속도까지를 나타낸다. 녹색호선과 이중으로 표시되기도 하며 최대 범위를 초과한 상태에서 플랩을 작동한다면 구조강도가 견디지 못함을 의미한다.
④ **적색방사선** : 최소 및 최대 운용 한계를 표시하며 이 범위 밖에서는 절대로 운용을 금지해야 하는 것을 의미한다. 일반적으로 하나의 계기에 2개의 적색 방사선이 있는데 낮은 수치는 해당 장비가 운용될 수 있는 최소의 값이며 높은 수치는 초과 금지를 의미하는 최대값이다. 속도계의 경우 최소값은 실속속도이고 최대값은 초과금지속도를 나타낸다.

(2) 항공기의 비행 상태를 보여주는 비행계기

① 속도계
② 고도계
③ 승강계
④ 선회 경사계
⑤ 자이로 수평 지시계
⑥ 방향 자이로 지시계
⑦ 실속 경고장치
⑧ 마하계 등이 있다.

(3) 기관의 작동 정보를 제공하는 기관 계기

① 회전 속도계
② 오일 압력계
③ 오일 온도계
④ 실린더 헤드 온도계 또는 냉각수 온도계
⑤ 배기가스 온도계
⑥ 연료 압력계
⑦ 연료량계 등이 있다.

10 슬롯(Slot)과 슬랫(Slat)

날개의 앞부분이나 뒷부분의 아래에서 윗면으로 공기가 흐를 수 있는 통로를 말하는 것으로 큰 받음각에서는 날개 윗부분에서 공기흐름이 떨어져 실속이 발생하는 것을 억제한다.

11 윙랫(Wing Lot)

주날개 끝부분(Wing Tip)에 수직꼬리날개처럼 세워진 수직판으로 날개 끝 실속을 억제하고 유도항력을 감소시키는 역할을 한다. 장거리 비행을 하는 대형 항공기는 연료소모율을 줄이고 항속거리를 증가시키는 효과가 있다.

12 공력 평형장치

비행기의 조종은 조종면을 움직임으로 인하여 발생하는 공기력의 변화에 의하므로 같은 면적의 조종면이라도 비행속도에 따라 그 크기가 변하므로 고속에서 요구되는 큰 힘은 조종사에게 상당한 피로감을 준다. 이러한 조종력을 상쇄시킬 수 있는 방법으로 앞전밸런스(Leading Edge Balance), 혼 밸런스(Horn Balance), 내부 밸런스(Internal Balance) 등이 있다.

13 탭(Tab)

탭은 조종면(Control Surface)의 뒷부분에 장착되어 조종력을 경감시키거나 조종력을 "0"으로 만들어 준다. 조종력을 경감시키는 탭으로는 조종면의 움직임과 반대로 움직이는 밸런스 탭(Balance Tab)과 큰 조종면을 직접 작동시키기 어려운 경우에 사용하는 서보 탭

(Servo Tab)이 있다. 서보탭은 조종 장치가 조종면을 작동시키지 않고 조종면 끝에 장착된 탭을 조종면을 움직이고자 하는 방향의 반대로 움직이도록 하여 탭이 조종면을 작동시키는 원리를 이용하고 있으며 수동으로 조작하는 대형기나 고속기에 주로 사용된다.

(1) 트림 탭(Trim Tab)

트림 탭은 도움날개 방향타 또는 승강타와 같은 조종면의 뒷전에 힌지로 부착된 작은 조절 가능한 익면이다. 트림 탭은 조종사가 조종 장치에 항상 힘을 가하지 않아도 되게끔 부착되어 있는 장치이다. 방향타 도움날개의 트림 탭도 승강타의 트림 탭과 같은 원리에 의해 각기 방향타 페달에 가해지는 힘 또는 조종간을 옆으로 밀고 있는 힘을 없게 하도록 작동한다.

(2) 평형 탭(Balance Tab)

평형 탭은 조종면이 움직이는 방향과 반대 방향으로 움직이도록 기계적 장치로 연결되어 있어서 탭이 조종면이 위쪽으로 올라가면 평형 탭은 아래로 구부러져 탭에 작용하는 공기력에 의해 조종면을 위쪽으로 밀어주는 힘이 발생하므로 조종력이 경감된다.

(3) 서보 탭(Servo Tab)

서보 탭은 조종석의 조종장치와 직접 연결되어서 조종사가 탭만을 작동시키고 이 탭에 작용하는 공기력으로 조종면을 움직여서 항공기를 조종하게 하는 조종력 경감 장치이다.

(4) 스프링 탭(Spring Tab)

스프링 탭은 혼과 조종면 사이에 스프링이 설치되어 탭의 기능을 배가시킨 장치이다. 저속 비행 시에는 조종사가 직접 조종면을 작동시키고, 조종력이 크게 요구되는 고속 비행 시에는 서보 탭의 기능을 수행한다.

(5) 앤티 밸런스 탭(Anti-balance Tab)

밸런스 탭과 정반대로 작동되어 조종면의 효과를 증가시킨 탭이다.

14 방향 안정

비행기의 방향 안정(Directional Stability)은 수직축에 관한 모멘트와 빗놀이 및 옆미끄럼각(Sideslip Angle)과의 관계를 포함한다. 정적 방향 안정을 가지는 비행기는 평형 상태

로부터 외부의 영향을 받으면 평형 상태로 되돌아오려는 성질을 가진다. 정적 방향 안정(Static Directional Stability)은 비행기를 평형 상태로 되돌리는 경향을 가지는 빗놀이 모멘트를 발생시킨다.

15 방향 조종

비행기는 방향 안정뿐 아니라 적절한 방향 조종을 가져야 균형 선회, 추력 효과의 평형, 옆미끄럼, 그리고 비대칭 추력의 균형 등을 할 수 있다. 방향 조종은 방향키에 의해 수행되며, 방향키는 위급한 경우에도 충분히 빗놀이 모멘트를 발생시킬 수 있어야 한다.

방향키를 움직임으로써 조종 변위에 따라 빗놀이 모멘트 계수에 변화를 줄 수 있어야 하고, 옆미끄럼각에 대해 평형시킬 수 있어야 한다. 방향키를 조금만 변위시키면 안정성은 변화하지 않고 평형만 변화된다.

16 정적 가로 안정

옆미끄럼에 의한 옆놀이 모멘트는 비행기의 정적 가로 안정(Static Lateral Stability)에 대단히 중요하다. 비행기가 옆 미끄럼에 의한 적절한 옆놀이 모멘트를 가진다면 수평 비행 상태로부터 가로 방향의 공기력은 옆 미끄럼을 유발하고, 이 옆미끄럼은 비행기를 수평 비행 상태로 복귀시키는 옆놀이 모멘트를 발생시킨다. 이와 같은 작용에의 정적 가로 안정이 얻어진다. 날개는 비행기의 가로 안정에서 가장 중요한 요소이다. 특히, 기하학적으로 날개의 쳐든각의 효과는 가로 안정에 있어 가장 중요한 요소이다.

17 동적 가로 안정

이제까지 옆미끄럼에 대한 비행기의 가로 안정과 방향 안정을 분리하여 생각하였다. 비행기의 가로 안정과 방향 안정을 자세히 살펴보기 위해서는 분리하여 생각하는 것이 편리하다. 그러나 비행기가 자유비행 상태에 놓이게 되면 가로 안정과 방향 안정은 결합되어서 나타난다. 옆미끄럼에 의해 옆놀이 모멘트와 빗놀이 모멘트가 동시에 발생하며 자유비행 시 비행기의 동적 가로 운동은 가로 운동과 방향 운동의 효과를 결합한 상호 작용을 고려하여야 한다.

18 조종면 종류 및 역할

(1) 에일러론(Aileron, 보조익)

항공기 주날개 후방부 바깥쪽에 있는 조종면으로 항공기의 기울임(Bank)을 통한 롤링(Rolling)으로 선회 움직임을 조종한다.

(2) 엘리베이터(Elevator, 승강타)

항공기 수평꼬리날개에 있는 조종면으로 항공기의 상하움직임(피칭, Pitching)을 통해 상승, 하강할 때 사용된다.

(3) 러더(Rudder, 방향타)

항공기 수직꼬리날개에 있는 것으로 항공기의 좌우움직임(Yawing)을 통해 좌우 방향을 조종하는 역할을 한다.

(4) 플랩(Flap)

양력과 항력을 증가시키는 장치로 주로 이·착륙 시에 날개의 뒷전을 아래로 움직여 시위선(Chord line)의 뒤쪽을 낮춰서 받음각과 캠버(Camber)를 크게 만들어서 이륙 시 양력을 증가시켜 항공기를 빨리 뜨게 하고, 착륙 시 항력(Drag)을 증가시켜 제동거리를 단축시키는 역할을 한다.

(5) 리딩엣지(Leading Edge) 혹은 슬랫(Slat)

항공기 주 날개 앞의 있는 조종면으로 저고도 저속도 비행 중 항공기의 실속(Stall)을 방지하는 역할을 한다.

(6) 스포일러(Spoiler)

항공기 주날개 동체 쪽에 있는 조종면으로 주로 항력(Drag)을 발생시켜 항공기 속도를 낮추는 역할을 한다.

19 비행기의 축

(1) 세로축(Longitudinal Axis) 또는 종축(앞뒤축)

기수(Nose)부터 꼬리(Tail)까지 동체를 관통하여 이어진 전후 방향의 가상의 축을 세로축이라고 한다. 세로축 주변의 운동은 횡요(Roll : 좌우의 경사)라고 하며 이것은 좌우의 날개(Wing : 주익) 뒷전(Trailing Edge : 후연)에 부착된 도움날개(Ailieron :

보조익)의 작동으로 행해진다. 그림은 종축을 중심으로 한 항공기의 운동을 보여주고 있다. 우측 보조익이 올라가면서 풍판에 흐르는 공기의 기류를 변형시켜 영각이 감소하고 이에 따라 양력이 감소되며 그 결과 우측 날개는 내려가게 된다. 좌측 보조익은 내려가면서 더 큰 만곡부를 형성, 영각을 증가시켜 양력이 증가되고 좌측 날개는 위로 작용하게 된다. 따라서 항공기는 우로 횡요하는 힘이 발생한다.

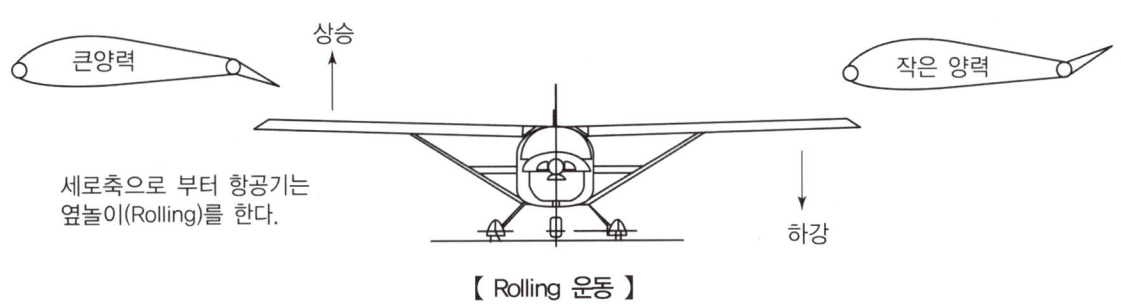

【 Rolling 운동 】

(2) 가로축(Lateral Axis) 또는 횡축(좌우축)

날개 양 익단(Edge)을 좌우 방향으로 연결한 가상의 축을 가로축이라고 한다. 좌우측 주변의 운동은 종요(Pitch : 기수의 상하)라고 하며, 수평꼬리날개의 후반부를 점하는 승강키(Elevator)의 작동으로 행해진다. 그림은 승강타에 의한 항공기의 운동을 보여주고 있다. 조종사가 조종간을 당기게 되면 미부 승강타는 위로 작용하여 승강타 상부에 흐르는 공기의 흐름을 변형시켜 미부 전체를 아래로 밀어 내리는 힘이 발생하게 된다. 이에 따라 기수는 상향 운동을 하여 항공기는 상승자세를 형성하게 된다. 반대로 조종간을 앞으로 밀었을 경우 승강타는 아래로 작용하게 되고 항공기 미부는 상향 운동을 하게 되므로 기수는 하향이 되어 강하자세를 이루게 한다.

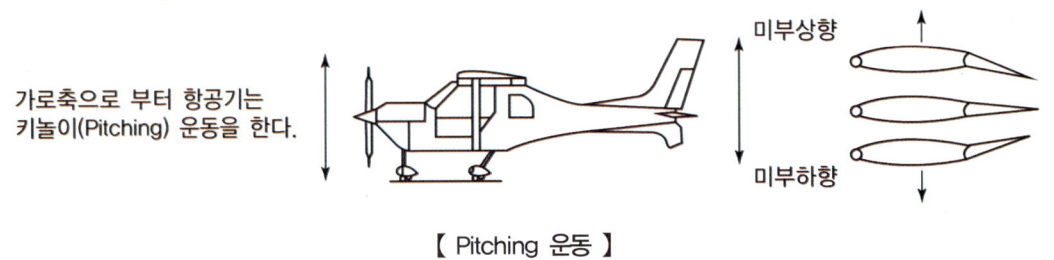

【 Pitching 운동 】

(3) 수직축(Vertical Axis) 또는 상하 축

중심을 통하여 상하 방향으로 이어진 가상의 축을 수직축이라 한다. 수직축 주변의 운동은 편요(Yaw : 좌우 방향의 흔들림)라 하며 수직꼬리날개 후반부가 되는 방향키(Rudder)의 작동으로 행해진다. 그림은 방향타에 의한 항공기 운동을 보여주고 있다. 방향타 는 조종실 내의 러더(Rudder)페달에 의해서 작동하며 방향타가 좌로 움직이면 미부는 우로 이동하면서 항공기의 기수는 좌로 편요하게 되고, 방향타가 우로 이동하게 되면 미부는 좌로 힘을 받게 되어 항공기 기수는 우 편요가 된다.

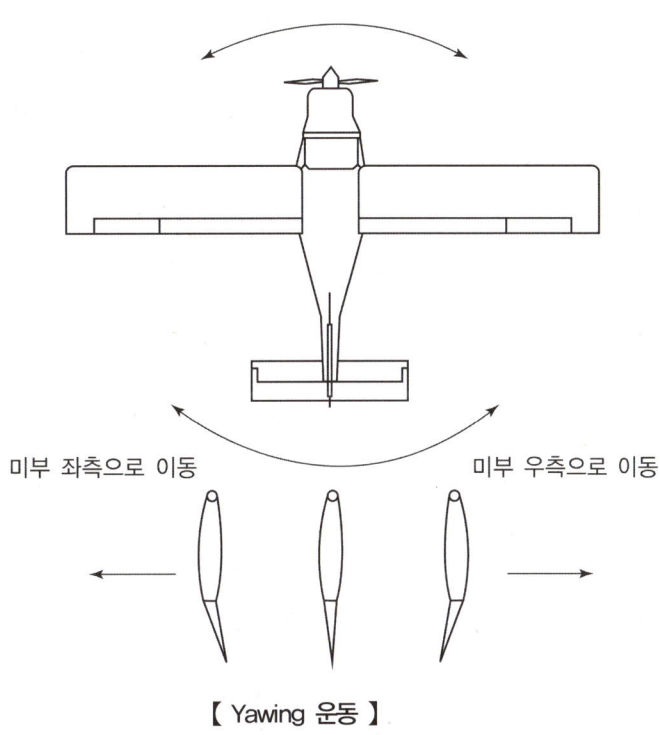

【 Yawing 운동 】

3.2 안전비행

1 비행 전 점검

비행 전 점검은 비행 중 발생할 수 있는 위험 요소를 찾아낼 수 있는 마지막 기회이므로 점검을 수행하는 동안 소홀함이 없어야 한다. 점검 항목과 방법 및 절차는 비행기 제작사가 제공한 것을 기준으로 점검 리스트를 보면서 한 항목씩 수행하는 것이 가장 적절한 방

법이다. 특히 동절기에 비행 장치에 눈이나 얼음이 있는 상태로의 비행은 항공기의 비행성능을 급격하게 감소시키므로 반드시 제거 후에 이륙하여야 한다.

> **육안점검(Visual Inspection) 시 주점검 대상 항목**
> ① 엔진과 기체의 액체의 누유나 누설 흔적
> ② 날개나 동체 위의 눈 또는 서리 존재 유무
> ③ 안전핀과 안전커버
> ④ 연료에 물 또는 이물질 혼합 여부
> ⑤ 타이어 압력 및 파손 여부
> ⑥ 날개 및 스트러트 연결 핀 및 안전 고리
> ⑦ 조종면 힌지 핀 장착 상태
> ⑧ 냉각수 및 오일량
> ⑨ 외부로 드러난 조종 케이블 상태
> ⑩ 조종 케이블에 연결된 턴버클 조임 상태
> ⑪ 기체 전체의 균형 상태, 찌그러짐, 패임 등 외형상 변형 여부
> ⑫ 외피가 섬유인 경우 손상 여부

2 조종석 내 점검

(1) 조종간을 앞뒤좌우로 움직여서 조종면이 걸리지 않고 원활하게 작동하는지 여부
(2) 주 전원 스위치를 "ON"하고 전기로 작동되는 부품들의 작동 여부
(3) 연료량 확인

3 엔진 시동

비행 전 점검을 이상 없이 마쳤다면 비행에 임하기 위해 다음 절차에 따라 엔진을 작동시킨다.

(1) 비행기 주변 청결 유지
(2) 안전벨트 착용
(3) 전기 작동 장치 "OFF"
(4) 연료 차단 밸브 "ON"
(5) 동절기에는 쵸크레버를 당기거나 프라이밍
(6) 제동 장치 작동
(7) 프로펠러 작동 범위 내 청결 유지

항공역학(비행원리) chapter 03

(8) 스로틀(throttle) 레버 "idle" 또는 idle에서 약간 전진한 상태
(9) 주 전원스위치 "ON"
(10) "clear!"라고 외쳐서 주변의 사람들에게 엔진작동을 시도함을 알림
(11) start 스위치 "ON"
(12) 오일 압력계기가 장비된 엔진이라면 오일 압력이 한계 범위 내로 지시하는지를 확인
(13) 시동이 되었으면 난기운전 상태에서 엔진 온도가 적정 범위에 오르도록 유지

4 측풍 이륙

측풍 상태에서 이륙을 시도하면 순항보다 현저히 낮은 비행속도이므로 측풍에 의해 옆으로 밀리는 현상이 나타날 수 있다. 측풍 상태에서 이륙은 정상 이륙과 같은 조작과 절차에 의해 이뤄지며 도움날개를 사용하여 바람이 부는 쪽의 날개를 낮추어 옆 흐름을 제어해야 한다. 같은 측풍이라도 이륙 활주 중에는 도움날개를 적극적으로 활용하여 바람에 밀리는 것을 제어하고 기체가 떠오른 후에는 기수를 바람부는 쪽으로 향하게 하여 Crabbing으로 직선비행을 유지한다.

5 비상 착륙

비상 상황에 처했을 때 인근에 공항이나 비행장 등 착륙시설이 되어 있는 환경이면 최상이겠지만 그렇지 못할 경우에는 가장 적절한 비상 착륙지를 선정해야 한다. 비상 상황에 처한 순간부터 착륙 예정지까지는 충분한 활공거리 내에 있어야 하며 최적비상 착륙지로서 농경지와 같은 평지이다. 정풍 상태에서 비상착륙과 배풍 상태에서 비상 착륙은 정상 착륙과 같이 활주거리에 영향을 미치고 지면과 접지 상황이 부드럽지 못할 것이므로 최초 지면과 닿은 속도에 풍속의 크기만큼 영향을 주기 때문이다. 하지만 정풍 상태로 하기 위하여 무리한 방향 전환을 시도하는 것보다는 배풍 상태의 착륙이 최선의 선택이다 이는 비록 배풍 상태에서 . 벗어나지 못하여 큰 속도로 지면에 접지하는 것보다 방향전환 중고도를 상실하여 적절한 비상조치를 취하지 못하는 불가의 상태에 빠지는 것이 더 위험하기 때문이다.

3.3 비행원리

3.3.1 비행기에 작용하는 힘

수평비행 중 항공기에 작용하는 힘은 그림과 같이 추력(T : Thrust), 양력(L : Lift), 항력(D : Drag), 중력(W : Weight)이 있다. 수평 등속비행 중 항공기는 양력과 중력의 크기가 같고, 추력과 항력의 크기가 같다. 수평 등속비행 상태에서 엔진 출력이 증가하면 추력이 항력보다 커져서 항공기는 가속비행을 하게 된다.

모든 물체의 압력이 높은 곳에서 낮은 곳으로 이동하며 수평비행 중인 비행기에는 4가지 힘(Force)이 작용하며, 위로 향해 작용하는 양력(Lift), 아래로 향해 작용하는 중력(Weight : 중량), 앞으로 향해 작용하는 추력(Thrust), 그리고 뒤로 향해 작용하는 항력(Drag : 관성이나 공기저항으로 전진을 방해하는 힘) 4가지가 있다.

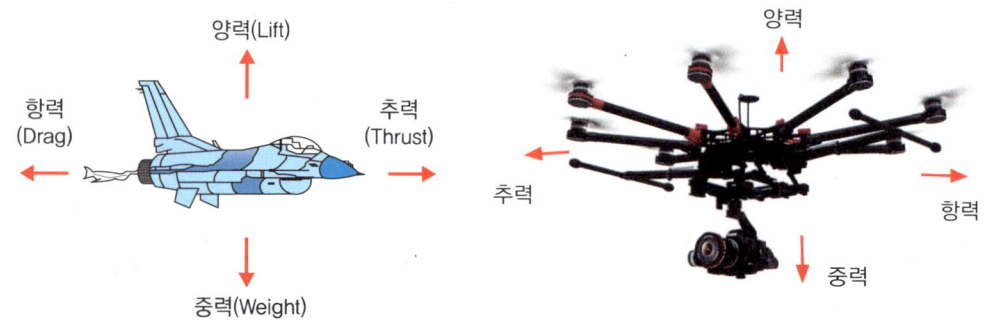

【 비행체에 작용하는 힘 】

1 양력(비행체를 뜨게 하는 힘)

비행기의 무게와 반대되는 힘으로 날개에서 베르누이 원리로 발생한다. 양력이 클수록 더 많은 무게를 들어 올릴 수 있으므로 양력이 중력보다 더 커야 비행기가 이륙을 할 수 있다. 양력의 크기는 날개 면적과 비행기의 속도에 비례한다. 양력은 베르누이 원리에 따라 에어포일 상하면의 압력차에 의해 발생하는 항공기를 뜨게 하는 힘으로 대부분은 항공기의 날개(Wing)에서 얻어지며, 비행 방향에 수직으로 작용한다. 양력이 비행기의 무게와 같으면 같은 높이로 날고, 비행기의 무게보다 크면 위로 올라가고, 작으면 아래로 내려온다. 양력은 비행기의 속도와 공기의 흐름, 날개의 크기, 모양 등에 따라 달라진다. 비행기의 경우 (+)양력이 발생할수록 좋다. 여기에 추력이 더해져 비행기의 속도를 낸다. 추력은 엔진에 의해 앞으로 나아가는 힘으로, 뉴턴의 제3법칙인 작용 반작용에 의한 것이다. 프로펠러나 제트엔진에 의해서 뒤로 밀리는(또는 분사되는) 공기의 움직임에 대한 반작용으로 비행기가 앞으로 움직이게 되는 것이다.

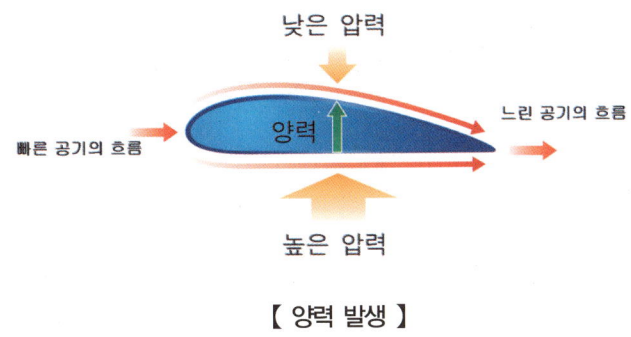

【 양력 발생 】

(1) 양력은 비행속도의 제곱에 비례한다.

다시 말해 비행속도가 증가하면 양력도 증가하고, 비행속도가 감소하면 양력 또한 감소한다. 비행기가 빠른 속도로 날수록 더 안정적으로 떠 있을 수 있다.

(2) 양력은 날개의 면적이 클수록 양력도 커진다.

무거운 것을 운반하는 수송기나 여객기는 그만큼 많은 양력이 필요하다. 따라서 이들의 날개는 면적을 넓게 만들어 더 많은 양력을 얻게 한다. 반면 전투기는 고속비행을 목적으로 하므로 날개의 면적이 상대적으로 작다.

(3) 에어포일의 모양에 따라서도 양력의 크기가 달라진다.

경항공기는 대개 낮은 속도로 비행한다. 이 때문에 낮은 속도에서도 충분한 양력을 얻기 위해 두꺼운 날개를 사용한다. 그러나 전투기는 얇은 날개단면을 사용해도 빠른 속도로 날기 때문에 충분한 양력을 얻을 수 있다.

2 항력(비행체의 전진을 방해하는 힘)

비행기가 앞으로 나아가지 못하는 힘이다. 항력은 추력과 반대되는 힘으로 추력보다 더 작아야 한다. 비행기의 항력이 작을수록 속도가 더 빨라지고 기름 값을 아낄 수 있기 때문에 엔지니어들은 매우 민감하게 이를 다룬다. 항력에는 공기저항에 의한 마찰항력과 양력 때문에 생기는 유도항력이 존재하는데, 마찰항력을 줄이기 위해 비행기의 동체를 유선형으로 만든다.

유체에 의해서 운동에 방해가 되는 힘으로 항공기가 전방으로 움직이는 데 대한 저항력으로써 항공기의 날개, 동체, 착륙장치, 스트럿, 미익, 그외 다른 구조부에서 발생하며 항공기의 전진 운동을 방해한다. 양력에 도움을 주지 않는 항력을 유해항력(Parasite Drag)이라 한다. 날개와 동체의 모든 부분에서 생기며 비행 방향과 반대 방향으로 작용한다.

(1) 유도항력(Induced Drag)

실제 공기의 흐름을 보면 공기의 흐름과 직각이 되는 양력은 날개 끝단을 통과한 공기가 아래로 향하게 됨으로써 그 힘의 영향을 받아 약간 뒤쪽으로 기울어지고 비행경로와 반대 방향으로 힘을 발생하는데 이것을 유도항력이라 하며, 항공기(비행체)의 비행 성능에 큰 역할을 한다. 항공기 속도가 증가함에 따라 영각이 작아지고, 영각이 작아짐에 따라 유도 항력은 작아진다. 반대로 항공기 속도가 감소하면 항공기 무게를 지탱하기 위한 양력이 증가하여야 하며 이에 따라 보다 큰 영각이 요구되고 유도 항력은 증가하고 내리흐름(Down Wash)에 의한 유도속력에 의해 발생하는 항력으로 종횡비가 클수록 유도항력은 작아진다.

유도항력의 결정 요소는 다음과 같다.

① 날개의 형태와 면적(가로 세로의 비에 반비례)
② 받음각, 공기밀도, 속도(제곱에 반비례)

유도항력의 증가시키는 요소는 다음과 같다.

① 높은 무게
② 비효율적인 날개설계
③ 높은 고도
④ 낮은 속도
⑤ 낮은 날개 면적 등이다.

(2) 유해항력(Parasite Drag=기생항력)

유해항력은 양력에 관계하지 않고 비행에 방해되는 모든 항력으로 양력이 생기는 결과에 따라서 생긴 항력 이외의 모든 항력이 이 범주에 포함된다. 예를 들어 동체의 안테나 착륙 장치 지지대 등 항공기 외부 형태에 따라 크기가 달라진다. 착륙작업이 아닌 상항에서 속도를 줄이기 위해 랜딩기어나 플랩을 내리는 행동들은 유해항력의 특성을 이용한 것이다. 유해항력은 속도제곱에 비례하여 증가하기 때문에 속도가 2배가 되면 유해항력은 4배가 된다. 따라서 비행기의 속도가 빠르면 빠를수록 유해항력의 영향은 기하급수적으로 커지게 된다. 때문에 항공기의 외부 형태는 공기의 저항을 최소화 할 수 있도록 고안되어 있다. 유해항력의 종류는 다음과 같다.

① 마찰항력(Friction Drag) : 항공기가 공기와 마찰을 일으키면서 생기는 항력으로 항공기의 주위의 공기를 뚫고 나갈 때 발생한다.

② 형상(형태)항력(Form Drag) : 회전익 비행 장치에 발생하며 블레이드가 회전할 때 공기와 마찰하면서 발생하는 항력으로 기체의 설계에 따라 발생한다. 잘못 설계된 항공기는 불필요한 형상항력을 만들어 낸다. 압력항력+마찰항력(점성항력)

③ 방해항력(Interference Drag=간섭항력) : 항공기 구조물 간 상호영향으로 인하여 생기는 항력으로 공기가 항공기의 주위를 지나치면서 발생한다. 특히 간섭항력이 많이 생기는 곳이 날개와 동체 사이, 엔진나셀, 파일론, 착륙장치이다. 때문에 간섭항력을 줄이기 위해서 날개와 동체 사이에는 필렛(Fillet)을 장착한다.

④ 조파항력 : 초음속비행에 의해서 생기는 항력이다. 음속을 돌파하게 되면 충격파가 생기는데, 충격파는 압축파와 팽창파로 나뉜다.

> **실속(Stall)**
> 날개의 윗면을 흐르는 공기가 표면으로부터 박리되어 일어나는 현상으로 그 결과 급속하게 양력이 줄게 되고 항력이 증가하게 된다. 한 항공기에서 실속은 속도, 행 자세, 무게에 불구하고 항상 일정한 영각에서 일어난다.
> 속도가 정상비행가능 상태 이하로 되어 조종간으로 조작이 되지 않은 상태를 말하는 것으로 그 원인은 엔진고장이나 조작 잘못 등으로 날개의 시위선과 공기 흐름 방향이 이루는 각이 과도한 것에서 기인된다. 비행원리에서 설명한 것과 같이 과도한 받음각 상태에서 날개의 윗면의 공기흐름이 떨어져 나가는 현상이다.

3 중력(지구 중심으로 작용하는 힘)

중력과 양력은 작용하는 방향이 정반대이며 지구가 물체를 잡아당기는 힘이다.

중력이란 지상의 물체를 지구 중심으로 끌어당기는 힘으로 인식된 기본 힘 중의 하나이다. 그러나 중력이라는 말은 지구에 한하지 않고 일반적인 만유인력의 뜻으로 쓰이는 경우도 있다. 지상에서의 중력의 크기는 지구의 전 질량으로 정해진다. 이로 인해 일어나는 가

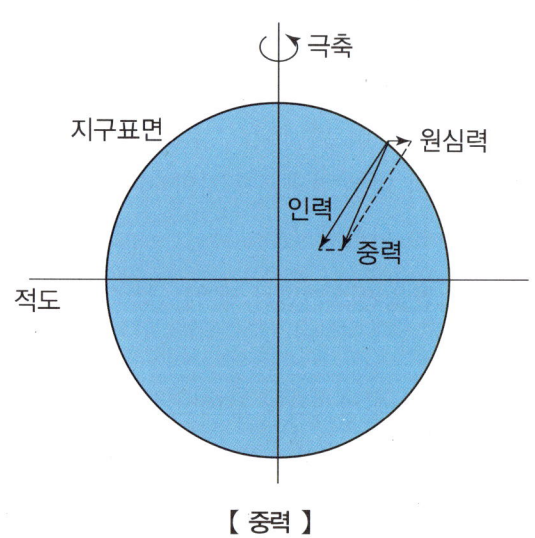

속도는 $9.8m/s^2$이며 중력가속도는 g로 표시한다. g의 값은 지구의 회전, 모양이 완전한 구형이 아니라는 점, 조성이 완전히 같지 않다는 등의 이유로 일정하지 않으면 장소에 따라 약간 다르다. 지구의 내부, 산이나 바다, 대기 등의 현상은 모두 중력이 지배적인 역할을 하고 있다. 항공기에서 양력이 중력보다 크면 상승하고, 중력이 양력보다 크면 강하하게 되고 중력과 양력이 같으면 수평을 유지하게 된다.

【 중력 】

4 추력(비행체를 전진시키는 힘)

기체를 앞으로 나아가게 하는 힘으로 추력과 항력도 작용하는 방향이 서로 정반대이다. 비행기가 움직이게 하는 원동력이며 비행기는 높은 추력을 사용하여 속도를 높이고, 날개에 빠른 공기 유동을 가진다. 제트엔진과 프로펠러 에서 공기를 뒤로 밀어내는 힘에 대한 반작용을 이용하여 추력을 발생시킨다.

(1) 벡터와 스칼라

항공기 비행에 대한 벡터와 스칼라는 모두 힘을 나타내지만 스칼라는 정지된 힘, 벡터는 움직이는 힘 이라고 할 수 있다. 즉 스칼라는 작용점, 힘의 크기만 있고 벡터는 작용점, 힘의 크기, 힘의 방향이 있는 것으로 주로 힘(Force)이나 자기장, 전기장 등의 물리적 개념을 설명할 때 이용된다. 스칼라량에는 크기만 있고 방향을 가지지 않는 온도, 압력, 질량 등이 있다.

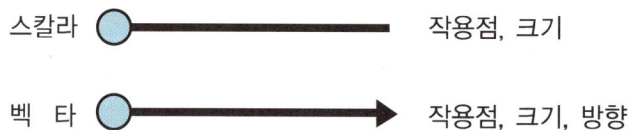

(2) 힘의 합력

두 개 이상의 힘(벡타적 힘)이 한 작용점에서 존재할 때 두 힘의 크기의 합을 합력(Dynamic Force)이라고 하며, 이때 물체는 합력 방향으로 움직이게 된다.

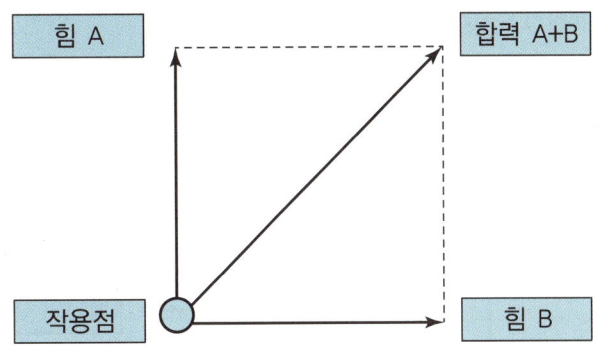

(3) 항공기에서의 힘의 분포

① 제자리 비행 시(양력=중력, 추력=항력)

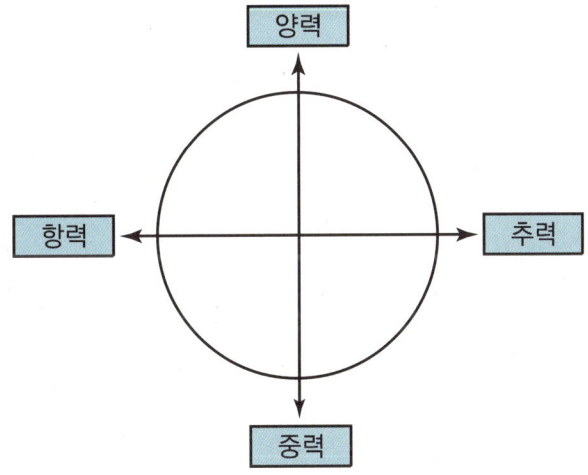

- 속도가 일정한 수평직선 비행에서는 양력과 중력 그리고 추력과 항력은 서로 서로 그 크기가 같아서 항공기는 등속도 비행(Unaccelerated Flight)을 하게 된다.
- 양력과 중력의 크기가 같지 않으면 비행기는 상승 또는 하강한다.
- 추력과 항력의 크기가 같지 않으면 이 2가지 힘이 동일해질 때까지 속도가 가속 또는 감속한다.

● 지면 효과

제자리 비행 시 회전익에서 발생하는 기류가 지면과의 충돌에 의해서 발생되는 것으로서 헬리콥터 성능을 증대시켜 적은 동력으로도 제자리 비행이 가능하도록 해준다.

② 전진 비행 시 힘의 변화

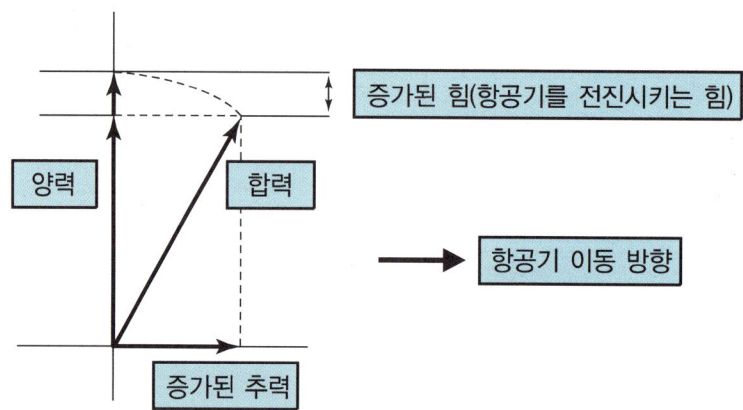

> ### 벡터(Vector)량
> 크기와 방향을 가진 물리량으로서 3차원 좌표계에서는 3개의 숫자로 나타낼 수 있는 양이다 (일반적으로 또는 n차원 좌표계에서는 n개의 숫자로 나타낼 수 있는 양).
> 예 힘, 무게, 변위, 속도, 가속도, 운동량, 충격량, 전기장, 자기장 등

> ### 스칼라(Scalar)량
> 크기만을 가진 물리량으로서 3차원 좌표계에서는 1개의 숫자로 나타낼 수 있는 양이다(일반적으로 또는 n차원 좌표계에서는 1개의 숫자로 나타낼 수 있는 양).
> 예 일, 일률, 에너지, 온도, 속력, 길이, 넓이, 부피, 질량, 밀도, 전위, 압력 등

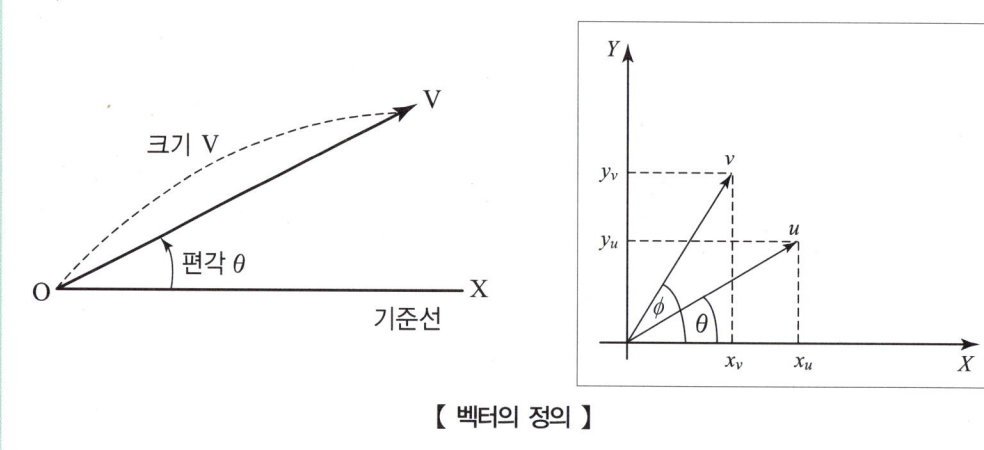

【 벡터의 정의 】

(4) 항공기와 벡터

항공기에서 벡터는 다양한 지표를 나타내는 데 사용된다. 쉬운 예로, 항공기 속도의 크기와 방향을 하나의 벡터로 분명하고 쉽게 표시할 수 있다.

① 항공기 속도벡터
  ㉠ 방향 : 북동(NE)
  ㉡ 크기 : 20km/h, 30km/h

② 항공기 속력(Scalar)
  ㉠ 동쪽 방향 속력 : $V_E = V\cos 30°$
  ㉡ 북쪽 방향 속력 : $V_N = V\sin 30°$

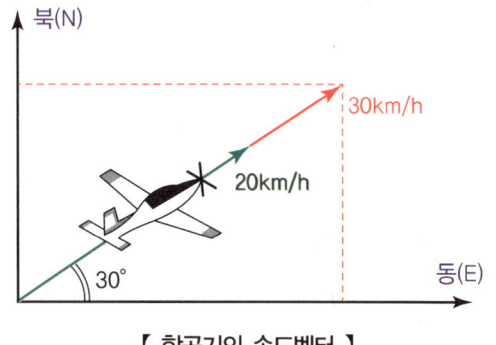

【 항공기의 속도벡터 】

또한, 벡터는 항공기에 작용하는 많은 힘들을 단순하게 표현하고 계산할 수 있도록 한다. 항공기 날개의 단면을 Airfoil이라고 하는데, 위 그림은 Airfoil에 작용하는 힘들을 벡터로 나타내고 있다. X, Y각 좌표계의 성분으로 분해할 수 있는 벡터의 성질을 이용하면 Airfoil 형상의 수직(N), 수평(A)축 방향의 힘을 바람벡터에 수직한 양력(L)과 평행한 항력(D)으로 재구성할 수 있다.

또한, 벡터는 항공기에 작용하는 많은 힘들을 단순하게 표현하고 계산할 수 있도록 한다. 항공기 날개의 단면을 Airfoil이라고 하는데, 아래 그림은 Airfoil에 작용하는 힘들을 벡터로 나타내고 있다. X, Y각 좌표계의 성분으로 분해할 수 있는 벡터의 성질을 이용하면 Airfoil 형상의 수직(N), 수평(A)축 방향의 힘을 바람벡터에 수직한 양력(L)과 평행한 항력(D)으로 재구성할 수 있다.

③ Airfoil에 작용하는 힘
  ㉠ 양력(L)
  $L = N\cos(\alpha) - A\sin(\alpha)$
  ㉡ 항력(D)
  $D = N\sin(\alpha) + A\cos(\alpha)$

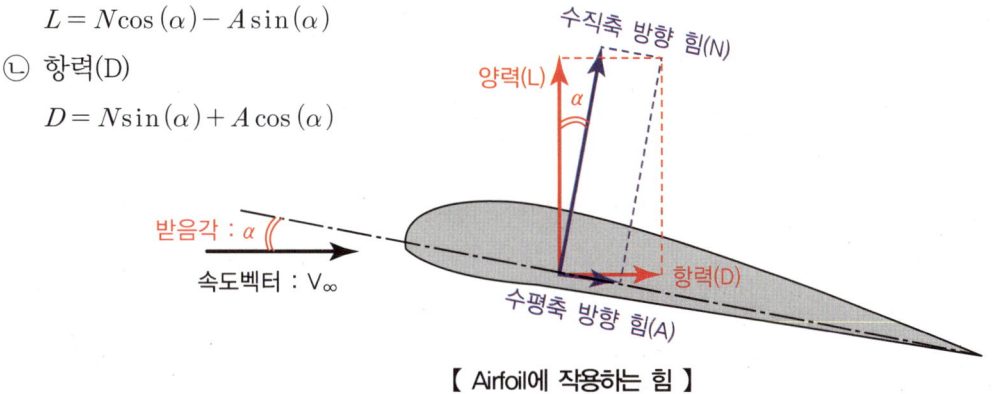

【 Airfoil에 작용하는 힘 】

토크(Torque) 현상

헬리콥터는 Blade회전에 의해 양력을 발생하며, 이 Blade는 시계반대 방향으로 회전하기 때문에 동체는 뉴턴의 제3법칙인 작용과 반작용의 법칙에 의해 헬리콥터의 동체는 회전익 Blade 회전 방향에 반대로 회전하려는 경향, 즉 시계 방향으로 돌아가려고 하는데 이 현상을 Torque작용이라 한다.

토크 반작용(Torque Reaction)

토크 현상은 앞에서 설명한 것과 같이 물체에 작용하는 반작용을 말하며 회전하는 물체도 같은 현상이 발생한다. 고정익 항공기의 프로펠러가 시계 방향으로 회전할 때 동체는 이에 반작용을 일으켜 종축을 중심으로 시계반대 방향으로 횡요(Roll) 혹은 경사(Bank)지는 경향이 있다. 그림은 프로펠러의 회전 방향에 따른 항공기 동체의 반작용을 보여주고 있다. 토크 반작용 현상은 단발 프로펠러 항공기가 저속 및 고영각에서 엔진의 고출력에서 심하게 나타난다.

㉠ 반작용 : 엔진의 회전력에 의하여 동체는 반대 방향으로 회전하려는 성질로 수직축으로부터 꼬리의 진행 방향 우측 기수의 진행 방향 우측이다.

㉡ 작용 : 엔진의 회전력 의하여 회전하려는 성질 프로펠러의 회전 방향 동체의 회전력에 의해 수직 축으로부터 꼬리의 진행 방향 우측, 기수의 진행 방향 좌측이다.

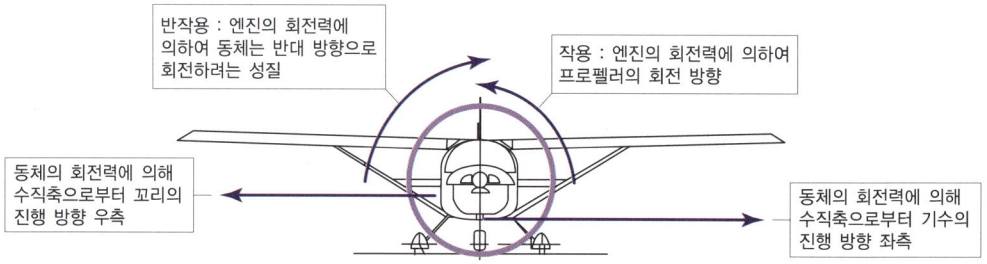

회전 운동의 세차(Gyroscopic Precession)

회전 운동의 세차란 회전하고 있는 물체에 회전부의 힘을 가했을 때 그 힘이 나타나는 곳은 90°를 지나서 분명해 지는 현상을 말한다. 그림은 항공기 미부에 힘이 가해졌을 때 프로펠러 상부에 힘이 전달되어 그 힘이 회전 방향으로 90°를 지난 지점에서 힘이 분명하게 나타나 좌편요한다.

항공역학(비행원리) chapter 03

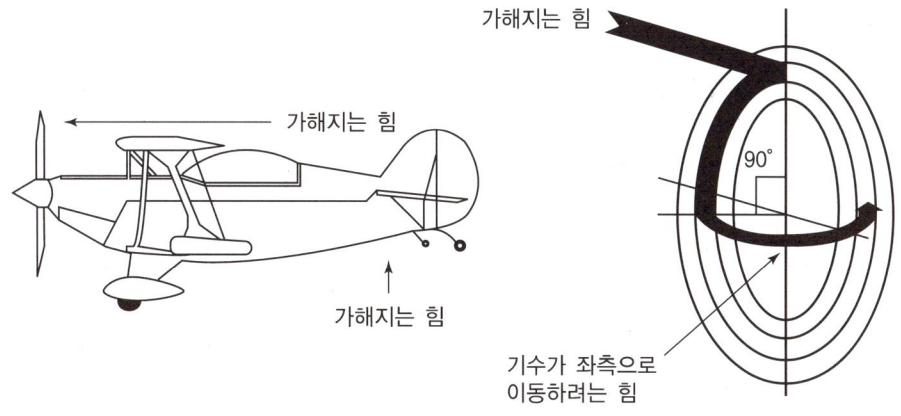

나선후류(Spiraling Slipstream)

항공기의 프로펠러 회전에 의해서 항공기 후방에 후류가 발생한다. 이 같은 후류는 시계 방향으로 동체를 휘감는 나선형 후류가 된다. 발생되는 후류는 그림과 같이 동체를 휘감으면서 동체를 지나 후방부의 수직 안정판(Vertical Pin)에 부딪히면서 항공기의 꼬리는 수직축을 중심으로 우로 편요하게 되고, 기수는 좌로 편요하게 된다. 초경량 항공기 중 엔진이 뒤에 있는 기종은 회전하는 프로펠러가 동체 축을 중심으로 회전하는 것이 아니라(회전하는 후류가 동체를 감싸고도는 것이 아니라) 동체축 위에서 회전함으로써 후류는 수직 안정판의 우측을 치게되어 꼬리가 좌로 편요하게 되고, 기수는 반대로 우편요하게 되는 것이다.

유입되기 전의 기류는 프로펠러는 조종석에서 보면 회전력이 없고, 시계 방향으로 회전한다. 유입된 이후의 기류는 프로펠러의 회전력에 의하여 동체를 감싸며 회전한다. 동체를 감싸고도는 후류는 후미의 수직안정판에 힘을 가하여 꼬리날개가 우측으로 운동한다.

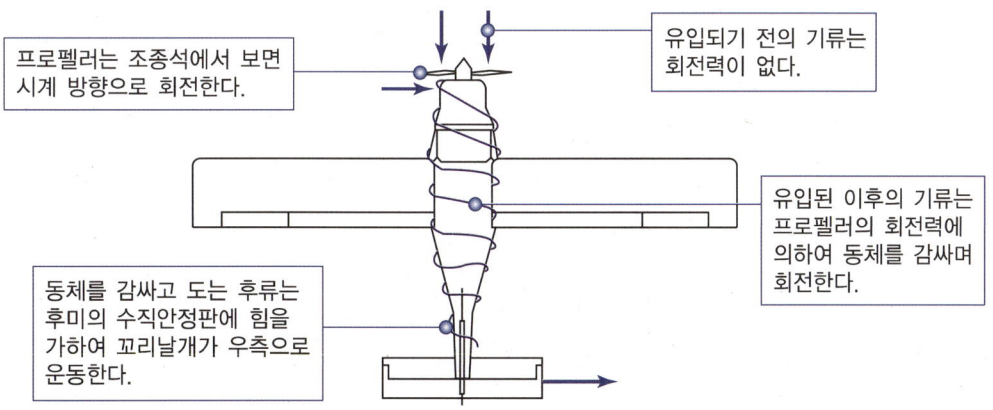

221

5 뉴턴의 운동법칙

(1) 뉴턴 제1법칙(관성의 법칙)

외부에서 힘이 작용하지 않으면 운동하는 물체는 계속 그 상태로 운동하려고 하고, 정지한 물체는 계속 정지해 있으려고 한다는 이론이다. 즉, 물체는 운동 상태의 변화에 대해 저항하려는 성질이 있다는 것이다. 관성은 관성질량에 비례한다.

● **관성의 법칙을 이용한 비행기 자세 제어**

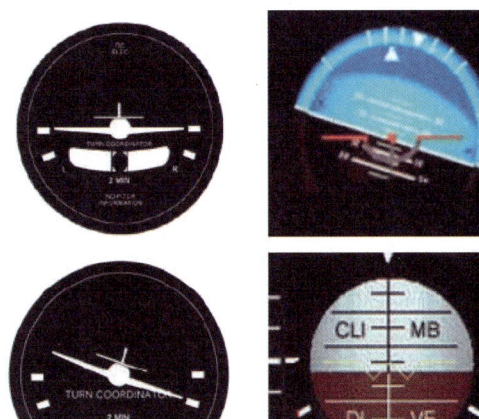

【 비행기 조정면에 있는 여러 가지 자세계 】   【 자이로스코프의 구조 】

비행기를 조종을 할 때 현재 비행기가 어떤 자세인지 확인할 수 없기 때문에 자세계를 이용한다. 자세계는 자이로스코프를 이용하는데, 자이로스코프의 원리는 다음과 같다. 회전축에 대해 회전자가 회전을 하면 회전관성력이 생겨 자이로스코프 전체 자세가 변해도 회전자는 같은 축을 기준으로 회전을 하려고 한다. 따라서 자이로스코프의 자세가 변해도 회전자는 일정 위치를 유지하기 때문에 이를 이용하여 비행기의 자세를 알 수 있는 것이다.

(2) 뉴턴 제2법칙(가속도의 법칙)

가속도의 법칙은 힘이 가해졌을 때 물체가 얻는 가속도는 가해지는 힘에 비례하고 물체의 질량에 반비례하는 것이다. 물체의 운동을 변화시키는 원인을 힘이라 부른다. 따라서 속도의 변화를 나타내는 가속도는 힘에 비례하게 된다. 비례상수는 물체마다

항공역학(비행원리) chapter 03

다른데 같은 힘을 받더라도 질량이 클수록 변화가 적을 것이므로 가속도가 작을 것이다. 따라서 같은 가속도를 만들어 내기 위해서는 질량이 클수록 더 큰 힘을 가해야 한다. 이것을 식으로 나타내면 다음과 같다.

$$F = ma\ (F : 힘,\ m : 질량,\ a : 가속도)$$

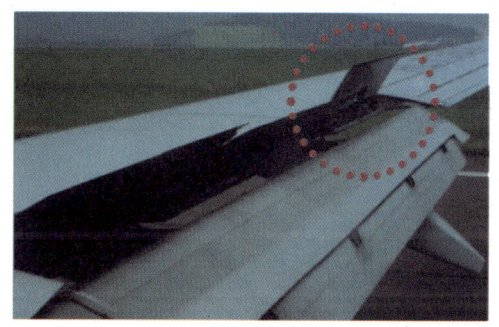

오른쪽 그림과 같이 질량과 가속도의 곱은 힘과 같아야 하기 때문에 더 큰 물체를 움직이기 위해서는 더 큰 힘이 필요합니다.

● 에어 브레이크

실제로 비행기 주변에서 발생하는 모든 공기역학적, 역학적 현상은 모두 뉴턴 제2법칙에 지배를 받지만 눈으로 쉽게 볼 수 있는 것이 에어 브레이크이다. 비행기의 경우 사실상 후진장치가 없으며 착륙 시 속도를 줄이기 위해 랜딩 기어의 브레이크와 에어 브레이크를 사용한다. 항공기의 면적을 넓혀 항력을 증가시켜 속도를 줄이는 것이다.

(3) 뉴턴의 운동 3법칙 작용·반작용의 법칙

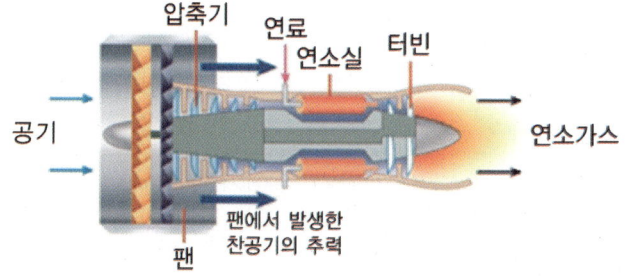

뉴턴의 운동법칙 중 제3법칙으로 작용과 반작용 법칙은 A물체가 B물체에게 힘을 가하면(작용) B물체 역시 A물체에게 똑같은 크기의 힘을 가한다는 것이다(반작용). 즉 물체 A가 물체 B에 주는 작용과 물체 B가 물체 A에 주는 반작용은 크기가 같고 방향이 반대이다. 총을 쏘면 총이 뒤로 밀리거나(총과 총알), 지구와 달 사이의 만유인력(지구와 달), 건너 편 언덕을 막대기로 밀면 배가 강가에서 멀어지는 경우가 그 예이다.

| 223

● 비행기에서의 작용·반작용의 법칙

제트엔진을 사용하는 비행기의 경우 작용·반작용의 법칙을 이용하여 추력을 얻는다. 제트엔진에서 고온 고압의 가스를 압축 후 비행기의 후방으로 분사하여 그 반작용으로 추력을 얻는다.

● 풍선에서의 작용·반작용의 법칙

풍선에 공기를 채운 후 놓았을 때 풍선은 멀리 날아가 버린다. 풍선 입구에서 분사되는 공기의 반작용으로 운동을 하는 것이다. 이것은 비행기에서 사용하는 제트엔진과 비슷한 원리이다.

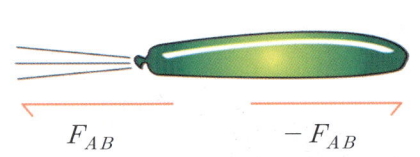

6 기체의 성질과 법칙

(1) 연속의 법칙

'유관을 통과하는 완전유체의 유입량과 유출량은 항상 일정하다.'라는 법칙으로 정상흐름이고 점성이 없는 유체를 완전유체라고 한다. 지금 비압축성인 완전유체에서 물체 주위의 흐름에 한 개의 폐곡선을 잡고 그 각 점을 지나는 유선을 그리면 하나의 흐름 튜브가 생긴다. 이 튜브를 유관이라고 한다.

유체가 관(Pipe)을 통해 흐른다면 입구에서 단위 시간당 들어가는 유체의 질량 (kg/sec)은 출구를 통해 나가는 유체의 질량은 같아야 한다(중간에 유체가 손실이 없다고 가정). 따라서 입구의 단면적을 A_1, 속도를 V_1 그리고 출구에서의 단면적을 A_2, 속도를 V_2라 하면 다음과 같은 식이 성립이 된다.

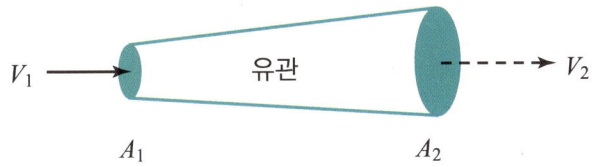

단위 시간당 관 입구로 흘러 들어간 양 A_1V_1, 단위 시간당 관 출구로 흘러 나간 양

$$A_2V_2, \ A_1V_1 = A_2V_2 = 일정 \longrightarrow 연속의 방정식$$

연속의 방정식은 유체가 관을 통해 흘러갈 때 유체의 속도(V)와 단면적(A)은 반비례함을 알려준다.

> 예 연속의 법칙이 적용되는 곳
> ① 산 계곡, 산 정상 부분은 평지에 비해 면적이 작아 바람의 속도는 다른 부분보다 훨씬 세게 불어온다.
> ② 계곡의 물살이 넓은 강보다 물살이 빠른 것도 바로 연속의 법칙이 적용되는 예이다.

(2) 베르누이 원리

물이나 공기 같은 유체의 속도는 압력에 반비례한다. 따라서 유체의 속력이 증가하면 압력은 낮아지며, 정압과 동압을 합한 값은 그 흐름 속도가 변화더라도 언제나 일정하다. 흐르는 유체의 압력과 위치, 속도의 관계를 에너지 보존법칙으로 설명한 것이 베르누이 원리이다. 흐르는 유체의 입자가 가지는 압력에너지와 운동에너지의 합은 흐르는 관내의 어떠한 위치에도 동일한 값을 갖는다는 것이다. 즉, 아래의 식을 만족한다.

$$P_1 + \frac{1}{2}pv^2 + pgh = const$$

쉽게 말해, 위의 식은 항상 일정한 값을 가진다. 예를 들어 압력 P가 증가할 경우 속도(v) 혹은 위치에너지(h)가 감소하여 총합은 일정하다. 비행기 날개의 단면 형상인 에어포일은 날개 위와 아래의 공기 유동의 속도 차이를 발생시킨다.

베르누이 방정식에서 속도의 증가는 압력의 감소를 뜻한다. 따라서 날개의 윗부분이 아랫부분보다 압력이 낮으므로 압력이 높은 곳에서 낮은 곳으로 힘이 발생된다. 이 힘이 날개에서 발생되어 비행기를 띄우는 힘으로 사용되면 양력, 프로펠러에서 사용되어 비행기를 앞으로 전진시키는데 사용되면 추력이라고 한다. 위 그림에서 굵기가 변하는 관에 공기를 흐르게 하고 굵기가 다른 부분의 아래로 가는 유리관을 연결한다. 가는 유리관 속에서의 물의 높이를 관찰하면 굵은 쪽에 연결된 물기둥은 그 높이가 낮아지고, 가는 쪽에 연결된 물기둥은 높이가 높아진다. 같은 높이에서 유체가 흐르는 경우 유체의

속력은 좁은 통로를 흐를 때 증가하고 넓은 통로를 흐를 때 감소한다. 베르누이의 정리에 따르면 유체의 속력이 증가하면 유체 내부의 압력이 낮아지고, 반대로 속력이 감소하면 내부 압력이 높아진다. 압력이 높아지면 유리관 속의 물기둥을 더 세게 누르므로 물기둥의 높이가 낮아지고, 압력이 낮아지면 유리관 속의 물기둥을 약하게 누르므로 물기둥의 높이는 높아진다.

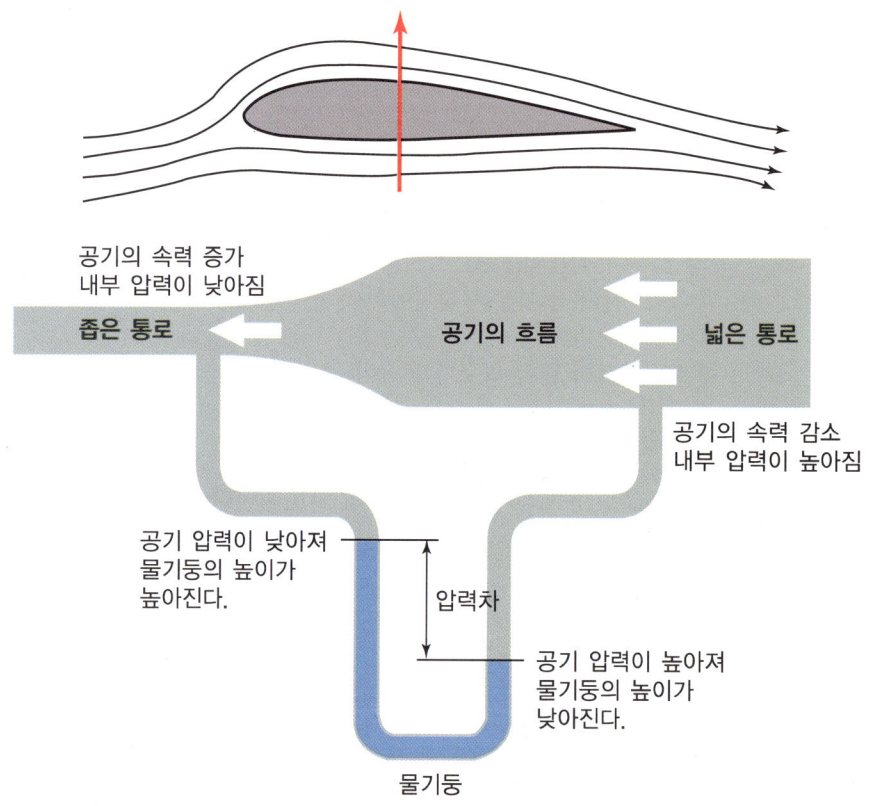

● 베르누이의 원리에 의한 양력 발생

베르누이의 원리를 이용하여 항공기 날개의 양력 발생 원리를 살펴보면, 그림 A와 같이 두 곡면 주위를 지나는 공기의 흐름은 베르누이의 원리에 따라 목(곡면) 부분에서 속도가 커지고 압력이 감소된다. 그림 B와 같이 두 곡면이 그림 A보다 좀 더 멀어졌을 때도 A의 경우와 마찬가지로 영향을 받으며, 그림 C와 같이 위 곡면이 무한한 거리로 멀어졌을 때, 즉 위 곡면이 없을 때도 아래 곡면 윗부분의 압력은 에어포일 밑 부분의 압력보다 낮아지게 된다. 즉 양력은 에어포일 상면과 하면의 압력차(상면압력 < 하면압력)에 의해 압력이 큰 쪽에서 작은 쪽으로 압력 차에 의한 힘이 발생하고 바로 이 힘이 양력이다.

항공역학(비행원리) chapter 03

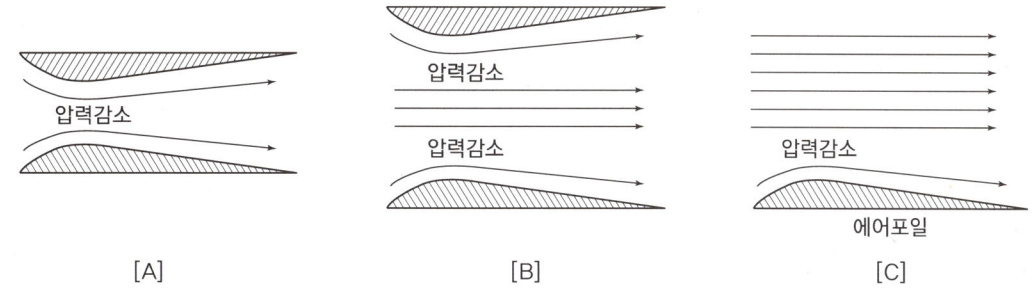

[A] [B] [C]

● **프로펠러 깃에 의한 추력 발생**

프로펠러가 같은 속도로 회전을 한다면 깃 수가 많은 프로펠러일수록 높은 추력을 얻는다. 하지만 실제로 깃 수가 많은 프로펠러를 회전시키기 위해 높은 동력이 필요하기 때문에 정해진 엔진에서는 깃 수가 많을수록 높은 추력을 얻는다고 말하기는 어렵다.

① **정압**(靜壓, Static Pressure, P) : 수압이다, 대기압과 같이 유체의 운동 상태에 관계없이 항상 모든 방향으로 작용하는 유체의 압력을 동압이라 한다.

② **동압**(動壓, Dynamc Pressure, q) : 유체가 가진 속도로 인해 속도의 방향으로 나타나는 압력, 즉 유체의 흐름을 직각되게 막았을 때 판에 작용하는 압력을 말한다.

③ **전압**(全壓, Total Pressure, Pt) : 정압과 동압의 합은 전압으로 전압은 항상 일정하다.

$$P + q = 일정(전압) \cdots\cdots\cdots\cdots > 베르누이 정리$$

위 식이 의미하는 것은 압력(정압)과 속도(동압)는 서로 반비례한다는 것이다. 유체의 속도가 커지면 정압은 감소한다.

(3) 벤추리 튜브(Ventury Tube)의 원리

벤추리 관(Ventury Tube)으로 공기가 흐른다고 할 때, 면적이 작아지는 부분에서는 연속의 법칙에 의하여 속도는 빨라지고, 베르누이 정리에 의해 압력은 낮아진다. 즉, 면적이 가장 작은 부분에서는 속도는 최대가 되고, 압력은 최소가 된다. 다시 면적이 넓어지는 곳을 통과하면서 속도는 느려지고, 압력은 증가하여 처음 공기가 입구로 들어갈 때의 속도와 압력을 갖게 된다.

아래 벤추리 관에서 윗면은 제거를 하고, 아랫면(빨간 점선으로 표시한 부분)만 나누어서 보면 패러글라이더의 날개골(Airfoil) 모양과 비슷하다. 공기가 날개 윗면을 흘러가면서 속도가 증가하므로 베르누이 정리에 의해 대기압보다 낮은 부압(−압력)이 작용하고, 밑면은 속도가 증가하므로 베르누이 정리에 의해 대기압보다 높은 정압(+압력)이 작용하게 된다. 바로 이 정압과 부압이 패러글라이더를 뜨게 하는 힘이다.

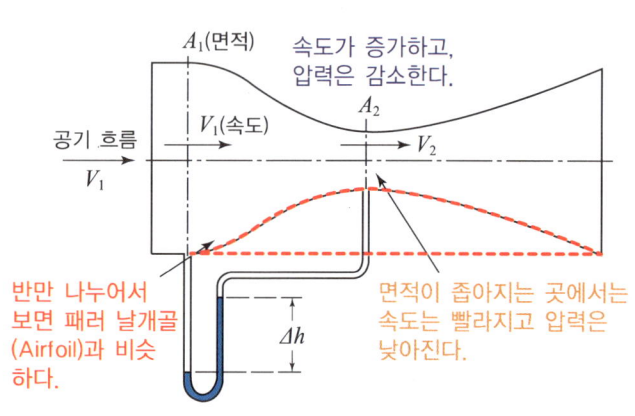

즉 날개 윗면에 작용하는 부압은 날개 윗면을 들어 올리려고 하는 힘으로 발생되고, 밑면에 작용하는 정압은 패러글라이더를 떠받치는 힘으로 작용하는데, 이 힘들이 모두 모여 양력(Lift)이라는 힘으로 패러글라이더를 뜨게 하는 힘이다. 일반적으로 받음각(Angle Of Attack)이 0° 일 때 날개 윗면에서 약 75%의 양력이 발생되고, 밑면에서 약 25%의 양력이 발생한다.

(4) 피토 튜브의(Pitot Tube) 원리

흐르고 있는 유체 내부에 설치하여 그 유체의 속도를 알아내는 장치이다. 1728년 프랑스의 물리학자 피토가 발명하여 그의 이름을 붙였다. 넓은 곳을 흐르던 유체가 좁은 피토관에 들어가면 압력이 높아진다. 따라서 피토관 내·외부에는 유체의 압력 차이가 생기고, 베르누이의 정리에 따라 이 압력차는 유체속도의 제곱과 비례하기 때문에 유체의 속도를 구할 수 있다.

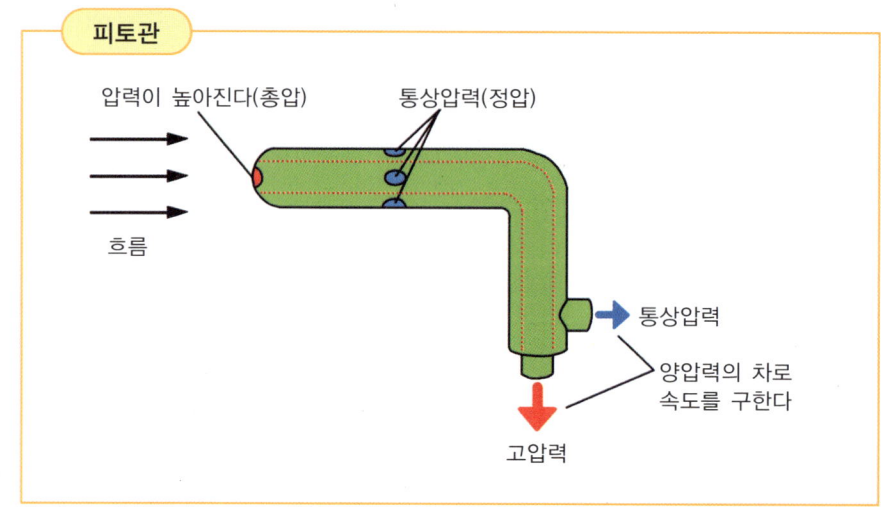

3.3.2 날개(Airfoil : 풍판) 이론

1 에어포일

에어포일(Airfoil)이란, 그 표면 위에 공기를 통하여 유용한 반작용(Reaction)이다. 또 양력을 얻기 위해 설계된 표면을 말하며 날개의 단면 형상을 뜻한다. 양력을 일으킬 수 있는 비행기 날개 단면 모양을 보면 날개 윗면의 압력은 낮고, 아랫면의 압력은 높아진다. 이때 생기는 압력 차이에 의해서 양력이 발생하고 비행기가 뜨게 되는 것이다. 항공기의 날개(Wing), 보조익(Aileron), 승강타(Elevator), 방향타(Rudder)와 같은 어떤 단면(Section)을 학술적으로 정의 하는데 사용한다. 에어포일은 공기보다 무거운 항공기를 비행시키기 위해서 공기역학적인 효과, 즉 양력은 크고 항력은 작은 에어포일이 요구된다.

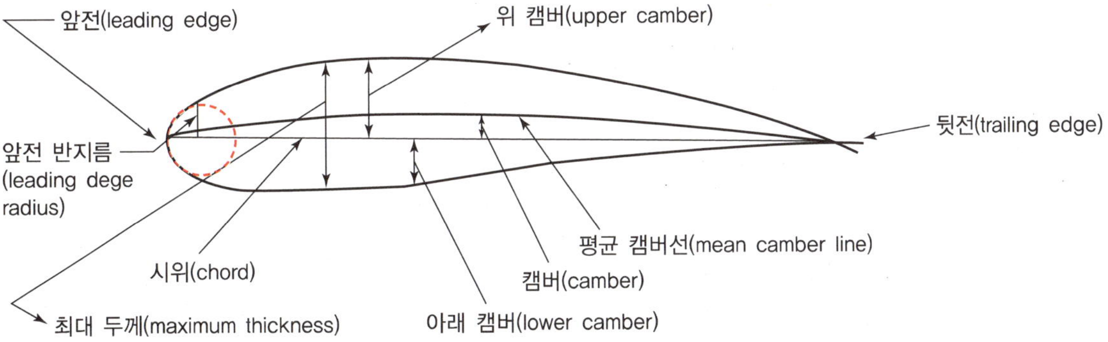

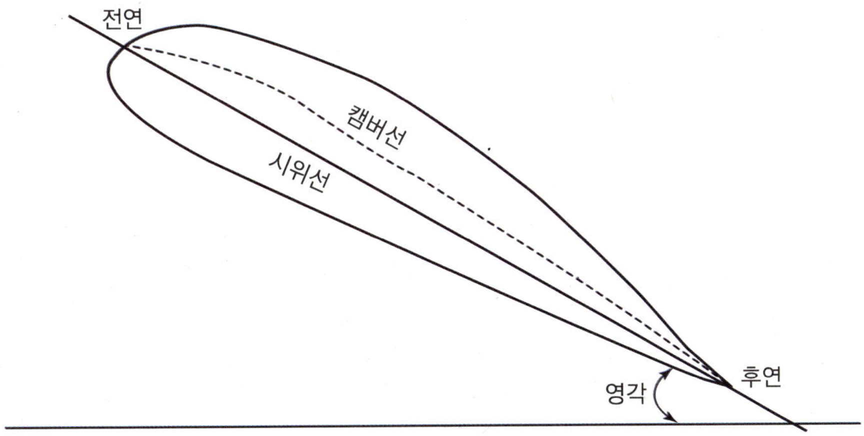

> ### 에어포일(Airfoil)이란?
>
> 양력을 크게 하기 위해서는 에어포일은 상면을 둥글게 해주고 뒤를 날카롭게 하여 유선형으로 한다. 에어포일은 NACA XXXX와 같이 호칭법에 따라 표시되는데, 미 항공자문 위원회(NACA: National Advisory Committee for Aeronautics)계열 에어포일을 의미하고, 첫 번째 숫자는 최대 평균 캠버의 크기를 시위의 백분율로 표시한 값이고, 두 번째 숫자는 최대 평균 캠버의 위치를 앞전으로부터 시위의 십분율로 표시한 값이며, 세 번째 숫자는 최대 두께(Max Thickness)의 크기를 시위의 백분율로 표시한 것이다. 예를 들면 NACA 2315는 NACA 계열의 에어포일로써 최대 평균캠버의 크기가 시위의 2%이고, 그 위치는 앞전으로부터 시의의 30% 지점에 위치하며, 최대 두께의 크기가 시위의 15%임을 의미한다.
>
> 에어포일의 윗 캠버와 아랫 캠버가 동일할 때 에어포일을 대칭익(Symmetrica Airfoil)이라 한다. 대칭익의 경우 윗 캠버와 아랫 캠버가 동일하므로 평균 캠버선이 시위선과 동일하게 된다. NACA 00XX로 표시되며, 이를 NACA 00계열이라 부르며 NACA 00계열 에어포일은 대칭익을 의미한다. 예를들면, NACA 0009, NACA0012 등은 대칭익으로서 최대 두께의 크기가 각각 시위의 9%, 12%인 에어포일을 나타낸다.
>
> 요즘 민항기에 일반적으로 많이 사용되는 에어포일로는 NACA 6자 계열이 많이 사용된다. 초음속 항공기(전투기)에서는 에어포일이 일반적인 유선형이 아니라 다이아몬드 형상으로 사용된다. 초음속 항공기의 경우 초음속비행 시 발생하는 충격파와 팽창파를 이용하여 압력 차이를 발생시켜 양력을 얻는다.

(1) 날개 골(Airfoil)의 명칭

① **앞전(전연 : Leading Edge)** : 날개의 앞전 꼭지점을 말하며 둥근 원호와 뾰족한 모양을 하고 있으며, 처음으로 시간 또는 공간에 도달하는 물체의 모서리인데 대부분 날개의 전방 끝 부분을 말한다.

② **뒷전(후연 : Trailing Edge)** : 날개의 뒤쪽 꼭지점을 말하며, 공기가 마지막으로 통과하는 모서리이다.

③ **시위선(Chord)** : 날개의 앞전과 뒷전을 이은 직선으로 시위선(익현선)이라 하며, "C"로 표시하고 특성 길이의 기준으로 쓰이며, 전연에서 후연으로 이르는 직선으로 시위란 전연과 후연간의 거리를 말한다. 시위선(익현선)은 플랩(Flap)에 의해서 그림과 같이 변형시킬 수 있다.

④ **두께** : 시위선에서 수직선을 그었을 때 윗면과 아랫면 사이의 수직거리를 말한다.

⑤ **앞전 반지름(Leading Radius)** : 앞전에서 평균 캠버선상에 중심을 두고 앞전 곡선에 내접하도록 그린 원의 반지름을 말하며, 앞전 모양을 나타낸다.

⑥ **평균캠버선(Mean Camber Line)** : 날개의 전두께를 이등분한 선으로 날개의 휘어진 모양을 나타낸다.

⑦ 최대 캠버 : 시위선에서 부터 평균 캠버 선까지의 최대 거리로 보통 시위선에 대해 백분율(%)로 표시한다.
⑧ 최대 두께 : 시위선에서 수직 방향으로 잰 아랫면에서 윗면까지의 가장 큰 높이로 보통 시위선에 대해 백분율(%)로 표시한다.
⑨ 두께 비(익후비) : 두께와 시위선과의 비를 말한다.
⑩ 받음각(영각 AOA : Angle Of Attack) : 공기흐름의 속도 방향과 날개골 시위선이 이루는 각으로 시위선(풍판)과 상대풍 사이의 각이다. 받음각(영각)은 항공기를 부양시킬 수 있는 항공 역학적 각이며 양력을 발생시키는 요소로 양력, 항력 및 피칭 모멘트에 가장 큰 영향을 주는 인자이다. 받음각이 클수록 윗 날개의 공기흐름이 빨라져 양력이 크게 발생하고 지나친 큰 각도는 난류의 발생과 항력의 증가로 실속의 우려가 있다.

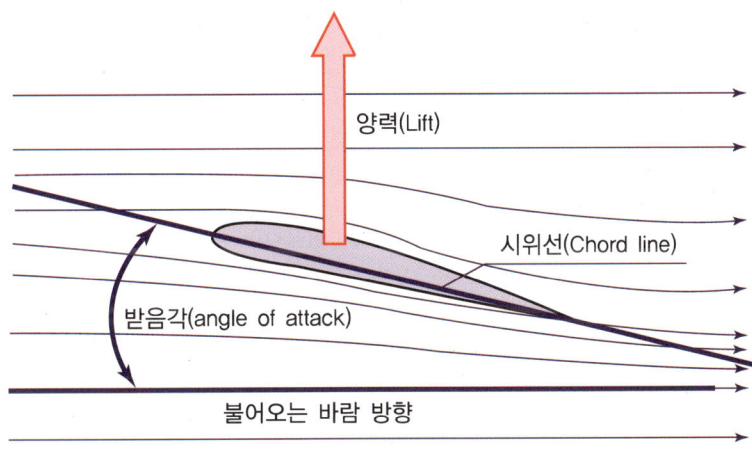

⑪ 캠버선(중심선) : 풍판 상부와 하부표면 사이의 중심점의 모든 점을 연결한 선이다.
⑫ 캠버 : 풍판에 있어서 곡선의 양, 즉 시위선과 중심선 사이에 이루어지는 거리이다.

(2) 공기력의 발생원리

① 날개가 공기 중을 비행할 때 주위 공기 흐름에 의하여 힘과 모멘트가 발생한다.
② 공기력은 하나의 점에 작용하는 것이 아니라 날개 표면에 분포하는 압력에 의해 발생한다.
③ 양력(Lift) : 자유류의 방향에 대하여 수직으로 작용하는 힘이다.
④ 항력(Drag) : 자유류의 방향에 대하여 수평으로 작용하는 힘이다.
⑤ 받음각(Angle Of Attack) : 공기흐름의 속도 방향과 에어포일의 시위선(Chord)이 이루는 각이다.

(3) 날개의 형상이 공력특성에 미치는 요소

① **날개 두께의 영향** : 받음각이 작을 때 날개 두께가 얇은 날개골은 두께가 두꺼운 날개골보다 항력이 작지만 받음각이 커지면 두께가 얇은 날개골은 흐름의 떨어짐이 발생하여 항력이 급격히 증가한다. '반면 두께가 두꺼운 날개골은 흐름의 떨어짐이 발생하지 않아 항력이 약간만 증가하여 상대적으로 두께가 얇은 날개골보다 항력이 작다.'

② **날개 두께 분포와 앞전 반경의 영향** : 날개 두께 분포가 다른 경우 받음각이 같으면 양력은 거의 차이가 없지만 항력과 최대 받음각에 차이가 생긴다 앞전 반경이 작은 날개골은 받음각이 작을 때 항력이 작지만 받음각이 커지면 흐름에 떨어짐이 발생하기 쉬워 앞전 반경이 큰 날개보다 항력이 크다.

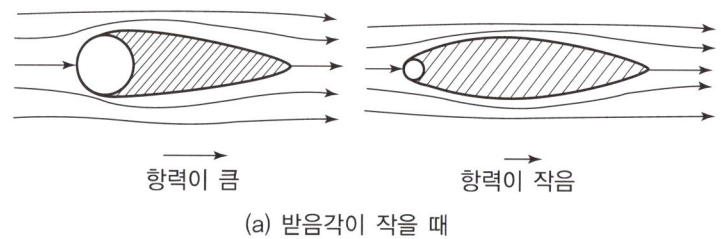

(a) 받음각이 작을 때

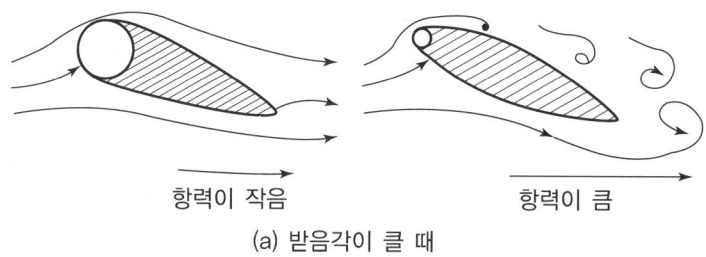

(a) 받음각이 클 때

【 날개 두께 분포와 앞전 반경의 영향 】

③ **캠버의 영향** : 캠버가 0인 대칭형 날개와 캠버가 있는 날개골이 받음각이 0도일 때 캠버가 0인 날개는 양력이 0이지만 캠버가 있는 날개골은 양력이 발생한다. 캠버가 있는 날개골은 캠버가 없는 날개골보다 양력이 크게 발생하며 동시에 항력도 더 크다.

④ **날개 시위의 길이** : 시위 길이가 짧으면 레이놀즈 수가 작아서 날개 주위의 공기 흐름이 층류를 유지하므로 받음각이 클 때 흐름에 떨어짐이 쉽게 발생한다. 반면에 시위 길이가 긴 날개골은 레이놀즈 수가 커서 날개 주위의 공기 흐름이 난류로

변하여 받음각이 클 때 흐름의 떨어짐이 잘 발생하지 않아 상대적으로 항력이 작다. 따라서 이러한 효과가 날개의 치수 크기에 의해 발생하므로 치수 효과 또는 레이놀즈 수의 크기에 의해 영향을 받으므로 레이놀즈 효과라 하며 날개 전체의 공기역학적 중심점에 위치한 시위를 공력평균시위(MAC)라 한다.

(4) 날개골의 공력 특성

날개골은 양력과 항력 및 모멘트를 발생시키고 이 공기력은 날개골의 형상에 따라 그 특성이 다르다. 공기 흐름 속에 날개골이 놓이면 주변의 공기 입자는 날개골 때문에 흐름의 속도와 방향에 영향을 받는다. 이는 공기 입자가 날개골에 의해 힘을 받고 있음을 뜻한다. 따라서 날개골은 이 힘의 반작용에 의해 공기 입자에 의해 힘을 받게 된다는 것을 의미한다. 날개골에 작용하는 공기력은 공기의 밀도와 속도의 제곱에 비례하고 날개골의 면적에 비례한다.

(5) 압력 중심과 공기력 중심

날개골은 받음각에 따라 공기역학적 특성이 달라지기 때문에 날개골 주위의 흐름의 모양 압력분포가 받음각에 따라 변한다. 날개골 주위에 작용하는 공기압력의 중심, 즉 공기력의 합력점을 압력 중심이라 부른다.

날개골의 임의 지점에 중심을 잡고 받음각의 변화를 주면 날개를 비트는 모멘트가 발생한다. 이모멘트의 값이 받음각에 관계없이 일정한 지점을 공기력 중심이라 한다. 일반적으로 압력 중심과 공기력 중심은 일치하지 않는다. 그리고 공기력 중심은 날개골 시위의 지점에 위치하는 것이 일반적이다.

항공기의 평형을 맞추기 위하여 실제로 공기력이 발생하는 압력 중심에 무게 중심을 위치시키면 받음각에 따라 압력 중심의 위치가 변하므로 항공기의 평형을 유지하기가 어렵다. 따라서 항공기의 무게 중심을 공기력 중심에 위치시키고, 이때 발생하는 모멘트는 수평꼬리날개에서 상쇄 모멘트를 발생시켜 항공기의 평형을 유지한다.

2 양력과 받음각(Lift and Angle Of Attack)

받음각(a)이란, 상대풍(w)과 시위선(Chord Line)이 이루는 각이다. 받음각은 수평 비행시 시위선과 수평선이 이루는 각이 아니라 시위선과 불어오는 바람의 방향이 이루는 각이다. 그림과 같이 동일한 비행자세에서라도 돌풍(w)과 같이 바람의 방향이 날개 하면에서 불어올 경우받음각은 변화한다(a → a'). 양력은 받음각에 따라 변한다. 양력은 받음각이 증가할수록 에어포일 하면에 정압(Static Pressure)의 증가로 상면과 압력 차이가 커져서 양력이 증가하게 된다. 그러나 받음각이 증가할수록 에어포일 상면의 압력 중심은 앞쪽으로 이동하고 공기의 흐름은 뒷전에 와류(Eddy)를 형성하는 경향이 생긴다.

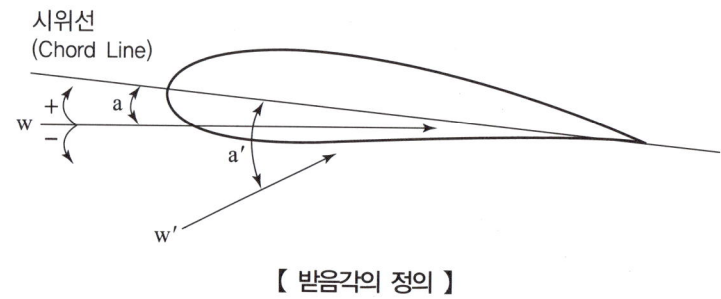

【 받음각의 정의 】

3 붙임각(취부각)

붙임각(Incidence Angle)이란, 동체의 기준선, 즉 동체 세로축선과 시위선이 이루는 각으로 Airfoil의 익현선과 로터 회전면이 이루는 각을 말하며, 취부각(붙임각)은 공기역학적인 반응에 의해 형성되는 각이 아니라 기계적인 각이다. 정확한 붙임각은 항력 특성과 세로 안정성 특성을 좋게 한다.

4 날개의 양력

받음각(Angle Of Attack), 비행속도, 날개 모양에 따라 달라진다. 받음각이란 공기가 흐름의 방향과 날개의 경사각이 이루는 각도를 말한다. 일반적으로 받음각이 커질수록 양력도 증가하게 된다. 하지만 받음각이 일정한 수준을 넘어서면 양력이 감소하고 항력이 증가한다. 항력은 비행기의 움직이는 방향과 반대로 작용하는 힘이므로 항력이 커지면 비행기가 추락한다.

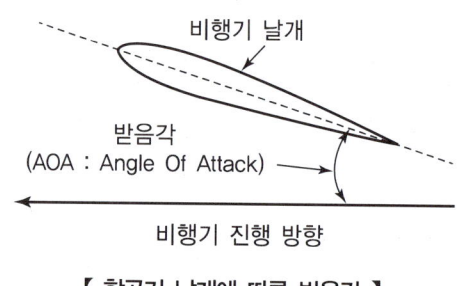

【 항공기 날개에 따른 받음각 】

5 날개의 항력

점성 유체 속을 이동하는 물체의 표면과 점성 유체 사이에 점성 마찰력이 발생하고 흐름이 물체 표면에서 떨어져 하류 쪽으로 와류의 발생에 의하여 압력 항력이 발생한다. 마찰 항력과 압력 항력을 합쳐서 형상 항력이라 한다. 날개에는 형상 항력 외에 날개 끝 와류에 의한 빗내리 바람 때문에 발생하는 유도 항력도 작용하며 초음속으로 비행 시 발생하는 조파 항력도 작용한다.

6 날개의 실속성(속도를 잃음)

실속(Stall)이란 비행기가 주어진 고도를 유지할 수 없는 현상을 말하며, 이는 받음각이 실속각보다 크다는 것을 의미한다. 받음각이 실속각보다 크게 되면 날개 윗면에서 공기 흐름이 표면을 따라 흐리지 못하고 떨어져 나가는 현상이 발생한다. 그러면 양력이 급격히 감소하고 항력이 급격히 증가하게 된다. 이와 같은 현상이 발생하는 받음각 영역을 실속 영역이라 한다. 일반적으로 실속에 접근하게 되면 버핏(Buffet) 현상이 생긴다. 버핏이란, 흐름의 떨어짐에 의해 발생한 후류가 날개나 꼬리날개를 진동시켜 생기는 현상으로 이러한 버핏이 발생하면 실속이 일어나는 징조임을 나타낸다.

① 직사각형 날개 : 받음각을 크게 할수록 실속 영역은 날개 뿌리에서 끝으로 발전한다. 구조 강도적으로 테이퍼 날개에 비해 다소 무리가 있으나 제작이 용이하기 때문에 소형의 저렴한 항공기에 많이 사용된다.

② 테이퍼형 날개 : 직사각형 날개와는 반대로 실속이 날개 끝에서부터 발생하며 날개 뿌리의 두께가 날개 끝의 두께보다 두꺼워 구조 강도적으로 유리하다. 현재 제작되는 대부분의 비행기에 테이퍼 날개를 사용한다.

③ 타원형 날개 : 날개 길이 전체에 걸쳐서 실속이 균일하게 발생하며 실속으로부터의 회복이 늦다. 날개 길이 방향의 양력 계수의 분포가 일정하고 유도항력이 최소인 특징이 있다. 그러나 실속 후 회복 성능이 불량하고 제작이 어려워 최근에는 거의 사용하지 않는다.

④ 뒤젖힘 날개 : 실속이 날개 끝으로부터 발생하며 충격파의 발생을 지연시키고 고속 비행 시의 저항을 감소시킬 수 있어 음속 가까운 속도로 비행하는 제트 여객기 등에 널리 사용된다. 실제적으로 뒤젖힘 날개에 테이퍼가 더해진 날개가 일반적으로 널리 사용되고 있다.

⑤ 앞젖힘 날개 : 날개의 효율이 높고 날개 끝 실속이 발생하지 않는다.
⑥ 삼각날개 : 뒤젖힘 날개 비행기보다 더욱 빠른 속도로 비행하는 초음속기에 적합한 날개 모양이다.

7 날개 끝 실속 방지법

비행기 날개에 날개 끝 실속이 발생하면 비행기 중심에서부터 거리가 먼 지역에서 실속에 의한 공기력의 변화가 발생하여 비행기의 가로 안정성이 좋지 않다. 또한 날개의 도움날개가 떨어진 흐름 속에 위치하게 되어 가로 조종을 어렵게 한다. 또한 대칭형 Airfoil은 상부와 하부 표면이 대칭을 이루고 있으므로 평균 캠버선과 익현선이 일치하므로 압력 중심 이동이 대체로 일정하게 유지되어 주로 저속 항공기 및 회전익 항공기에 적합 하며 제작비용이 저렴하고 제작도 용이하지만 비대칭형 Airfoil에 비해 주어진 영각(받음각)에 비해 양력이 적게 발생하여 실속이 발생 할 수 있는 경우가 많다. 따라서 비행기를 설계할 때 날개 끝 실속이 발생하지 않도록 해야 한다. 날개 끝 실속을 방지하는 방법에는 다음과 같은 것들이 있다.

① 날개의 테이퍼 비를 너무 작게 하지 않는다.
② 날개 끝으로 갈수록 받음각이 작아지도록 날개에 앞내림(Wash Out)을 주어서 날개 뿌리에서 먼저 실속이 발생되도록 한다. 이와 같은 방법을 기하학적 비틀림이라 한다.
③ 날개 끝부분에 두께 비 앞전반지름 캠버 등이 큰 날개골을 사용하여 날개 뿌리보다 실속각을 크게 한다. 이것을 공력적 비틀림이라 한다.
④ 날개 뿌리의 앞전에 스트립(Strip)을 붙여서 받음각이 클 때 강제로 날개 뿌리에서 먼저 실속이 발행하도록 한다.
⑤ 날개 끝부분의 날개 앞전 안쪽에 슬롯(Slot)을 설치하여 날개 밑면을 통과하는 흐름을 강제로 윗면으로 흐르도록 유도하여 흐름의 떨어짐을 방지한다. 따라서 날개 끝에서 먼저 실속이 발생되는 것을 방지할 수 있다.

8 흐름의 박리(Separation)

날개 위표면을 따라 흐르는 공기층이 점성마찰력에 의해 속도가 저하되어 관성력 감소, 뒷전 부분의 높은 압력을 이기지 못하고 흐름의 역류가 발생하는 현상이다.

9 날개의 공력 보조 장치

양력이나 항력을 필요에 따라 변화시키기 위해서 날개면이나 동체에 부착하는 장치를 일반적으로 공력 보조 장치라 한다. 이 중에서 양력을 증가시키는 장치를 고양력 장치라하고 항력을 증가시키는 장치를 고항력 장치라 한다.

(1) 고양력 장치

비행기의 고속 성능을 향상시키기 위하여 날개와 기체에 작용하는 항력을 최소로 하기 위해 날개의 두께와 캠버가 작고 날개 하중이 큰 날개를 많이 사용한다. 그러나 이러한 날개는 최대 양력계수가 작아서 실속 속도가 커진다. 즉 저속 성능이나 감속성을 나쁘게 하는 결과를 초래하므로 고속 성능과 저속 성능을 동시에 만족시키기 위하여 정상 비행 시에는 항력이 작은 날개를 사용하고, 저속 비행 시에는 특별한 방법을 사용하여 실속 속도를 감소시킬 필요가 있다.

① 뒷전 플랩 : 최대 양력 계수를 크게 하기 위하여 날개 뒷전을 아래로 구부려 캠버를 증가시키는 장치가 뒷전 플랩이다.

② 앞전 플랩 : 박리를 지연시켜 더 높은 받음각에서 박리가 일어나도록 유도하는 것으로 제트기 등에 사용되는 고속용 날개골은 두께도 얇고 앞전 반지름도 작으므로 큰 받음각을 취할 수 없어 최대 양력 계수도 상당히 작다. 이러한 날개골은 뒷전 플랩만으로 실속속도를 충분히 작게 할 수 없으므로 강력한 고양력 장치가 필요하게 된다.

(2) 고항력 장치

플랩을 사용하면 항력을 증가시킬 수 있지만 고속 비행 시에 이를 사용하면 기체 강도면에 무리가 생긴다. 특히 제트기의 경우에는 항력을 아주 작게 설계하였기 때문에 단시간에 감속시키거나 하강 또는 급강하 시에 가속하지 않도록 할 경우에 플랩을 사용하는 것은 적합하지 않다 이 같은 단점을 보완하기 위하여 항력을 증가시킬 목적으로 사용되는 장치가 고항력 장치이다. 종류는 에어브레이크, 공중 스포일러, 지장스포일러, 역추진장치, 드래그 슈트가 있다.

10 스핀 현상

스핀은 자전과 수직 강하가 조합된 비행을 말한다. 자전은 받음각이 실속각보다 클 때 교란에 의해서 날개가 회전하면 계속적으로 회전시키려는 힘이 발생하는 것을 말한다.

스핀의 종류에는 정상 스핀, 수직 스핀, 수평 스핀이 있다. 정상 스핀은 비행기가 수직으로 자전하면서 하강할 때 강하 속도와 옆놀이 각속도가 일정하게 유지하면서 강하하는 것을 말한다.

11 레이놀즈 수(Reynolds Number)

유체의 흐름은 속도에 따라 저속에서는 층류(Laminar Flow)로, 고속일 때는 난류의 흐름특성을 가진다. 층류란 유체가 나란히 흐트러지지 않고 흐르는 것을 말하고, 난류란 유체가 불규칙하게 뒤섞이어 흐르는 것을 말한다.

유체의 흐름이 층류에서 난류로 바뀌는 것을 '천이'라 하고, '천이'가 일어나는 레이놀즈 수를 임계 레이놀즈 수라 한다. 즉, 레이놀즈 수가 어느 정도를 넘으면 층류는 난류로 변한다. 레이놀즈 수는 이러한 유체 흐름의 특성을 규정할 때 사용한다.

항공기의 날개를 지나는 공기 흐름은 처음은 층류이다가 앞전으로부터 어느 정도 떨어진 곳에서는 난류로 바뀌게 되어 마찰 저항이 커지게 된다. 항공기는 이러한 마찰 저항을 줄이기 위하여 층류 에어포일을 사용하며 층류가 난류로 바뀌는 것을 될 수 있는 한 늦춰주고(보다 앞전 쪽에서 멀리 떨어진 뒷전 쪽에서 천이되도록) 있다.

chapter 03 항공역학(비행원리)

▶ 핵심 문제 ◀

001 트러스 형 구조에 대한 다음 설명 중 옳지 못한 것은?
① 제작이 쉽고 비용이 저렴하다.
② 내부 공간마련이 어렵다.
③ 주로 경비행기에 사용된다.
④ 외피가 하중의 일부를 담당한다.

해설
트러스(Truss) 구조는 구조 설계와 제작이 용이하여 경비행기에 주로 사용되고, 내부 공간을 마련과 유선형으로 만들기 어려운 단점이 있다. 외피는 공기역학적으로 외형만 유지. 하중은 트러스(뼈대)가 담당하는 구조

002 다음 모노코크(Monocoque) 구조에서 항공 역학적인 힘을 대부분 담당하는 부재는 어느 것인가?
① 뼈대(Frame)
② 외피(Skin)
③ 세로지(Stringer)
④ 정형재(Former)

해설
모노코크(Monocoque) 구조에서 외피는 항공기의 외부 형상을 유지하며 항공 역학적인 하중을 대부분 담당한다. 안전성이 떨어지고 가공상의 문제가 있다.

003 세미-모노코코(Semi-monocoque) 구조에 대한 설명으로 옳은 것은?
① 공간 확보가 어렵다.
② 외피는 기하학적인 외형만 유지한다.
③ 외피가 전단응력을 담당하고 있다.
④ 하중(힘)을 모두 골격이 받는다.

해설
세마-모노코크 구조는 부분적으로 가해지는 집중하중을 프레임, 벌크헤드, 링, 스트링어 등을 통해서 외피로 전달토록 하여 강도를 유지한다. 금속판이나 복합소재로 제작되어 외형을 유선형으로 만들 때문에 내부 공간의 활용도가 높고 외형이 수려한 장점이 있다. 트러스 구조와 모노코크 구조의 결합형이다. 외피, 뼈대가 같이 외력을 담당하는 구조. 현대 항공기의 동체 구조로서 가장 많이 사용. 다른 제작 방식에 비해 설계가 까다롭고 제작비가 많이 든다.

004 허니콤(Honeycomb) 구조의 이점은 무엇인가?
① 같은 무게의 단일 두께 표피보다 단단하다.
② 높은 온도에 저항력이 크다.
③ 손상 상태를 파악하기 쉽다.
④ 같은 강도로 무게가 가벼우며, 부식저항이 있다.

해설
허니콤 구조 : 같은 무게의 단일 두께 표피보다 단단하고 화재, 수분에 약하다.

005 Camber의 형태를 만들어 내는 날개 시위 방향의 구조 부재로 Airfoil(날개골)을 유지하는 중요한 기능을 하는 것은?

정답 001.④ 002.② 003.③ 004.① 005.②

239

① Spar
② Rib
③ Stringer
④ Torsion box(비틀림 방지 상자)

> **해설**
> Rib : Camber의 형태를 만들어 내는 날개 시위 방향의 구조 부재로 Airfoil(날개골)을 유지하는 중요한 기능을 한다.

006 날개구조에서 압축응력에 의한 좌굴을 방지하고 휨에 의한 강성을 높이기 위하여 어떤 부재를 설치하는가?
① 세로지 ② 세로대
③ 외피 ④ 날개보

007 비행 중 날개에서 최대 휨 모멘트는 어느 부분에서 발생하는가?
① 날개 뿌리(Wing Root)부분
② 날개 끝(Wing Tip)부분
③ 날개 중앙
④ 날개 모든 부분에서 받는 휨 모멘트는 동일

008 테일 스키드(Tail Skid)란 무엇인가?
① 정전기를 방전하는 방전기
② 미륜(뒷바퀴)식 착륙장치 중 뒷바퀴에 해당한다.
③ 동체 꼬리부분의 파손을 막기 위해 달아 놓은 것
④ 스키식 착륙장치

009 비행 중 항공기의 날개에 걸리는 응력에 관해서 바르게 설명한 것은?

① 윗면에는 인장응력이 아랫면에는 압축응력이 생긴다.
② 윗면에는 압축응력이 아랫면에는 인장응력이 생긴다.
③ 윗면과 아랫면 모두 다 압축응력이 생긴다.
④ 윗면과 아랫면 모두 다 인장응력이 생긴다.

> **해설**
> 날개에 걸리는 응력은 윗면에는 압축응력이, 아랫면에는 인장응력이 생긴다.

010 응력외피형 구조형식에서 외피(Skin)가 주로 담당하는 응력은?
① 굽힘력
② 비틀림력
③ 전단력
④ 인장력

> **해설**
> 비틀림 : 양쪽 끝을 반대 방향으로 돌리는 힘

011 앞바퀴(Nose Gear)형 항공기에서 무게 중심은 어디에 있는가?
① 주바퀴(Main Gear) 바로 앞
② 주바퀴(Main Gear)와 앞바퀴(Nose Gear)의 중간부분
③ 주바퀴 바로 뒤
④ 앞바퀴 바로 뒤

정답 006. ① 007. ① 008. ③ 009. ② 010. ② 011. ①

항공역학(비행원리) ➡ 핵심 문제   chapter 03

012 항공기가 착륙할 때 발생하는 관성력의 방향은?
① 양력 발생 방향
② 중력 방향
③ 항공기 앞쪽
④ 항공기 뒤쪽

013 항공기구조부에 작용하는 하중 중에서 인장력과 압축력을 동시에 받는 하중은?
① 인장력 ② 전단력
③ 굽힘력 ④ 비틀림력

> **해설**
> 굽힘 : 양쪽 끝을 단면에 수직으로 잡아당기는 힘

014 단발 프로펠러 항공기에서 프로펠러의 회전에 의해서 동체가 받는 응력은?
① 전단력 ② 압축력
③ 비틀림력 ④ 굽힘력

> **해설**
> 비틀림 : 양쪽 끝을 반대 반향으로 돌리는 힘

015 날개에 걸리는 굽힘(하중)력을 담당하는 것은?
① Spar
② Rib
③ Skin
④ Spar web

016 계기의 구비조건 중 가장 적절한 것은?
① 소형일 것
② 경제적이며 내구성이 클 것
③ 신뢰성이 좋을 것
④ 정확성이 있을 것

> **해설**
> 계기의 구비조건
> ① 정확하여야 하며, 각종 외부 조건의 영향을 적게 받아야 한다.
> ② 무게와 크기는 작아야 하며, 내구성(耐久性)이 높아야 한다.
> ③ 누설오차와 접촉부분의 마찰력이 적어야 한다.
> ④ 온도 변화에 대한 오차가 적어야 하며, 진동으로부터 보호되어야 한다.

017 속도계기상에 빨간색 선은 무엇을 의미하는가?
① 기동 속도
② 초과금지속도
③ 주의 속도
④ 경고 속도

> **해설**
> 적색방사선 : 최소 및 최대 운용 한계를 표시하며 이 범위 밖에서는 절대로 운용을 금지해야 하는 것을 의미한다. 속도계의 경우 최소값은 실속속도이고 최대값은 초과금지속도를 나타낸다.

018 계기의 색 표지에서 황색 호선(Yellow Arc)은 무엇을 나타내는가?
① 위험 지역
② 최저 운용한계
③ 최대 운용한계
④ 경계, 경고 범위

> **해설**
> 황색호선 : 안전 운전 범위에서 초과금지까지의 범위를 나타내는 것으로 경고 또는 주의 범위를 뜻하며 위험에 이를 수 있음을 예고하는 범위를 표시한다.

019 계기 표지판에서 녹색의 의미는?
① 최소·최대운전 범위 또는 운용한계
② 계속운전 범위 또는 순항 범위

정답 012. ③ 013. ③ 014. ③ 015. ① 016. ④ 017. ② 018. ④ 019. ②

③ 경고 및 경계 범위
④ 플랩 작동속도 범위(백색호선)

해설
녹색호선 : 안전한 상태를 나타내며, 속도계는 실속 속도에서 운용가능속도 범위를 표시한다.

020 이 속도는 계속적인 비행은 가능하나 난류에 휘말려서 관한 하중이 부과되었을 때 구조상 무리가 오는 속도이며, 속도계의 초록색 아크(Arc) 끝이 가리키는 것은?
① Vne
② Vs1
③ Vno
④ Va

해설
Va : 구조적 손상 없이 안전하게 조종면을 최대한 그리고 급작스럽게 사용할 수 있는 최대속도

021 다음 중 맞는 것은?
① 수평비행은 1.6Vs 정도의 속도가 좋다.
② 수평비행은 2.6Vs 정도의 속도가 좋다.
③ 수평비행은 3.6Vs 정도의 속도가 좋다.
④ 수평비행은 4.6Vs 정도의 속도가 좋다.

해설
1.6Vs : 외장 및 무게에 따라 달라지지만, 고도에는 영향을 받지 않는다.

022 속도계에 적색(Red Line)으로 되어 있으며 비행 중 결코 초과해서는 안 되는 속도를 무엇이라 하는가?
① Vfe
② Vso
③ Vne
④ Vno

해설
Vne 이상의 속도로 비행할 경우 기동 중 설계하중 제한치를 쉽게 초과할 수 있기 때문에 비행면의 떨림, 기체 구조적 손상, 파괴가 유발될 수 있다.

023 다음 속도계에 관한 설명 중 옳은 것은?
① 고도에 따르는 기압차를 이용한 것이다.
② 전압과 정압의 차를 이용한 것이다.
③ 동압과 정압의 차를 이용한 것이다.
④ 전압만을 이용한 것이다.

024 비행 시 계기상에 나타나는 속도를 무엇이라고 하는가?
① 지시속도
② 진대기속도
③ 수정속도
④ 최대상승각 속도

해설
비행 시 계기상에 나타나는 속도는 지시속도이다.

025 비행 중 가장 중요하게 보아야 할 계기는?
① 발동기 회전계(RPM계기)
② 엔진 온도계
③ 고도계
④ 속도계

해설
속도계, 고도계, 승강계 순서이다.

026 엔진 시동 후 가장 먼저 해야 할 것은?
① 주바퀴 브레이크를 확인한다.
② 이그니션 스위치를 off한다.
③ 출력을 최대로 한다.
④ 엔진계기를 체크한다.

027 오늘날 항공기의 Weight & Balance를 고려하는 가장 중요한 이유는 무엇인가?
① 비행 시의 효율성 때문에
② 소음을 줄이기 위해서

정답 020.④ 021.① 022.③ 023.② 024.① 025.④ 026.④ 027.③

③ 안전을 위해서
④ Payload를 늘이기 위해

🐶 해설

항공기의 Weight & Balance는 안전을 위하여 무게중심이 주요하다.
① 정적 평형(Static Balance)
  – 물체가 정지 시 자체 무게만으로 지지되어, 정지 상태를 유지하려는 현상
  – 효율적이고 안전한 비행을 위해 앞전이 무겁게 설계한다.
② 동적 평형(Dynamic Balance)
  – 물체가 운동 시 작용 힘들에 의해 평형을 이루어 원래의 운동 상태를 유지하려는 현상

028 다음의 조종면 중에서 날개의 양끝 뒷부분에 부착되어 조종간(Control Stick)에 의해 작동되며 기체를 좌 또는 우로 기울여 경사각을 주는 것은 어느 것인가?

① 방향타(Rudder) 또는 방향키
② 도움날개(Ailerons) 또는 보조익
③ 승강타(Elevator) 또는 승강키
④ 러더 트림(Rudder trim)

🐶 해설

• 세로축 운동(Rolling : 옆놀이) : 도움날개(Aileron)로 조정
• 조종 : 주 날개의 양 끝부분에 붙어 있는 도움날개(Aileron)라고 하는 조종면

  🔴 참고 도움날개 작동
  조종간을 좌우로 젖힘, 조종간을 왼쪽으로 눕히면 왼쪽 도움날개는 올라가고, 오른쪽 도움날개는 내려가서 결과적으로 왼쪽 날개보다 오른쪽 날개의 받음각이 커지고 양력이 크게 발생

029 다음의 조종면 중에서 기체의 수직안정판 뒷부분에 부착되어 페달(Pedal)에 의해 작동되며 기체의 빗놀이(Yawing) 운동을 주는 것은 어느 것인가?

① 방향타(Rudder) 또는 방향키
② 도움날개(Ailerons) 또는 보조익
③ 승강타(Elevator) 또는 승강키
④ 러더 트림(Rudder trim)

🐶 해설

• 수직축 운동(Yawing : 빗놀이) : 방향타(Rudder)로 조정
• 조종 : 수직꼬리날개에 붙어 있는 방향타(Rudder), 조종석 내의 페달로써 작동

  🔴 참고 방향타 작동
  왼쪽 페달을 밟으면 방향키는 왼쪽으로 빗겨지고 수직꼬리날개 전체에서 오른쪽으로 힘(양력)이 발생되어 비행기의 기수는 왼쪽으로 돌아가고 오른쪽 페달을 밟으면 이와 반대되는 현상이 일어남.

030 역 빗놀이(Adverse Yaw)에 대한 다음의 설명에서 틀린 것은?

① 비행기가 선회하는 경우, 도움날개를 조작해서 경사하게 되면 선회 방향과 반대 방향으로 Yaw하는 것을 말한다.
② 비행기가 도움날개를 조작하지 않더라도 어떤 원인에 의해서 Rolling운동을 시작하며(단, 실속 이하에서) 올라간 날개의 방향으로 Yaw하는 특성을 말한다.
③ 비행기가 선회하는 경우, 옆 미끄럼이 생기면 옆 미끄럼 한 방향으로 롤링하는 것을 말한다.
④ 비행기가 오른쪽으로 경사하여 선회하는 경우 비행기의 기수가 왼쪽으로 Yaw하려는 운동을 말한다.

🐶 해설

비행기가 선회하는 경우, 옆 미끄럼이 생기면 옆 미끄럼 한 방향으로 롤링하는 것은 세로축 운동(Rolling : 옆놀이)이다.

◆ 정답 028. ② 029. ① 030. ③

초경량비행장치 운용과 비행실습

031 다음의 예문 중 역 빗놀이(Adverse Yaw)에 대한 설명으로 맞는 것은 어느 것인가?

① 선회를 시도할 때 위로 올라온 도움날개(Aileron)가 양력과 더불어 증가된 항력이 선회 방향으로 끌어당기는 현상을 말한다.
② 직선 상승비행 때에만 발생한다.
③ 직선 하강비행 때에만 발생한다.
④ 선회를 시도할 때 아래로 내려온 도움날개(Aileron)가 양력과 더불어 증가된 항력이 선회 방향과 반대 방향으로 끌어당기는 현상을 말한다.

032 다음의 조종면 중에서 기체의 수평안정판 뒷부분에 부착되어 조종간(Control Stick)에 의해 작동되며 기수방향을 상하운동을 주는 것은 어느 것인가?

① 방향타(Rudder) 또는 방향키
② 도움날개(Ailerons) 또는 보조익
③ 승강타(Elevator) 또는 승강키
④ 러더 트림(Rudder trim)

▶ 해설
• 가로축 운동(Pitching : 키놀이) : 승강타(Elevator)로 조종
• 조종 : 비행기 뒷부분의 수평꼬리날개에 붙어 있는 승강키(Elevator)라고 하는 조종면

◉ 참고 승강타 작동
조종간을 당김(승강키를 위로) 수평꼬리날개의 받음각(Angle Of Attack)이 작아지면서 양력 감소, 꼬리날개 부분이 내려가게 되어 비행기 기수는 올라감. 조종간을 앞으로 밀면 이와 반대되는 현상이 발생

033 다음 중 비행기의 방향 안정성을 확보해 주는 것은?

① Rudder(방향키)
② Elevator(승강키)
③ Vertical Stabilizer(수직안정판)
④ Horizontal Stabilizer(수평안정판)

▶ 해설
비행기의 방향 안정성을 확보해주는 것은 Vertical Stabilizer(수직안정판)이다.
수직안정판의 뒷부분에는 기수의 좌우 방향을 운동을 주는 방향키(Rudder)가 장착되어 있다.

034 비행기의 수직 안정판이 앞 쪽으로 뻗은 것은 Keel Effect(지느러미 효과)를 얻기 위해서이다. 이것은 다음 어느 것을 좋게 하기 위한 것인가?

① 횡축선상의 안정성
② 종축선상의 안정성
③ 방향 안정성
④ 수직 안정성

▶ 해설
Keel Effect(지느러미 효과)는 방향 안정성을 좋게 한다.

035 비행기의 가로안정성을 좋게 하는 요소로 틀리는 것은?

① 상반각(쳐든각)
② 킬효과(Keel Effect)
③ 무게중심의 후방 이동
④ 후퇴각(뒤처짐, Sweep Back)

▶ 해설
무게중심의 전방 이동

036 비행기의 방향타(Rudder)의 사용목적은?

① 요-우(Yaw)조종
② 과도한 기울임의 조종

정답 031. ④ 032. ③ 033. ③ 034. ③ 035. ③ 036. ①

③ 선회 시 경사를 주기위해
④ 선회 시 하강을 막기 위해

037 조종간을 앞으로 밀면서 오른쪽으로 밀면 승강키와 오른쪽 도움날개의 방향은?
① 도움날개는 위로, 승강키는 아래로
② 도움날개는 아래로, 승강키는 위로
③ 도움날개는 위로, 승강키는 위로
④ 도움날개는 아래로, 승강키는 아래로

038 비행기의 조종계통에서 차동조종과 관계 있는 것은?
① 트림 탭
② 보조날개
③ 방향타
④ 승강타

039 슬롯(Slot)의 주된 역할은 무엇인가?
① 방향조종을 개선
② 세로안정을 돕는다.
③ 저속 시 요잉을 제거
④ 실속을 지연시켜서 큰 받음각을 유지할 수 있도록 한다.

> **해설**
> 슬롯(Slot)의 주된 역할 : 실속을 지연시켜서 큰 받음각을 유지할 수 있도록 한다.

040 Wing Let(윙렛) 설치목적은 무엇인가?
① 형상항력 감소
② 유도항력 감소
③ 간섭항력 감소
④ 마찰항력 감소

> **해설**
> Wing Let(윙렛) 설치목적 : 유도항력 감소

041 선회 비행 시 외측으로 외활(Skid)하는 이유는?
① 경사각은 적고 원심력이 구심력보다 클 때
② 경사각은 크고 원심력이 구심력보다 클 때
③ 경사각은 적고 원심력보다 구심력이 클 때
④ 경사각은 크고 원심력보다 구심력이 클 때

042 승강타의 트림 탭을 올리면 항공기는 어떤 운동을 하게 되는가?
① 피칭운동을 한다.
② 우선회를 한다.
③ 좌선회를 한다.
④ 기수가 내려간다.

> **해설**
> 트림 탭의 역할 : 정상비행 시 조종력을 0으로 맞추어주는 역할과 조종간의 압력을 완화시켜 주는 역할을 한다.

043 고양력 장치(High Lift Device)가 아닌 것은?
① 탭(Tab)
② 플랩(Flap)
③ 슬랫(Slat)
④ 슬롯(Slot)

> **해설**
> ① 뒷전 고양력 장치
> – 플랩(Flap) : 양력을 증가시키는 고양력 장치. 이착륙 거리 감소
> ② 앞전 고양력장치
> – 슬랫(Slat) : 공기 흐름을 표준화와 박리 발생 억제
> – 슬롯(Slot) : 층류 공기가 흐르는 길

정답 037. ① 038. ② 039. ④ 040. ② 041. ① 042. ④ 043. ①

044 다음 중 주 조종면이 아닌 것은?

① 보조익(Aileron)
② 트림탭(Trim Tab)
③ 승강타(Elevator)
④ 방향타(Rudder)

해설

주 조종면(1차 조종면, Primary Control Surface)
- 도움날개(Aileron)
- 승강키(Elevator)
- 방향타(Rubber)

045 기체의 가로 안정성을 주는 역할을 하는 것은?

① 주익의 상반각
② 주익의 후퇴각
③ 수직미익
④ 수평미익

해설

기하학적으로 날개의 주익의 상반각(쳐든각의 효과)는 가로 안정에 있어 가장 중요한 요소이다.

046 일반적으로 보조날개(Ailerons)는 날개의 끝에 장착되는데 그 이유는?

① 날개의 구조, 강도 때문에
② 익단실속을 지연시키기 위해
③ 나선회전을 방지하기 위해
④ 보조날개의 효과를 높이기 위해

047 비행 중 날개에 작용하는 압력의 합력은 방향에 대한 설명으로 맞는 것은?

① 수직 위 방향으로 작용한다.
② 수직 아래 방향으로 작용한다.
③ 전방 아래 방향으로 작용한다.
④ 후방 아래 방향으로 작용한다.

048 꼬리날개(Empennage)를 구성하는 것으로 맞는 것은?

① 플랩, 보조날개, 승강타, 수직안정판
② 방향타, 수직안정판, 승강타, 수평안정판
③ 플랩, 방향타, 수평안정판, 수직안정판
④ 보조날개, 플랩, 방향타, 수평안정판

해설

꼬리날개 : 수직안정판의 뒷부분에는 기수의 좌우방향을 운동을 주는 방향키(Rudder)가 장착되고 수평안전판의 뒷부분에 장착된 승강키(Elevator)는 기수의 위 아랫방향의 운동을 준다.

049 날개를 구성하는 구성품으로 옳은 것은?

① 외피(Skin), 리브(Rib), 세로대(Longeron)
② 리프(Rib), 날개보(Spar), 세로지(Stringer), 세로대(Longeron)
③ 외피(Skin), 날개보(Spar), 리브(Rib), 벌크헤드(Bulkhead)
④ 외피(Skin), 날개보(Spar), 세로지(Stringer), 리브(Rib)

050 다음 중 2차 조종면(부 조종면)이 아닌 것은?

① 플랩   ② 방향타
③ 스포일러   ④ 슬랫

해설

① 플랩(Flap) : 양력과 항력을 증가시키는 장치
② 스포일러(Spoiler) : 항력(Drag)을 발생시켜 항공기 속도를 낮추는 역할
③ 슬랫(Slat) : 실속(Stall)을 방지하는 역할

051 플랩을 내리면 어떤 현상이 일어나는가?

① 양력계수 증가, 항력계수 감소
② 양력계수 감소, 항력계수 증가

정답 044. ② 045. ① 046. ④ 047. ① 048. ② 049. ④ 050. ② 051. ③

③ 양력계수, 항력계수 증가
④ 양력계수, 항력계수 감소

🐮 해설
플랩(Flap) : 이륙 시 양력을 증가시켜 항공기를 빨리 뜨게 하고, 착륙 시 항력(Drag)을 증가시켜 제동거리를 단축시키는 역할을 한다.

052 주익에 장착된 플랩(Flap)의 효과는?
① 주익의 양력증가로 비행속도의 변화 없이 급경사 착륙 진입가능
② 양력의 증가로 고속비행가능
③ 실속(Stall)의 방지
④ 기체의 좌우쏠림방지

053 초경량 비행장치의 이·착륙 시 플랩을 내리는 이유로 틀린 것은?
① 착륙속도 감소
② 항력감소
③ 이륙거리 단축
④ 착륙거리 단축

🐮 해설
플랩(Flap) : 양력과 항력을 증가시키는 장치

054 고양력 장치를 설치하는 목적으로 타당한 것은 어느 것인가?
① 이착륙 시 활주거리를 줄이기 위해 양력을 크게 하는 장치
② 순항 시 양력을 크게 하기 위해
③ 순항 시 항력을 작게 하기 위해
④ 이착륙 시 항력을 작게 하기 위해

055 Buffeting현상이 아닌 것은 어느 것인가?
① Stall의 징조가 있다.
② Elevator의 효율 감소

③ Rudder의 효율 감소
④ Nose Down 현상

🐮 해설
버페팅(Buffeting) 현상 : 기체의 이상 진동 현상으로 압축성 실속 또는 날개의 이상 진동

056 항공기의 안정성 중 Rolling에 의한 안정성은?
① 가로 안정
② 세로 안정
③ 방향 안정
④ 동적 안정

057 비행기의 3축 운동과 조종면과의 관계가 바르게 연결된 것은?
① 보조날개의 Yawing
② 방향타와 Pitching
③ 보조날개와 Rolling
④ 승강타와 Rolling

058 다음 중 꼬리날개(Empennage)는 무엇으로 구성되어 있나?
① 보조익, 승강타, 수직안정판, 플랩
② 방향타, 수직안정판, 승강타, 수평안정판
③ 플랩, 방향타, 수평안정판, 수직안정판
④ 보조날개, 플랩, 방향타, 수평안정판

059 옆 미끄럼을 방지하는 효과를 주기 위한 방법으로 적절하지 않은 것은?
① 날개에 상반각을 준다.
② 후퇴날개를 사용한다.
③ 날개 장착위치를 높게 한다.
④ 종횡비를 크게 한다.

정답   052. ①   053. ②   054. ①   055. ③   056. ②   057. ③   058. ②   059. ④

초경량비행장치 운용과 비행실습

060 다음 플랩 중 양력계수가 최대인 것은?
① Split Flap
② Slot Flap
③ Fowler Flap
④ Plain Flap

해설
① 스플릿 플랩(Split Flap) : 평판으로 구성. 항력도 커짐 무게가 가벼움
② 슬롯 플랩(Slot Flap) : 특수 형태. 공기흐름 분리 지연
③ 파울러 플랩(Fowler Flap) : 트랙을 따라 플랩이 이동 시위가 증가. 양력계수 크게 증가
④ 플래인 플랩(Plain Flap) : 날개 뒤쪽 힌지로 고정, 날개 캠버 변화 전투기 효율 낮음.

061 비행기 무게중심이 전방에 위치해 있을 때 일어나는 현상이 아닌 것은?
① 실속속도 증가
② 순항속도 증가
③ 종적 안정 증가
④ 실속 회복이 쉽다.

062 비행기에 화물을 적재 시 무게중심 후방 한계보다 뒤쪽에 놓이면 어떤 비행특성이 예상되는가?
① 이륙 활주거리가 보다 길어질 것이다.
② 실속 상태에서는 회복하기가 힘들어 질 것이다.
③ 보통 비행속도보다 빨라지면 실속이 일어날 것이다.
④ 착륙 시 플레어(Flare)가 불가능 할 것이다.

063 활주로 택싱(Taxing)시 강한 전방측풍을 받으면 보조익(Aileron)의 조작은?

① 풍향 쪽의 보조익을 up하도록 조작한다.
② 풍향 쪽의 보조익을 down하도록 조작한다.
③ 중립을 유지하도록 조작한다.
④ 풍향 반대쪽의 보조익을 up하도록 조작한다.

064 앞 바퀴식(Nose Wheel) 고익기가 지상 활주 시 가장 주의해야 할 풍향은?
① 정풍(Head Wind)
② 횡풍
③ 전방 측풍
④ 후방 측풍

065 양력중심(Center of Lift)이 무게중심(Center of Gravity)의 뒤에 있는 이유는?
① 꼭 같은 위치에 있을 수 없기 때문에
② 항공기의 전방이 조금 무거운 경향을 주기 위해서
③ 항공기의 후방이 조금 무거운 경향을 주기 위해서
④ 더 좋은 수직안전을 갖게 하기 위해서

066 비행기의 무게중심을 지나는 기체의 전후를 연결하는 축은 무엇이라 하는가?
① 세로축 ② 가로축
③ 수직축 ④ 평형축

067 동력비행장치가 비행 중 어느 한쪽으로 쏠림이 생기면 조종사는 계속 조종간을 한쪽으로 힘을 주고 있어야 한다. 이런 경우 조종면을 "0"으로 해주거나 조종력을 경감하는 장치는 다음 중 어느 것인가?

정답 060.③ 061.② 062.② 063.① 064.④ 065.② 066.① 067.②

① 도움날개　② 트림(Trim)
③ 플랩(Flap)　④ 승강타

해설
트림(Trim) : 조종면을 "0"으로 해주거나 조종력을 경감하는 장치이다.

068 비행기가 선회 비행하는 경우, 일반적으로 조작하는 조종면은 어느 것인가?

① 보조익
② 보조익과 방향타
③ 보조익과 승강타
④ 보조익과 플랩

069 비행기 구조 중에 비행 중 기수의 상하방향 운동의 안정성을 만들어 주는 부분의 명칭으로 맞는 것은?

① 동체
② 주날개
③ 꼬리날개
④ 착륙장치

070 유도항력을 줄이기 위한 방법이 아닌 것은?

① 윙렛 설치
② 타원형 날개를 사용
③ 종회비를 크게 한다.
④ Vortex Generator사용

071 다음 승강계가 지시하는 단위는?

① m/s
② km/sec
③ ft/min
④ ft/sec

072 비행 전 점검에 관련된 사항이다. 부적당한 것은?

① 점검은 각종 볼트 및 너트 부분의 조임 상태, 조종계통 케이블의 늘어짐 상태, 조종면의 결함 상태 등을 확실하게 점검해야 한다.
② 연료량의 점검은 연료계기가 있기 때문에 상황에 따라 육안점검은 생략할 수도 있다.
③ 비행 전 점검은 조종석내의 외부점검부터 해야 한다.
④ 조종면 부분의 결함상태를 점검하기 위해서 조종면에 무리한 힘을 가해서는 안 된다.

해설
육안점검(Visual Inspection) 시 주 점검 대상 항목
– 엔진과 기체의 액체의 누유나 누설 흔적
– 날개나 동체위의 눈 또는 서리 존재 유무
– 안전 핀과 안전 커버
– 연료에 물 또는 이물질 혼합 여부
– 타이어 압력 및 파손 여부
– 날개 및 스트러트 연결 핀 및 안전 고리
– 조종면 힌지 핀 장착 상태
– 냉각수 및 오일량 등

073 비행기 외부 점검을 하면서 날개 위에 서리(Frost)를 발견했다면?

① 비행기의 이륙과 착륙에 무관하므로 정상절차만 수행하면 된다.
② 날개를 두껍게 하는 원리로 양력을 증가시키는 요소가 되므로 제거해서는 안 된다.
③ 비행기의 착륙과 관계가 없으므로 비행 중 제거되지 않으면 제거될 때까지 비행하면 된다.
④ 날개의 양력감소를 유발하기 때문에 비행 전에 반드시 제거해야 한다.

정답 068. ② 069. ③ 070. ④ 071. ③ 072. ② 073. ④

해설
서리(Frost)를 발견하면 비행 전에 반드시 제거해야 한다.

074 비행 전 점검 시 비행기의 접근 방법으로 옳은 것은?
① 프로펠러 위치에 따라 전방 또는 후방 15° 방향에서 접근
② 프로펠러 위치에 따라 전방 또는 후방 30° 방향에서 접근
③ 프로펠러 위치에 따라 전방 또는 후방 45° 방향에서 접근
④ 프로펠러 위치에 따라 전방 또는 후방 60° 방향에서 접근

075 지상 활주 방법 중 틀린 것은?
① 강한 정풍 – 보조익(Aileron) 중립, 승강타 상향
② 강한 배풍 – 보조익 중립, 승강타 하향
③ 정측풍 – 승강타 중립 또는 상향, 바람 불어오는 쪽의 보조익을 상향
④ 후측풍 – 승강타 상향, 바람 불어오는 쪽의 보조익을 하향

해설
후측풍 – 승강타 하향, 바람 불어오는 쪽의 보조익을 하향

076 지상활주에 대한 설명으로 틀린 것은?
① 지상활주속도는 활보속도 정도로 유지한다.
② 강한 정풍에서 지상활주 시 에어론 중립, 승강타 상향 유지
③ 강한 배풍에서 지상활주 시 에어론 중립, 승강타 하향 유지
④ 정측풍에서 지상활주 시 승강타 상향, 바람 불어오는 쪽 에어론 하향 유지

077 Downwind Leg(배풍로) 진입 시 각도?
① 45도   ② 50도
③ 55도   ④ 60도

078 측풍 시 이·착륙조작으로 틀린 것은?
① 이륙 시 우측풍이 불면 조종간을 우측으로 압을 준다.
② 이륙 시 좌측풍이 불면 조종간을 우측으로 압을 준다.
③ 착륙접근 시 우측풍이 불면 조종간을 우측으로 압을 준다.
④ 착륙접근 시 기수를 바람부는 방향으로 틀어준다.

079 비행장 주변에는 이·착륙절차를 위한 일련의 패턴이 형성된다. 이를 무엇이라 하는가?
① 장주패턴(traffic pattern)
② 베이스로(base)
③ 최종접근로(final approach)
④ 진입로(entry)

080 착륙을 위한 4각 장주에서 활주로와 평행하며 착륙 활주로와 반대 방향인 구간은?
① 정풍로(Upwind Leg)
② 측풍로(Crosswind Leg)
③ 배풍로(Downwind Leg)
④ 최종접근로(Final Approach Leg)

정답 074.③ 075.④ 076.④ 077.① 078.② 079.① 080.③

081 활주로 연장선과 비행기 종축을 일치시키고 바람 부는 쪽의 날개를 낮추는 측풍 착륙법을 무엇이라 하는가?
① 윙로(Wing-low)
② 크래핑
③ 플레어
④ 로페스(Low-path)

082 비행기의 착륙거리를 짧게 하기 위한 조건으로 틀린 것은?
① 착륙무게를 가볍게 한다.
② 플랩을 사용한다.
③ 접지속도를 작게 한다.
④ 배풍으로 착륙한다.

🐄 **해설**
비상 착륙일 때 배풍으로 착륙한다.

083 착륙접근 중 안전에 문제가 있다고 판단하여 다시 이륙하는 것을 무엇이라고 하는가?
① 복행   ② 하드랜딩
③ 바운싱 ④ 플로팅

🐄 **해설**
복행(go around) : 착륙 접근하다 착륙접근을 중단하고 다시 상승하는 것

084 지구 중심으로 작용하는 힘은?
① 중력   ② 추력
③ 항력   ④ 양력

🐄 **해설**
① 중력 : 지구 중심으로 작용하는 힘
② 추력 : 비행체를 전진시키는 힘
③ 항력 : 비행체의 전진을 방해하는 힘
④ 양력 : 비행체를 뜨게 하는 힘

085 비행장치에 작용하는 4가지의 힘이 균형을 이룰 때는 언제인가?
① 가속 중일 때
② 지상에 정지 상태에 있을 때
③ 상승을 시작할 때
④ 등속도 비행 시

🐄 **해설**
속도가 일정한 수평직선 비행에서는 양력과 중력 그리고 추력과 항력은 서로 그 크기가 같아서 항공기는 등속도 비행(unaccelerated flight)을 하게 된다.

086 비행 장치에 작용하는 힘은?
① 양력, 중력, 무게, 추력
② 양력, 무게, 추력, 항력
③ 양력, 무게, 동력, 마찰
④ 양력, 마찰, 추력, 항력

🐄 **해설**
수평비행중 항공기에 작용하는 힘은 추력(T : Thrust), 양력(L : Lift), 항력(D : Drag), 중력(W : Weight)이 있다. 양력, 무게=중력, 추력=항력

087 비행기가 상승선회할 때 양력의 수직분력과 중량(무게)과의 관계는?
① 양력의 수직분력 > 중량
② 양력의 수직분력 < 중량
③ 양력의 수직분력 = 중량
④ 양력의 수직분력과 중량은 관계가 없다.

088 양력에 관한 설명 중 틀린 것은?
① 합력 상대풍에 수직으로 작용하는 항공역학적인 힘이다.
② 양력의 양은 조종사가 모두 조절가능하다.
③ 양력계수란 Airfoil에 작용하는 힘에 의

정답 081. ① 082. ④ 083. ① 084. ① 085. ④ 086. ② 087. ① 088. ②

해 부양하는 정도를 수치화한 것이다.
④ 양력계수, 공기밀도, 속도의 제곱, Airfoil의 면적에 비례한다.

해설
양력계수와 비행속도는 조종사가 조절가능하다.

089 양력에 대한 설명으로 틀린 것은?
① 양력은 비행속도의 제곱에 비례한다.
② 날개의 면적이 클수록 양력은 작아진다.
③ 에어포일의 모양에 따라서도 양력의 크기가 달라진다.
④ 전투기는 얇은 날개단면을 사용해도 빠른 속도로 날기 때문에 충분한 양력을 얻을 수 있다.

해설
양력은 날개의 면적이 클수록 양력도 커진다.

090 양력의 발생원리 설명으로 틀린 것은?
① 모든 물체는 공기의 압력(정압)이 낮은 곳에서 높은 곳으로 이동한다.
② Airfoil 상부에서는 곡선율과 취부각(붙임각)으로 공기의 이동거리가 길다.
③ Airfoil 하부에서는 곡선율과 취부각(붙임각)으로 공기의 이동거리가 짧다.
④ 양력의 크기는 날개 면적과 비행기의 속도에 비례한다.

해설
모든 물체는 공기의 압력이 높은 곳에서 낮은 곳으로 이동한다.

091 항공기날개에 작용하는 양력에 대한 설명 중 맞는 것은?

① 밀도자승에 비례
② 날개면적의 제곱에 비례
③ 속도자승에 비례
④ 양력계수의 제곱에 비례

092 항공기에 작용하는 힘에 대한 설명 중 틀린 것은?
① 양력의 크기는 속도의 제곱에 비례한다.
② 항력은 비행기의 받음각에 따라 변한다.
③ 중력은 속도에 비례한다.
④ 추력은 비행기의 받음각에 따라 변하지 않는다.

해설
중력이 무거우면 속도는 줄어든다. 따라서 중력은 속도에 반비례한다.

093 회전익 비행 장치에 발생하며 블레이드가 회전할 때 공기와 마찰하면서 발생하는 항력은?
① 유도항력   ② 유해항력
③ 형상항력   ④ 조파항력

해설
① 유도항력 : 비행 경로와 반대 방향으로 힘을 발생하는 항력이다.
② 유해항력 : 비행에 방해되는 모든 항력이다.
③ 형상항력 : 유해항력의 일종으로 회전익 항공기에서만 발생하며 블레이드가 회전할 때 공기와 마찰하면서 발생하는 마찰성 항력이다.
④ 조파항력 : 초음속비행에 의해서 생기는 항력이다.

094 유도항력의 증가시키는 요소가 아닌 것은?

정답 089. ② 090. ① 091. ③ 092. ③ 093. ③ 094. ④

① 높은 무게
② 비효율적인 날개 설계
③ 높은 고도
④ 높은 속도

해설

유도항력의 증가시키는 요소
① 높은 무게
② 비효율적인 날개 설계
③ 높은 고도
④ 낮은 속도
⑤ 낮은 날개 면적 등이다.

095 공기 중을 저속으로 비행하는 비행체에 흐르는 공기를 비압축성 흐름이라고 가정할 때 흐름의 떨어짐(박리)의 주원인이 되는 항력은 다음 중 어느 것인가?

① 압력항력   ② 조파항력
③ 마찰항력   ④ 유도항력

해설

흐름의 박리(Separation)
날개 위 표면을 따라 흐르는 공기층이 점성마찰력에 의해 속도가 저하되어 관성력 감소, 뒷전 부분의 높은 압력을 이기지 못하고 흐름의 역류가 발생하는 현상이다.

096 날개의 면적은 변함이 없이 같은 조건으로 날개의 가로세로비(Aspect Ratio)를 크게 했을 경우 설명으로 틀리는 것은 어느 것인가?

① 유도항력계수가 작아진다.
② 활공거리가 길어진다.
③ 유도항력이 작아지고 활공거리가 길어진다.
④ 유도항력이 커지고 착륙거리가 짧아진다.

097 항력에서 속도가 증가하면 감소하는 항력은?

① 유도항력   ② 유해항력
③ 형상항력   ④ 총항력

해설

유도항력은 유도기류에 의해 발생하는 항력으로 저속과 제자리 비행 시 가장 크고 속도가 증가하면 감소된다.

098 항력(DRAG)에 대한 설명 중 틀린 것은?

① 유해항력은 항공기속도가 증가할수록 증가한다.
② 유도항력은 항공기속도가 증가할수록 증가한다.
③ 전체 항력이 최소일 때의 속도로 비행하면 항공기는 가장 멀리 날아갈 수 있다.
④ 받음각(AOA)이 증가하면 유도항력이 증가한다.

해설

항공기(비행체)의 비행성능에 큰 역할을 한다. 항공기 속도가 증가함에 따라 영각이 작아지고 영각이 작아짐에 따라 유도 항력은 작아진다.

099 날개에서 발생하는 항력에 가장 많은 영향을 주는 것은?

① 공기밀도
② 날개의 면적
③ 날개시위의 길이
④ 공기흐름의 속도

100 형상항력(Profile Drag)이란 무엇인가?

① 유도항력+조파항력
② 조파압력+압력항력
③ 압력항력+마찰항력
④ 압력항력+유도항력

정답 095.① 096.④ 097.① 098.② 099.④ 100.③

> **해설**
>
> 형상항력(Form Drag) : 회전익 비행 장치에 발생하며 블레이드가 회전할 때 공기와 마찰하면서 발생하는 항력으로 기체의 설계에 따라 발생한다. 잘못 설계된 항공기는 불필요한 형상항력을 만들어 낸다.
> 압력항력+마찰항력(점성항력)

101 비행기에서 양력과 관계하지 않고 비행을 방해하는 모든 항력을 무엇이라 하는가?
① 압력항력　② 유도항력
③ 형상항력　④ 유해항력

102 팽팽하지 않고 흐느적거리거나 울퉁불퉁하고 코팅하지 않은 Fabric표면, 즉 항공기의 외피가 거칠수록 많이 발생하는 항력은 무엇인가?
① 압력항력　② 유도항력
③ 마찰항력　④ 간섭항력

> **해설**
>
> 마찰항력(Friction Drag) : 항공기가 공기와 마찰을 일으키면서 생기는 항력으로 항공기의 주위의 공기를 뚫고 나갈 때 발생한다.

103 비행 중 날개에 발생하는 항력으로 공기와의 마찰에 의하여 발생하며 점성의 크기와 표면의 매끄러운 정도에 따라 영향을 받는 항력은 무엇인가?
① 유도항력　② 마찰항력
③ 조파항력　④ 압력항력

104 다음 비행기 날개에 작용하는 항력(Drag)의 설명으로 맞는 것은?

① 공기의 속도에 비례를 한다.
② 공기속도의 제곱에 비례를 한다.
③ 공기유속의 3승에 비례를 한다.
④ 공기속도에 반비례한다.

105 다음 중 기생항력이 아닌 것은?
① 형상항력
② 유도항력
③ 표면 마찰항력
④ 간섭항력

106 유도항력의 원인은 무엇인가?
① 날개 끝 와류
② 속박와류
③ 간섭항력
④ 충격파

107 초경량동력 비행장치에서 발생하지 않는 항력은 어느 것인가?
① 마찰항력
② 압력항력
③ 유도항력
④ 조파항력

108 다음의 항력 중에서 날개의 가로세로비에 영향을 받는 항력은 어느 것인가?
① 유도항력
② 조파항력
③ 마찰항력
④ 압력항력

 정답　101. ④　102. ③　103. ②　104. ②　105. ②　106. ①　107. ④　108. ①

109 물리량 중 스칼라량이 아닌 것은?
① 질량 ② 중량
③ 속력 ④ 에너지

해설
스칼라량 : 일, 일률, 에너지, 온도, 속력, 길이, 넓이, 부피, 질량, 밀도, 전위, 압력 등

110 물리량 중 벡터량이 아닌 것은?
① 무게 ② 면적
③ 양력 ④ 가속도

해설
벡터량 : 중력, 양력, 항력, 무게, 변위, 속도, 가속도, 운동량, 충격량, 전기장, 자기장 등

111 비행 중 토크를 발생시키는 요인이 아닌 것은?
① 회전운동의 세차(Gyroscopic Precession)
② 역편요(Advers Yawing)
③ 나선형 후류(Spiraling Slipstream)
④ 토크반작용(Torque Reaction)

112 아래 설명은 어떤 원리를 설명하는 것인가?

[매일 로터와 테일 로터의 상관관계]
① 동축 헬리콥터의 아래 부분 로터는 시계 방향으로 회전하고, 윗부분 로터는 반시계 방향으로 회전한다.
② 멀티콥터의 한쪽 로터가 시계 방향으로 회전하면 샤프트 반대쪽의 로터는 반시계 방향으로 회전한다.
③ 종렬식 헬리콥터의 앞부분 로터는 시계 방향으로 회전하고, 윗부분 로터는 반시계 방향으로 회전한다.

① 반토큐 상태
② 토큐 상태
③ 회전 운동의 세차
④ 나선후류 발생

해설
동체는 뉴턴의 제3법칙인 작용과 반작용의 법칙에 의해 헬리콥터의 동체는 회전익 Blade 회전 방향에 반대로 회전하려는 경향, 즉 시계 방향으로 돌아가려고 하는데 이 현상을 Torque작용이라 한다.

113 프로펠러 항공기에서 비행 중 토크 현상을 발생시키는 나선형 후류에 대한 설명으로 옳은 것은?
① 프로펠러에 의해 발생한 후류기 수직안정판에 작용하여 기수가 편요하는 현상
② 외전하고 있는 물체에 외부의 힘을 가했을 때 그 힘이 90°를 지나서 뚜렷해지는 현상(회전 운동의 세차)
③ 프로펠러 회전에 반작용을 일으켜 횡요하는 현상(토크 반작용)
④ 상승비행 시 내려가는 프롭은 유효 피치각 증가하고 올라가는 프롭은 유효 피치각 감소로 비대칭 추력이 발생하는 현상(프로펠러에 의한 비대칭하중)

해설
나선후류(Spiraling Slipstream) 항공기의 프로펠러 회전에 의해서 항공기 후방에 후류가 발생한다. 이 같은 후류는 시계 방향으로 동체를 휘감는 나선형 후류가 된다.

114 비행 중 토크현상을 발생시키는 회전 운동의 세차에 관한 설명 중 맞는 것은?
① 회전하고 있는 물체에 외부의 힘을 가했을 때 그 힘이 90°를 지나서 뚜렷해지는 현상

정답 109.② 110.② 111.② 112.② 113.① 114.①

② 프로펠러에 의해 비대칭 하중 때문에 발생하는 힘
③ 프로펠러에 의한 후류로 인해 발생하는 힘
④ 프로펠러가 시계 방향으로 회전할 때 동체는 반작용을 일으켜 좌측으로 횡용 또는 경사지려는 경향

해설

회전 운동의 세차(Gyroscopic Precession)
회전 운동의 세차란 회전하고 있는 물체에 회전부의 힘을 가했을 때 그 힘이 나타나는 곳은 90°를 지나서 분명해지는 현상을 말한다.

115 프로펠러항공기의 토크(Torque)를 발생시키는 네 가지 요소로 맞는 것은?

① 자이로스코프 운동, 비대칭하중, 프로펠러 후류에 의한 힘, 토크 반작용
② 자이로스코프 운동, 무게중심하중, 프로펠러 후류에 의한 힘, 토크 반작용
③ 자이로스코프 운동, 비대칭하중, 프로펠러 각도에 의한 힘, 토크 반작용
④ 엔진출력, 비대칭하중, 프로펠러 후류에 의한 힘, 토크 반작용

116 지면 효과에 대한 설명으로 맞는 것은?

① 공기흐름 패턴과 함께 지표면의 충돌의 결과이다.
② 날개에 대한 증가된 유해항력으로 공기흐름 패턴에서 변형된 결과이다.
③ 날개에 대한 공기흐름 패턴의 방해 결과이다.
④ 지표면과 날개 사이를 흐르는 공기 흐름이 빨라져 유해항력이 증가함으로써 발생하는 현상이다.

해설

지면 효과 : 제자리 비행 시 회전익에서 발생하는 기류가 지면과의 충돌에 의해서 발생되는 것으로서 헬리콥터 성능을 증대시켜 적은 동력으로도 제자리 비행이 가능하도록 해준다.

117 지면 효과를 받을 수 있는 통상고도는?

① 비행기 날개폭의 2배 고도
② 비행기 날개폭의 4배 고도
③ 비행기 날개폭의 5배 고도
④ 날개폭 직경의 1/6이 되는 고도

해설

지면 효과는 날개폭 직경의 1/6이 되는 고도에서는 로터 추진력이 20% 증가되며, 날개폭 직경의 1/2이 되는 고도에서는 약 7%의 로터 추진력 증가율을 보인다.

118 드론이 제자리 비행을 하다가 이동시키면 계속 정지 상태를 유지하려는 것은 뉴턴의 운동법칙 중 무슨 법칙인가?

① 관성의 법칙
② 가속도의 법칙
③ 작용반작용의 법칙
④ 등가속도의 법칙

해설

제1법칙(관성의 법칙)
외부에서 힘이 작용하지 않으면 운동하는 물체는 계속 그 상태로 운동하려고 하고, 정지한 물체는 계속 정지해 있으려고 한다는 이론이다.

119 항공기는 착륙 시 속도를 줄이기 위해 랜딩 기어의 브레이크와 에어 브레이크를 사용한다. 항공기의 면적을 넓혀 항력을 증가시켜 속도를 줄이는데 항공기는 힘의 방향으로 가속되려는 성질은 무슨 법칙인가?

 115. ① 116. ① 117. ④ 118. ① 119. ①

① 가속도의 법칙
② 관성의 법칙
③ 작용반작용의 법칙
④ 등가속도의 법칙

해설

제2법칙(가속도의 법칙)
가속도의 법칙이란 물체가 어떤 힘을 받게 되면, 그 물체는 힘의 방향으로 가속되려는 성질로 힘이 가해졌을 때 물체가 얻는 가속도는 가해지는 힘에 비례하고 물체의 질량에 반비례하는 것이다.

120 유관을 통과하는 완전 유체의 유입량과 유출량은 항상 일정하다는 법칙은 무슨 법칙인가?

① 가속도의 법칙
② 관성의 법칙
③ 연속의 법칙
④ 작용반작용의 법칙

해설

연속의 법칙 : 유관을 통과하는 완전 유체의 유입량과 유출량은 하상 일정하다.

121 산 계곡 또는 산 정상 부분은 평지에 비해 면적이 작아 바람의 속도는 다른 부분보다 훨씬 세게 불어올 때 적용되는 법칙은?

① 가속도의 법칙
② 관성의 법칙
③ 연속의 법칙
④ 작용반작용의 법칙

해설

연속의 법칙 : 관속를 가득차게 흐르고 있는 정상류(定常流)에서는 모든 단면을 통과하는 중량 유량은 일정하다. 라고 하는 법칙

122 항공기 날개의 상하부를 흐르는 공기의 압력차에 의해 발생하는 압력의 원리는?

① 작용 반작용의 법칙
② 베르누이의 정리
③ 연속의 법칙
④ 관성의 법칙

해설

베르누이의 정리 : 유체의 속력이 증가하면 압력은 낮아지며 정압과 동압을 합한 값은 그 흐름 속도가 변화더라도 언제나 일정하다.

123 드론의 비행원리에서 축에 고정된 모터가 시계 방향으로 로터를 회전시킬 경우 이 모터 축에는 반시계 방향으로 힘이 작용하게 되는데 이것은 뉴턴의 운동 법칙 중 무슨 법칙인가?

① 가속도의 법칙
② 관성의 법칙
③ 등가속도의 법칙
④ 작용반작용의 법칙

해설

제3법칙(작용반작용의 법칙) : 모든 작용은 힘의 크기가 같고 방향이 반대인 반작용을 수반한다는 법칙이다.

124 상대풍의 설명 중 틀린 것은?

① Airfoil에 상대적인 공기의 흐름이다.
② Airfoil이 위로 이동하면 상대풍도 위로 향하게 된다.
③ Airlfoil의 방향에 따라 상대풍의 방향도 달라진다.
④ Airfoil의 움직임에 의해 상대풍의 방향은 변하게 된다.

정답 120. ③ 121. ③ 122. ② 123. ④ 124. ②

> **해설**
>
> Airfoil이 위로 이동하면 상대풍도 아래로 향하게 된다.

125 상대풍(Relative Wind)에 관련된 설명 중 맞는 것은?

① 항공기의 진행 방향과 반대 방향으로 흐르는 공기흐름이다.
② 프로펠러 후류에 의해 형성되는 공기흐름을 말한다.
③ 항공기가 진행할 때 날개 끝의 압력차에 의해 형성되는 공기흐름을 말한다.
④ 항공기가 진행할 때 옆으로 흐르게 하는 옆바람을 말한다.

> **해설**
>
> 상대풍 : 항공기의 진행 방향과 반대 방향으로 흐르는 공기흐름이다.

126 회전 상대풍의 설명 중 맞는 것은?

① 로터 블레이드가 마스트를 중심으로 회전하는 것에 의해 발생하는 상대풍을 말한다.
② 회전 상대풍은 Airfoil의 비행경로와 동일 방향으로 작용한다.
③ 회전 상대풍과 익현선의 사이각은 회전면의 익단경로와 익현선의 사이각인 취부각과 다르다.
④ 회전 상대풍의 속도는 익근으로 갈수록 증가하여 회전축에서는 최고속도가 된다.

> **해설**
>
> 회전 상대풍은 풍판의 비행 경로와 반대 방향으로 작용하므로 회전 상대풍과 익현선의 사이각은 회전면의 익단경로와 익현선의 사이각인 취부각과 동일하다. 회전상대풍의 속도는 블레이드가 회전하는 것에 의해 발생하므로 단위 시간당 이동하는 거리에 의해 익단에서 가장 빠르고, 익근으로 갈수록 속도는 감소하여 회전축에서 속도는 "0"이 된다.

127 비행 방향의 반대방향인 공기흐름의 속도 방향과 Airfoil의 시위선이 만드는 사이각을 말하며, 양력, 항력 및 피치모멘트에 가장 큰 영향을 주는 것은?

① 상반각　　② 후퇴각
③ 붙임각　　④ 받음각

> **해설**
>
> 공기흐름의 속도 방향과 날개골 시위선이 이루는 각으로 시위선(풍판)과 상대풍 사이의 각이다. 받음각(영각)은 항공기를 부양시킬 수 있는 항공 역학적 각이며 양력을 발생시키는 요소이다.

128 받음각(AOA)이 증가하여 흐름의 떨어짐 현상이 발생하면 양력과 항력의 변화는?

① 양력과 항력이 모두 증가한다.
② 양력과 항력이 모두 감소한다.
③ 양력은 증가하고 항력은 감소한다.
④ 양력은 감소하고 항력은 증가한다.

129 받음각(AOA)이란?

① 날개의 캠버와 상대풍이 이루는 각
② 상대풍과 기수가 이루는 각
③ 상대풍과 날개의 시위선이 이루는 각
④ 수평면에 대한 비행기의 비행 자세가 이루는 각

130 받음각이 일정할 때 양력은 고도의 증가에 따라 어떻게 되겠는가?

① 증가한다.　　② 일정하다.
③ 감소한다.　　④ 감소 후 증가한다.

정답　125. ①　126. ①　127. ④　128. ④　129. ③　130. ③

131 받음각(AOA)이란 시위선과 다음 중 어느 것과의 각도로 정의되는가?
① 수평선
② 풍판(Airfoil)의 Pitch각
③ 회전익 항공기의 Rotar
④ 상대풍

132 받음각(영각)에 대한 설명 중 틀린 것은?
① 받음각(영각)이 커지면 양력이 작아지고 받음각(영각)이 작아지면 양력이 커진다.
② 취부각(붙임각)의 변화 없이도 변화될 수 있다.
③ 양력과 항력의 크기를 결정하는 중요한 요소
④ Airfoil의 익현선과 합력 상대풍의 사이각

🛩️ **해설**
받음각(영각)이란 Airfoil의 익현선과 합력상대풍의 사이각으로 받음각은 공기역학적인 각이므로 취부각(붙임각)의 변화 없이도 변화될 수 있으며, 받음각은 Airfoil에 의해서 발생되는 양력과 항력의 크기를 결정하는 중요한 요소로 받음각(영각)이 커지면 양력이 커지고, 항력은 감소한다.

133 받음각이 커지면 풍압중심은 일반적으로 어떻게 되나?
① 앞전으로 이동
② 뒷전으로 이동
③ 이동하지 않는다.
④ 앞전 이동 후 바로 뒷전으로 이동

134 받음각(AOA)이란 익형(Air Foil)의 시위선(Code Line)과 어느 것으로 이루어진 각을 말하는가?
① 수평선
② 에어포일의 피치각
③ 붙임각
④ 상대풍(흐름의 방향)

135 받음각(AOA)이 일정할 때 양력은 고도의 증가에 따라 어떻게 되겠는가?
① 증가한다.
② 일정하다.
③ 감소한다.
④ 감소 후 증가한다.

136 받음각이 커지면 풍압중심은 일반적으로 어떻게 되나?
① 앞전으로 이동
② 뒷전으로 이동
③ 이동하지 않는다.
④ 앞전 이동 후 바로 뒷전으로 이동

137 받음각(AOA)에 관련된 사항 중 부적당한 표현은?
① 받음각이 커지면 항공기 속도가 증가하고, 받음각이 작아지면 속도가 감소한다.
② 상대풍과 풍판(Airfoil)의 시위선(Chord Line)이 이루는 각을 말한다.
③ 받음각이 커지면 항공기속도가 감소하고, 받음각이 작아지면 속도가 증가한다.
④ 일정속도에서 받음각이 증가하면 양력도 증가한다.

138 다음 중 날개의 받음각에 대한 설명이다. 틀리는 것은?

정답 131. ④ 132. ① 133. ① 134. ④ 135. ③ 136. ① 137. ① 138. ①

① 기체의 중심선과 날개의 시위선이 이루는 각이다.
② 날개골에 흐르는 공기의 흐름 방향과 시위선이 이루는 각이다.
③ 받음각이 증가하면 일정한 각까지 양력과 항력이 증가한다.
④ 비행 중 받음각은 변할 수 있다.

139 받음각이 "0"일 때에 양력계수가 "0"이 되는 날개골을 다음 중 어느 것인가?

① 캠버가 큰 날개골
② 대칭형 날개골
③ 캠버가 크고 두꺼운 날개골
④ 캠버가 작고 두꺼운 날개골

140 날개의 붙임각에 대한 설명으로 옳은 것은?

① 날개의 시위와 공기흐름의 방향과 이루는 각이다.
② 날개의 중심선과 공기흐름 방향과 이루는 각이다.
③ 날개 중심선과 수평축이 이루는 각이다.
④ 날개 시위선과 비행기 세로축이 이루는 각이다.

해설
붙임각(Incidence Angle)이란, 동체의 기준선, 즉 동체 세로축 선과 시위선이 이루는 각으로 Airfoil의 익현선과 로터 회전면이 이루는 각이다.

141 상반각이란 주 날개의 시위선을 잇는 직선과 어느 것과의 각을 말하는가?

① 캠버(Camber)
② 기체의 좌우를 잇는 수평선
③ 상대풍
④ 양력

142 날개의 형태 중 상반각(쳐든각)에 대한 설명으로 맞는 것은 어느 것인가?

① 비행 중 항력이 작아진다.
② 옆 미끄럼을 방지한다.
③ 선회성능이 좋아진다.
④ 날개 끝 실속을 방지한다.

143 앞전(Leading Edge)과 뒷전(Trailing Edge)를 연결하는 직선을 무엇이라고 하는가?

① 캠버(Comber)
② 에어포일(Ail Foil)
③ 시위선(Chord Line)
④ 받음각(AOA)

해설
시위선(Chord Line) : 전연에서 후연으로 이르는 직선으로 시위란 전연과 후연간의 거리를 말한다.

144 날개골(Airfoil)에서 캠버(Camber)를 설명한 것이다. 바르게 설명한 것은?

① 날개의 아랫면(Lower camber)과 윗면(Upper camber) 사이를 말한다.
② 시위선과 평균캠버선 사이를 말한다.
③ 앞전과 뒷전 사이를 말한다.
④ 날개 앞전에서 시위선 길이의 25% 지점의 두께를 말한다.

해설
캠버 : 풍판에 있어서 곡선의 양, 즉 시위선과 중심선 사이에 이루어지는 거리이다.

정답 139. ② 140. ④ 141. ② 142. ② 143. ③ 144. ②

chapter 03 항공역학(비행원리) ➡ 핵심 문제

145 수평 직전비행을 하다가 상승비행으로 전환 시 받음각이 증가하면 양력은 어떻게 변화하는가?

① 순간적으로 감소한다.
② 지속적으로 감소한다.
③ 변화가 없다.
④ 순간적으로 증가한다.

해설
양력의 증·감은 영각(받음각)의 증·감에 따라 변화한다.

146 양력 계수의 분포가 일정하고 유도항력이 최소인 Airfoil은?

① 직사각형
② 정사각형
③ 타원형
④ 테이퍼형

해설
타원형 날개 : 날개 길이 전체에 걸쳐서 실속이 균일하게 발생하며 실속으로부터의 회복이 늦다. 날개 길이 방향의 양력 계수의 분포가 일정하고 유도항력이 최소인 특징이 있다 그러나 실속 후 회복 성능이 불량하고 제작이 어려워 최근에는 거의 사용하지 않는다.

147 붙임각(취부각)의 설명이 아닌 것은?

① Airfoil의 익현선과 로터 회전면이 이루는 각이다.
② 블레이드 피치각이다.
③ 붙임각(취부각)에 따라서 양력은 증가만 한다.
④ 유도기류와 항공기 속도가 없는 상태에서는 영각(받음각)과 동일하다.

해설
붙임각(Incidence Angle)이란, 동체의 기준선, 즉 동체 세로축선과 시위선이 이루는 각으로 Airfoil의 익현선과 로터회전면이 이루는 각을 말하며, 취부각(붙임각)은 공기역학적인 반응에 의해 형성되는 각이 아니라 기계적인 각이다.

148 대칭형 Airfoil에 대한 설명으로 틀린 것은?

① 중력중심 이동이 대체로 일정하게 유지되어 주로 저속 항공기에 적합하다.
② 상부와 하부표면이 대칭을 이루고 있으나 평균 캠버선과 익현선은 일치하지 않는다.
③ 제작비용이 저렴하고 제작도 용이하다.
④ 비대칭형 Airfoil에 비해 양력이 적게 발생하여 실속이 발생할 수 있는 경우가 더 많다.

해설
대칭형 Airfoil은 상부와 하부 표면이 대칭을 이루고 있으므로 평균 캠버선과 익현선이 일치하므로 압력중심 이동이 대체로 일정하게 유지되어 주로 저속 항공기 및 회전익 항공기에 적합하며, 제작비용이 저렴하고 제작도 용이하지만 비대칭형 Airfoil에 비해 주어진 받음각에 비해 양력이 적게 발생하여 실속이 발생할 수 있는 경우가 많다.

149 수평 선회 중에 속도가 증가하였다면 고도를 유지시키기 위해서 어떻게 해야 하는가?

① 받음각과 경사각을 감소시킨다.
② 받음각과 경사각이 증가하여야 한다.
③ 받음각이 증가되거나 경사각이 감소되어야 한다.
④ 받음각이 감소되거나 경사각이 증가되어야 한다.

정답 145. ④ 146. ③ 147. ③ 148. ② 149. ④

해설

선회 중에 속도가 증가되면 증가된 양력에 의해 항공기가 상승하게 된다. 이를 방지하기 위해서는 고도를 유지하기 위한 받음각을 감소하거나 경사각을 증가시켜야 한다.

150 착륙 중 강하율을 잘못 판단했거나 정상속도보다 빠르게 강하하고 있다고 판단한 조종사는 피치 자세와 영각(받음각)을 너무 급속히 증가시켜 강하를 정지시킬 뿐 아니라 비행기를 다시 상승하게 하는 현상은?

① 플로팅(Floating)
② 벌룬잉(Ballooning)
③ 자세변경(Flare)
④ 바운싱(Bouncing)

151 비행기 중심위치가 MAC 25%에 있다면?

① 날개뿌리부의 시위선의 25%에 중심이 있다.
② 주날개의 날개폭의 75%선과 시위선의 25%선과의 교점에 중심이 있다.
③ 중심위치가 공력평균시위의 앞쪽에서부터 25% 지점에 있다.
④ 비행기의 중심위치가 동체 앞으로부터 25%에 있다.

152 날개의 공력평균시위(Mean Aerodynamic Chord)에 대한 설명으로 맞는 것은?

① 날개 끝 실속을 방지하기 위해서 별도로 설정한 시위이다.
② 받음각이 증가하면 모멘트 값이 변하는 시위이다.
③ 기하학적 평균시위라고도 한다.
④ 날개의 공기력을 대표하는 날개시위이다.

153 실속에 대한 설명으로 틀린 것은?

① 실속의 직접적인 원인은 과도한 받음각이다.
② 임계 받음각을 초과할 수 있는 경우는 고속비행, 저속비행, 깊은 선회비행 등이다.
③ 실속은 무게, 하중계수, 비행속도 또는 밀도고도에 관계없이 항상 다른 받음각에서 발생한다.
④ 선회비행 시 원심력과 무게의 조화에 의해 부가된 하중들이 상호 균형을 이루기 위한 추가적인 양력이 필요하다.

해설

실속은 무게, 하중계수, 비행속도 또는 밀도고도에 관계없이 항상 같은 받음각에서 실속이 발생한다.

154 실속이 일어나는 가장 큰 원인은 무엇인가?

① 속도가 없어지므로
② 받음각이 너무 커져서
③ 엔진의 출력이 부족해서
④ 불안정한 대기 때문에 비행기의 안정과 조종, 계기, 장비, 역학

해설

실속(stall)이란 비행기가 주어진 고도를 유지할 수 없는 현상을 말하며, 이는 받음각이 실속각보다 크다는 것을 의미한다. 받음각이 실속각보다 크게 되면 날개 윗면에서 공기 흐름이 표면을 따라 흐리지 못하고 떨어져 나가는 현상이 발생한다.

정답 150.② 151.③ 152.④ 153.③ 154.②

155 다음은 실속속도에 대한 설명이다. 틀린 것은?

① 양력계수가 최대인 상태에서 비행속도가 최소가 되는 속도
② 실속속도가 익면하중이 클수록 감소한다.
③ 실속속도가 작을수록 착륙속도는 작아진다.
④ 고양력 장치의 최대양력계수 값을 크게 하여 이착륙 시 비행기 성능을 향상시킨다.

해설
실속속도가 익면하중이 클수록 증가한다.

156 실속에 대한 설명으로 틀린 것은 어느 것인가?

① 비행기가 비행을 유지할 수 없는 최소의 속도 이하의 상태를 말한다.
② 날개에서 받음각이 실속각보다 클 때 일어나는 현상이다.
③ 날개의 윗면에서 공기흐름의 떨어짐 현상이다.
④ 양력계수가 급격히 증가하는 현상이다.

해설
양력이 급격히 감소하고 항력이 급격히 증가하게 된다. 이와 같은 현상이 발생하는 받음각 영역을 실속 영역이라 한다.

157 실속속도를 설명한 것으로 틀리는 것은 어느 것인가?

① 상승할 수 있는 최소의 속도이다.
② 수평비행을 유지할 수 있는 최소의 속도이다.
③ 하중이 증가하면 실제 실속속도가 커진다.
④ 실속속도가 크면 이착륙활주거리가 길어진다.

해설
실속(Stall)이란 비행기가 주어진 고도를 유지할 수 없는 현상을 말하며 이는 받음각이 실속각보다 크다는 것을 의미한다.

158 초경량항공기 실속에서의 회복에 있어 우선적으로 해야 하는 가장 유효한 방법은?

① 엔진을 Full Power로 한다.
② 조종간을 앞으로 밀어서 승강기를 내려서 기수를 내려준다.(체중 이동형은 당겨준다.)
③ 조종간을 뒤로 당겨 기수를 올려준다.(제중 이동형은 밀어준다.)
④ 조종간을 중립상태로 하여 수평을 빨리 유지하고 파워를 서서히 증가시킨다.

159 익단 실속(Tip Stall)을 방지하기 위한 방법 중 틀린 것은?

① Wing Taper를 너무 크게 하지 말 것
② Wing Tip의 받음각이 적도록 미리 비틀림을 주어 제작
③ Wing Root 부근의 익단면을 실속각이 큰 Airfoil 사용
④ Slot을 설치한다.

160 날개 끝 실속이 잘 일어나는 날개 형태는 어느 것인가?

① 타원형 날개
② 직사각형 날개
③ 뒤 젖힘 날개
④ 앞젖힘 날개

정답 155. ② 156. ④ 157. ① 158. ② 159. ③ 160. ③

초경량비행장치 운용과 비행실습

161 Stall(실속) 시 조종능력을 상실하는 순서로 맞는 것은?

① 방향타(Rudder) – 횡전타(Ailleron) – 승강타(Elavator)
② 횡전타(Ailleron) – 방향타(Rudder) – 승강타(Elavator)
③ 방향타(Rudder) – 승강타(Elavator) – 횡전타(Ailleron)
④ 횡전타(Ailleron) – 승강타(Elavator) – 방향타(Rudder)

162 고양력장치를 설치하는 목적으로 타당한 것은 어느 것인가?

① 이착륙 시 활주거리를 줄이기 위해 양력을 크게 하는 장치
② 순항 시 양력을 크게 하기 위해
③ 순항 시 항력을 작게 하기 위해
④ 이착륙 시 항력을 작게 하기 위해

163 날개 골의 임의 지점에 중심을 잡고 받음각의 변화를 주면 기수를 들리고 내리는 피칭모멘트가 발생하는데 이 모멘트의 값이 받음각에 관계없이 일정한 지점을 말하는데 이것이 의미하는 것은?

① 압력중심(Center of Pressure)
② 공기력중심(Aerodynamic Center)
③ 무게중심(Center of Gravity)
④ 평균공력시위(Mean Aerodynamic Chord)

해설

공기력중심 : 에어포일의 피칭 모멘트의 값이 받음각이 변화하여도 변하지 않는 기준점이라 말하며 날개 골 주위에 작용하는 공기압력의 중심, 즉 공기력의 합력점을 압력중심이라 부른다.

164 선회는 어떤 힘에 의해서 이루어지는가?

① 추력과 수직양력분력
② 수직양력분력
③ 수평양력분력
④ 추력

해설

수직양력분력은 무게와 반대 방향으로 작용하고 수평양력분력은 원심력과 방향은 반대이므로 그 힘은 대등하다.

165 유도 기류의 설명 중 맞는 것은?

① 취부각(붙임각)이 "0"일 때 Airfoil을 지나는 기류는 상, 하로 흐른다.
② 취부각의 증가로 영각(받음각)이 증가하면 공기는 위로 가속하게 된다.
③ 공기가 로터 블레이드의 움직임에 의해 변화된 하강기류를 말한다.
④ 유도기류 속도는 취부각이 증가하면 감소한다.

해설

유도기류란 공기가 로터 블레이드의 움직임에 의해 변화된 하강기류를 말하며 유도기류 속도는 취부각이 증가할수록 증가하게 된다.

166 공중조작 중 선회비행에 대한 설명으로 틀린 것은?

① 선회비행을 위해서는 선회하고자 하는 방향으로 경사시키는데 이를 선회정사각으로 롤 인(roll in)한다고 한다.
② 선회가 끝나고 직선비행으로 되돌아오는 경우를 롤아웃(roll out)한다고 한다.
③ 선회비행 시 정확한 선회경사각을 설정하지 못하면 side slip을 하게 된다.
④ 선회 중 양력은 수직양력분력과 수평양력분력으로 분리되며, 수직양력분력은 무게와 같은 방향으로 작용한다.

정답 161. ② 162. ① 163. ② 164. ③ 165. ③ 166. ④

> **해설**
>
> 수직양력분력은 무게와 반대 방향으로 작용하고 수평양력분력은 원심력과 방향은 반대이므로 그 힘은 대등하다.

167 비행장치의 무게중심은 어떻게 결정할 수 있는가?

① CG = TA × TW(총암과 총무게를 곱한 값이다.)
② CG = TM ÷ TW(총모멘트를 총무게로 나누어 얻은 값이다.)
③ CG = TM ÷ TA(총모멘트를 총암으로 나누어진 값이다.)
④ CG = TA ÷ TM(총암을 모멘트로 나누어 얻은 값이다.)

> **해설**
>
> CG(무게중심)=TM(총모멘트)÷TW(총무게)

168 총무게가 5kg인 비행장치가 45도의 경사로 동 고도로 선회할 때 총하중 계수는 얼마인가?

① 5kg   ② 6kg
③ 7.5kg   ④ 10kg

> **해설**
>
> 45도 경사는 1.5배의 총하중 계수를 갖는다.

169 총 무게가 12kg인 비행장치가 60도의 경사로 동 고도로 선회할 때 총하중 계수는?

① 12kg   ② 24kg
③ 36kg   ④ 48kg

> **해설**
>
> 60도 경사는 2배의 총하중 계수를 갖는다.

170 항공기에 작용하는 세 개의 축이 교차되는 곳은?

① 무게 중심
② 압력 중심
③ 가로축의 중간지점
④ 세로축의 중간지점

> **해설**
>
> 공중에서 움직이는 항공기는 힘의 균형을 이루는 균형점은 무게의 중심점에 있다.

171 고유의 안전성이란 무엇을 의미하는가?

① 이착륙 성능이 좋다.
② 실속이 되기 어렵다.
③ 스핀이 되지 않는다.
④ 조종이 보다 용이하다.

> **해설**
>
> 안전성이란 항공기가 일정한 비행 상태를 계속해서 유지할 수 있는 정도를 말한다.

172 회전익 비행장치의 유동력 침하가 발생될 수 있는 비행조건이 아닌 것은?

① 높은 강하율로 오토 로테이션 접근시
② 배풍 접근 시
③ 지면 효과 밖에서 호버링을 하는 동안 일정한 고도를 유지하지 않을 때
④ 편대비행 접근 시

> **해설**
>
> 유도기류란 공기가 로터 블레이드의 움직임에 의해 변화된 하강기류를 말한다.

173 비행장치의 스핀(Spin)으로부터 정상회복을 시키려면 어떤 상태에 있을 때 가장 어려워지는가?

정답 167. ② 168. ③ 169. ② 170. ① 171. ④ 172. ③ 173. ③

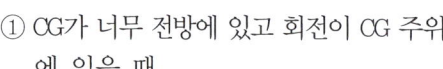

① CG가 너무 전방에 있고 회전이 CG 주위에 있을 때
② CG가 너무 후방에 있고 회전이 세로축 주위에 있을 때
③ CG가 너무 후방에 있고 회전이 CG 주위일 때
④ 스핀이 실속이 완전히 발달하기 전 진입할 때

해설
스핀에서 회복은 CG가 전방에 있을 때 쉽게 회복될 수 있으며 후방에 있으면 받음각이 임계각 이하로 기수를 바꾸는 데 어려워 회복하기가 어려워진다.

174 CG가 후방으로 이동 할 때 비행장치의 변화는?

① 안전성과 조종성이 감소된다.
② 안전성이 감소되지만 조종하기 용이하다.
③ 조종성은 다소 감소되나 안전성은 증대된다.
④ CG가 초과하지 않는 한 안전성과 조종성이 증가한다.

해설
CG가 후방에 있으면 기수 유지가 어려워서 안정성과 조종성이 감소한다.

175 표준선회 시 90도를 선회하는 데 소요되는 시간은?

① 20초
② 30초
③ 40초
④ 50초

해설
표준선회는 초당 3도(30초)이다.

176 비행 후 기체 점검 사항 중 옳지 않은 것은?

① 동력계통 부위의 볼트 조임 상태 등을 점검하고 조치한다.
② 메인 블레이드, 테일 블레이드의 결합 상태, 파손 등을 점검한다.
③ 남은 연료가 있을 경우 호버링 비행하여 모두 소모시킨다.
④ 송수신기의 배터리 잔량을 확인하여 부족 시 충전한다.

해설
장기 보관일 경우를 제외하고 연료를 비행으로 소모시킬 필요는 없다.

177 비행장치의 무게 중심은 주로 어느 축을 따라서 계산되는가?

① 가로축
② 세로축
③ 수직축
④ 세로축과 수직축

해설
비행장치의 무게 중심은 세로축으로 계산된다.

178 공기의 흐름을 설명한 것이다. 맞는 것은?

① 공기밀도가 높으면 단위 시간당 부딪히는 공기입자수가 많으므로 동압이 크다.
② 공기밀도가 높으면 단위 시간당 부딪히는 공기입자수가 많으므로 동압이 작다.
③ 공기밀도가 높으면 단위 시간당 부딪히는 공기입자수가 적으므로 동압이 작다.
④ 공기밀도가 높으면 단위 시간당 부딪히는 공기입자수가 적으므로 동압이 크다.

정답 174. ① 175. ② 176. ③ 177. ② 178. ①

179 동압에 관한 설명이다. 틀리는 것은?
① 동압은 공기밀도와 비례한다.
② 동압은 공기흐름 속도의 제곱에 비례한다.
③ 동압은 부딪히는 면적에 비례한다.
④ 동압은 정압의 크기에 반비례한다.

180 공기흐름 방향에 관계없이 모든 방향으로 작용하는 압력으로 맞는 것은?
① 정압
② 동압
③ 벤츄리 압력
④ 전압-정압

181 비행 중 비행기의 전면에 작용하는 압력의 설명으로 맞는 것은?
① 비행기의 모든 면에 작용하는 압력은 같다.
② 전압=동압+정압
③ 공기밀도가 증가하면 감소한다.
④ 공기온도가 증가하면 증가한다.

182 무풍 상태에서 지상에 계류 중인 비행기의 날개에 작용하는 압력을 설명한 것으로 맞는 것은?
① 날개의 아랫부분의 압력보다 윗부분을 누르는 압력이 높다.
② 날개의 윗부분의 압력이 아랫부분을 들어 올리는 압력보다 높다.
③ 날개의 아랫부분의 압력과 윗부분의 압력은 같다.
④ 날개의 형태에 따라 다르다.

183 Pitot Tube을 이용한 계기가 아닌 것은?
① 속도계
② 고도계
③ 선회계
④ 승강계

  해설
  흐르고 있는 유체 내부에 설치하여 그 유체의 속도를 알아내는 장치이다.

184 다음 중 정압만을 필요로 하는 계기는?
① 고도계
② 속도계
③ 선회계
④ 자이로 계기

  해설
  정압 : 대기압(고도)과 같이 유체의 운동 상태에 관계없이 항상 모든 방향으로 작용하는 유체의 압력을 동압이라 한다.

185 피토관(pitot tube)이 막혔을 때 작동하지 않거나 비정상 작동 계기는?
① 속도계
② 고도계
③ 승강계
④ 앞의 3가지 모두 비정상적이다.

186 정압 공에 결빙이 생기면 정상적인 작동을 하지 않는 계기는?
① 고도계
② 속도계
③ 승강계
④ 모두 작동하지 못한다.

187 피토관(Pitot Tube)에서 측정할 수 없는 것은?
① 정압(Static Pressure)
② 동압(Dynamic Pressure)

◆ 정답 179. ④ 180. ① 181. ② 182. ③ 183. ③ 184. ① 185. ④ 186. ④ 187. ④

③ 전압(Total Pressure)
④ 온도(Temperature)

188 다음 속도계에 관한 설명 중 옳은 것은?
① 고도에 따르는 기압차를 이용한 것이다.
② 전압과 정압의 차를 이용한 것이다.
③ 동압과 정압의 차를 이용한 것이다.
④ 전압만을 이용한 것이다.

189 피토 정압 계통에 의해서 작동되는 계기가 아닌 것은?
① 속도계(ASI)
② 고도계(ALT)
③ 승강계(VSI)
④ 자세계(AH)

190 다음 연료 여과기에 대한 설명 중 가장 타당한 것은?
① 연료 탱크 안에 고여 있는 물이나 침전물을 외부로 빼내는 역할을 한다.
② 외부 공기를 기화된 연료와 혼합하여 실린더 입구로 공급한다.
③ 엔진 사용 전에 흡입구에 연료를 공급한다.
④ 연료가 엔진에 도달하기 전에 연료의 습기나 이물질을 제거한다.

191 다음의 설명에 해당하는 것은?

- 소음의 발생을 억제한다.
- 동력용 엔진의 배기구에 결합되며 엔진열의 발열을 감소시키는 역할도 한다.
- 비행 직후에는 많은 열을 발생시켜 주의가 필요하다.

① 메인 블레이드
② 테일 블레이드
③ 연료 탱크
④ 머플러

192 항공기의 중심위치를 계산할 때 쓰는 Moment는 다음 중 어느 것을 말하는가?
① 길이×무게
② 길이÷무게
③ 무게÷길이
④ 무게×길이÷2

193 왕복기관을 분류하는 방법 중 현재 가장 많이 사용하는 방식으로 짝지어진 것은?
① 행정수와 냉각방법
② 행정수와 실린더 배열
③ 냉각방법과 실린더 배열
④ 실린더 배열과 사용 연료

194 엔진의 배기색이 백색이라면 어떤 상태인가?
① 소음기의 막힘
② 노즐의 막힘
③ 분사 시기의 늦음
④ 오일이 연소실에 올라감

195 에어클리너가 이물질로 인해 흡입이 잘 안 된다면 기관에 어떤 영향을 주는 것은?
① 기관의 마모가 일어난다.
② 윤활유가 굳어진다.
③ 혼합가스가 진해진다.
④ 배기가스가 백색이 된다.

정답 188.② 189.④ 190.④ 191.④ 192.① 193.③ 194.④ 195.③

196 실린더 내(연소실)에 카본이 끼는 원인은?
① 희박한 연소
② 완전 연소
③ 오일이 연소실에서 타고 있다.
④ 피스톤 간격(간극)이 작다.

197 윤활유 성질을 나타내는 중요한 것은?
① 점도
② 습도
③ 온도
④ 열효율

198 윤활유의 작용(기능)이 아닌 것은?
① 마찰감소 및 마멸방지
② 밀봉작용
③ 방청, 냉각작용
④ 소음방지 및 오일 제거작용

199 방열기(Radiator) 캡을 열어보았더니 냉각수에 기름이 떠 있다면 원인은?
① 물 펌프의 마모
② 정온기의 파손
③ 헤드 개스킷의 파손
④ 방열기 코어가 약간 막힘

200 기화기에 빙결이 생기면 어떤 현상이 일어나는가?
① rpm이 증가한다.
② 흡기압력이 증가한다.
③ 흡기압력이 감소
④ CHT에 이상 발생

201 흡입장치에서 빙결은 어느 것에 의하여 알 수 있는가?
① 기화기 온도계기
② 연료압력이 동요한다.
③ 저 연료압력
④ 출력손실과 흡기압의 감소

202 기화기 결빙(Iceing)의 원인으로 옳은 것은?
① 연료 중의 물이 원인이 된다.
② 연료와 수중기의 화학작용이 원인
③ 벤튜리에 의해 압력이 저하되어 결빙한다.
④ 연료증발 때 기화열 흡수로 공기 중의 수분결빙이 원인

203 혼합가스가 과 농후 시 일어나는 현상은 무엇인가?
① 역화(Back Fire)
② 후화(After Fire)
③ 디토네이션(Detonation)
④ 조기점화(Pre-ignition)

204 경항공기가 고공에 있을 때 연료탱크 벤트 라인(Fuel Tank Vent Line)이 얼어서 막혔다. 이때 예상되는 현상은 무엇인가?
① 농후 혼합기가 된다.
② 희박혼합기가 된다.
③ 혼합비가 희박해지다가 엔진이 정지할 것이다.
④ 실린더 헤드온도가 상승

정답 196.① 197.① 198.④ 199.③ 200.③ 201.④ 202.④ 203.① 204.③

205 왕복기관에서 추운 겨울에 사용하는 오일의 조건은?

① 저 인화성
② 저점성
③ 고 인화성
④ 고점성

206 4행정 왕복기관 시동 후 가장 먼저 확인해야 하는 계기(Instrument)는?

① 오일 압력계
② 연료 압력계
③ 실린더 헤드 온도계
④ 다기관 압력계

207 다음 연료 여과기에 대한 설명 중 가장 타당한 것은?

① 연료 탱크 안에 고여 있는 물이나 침전물을 외부로부터 빼내는 역할을 한다.
② 외부 공기를 기화된 연료와 혼합하여 실린더 입구로 공급한다.
③ 엔진 사용 전에 흡입구에 연료를 공급한다.
④ 연료가 엔진에 도달하기 전에 연료의 습기나 이물질을 제거한다.

정답 205. ② 206. ① 207. ④

Chapter 04

항공기상

4.1 — 대기
4.2 — 기온과 습도
4.3 — 태풍(열대성 저기압)
4.4 — 구름과 안개
4.5 — 기단과 전선
4.6 — 고기압과 저기압
4.7 — 뇌우와 착빙
4.8 — 우박과 번개와 천둥

항공기상 Chapter 04

4.1 대기

대기는 지구를 중심으로 둘러싸고 있는 각종 가스의 혼합물로 구성되어 있다. 질소(Nitrogen)가 78%, 산소(Oxygen)가 21%, 기타 아르곤(Argon), 네온(Neon), 헬륨(Helium) 가스 등으로 구성되어 있다. 대류 현상이란 아래쪽의 따뜻한 공기는 가벼워져서 위로 상승하고, 위쪽의 차가운 공기는 무거워져서 하강하는 것을 말한다. 따라서 아래쪽의 기온이 높은 대류권과 중간권에서 대류 현상이 일어나게 된다.

1 대기의 순환

지구를 둘러싸고 있는 대기의 기류는 일정 지역에 정체되어 있기 보다는 특정한 형태(Patterns)를 갖추고 지구 주위를 끊임없이 순환하고 있다. 대기의 순환 원인은 태양으로부터 받아들이는 태양 에너지에 의한 지표면의 불규칙한 가열 때문이다.

적도 지방의 기온은 극지방에 비해 상대적으로 많은 태양 에너지를 받아들이기 때문에 지표면에 가열된(Heated) 공기는 온도차를 형성하게 된다. 적도지방의 가열된 공기는 밑으로 가라앉으면서 두 지방의 기온차에 따른 대류 현상이 발생한다. 따라서 적도 지방의 가열된 공기는 상승하여 극지방으로 흐르고 극지방의 차가운 공기는 적도 지방으로 흐르면서 대기의 순환 형태가 형성된다. 이 같은 대류 순환의 근본적인 원인은 태양 에너지에 의한 불균형 가열이라 할 수 있다.

태양에너지에 의한 지표면의 불균형 가열은 더운 지방과 추운 지방 사이에 기압차가 형성되어 더운 지방은 주로 저기압을 형성하여 상승 기류를 이루고 반대로 추운 지방에서는 고기압을 형성하여 기류는 하강하면서 더운 공기로 대치되어 커다란 공기군의 순환을 형성한다. 지구를 중심으로 형성된 일정 형태의 공기순환은 외부의 힘이 작용하지 않는 한 같은 방향으로 계속해서 운동한다. 그러나 지구는 자전운동을 하고 있기 때문에 자연적으로 기류의 형태는 변한다. 이와 같은 공기군의 순환 형태를 변화시키는 힘을 편향력 또는 코리올리 힘이라 한다. 코리올리 힘의 관찰은 회전하는 원판의 중심에서 한쪽 끝단으로 직선을 그었을 때 실험자는 곡선이 그려져 있음을 관찰할 수 있다. 이와 같이 편향된 힘을 코리올리의 힘이라 하고 지구의 자전은 공기군 순환이 편향되는 주원인이다.

2 대기권의 구성 성분

항공기는 공기를 매질로 이동하는 비행체이다. 그리고 항공기 표면에 작용하는 공기력은 공기의 특성에 크게 영향을 받는다. 그러므로 항공역학을 이해하는데 먼저 공기의 특성을 중요하며 공기는 질소, 산소, 아르곤, 이산화탄소 및 기타 성분과 수증기 등으로 구성되어 있다.

① 대기는 기온, 안정도, 구성 성분 등에 따라 고도별로 대류권(0~10km), 성층권(10~45km), 중간권(45~80km), 열권(80km 이상)으로 구분된다.
② 대기의 구성 성분은 수증기가 들어 있지 않는 건조공기 속에는 질소(78%), 산소(21%), 아르곤(0.93%), 이산화탄소(0.039%), 그리고 미량 기체들로 이루어져 있다.
③ 산소는 생명체 생존의 필수요건이며, 생물권에 의해 유지되고 있다. 이산화탄소, 수증기, 메탄인 등 온실 기체들은 대기 전체 질량에 비하여 매우 적은 양에 불과하지만 현 기후 유지 및 변화에 있어서 매우 중요한 역할을 한다.
④ 대기 중의 수증기량은 매우 적지만 증발과정을 통하여 공급받게 되며 강수를 통하여 다시 육지와 해양으로 되돌아간다. 이 증발과 강수가 지구의 대기를 유지하는 데 중요한 역할을 하는 것이다.

3 대기권의 구조

대기권이란 지구를 둘러싸고 있는 공기의 층을 말하는 것으로, 지상 약 천km까지가 이에 해당하지만 대기의 99%는 지표면으로부터 높이 32km 이내에 분포하며 지표면으로부터 높아질수록 기온이 내려간다.

- 대기의 안정공기 : 층운형 구름과 안개, 지속성 강우, 안정된 기류, 시정은 대체로 양호

항공기상 chapter 04

- 대기의 불안정공기 : 적운형 구름, 소나기성 강우, 거친 기류, 연무나 연기에 의한 시정 불량

(1) 대류권

대류권이란 기상 현상, 즉 구름의 생성, 비, 눈, 안개 등이 발생되는 지역을 말한다. 그리고 복사열로 인하여 고도가 높아지면 기온이 낮아진다. 일반적으로 평균 11km까지 고도가 1,000m 상승하면 기온이 6.5℃씩 감소한다. 이와 같이 고도가 높아짐에 따라 기온이 감소하는 비율을 기온체감률이라고 한다.

대류권과 그 위의 층인 성층권 사이의 경계면을 대류권 계면이라 하며 높이가 적도 지방에서는 16~17km이고, 극지방에서는 8~10km로 높이가 낮으며, 평균 높이는 11km 정도이다. 대류권계면에서는 대기가 안정하여 구름이 없고 기온이 낮으며, 공기가 희박하여 제트 항공기 운항 고도로 적합하다.

① 지표면(해수면)으로부터 약 10km(적도 15km, 북극 8km)에 이르는 구간을 대류권이라 한다.
② 대류권은 높이 올라갈수록 지표면에서 방출되는 열을 적게 받기 때문에 위로 올라갈수록 기온이 낮아진다. 또한 대류권에는 수증기가 존재하기 때문에 구름, 비, 눈이 내리는 기상 현상이 발생한다.

> **기상 요소**
>
> 기압, 기온, 습도, 풍향, 풍속, 구름량, 구름 모양, 강수량, 뇌우, 안개, 시정 등이 중요 요소이며, 기상 요소는 여러 종류가 있다. 이러한 기상 요소에 의해 알 수 있는 기압 배치나 전선 등은 포함되지 않는다.

③ 대류권에서는 위로 100m씩 고도가 상승할수록 기온은 약 0.65℃씩 낮아지며 10km 높이에서는 기온은 영하 50℃ 정도가 된다.
④ 대기권을 구성하는 전체 기체의 약 75%가 지표면에서 가까운 대류권에 분포하고 있다.
⑤ 대류권계면에서는 대기가 안정하여 구름이 없고 기온이 낮으며, 공기가 희박하여 제트 항공기 운항 고도로 적합하다.

(2) 성층권(Stratosphere)

성층권에서는 여러 가지 형태의 운동이 일어나기 때문에 대기의 성분이 80km까지 거의 일정하다. 그리고 성층권 아래 지역은 고도 변화에 관계없이 기온이 거의 일정하지만 높이 약 30km부터 오존층이 있어 태양의 자외선을 흡수하므로 고도가 증가하면 기온이 증가하여 50km에서는 최고 온도가 된다.

성층권과 그 위의 층인 중간권 사이의 경계면을 성층권 계면이라 하며 그 높이는 약 50km 정도로 온도가 다소 높다.

① 지표(해수면)로부터 약 10~50km의 구간을 성층권이라고 한다.
② 성층권 중 약 20~30km의 구간에 오존층이 존재하며, 오존층은 태양으로부터 오는 유해한 자외선을 흡수하여 지구상의 생물을 보호한다.
③ 성층권 아랫부분은 약 영하 50℃로 기온이 일정하지만, 태양의 자외선을 흡수하기 때문에 오존층이 가열되어 고도가 상승할수록 기온이 높아진다.
④ 성층권은 위로 올라갈수록 기온이 높아져 대류 현상이 일어나지 않아 안정한 대기층이 형성되므로 비행기의 항로로 이용되는 것이고, 수증기가 존재하지 않아 기상 현상이 일어나지 않는다.

(3) 중간권(Mesosphere)

중간권은 고도 50km에서 90km에 걸쳐 고도가 증가함에 따라 온도가 감소하는 특징을 가지고 있다. 그리고 온도가 고도 50km에서는 약 0℃이고, 고도 90km에서는 약 -80℃이다. 중간권과 그 위의 층인 열권 사이의 경계면을 중간권 계면이라 하며 그 높이가 약 85~90km의 영역으로 대기권 중 가장 온도가 낮은 지역이다.

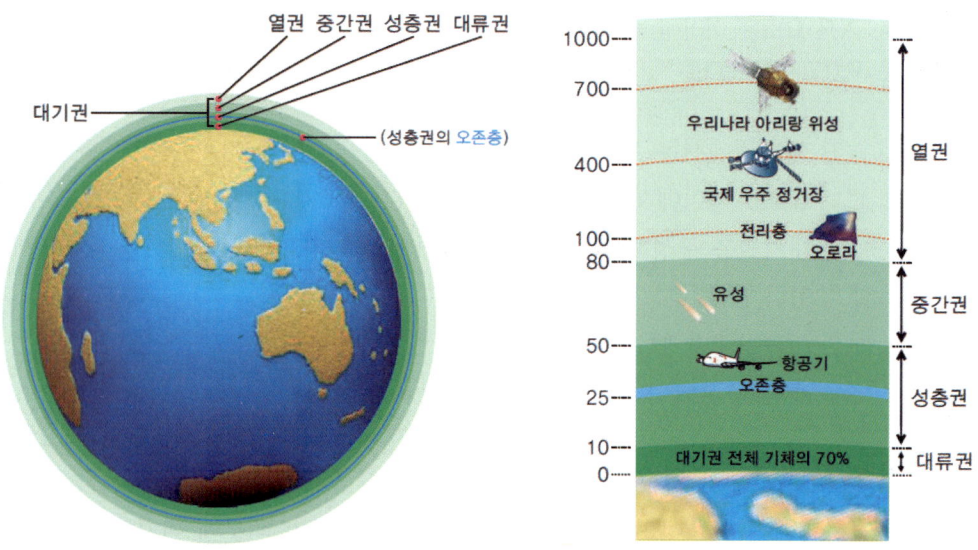

【 대기의 구조 】

① 성층권과는 반대로 중간권에서는 고도가 상승할수록 기온이 낮아지며 약 80km 높이에서는 대기권 중 가장 낮은 온도인 영하 90℃가 된다.
② 중간권에서는 대기가 불안정하여 약한 대류 현상이 나타나지만 수증기가 없어서 기상현상은 나타나지 않는다.

(3) 열권(Thermosphere)

열권은 고도가 증가함에 따라 온도가 증가하는 특징을 가지고 있다. 그리고 공기가 매우 희박하며 태양의 자외선에 의해서 자유전자의 밀도가 커지는 층이 있는데, 이 층을 전리층(Ionosphere)이라 하며, 전파를 흡수, 반사하는 작용을 하여 전자 통신에 영향을 끼친다. 그리고 극지방에서 극광(오로라)이나 유성이 밝은 빛의 꼬리를 길게 남기는 현상이 발생하는 지역이다. 열권과 그 위의 층인 극외권 사이의 경계면을 열권 계면이라 하며 고도는 약 500km이다.

① 중간권 위로부터 약 600km 높이까지의 구간을 열권이라 한다.
② 열권에서는 위로 올라갈수록 기온이 높아지며 공기가 매우 희박하여 밤낮의 기온 차가 매우 크다.
③ 극지방에서는 청백색 또는 황록색의 오로라 현상이 나타난다.

(4) 극외권(Exosphere)

극외권(외기권)은 공기 입자가 매우 희박하고 공기가 분자와 원자 상태로 상호 충돌하는 현상이 매우 적어 입자가 지상에서 발사된 탄환과 같은 궤적을 그리며 운동한다.

4 온도에 따른 대기권의 변화

① 대기의 최하층을 이루는 대류권의 두께는 위도에 따라 다르다. 적도 지방의 대류권 두께는 지표로부터 약 18km, 극지방은 약 8km, 중위도 지방은 그 중간 사이가 된다.
② 대류권과 성층권의 경계면인 대류권 계면부터 하부 성층권까지는 기온이 거의 같거나 약간 높아지는 경향이 있다.
③ 이후 기온이 점점 높아져 고도 약 50km인 성층권 계면에 이르면 영하로 떨어졌던 기온이 약 0℃ 정도로 극대가 된다. 이렇게 성층권의 기온이 높아지는 이유는 성층권의 오존층에서 태양 광선으로부터 자외선을 흡수하여 가열되기 때문이다.
④ 중간권에서도 고도가 상승함에 따라 기온이 다시 내려가며 고도 80km의 중간권 계면에 이르면 영하 90℃로 기온이 가장 낮다.

⑤ 열권의 기온은 고도에 따라 급상승하며, 열권 상층부에서 기온은 1,000℃ 이상에 달한다.

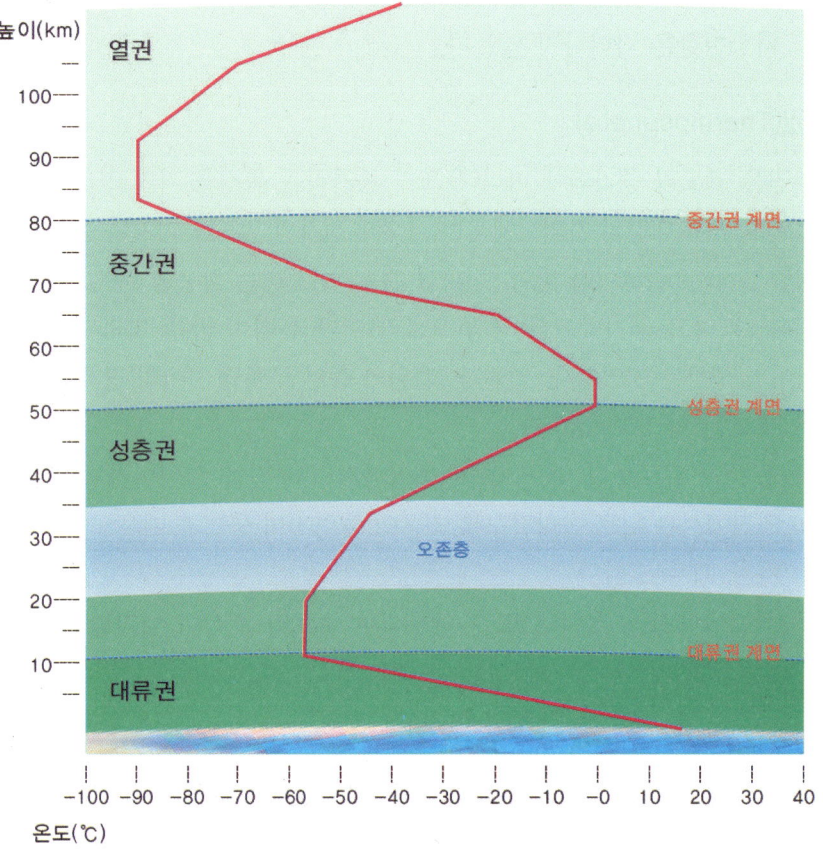

【 대기 온도의 수직 분포도 】

태양계의 행성

① 태양계의 행성은 지구형 행성(수성, 금성, 지구, 화성)과 목성형 행성(목성, 토성, 해왕성, 천왕성)으로 구분된다.

② 지구형 행성 중 금성과 화성의 대기는 주로 이산화탄소(CO_2)로 구성되어 있으며 수성은 얇은 대기층에 중성 헬륨(He)이 존재한다. 반면 목성형 행성은 질소(N_2)와 헬륨(He)이 대기를 구성하고 있으며 암모니아(NH_3)와 메탄(CH_4)도 존재함이 밝혀졌다.

5 대기의 기온과 습도

(1) 대기의 열운동

① 전도(Conduction)

분자 운동을 통한 에너지 전달 방법으로서, 물질의 이동 없이 열이 물체의 고온부에서 저온부로 이동하는 현상을 가리킨다.

② 대류(Convection)

유체의 운동에 의한 에너지 전달 방법으로서, 자유대류와 강제대류로 나눌 수 있다.
㉠ 자유대류는 유체의 부력에 의해 발생되는 대류이다. 즉 유체 일부분의 가열 또는 냉각으로 인하여 수평 방향의 밀도 차가 생기게 되면 밀도가 작은 부분은 상승하고 밀도가 큰 부분은 하강하게 되는데, 이러한 현상이 자유대류이며 이 자유대류에 의한 이동 현상을 통해 에너지가 전달되게 된다.
㉡ 강제대류는 유체에 기계적인 힘이 작용하여 발생하는 대류를 가리킨다. 전선면 상의 따뜻한 공기 상승, 산의 사면을 따라 올라가는 상승류 등이 강제대류에 해당한다.

③ 이류(Advection)

연직 방향으로의 유체 운동에 의한 수송이 우세한 경우를 대류라 하고, 수평 방향으로의 유체 운에 의한 수송이 우세한 경우를 이류라고 한다.

공간적으로 널리 퍼져 있는 대기는 가지고 있는 온도, 운동량, 미량성분 등의 물리량 분포가 일정하지 않다. 어떤 지점에서의 특정 물리량의 시간적 변화에는 다른 장소로부터 유체가 이동되어오는 데 따른 변화가 포함되어 있다. 이와 같은 수평적 이동 현상을 이류라고 한다.

④ 복사(Radiation)

물체로부터 방출되는 전자파를 총칭하여 복사라고 한다. 전자기파에 의한 에너지 전달 방법으로써 전도, 대류 및 이류와는 달리 에너지가 이동하는데 매체를 필요로 하지 않는다. 때문에 우주공간을 지나오는 태양에너지 이동은 주로 복사 형태로 이루어진다.

4.2 기온과 습도

1 기온

온도는 물체의 차고 더운 정도를 수량적으로 표시한 것이다. 즉, 공기의 차고 더운 정도를 수량으로 나타낸 것이 기온이다.

① 섭씨온도(Celsius : ℃)

1기압에서 물의 어는점을 0℃, 끓는점을 100℃로 하여 그 사이를 100등분한 온도이며, 단위 기호는 ℃이다.

② 화씨온도(Fahrenheit : ℉)

있는 가장 낮은 온도를 0℉(≒-18℃)로 정의하고, 물의 어는점을 32℉, 끓는점을 212℉로 하여 그 사이를 180등분 한 것이다.

③ 절대온도(Kelvin : K)

열역학 제2법칙에 따라 정해진 온도로서, 이론상 생각할 수 있는 최저 온도를 기준으로 하는 온도 단위이다. 즉 그 기준점인 0K는 이상 기체의 부피가 0이 되는 극한온도 -273.15℃와 일치한다.

> **환산법**
> ① 섭씨온도와 화씨온도의 관계
> $$°F = 1.8℃ + 32℃ = \frac{5}{9}$$
>
> ② 절대온도와 섭씨온도의 관계
> $$K = ℃ + 273.15℃ = K - 273.15$$

2 해풍과 육풍

지면이 태양으로부터 받는 일사량은 일출과 더불어 차츰 증가되다가 일몰 때는 0이 되고 지면은 태양열을 받아 가열되며, 한편으로는 열을 공중으로 복사 방출한다.

대기가 데워지는 것은 지면에서의 복사열에 의하므로, 일출과 더불어 지면의 온도가 상승함에 따라 기온도 상승한다. 일사량은 정오에 최대가 되나 지구 복사량은 이보다 약간 늦은 정오를 넘는 시간에 최대가 되므로 일 155, 최고 기온은 오후 1~3시 사이에 나타나며, 일몰 후 일사량은 없어지지만 이후에도 지면 복사의 방출은 계속되기 때문에 최저 기온은 일출 전에 나타난다. 육지와 바다의 비열 차이로 밤낮의 해상과 육상의 기온경도가 바뀌게 되어 밤에는 육풍, 낮에는 해풍이 부는 해륙풍이 불게 되는 것이다.

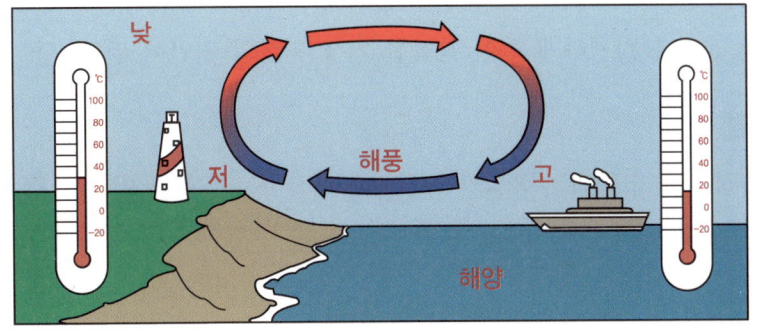

【 해풍(낮) 】

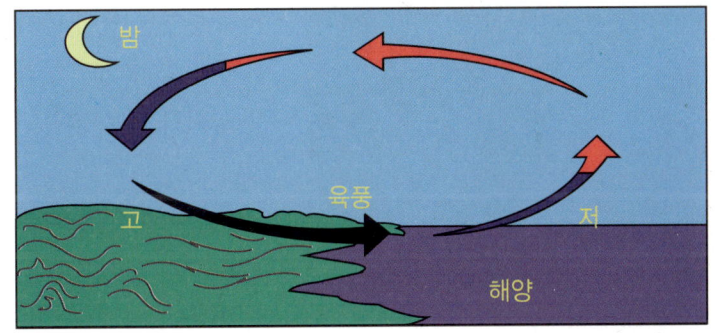

【 육풍(밤) 】

3 습도

 습도는 공기 중에 수증기(물이 증발하여 생긴 기체, 또는 기체 상태로 되어 있는 물)가 포함되어 있는 정도 또는 그 양을 나타내는 것으로 습도란 공기 중에 수증기가 포함된 정도를 말하는 것으로 상대습도와 절대습도가 있다. 일반적으로 사용하는 습도는 상대습도다. 상대습도는 일정한 부피의 공기 중에 실제로 포함되어 있는 수증기량과 그 공기가 현재 온도에서 포함할 수 있는 최대의 수증기량의 비를 %로 나타낸 것이다.

 습도는 공기의 습하고 건조한 정도를 나타내는 말로, 현재 포함되어 있는 수증기의 양이 포화수증기량과 가까울수록 습도도 높아진다. 포화 상태의 공기는 습도 100%를 말한다. 부피가 같은 공기에 실제 포함되어 있는 수증기의 양이 같다고 하더라도 기온이 다르면 포화수증기량이 다르기 때문에 습도도 달라진다.

(1) 절대습도

절대습도는 대기 1m³ 속에 포함되어 있는 수증기의 질량을 g 단위로 나타낸 것으로 상대습도와는 의미가 다르다. 대기 1m³에 수증기는 0~35g까지 포함되어 있을 수 있다. 수증기는 온도 변화에 따라 응결 또는 증발, 승화하여 물방울이나 빙정이 되며 이때 다량의 잠열을 발생하게 하여 복잡한 기상 변화의 원인이 된다. 단위는 kg/m³이다.

(2) 이슬점 온도

이슬점은 공기 중의 수증기가 응결되기 시작하는 온도를 의미한다. 이슬점은 냉각되는 공기가 포화 상태에 이르는 때의 온도와 같다. 간단히 말해 이슬점은 이슬이 생기기 시작하는 온도로, 공기가 이슬점에 이를 때까지 냉각되지 않으면 이슬은 생기지 않는다. 기온이 높아질수록 포함할 수 있는 수증기의 양이 증가하게 되는데, 같은 부피의 공기라도 차가운 공기보다 뜨거운 공기가 더욱 많은 수증기를 포함할 수 있다.

기온이 이슬점 아래로 내려가면 응결된 수증기가 작은 물방울로 변해 풀잎에 맺힌다.

【 이슬점 온도 】

> **이슬점의 의미**
> ① 냉각될 때 응결이 시작되는 온도
> ② 포화 상태에 도달할 때의 온도
> ③ 습도가 100%일 때의 온도
> ④ 포화수증기량이 현재수증기량과 같아질 때의 온도

(3) 상대습도

현재 공기 속에 있는 수증기의 양과 그 온도에서의 포화 수증기량과의 비를 백분율로 표현한 것이다. 또는 포화 수증기압에 대한 현재 수증기압의 비를 나타내기도 한다. 보통 습도라고 하면 이상대 습도를 가리키며, 상대습도는 건습구 습도계나 모발 습도계 등으로 측정한다. 상대습도는 수증기량 외에도 온도의 영향을 받는다. 상대습도의 일변화는 기온의 일변화에 따라 달라지며 일반적으로 기온이 높을 때 습도가 낮고 기온이 낮으면 습도가 높다. 공기 중의 상대습도가 100%가 되었을 때를 포화 상태(Saturated)라 하고 100% 이하의 상태를 불포화(Unsaturated) 상태라 한다.

(4) 기온과 이슬점 분포

공기의 기온과 이슬점 온도의 차이를 기온과 이슬점 분포(Spread)라 하고 이 분포가 작아질수록 상대 습도는 증가하고, 100%가 되었을 때 기온과 이슬점 온도는 일치한다.

4 기압

대기의 압력을 기압이라 한다. 유체 내의 어떤 점의 압력은 모든 방향으로 균일하게 작용하지만, 어떤 점의 기압이란 그 점을 중심으로 한 단위면적 위에서 연직으로 취한 공기 기둥 안의 공기 무게를 말한다.

(1) 기압의 측정단위

① 공식적인 기압의 단위는 hPa이며, 소수 첫째자리까지 측정한다.
② 수은주 760mm의 높이에 해당하는 기압을 표준기압이라 하고, 이것을 1기압(atm)이라고 하며 큰 압력을 측정하는 단위로 사용한다.
③ 환산은 국제단위계(SI)의 압력 단위 1파스칼(Pa)은 $1m^3$당 1N의 힘으로 정의되어 있다. 1mb=1hPa, 준기압(atm)=760mmHg=1,013.25hPa의 정의 식으로 환산한다.

> **단위 환산**
>
> $1hPa = 1mb = 10^{-3} bar = 10^3 baryes = 10^3 dyne/cm^2 = 0.750062 mmHg = 0.0295300 inHg$
> $1기압 = 1,013.25hPa = 1,013.25mb = 760mmHg = 29.92 inHg$

(2) 해면기압

평균해수면 높이에서의 기압이다. 높이가 다른 여러 관측소의 기압을 해면에서 측정한 값으로 환산한 값이며, 일기도에는 해면기압을 기록한다.

(3) height, altitude, 비행고도

① 높이(Height) : 특정한 기준으로부터 측정한 고도. 한 점 또는 한 점으로 간주되는 물체까지의 연직거리
② 고도(Altitude) : 평균 해수면 높이로부터 측정된 높이. 한 점 또는 한 점으로 간주되는 어느 층까지의 연직거리

③ 비행고도 : 특정 기압 1013.2hPa을 기준으로 하여 특정한 기압간격으로 분리된 일정한 기압면

(4) 지상일기도

지상일기도는 해면기압의 분포, 지상기온, 풍향 및 풍속, 날씨, 구름의 종류와 높이 등의 기상 상태를 분석하는 일기도를 말한다.

지상일기도는 날씨 분석을 위한 기본 일기도로 사용되고 있으며 일정한 시간 간격으로 작성하여 날씨의 분포를 파악하고 앞으로의 변화를 예측하는 데 사용하고 있다. 지상일기도는 등압선, 등온선, 구름 자료를 분석하고 등압선은 1000hPa을 기준으로 하여 4hPa간격으로 그린다.

① 등압선

기압이 같은 지점을 연결해 놓은 선이다. 지표면의 여러 관측소에서 측정한 기압값을 해면기압 값으로 보정하여 지도상의 각 관측소의 위치에 기입하고, 기압이 같은 지점을 연결하여 작성한다. 1000hPa을 기준으로 하여 4hPa 간격으로 그리며, 선 간격이 넓은 곳에서는 2hPa의 점선을 표시하기도 한다. 등압선은 도중에 없어지거나 서로 교차하지 않으며, 등압선의 간격이 좁을수록 기압의 차가 크므로 바람의 세기가 강함을 알 수 있다.

② 기압 패턴

㉮ 고기압 : 주위보다 기압이 높은 곳
  ㉠ 고기압권 내의 바람은 북반구에서는 고기압 중심 주위를 시계 방향으로 회전하고 남반구에서는 반시계 방향으로 회전하면서 불어 나간다. 이로 인해 고기압권 내에서는 전선이 형성되기 어렵다.
  ㉡ 기압경도는 중심일수록 작으므로 풍속도 중심일수록 약하다.
  ㉢ 고기압권 내의 일기는 상공에서 수렴된 공기가 하강기류가 되어 지표 부근으로 내려오기 때문에 구름이 있어도 소멸되어 일반적으로 날씨가 좋다. 그러나 쇠약단계의 고기압 또는 고기압 후면에서 하층가열이 있을 때에는 대기가 불안정하여 대류성 구름이 발생할 수 있고 심하면 소나기, 뇌우를 동반하기도 한다.

㉯ 저기압 : 주위보다 기압이 상대적으로 낮은 곳
  ㉠ 저기압 내에서는 주위보다 기압이 낮으므로 사방으로부터 바람이 불어 들어오는데, 지구의 자전으로 지상에서의 저기압의 바람은 북반구에서는 저기압 중심을 향하여 반시계 방향으로, 남반구에서는 시계 방향으로 분다.

ⓒ 저기압 중심부근의 상승기류에서는 단열냉각에 의해 구름이 만들어지고 비가 내리므로 일반적으로 저기압 내에서는 날씨가 나쁘고 비바람이 강하다.

③ 등고선

등압면 일기도에서 지오포텐셜 고도가 같은 곳을 연결한 선을 말한다. 고층일기도의 등고선은 지상일기도의 등압선과 유사한 의미를 갖는다. 등고선이 조밀한 부분은 기압 경도, 즉 바람이 센 곳이다. 각 고도에 따라 일정한 등고선 간격으로 그리며, 중간에 끊기거나 교차할 수 없다.

> **상층일기도에서는 지상일기도와 달리 등압면에서의 등고선 분석을 실시하는 이유**
> - 고층관측에서 일정 고도의 기압값을 얻기보다는 일정 기압면의 고도값 산출이 용이하다.
> - 등압면도 거의 수평을 이루고 있어서 등고도면과 큰 차이 없다.
> - 등압면에서의 등온선은 단열 변화를 가정할 때 등온위선으로 간주할 수 있어서 등압면으로부터 등층후선을 쉽게 구할 수 있다.
> - 등노점 온도선은 등혼합 비선으로 간주할 수 있다.
> - 같은 위도에서는 지균풍이 고도차에만 비례하고, 대기의 밀도는 무관하므로 지균풍 계산이 용이하다.
> - 등압면상을 비행하는 항공기에서 사용하기 편리하다.

(5) 기압의 변화(Pressure Variation)

① 고도(Altitude)

고도 상승에 따라 공기의 무게는 점차 가벼워진다. 상층부 공기의 무게가 감소함에 따라 대기의 압력도 낮아지고 대류권 내에서의 기압은 고도의 상승에 따라 감소되지만 특히 성층권 내에서 기압 감소율은 급격히 감소된다.

② 기온(Temperature)

공기도 다른 물질과 마찬가지로 기온에 따라 수축 및 팽창한다. 기온이 낮은 지역, 평균 기온 지역, 더운 지역으로 구분되었을 때 기온에 따라 공기가 수축 및 팽창하여 실고도의 차이가 발생한다. 기온이 낮은 지역에서는 공기가 수축되므로 평균기온 시보다 기압 고도는 낮아진다. 반대로 기온이 높은 지역에서는 공기의 팽창으로 기압 고도는 평균 기온 시보다 높아 진다. 항공기에서 사용되는 고도계는 기압 고도를 이용하므로 기온에 따라 지시 고도와 실고도와는 차이가 발생된다.

(6) 해수면 기압(Sea Level Pressure)

대기의 기압은 고도, 밀도, 온도 등 기상 조건에 따라 변한다. 이에 따라 일전한 기준 기압이 필요하고 평균 해수면(Mean Sea Level)을 기준으로 하여 기타 지역의 기압을 측정하게 되는데 이를 표준 해수면 기압이라 한다.

표준 해수면 기압은 1013.2millibar, 29.92"Hg(inches of mercury) 760mm이며 평균 1,000피트당 1inch의 기압이 감소한다.

(7) 기압도 분석(Pressure Analysis)

천기도상에 해수면 기압 또는 동일한 기압대를 형성하는 지역을 따라서 선을 그은 선을 등압선(Isobars)이라 한다. 기압의 형태에 따라 식별하기 용이하게 천기도상에 다섯 가지의 형태로 구분된다.

① 저기압(Low Pressure)

저기압은 고기압으로 둘러싸여 있으며 사이클론(Cyclone)이라고 한다. 사이클론 곡선은 좌측으로 회전한다.

② 고기압(Hight Pressure)

중심기압이 저기압으로 둘러 싸여 있으며 반 사이클론(Anti Cyclone)이라 하고 반 사이클론의 곡선은 우측으로 회전한다.

③ 기압골(Trough)

저기압이 길게 연장된 지역으로 사이클론 곡선이 최대를 이루는 지점을 따라 형성된 지역을 말한다.

④ 기압마루(Ridge)

기압골과 반대로 고기압이 길게 연장된 지역으로 반 사이클론 곡선이 최대를 이루는 지점을 따라 형성된 지역을 말한다.

⑤ 안상부(Col)

안성부는 두 개의 고기압과 두 개의 저기압 사이에 형성되는 중립지역(Neutral Area)을 의미하며 기압골과 기압 마루가 만나는 점이기도 한다.

(8) 고도 측정

① 실고도(True Altitude)

실고도는 평균 해수면으로부터 항공기까지의 수직높이를 말하며 표준 대기압 상태에서의 기압 고도를 의미한다. 그러나 실제 표준 대기 상태는 매우 드물기 때문에 고도계가 지시하는 고도는 실고도라 할 수 없다.

② 지시 고도(Indicated Altitude)

고도계의 콜스만 윈도(Kollsman Window)를 이용하여 최근 고도계 수정치 값을 세팅시켰을 때 고도계가 지시하는 고도이며 기압 고도는 기온에 따라 실제 고도와 지시 고도의 차이가 형성된다. 표준 기온보다 더운 지역에서는 실제 고도보다 낮게 지시하고, 표준 기온보다 추운 지역에서는 실제 고도보다 높게 지시한다. 또한 지시 고도는 기압에 따라 달라진다. 고기압권에서 저기압권으로 고도계 수정 없이 비행했을 시는 지시계 고도는 실제 고도보다 높게 지시한다. 반대로 저기압권에서 고기압대로 고도에 수정 없이 비행 시는 지시 고도는 실제 고도보다 낮게 지시한다.

③ 기압 고도(Pressure Altitude)

기압 고도는 표준 대기압에서의 기압 고도를 의미한다. 따라서 기압 고도는 고도계 수정치를 29.92"Hg에 셋팅 후 고도계가 지시하는 고도이다.

④ 밀도 고도(Density Altitude)

밀도 고도는 기압 고도에서 비표준온도(Nonstandard Temperature)를 적용하여 얻은 고도를 말한다. 공기의 밀도는 기압, 온도, 습도에 따라 달라지며 무더운 날씨는 공기를 희박하게 만들고 가볍게 하여 공기밀도는 표준 대기압보다 높은 고도에서 일치되므로 고밀도 고도(High Density Dltitude)라 하고, 표준기온보다 추운 날씨에서는 공기가 무거워짐에 따라 표준 대기압에서보다 낮은 고도에서 평형을 이루어 저밀도 고도(Low Density Altitude)라 한다. 밀도 고도는 고도를 측정하는 기준으로 이용되기보다는 항공기 성능 지표로 사용된다. 저밀도 고도에서는 항공기 성능이 증가하는 반면 고밀도 고도에서는 항공기 성능이 감소된다. 공기 때문에 추진력이 감소하고 양력 발생이 감소한다.

5 바람

받아들이는 태양에너지에 의한 지표면의 불규칙적인 가열 때문에 온도 차가 형성되고 온도 차에 의해서 기압 차가 발생한다. 기압은 항상 높은 곳에서 낮은 곳으로 이동하여 평형을 이루려고 하는데 이 과정에서 복잡한 형태의 바람을 형성하고 바람의 이동은 수증기, 안개, 구름 등을 이동시켜 끊임없이 기상 변화를 유발한다.

풍속의 수평 성분이 수직 성분보다 매우 크므로 일반적인 기상관측에서는 수평 성분만을 대상으로 한다. 실제의 바람은 지표 부근에서는 등압선과 25~35°의 각도를 이루면서 불고, 상공에서는 지균풍·경도풍에 가까운 바람이 분다. 따뜻해져 가벼워진 공기는 기압이 낮은데 이를 저기압이라 하고, 찬 공기는 상대적으로 무거운데 이를 고기압이라 한다. 물이 높은 곳에서 낮은 곳으로 흐르는 것처럼 바람 역시 고기압에서 저기압으로 이동한다. 결국 바람은 공기의 온도 차로 인한 기압의 차이로 만들어지는 것이다.

(1) 풍향

풍향은 바람이 불어오는 방향을 말하며, 보통 일정 시간 내의 평균 풍향을 뜻한다. 16방위 또는 8방위나 32방위, 36방위로 나타내며, 그 어느 것이나 지리학상의 진북을 기준으로 한다. 풍속이 0.2m/sec 이하일 때에는 "무풍"이라 하여 풍향을 취하지 않는다.

① 정시관측·보고(METAR)
  ㉠ 정시 10분 전에 1시간 간격으로 실시하는 관측(지역항공항행 협정에 의거 30분 간격으로 수행하기도 함 : 예 인천)
  ㉡ 당해 비행장 밖으로 전파

② 특별관측보고(SPECI)
  ㉠ 정시관측 외 기상 현상의 변화가 커서 일정한 기준에 해당할 때 실시하는 관측·보고
  ㉡ 당해 비행장 밖으로 전파

(2) 풍속

① 풍속은 공기가 이동한 거리와 이에 소요된 시간의 비로써, 일정 시간을 취한 경우를 평균풍속이라 한다. 순간적인 값을 순간풍속이라고 표현하기도 하지만, 단지 풍속이라고 할 때에는 평균풍속을 의미한다.
② 풍속의 단위는 일반적으로 m/s를 이용하나, km/hr, mile/hr, knot를 이용할 때도 있다. 기상전보에서는 노트(knot)가 주로 이용되는데 m/s의 2배를 하면 대략 노트 값과 일치한다.
③ 풍속이 0.5m/s(1knot) 이하일 때를 정온(calm)이라 하며, 바람이 약해서 풍향을 확실하게 결정할 수 없는 경우이다. 따라서 풍향이 없는 것으로 하여 기록할 때에는 '00'으로 표기한다.

(3) Wind Velocity

Wind Velocity는 바람의 벡터 성분을 표현하는 것으로서, 스칼라 양인 풍속(Wind Speed)과는 다르다. Wind Velocity의 크기가 Wind Speed이며, Wind Speed에 바람 방향 성분이 포함된 것이 Wind Velocity이다.

(4) Wind Shear

바람 진행 방향에 대해 수직 또는 수평 방향의 풍속 변화(율)로서 풍속, 풍향이 갑자기 바뀌는 돌풍 현상을 가리킨다. 수평으로 윈드 시어가 발생하면 순압불안정이 생겨서 소용돌이가 형성되고, 연직으로 윈드 시어가 발생되면 기류가 흩어져서 청천난류 등이 발생한다.

① 윈드 시어(Wind Shear)에 의한 난류

모든 난류가 사실상 윈드 시어와 관계가 있지만, 직접적인 원인으로 발생하는 것으로 대표적인 것이 제트기류 주위의 바람 차이, 즉 바람경도로 인한 시어인 청천난류(CAT)가 있다. 지표면에 기온역전층이 생겼을 때 상층은 역전층 하층의 안정층에 비해 비교적 풍속이 크기 때문에 풍속 차로 난류가 발생할 수 있다. 항공기가 역전층을 통과하는 경우는 이·착륙 시이므로, 비행속도가 크지 않은 상태에서 요란에 의해 항속의 요동이 생기면 실속(失速)이 발생할 수 있다.

(5) 순전(順轉)과 반전(反轉)

저기압이나 불연속면이 통과할 때 어느 장소의 풍향이 남동 → 남 → 남서와 같이 시계 방향으로 변하는 것을 풍향의 순전이라 하고, 그 반대 방향의 변화를 풍향의 역전 또는 반전이라고 한다.

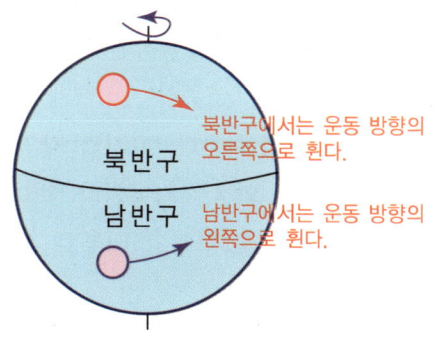

(6) 전향력(코리올리 힘)

지구 자전에 의해 지구 표면을 따라 운동하는 질량을 가진 물체는 각 운동량 보존을 위해 힘을 받게 되는데 이를 전향력이라 한다.

① 전향력은 매우 작은 힘이므로 큰 규모의 운동에서만 그 효과를 볼 수 있으며, 실제 존재하는 힘이 아니고 지구의 자전 때문에 작용하는 것처럼 보이는 것에 불과하다.
② 지구상에서 운동하는 모든 물체는 북반구에서는 오른쪽으로 편향되고, 남반구에서는 왼쪽으로 편향되며 고위도로 갈수록 크게 작용한다.

- $F = 2mvw\sin\phi$ (질량, 운동하는 물체의 속도, 자전각속도, 위도에 비례)
∴ 극에서 가장 크고 적도에서는 0이다.

(7) 구심력

원 운동을 하는 물체에서 원심력의 반대 방향인 원의 중심을 향하는 힘이며, 대기의 운동에서 등압선이 곡선일 때 나타나는 힘이다.

(8) 지표마찰력

대기의 분자는 서로 충돌하면서 마찰을 일으키고 지면과도 마찰을 일으키는데, 이때 발생하는 마찰열은 대개 열에너지로 전환되며 대기의 운동을 복잡하게 만드는 원인이 된다. 지표의 영향이 아니어도 바람의 층 밀리기를 약하게 만드는 내부 마찰이 있다.

(9) 대류(Conversation)

두 표면이 서로 다르게 가열되었을 때 표면 상부의 공기 또한 다르게 가열되고 가열된 공기는 팽창되어 가벼워지면서 차가운 공기보다 밀도가 적어진다. 반면 차가운 공기는 지면에 깔리면서 더운 공기를 상층부로 밀어 올린다. 상승한 공기는 흩어지고 냉각되어 밀도가 높아지고 밀도가 높아진 공기는 다시 침하되어 일련의 대류성 기류를 형성한다.

(10) 공기 순환과 바람

지면의 불균형적인 가열 때문에 공기 군의 순환 형태는 기압에 따라 방향과 형태가 달라진다. 조종사는 비행계획 수립 시 기압의 형태에 따라 기류의 방향과 형태를 예측할 수 있어야 한다. 고기압 지역에서의 기류의 방향은 시계 방향으로 순환되면서 아래로 향하고 외부로 작용한다. 반대로 저기압 지역에서의 기류는 반시계 방향으로 순환하면서 위로 향하고 내부로 작용한다.

(11) 기압 경도(Pressure Gradient Force)

기압의 변화는 바람을 일으키는 힘(Force)을 형성하는 데 이 힘을 기압 변화 힘이라 한다. 기압은 높은 곳에서 낮은 곳으로 이동하면서 등압선(Isobars)과 수직적으로 작용한다. 즉 기압의 차이가 형성되면 이를 이동시킬 수 있는 힘이 형성되고 공기는 등압선 방향으로 이동한다. 기상도에서 등압선의 간격이 좁게 그려진 곳은 강한 기압 변화 힘이 형성되어 강한 바람이 형성됨을 의미하고, 반대로 등압선 간격이 넓게 그려진 곳은 약한 바람이 형성됨을 의미한다.

(12) 마찰(Friction)

지표면에서의 바람의 방향과 속도는 지형의 영향을 받아서 등압선과 일치하지 않는다. 이같은 현상은 지형의 형태에 따라 크게 달라진다. 지형의 굴곡이 심할 때는 바람의 속도를 감소시키고, 바람 방향이 심하게 굴곡 된다.

지표면의 마찰을 대략 2,000피트까지 영향을 미치며, 바람의 방향은 고기압 중심에서 저기압 중심을 향하여 이동한다. 공기의 흐름은 앞서 설명한 것과 같이 여러 가지 요소가 복합적으로 작용한다. 일반적으로 조종사가 비행 계획 수립 시 기압의 위치에 따라 비행에 좋은 조건을 구할 수 있다.

6 지상마찰에 의한 바람

지상풍은 1km 이하의 지상에서 부는 바람으로 마찰의 영향을 받는다.

(1) 등압선이 직선인 경우

전향력과 마찰력의 합력이 기압경도력과 평형을 이루어 등압선과 각(θ)을 이루며 저기압 쪽으로 분다.

① 등압선과 이루는 각(θ)은 마찰력에 비례하고 고도에 반비례한다.
② 해양은 대륙보다 마찰력이 작아 등압선과 이루는 각(θ)이 작다.
   : 등압선과 이루는 각이 대륙은 15°, 해양은 45° 이다.
③ 전향력의 영향으로 북반구는 오른쪽(남반구는 왼쪽)으로 치우쳐 분다.

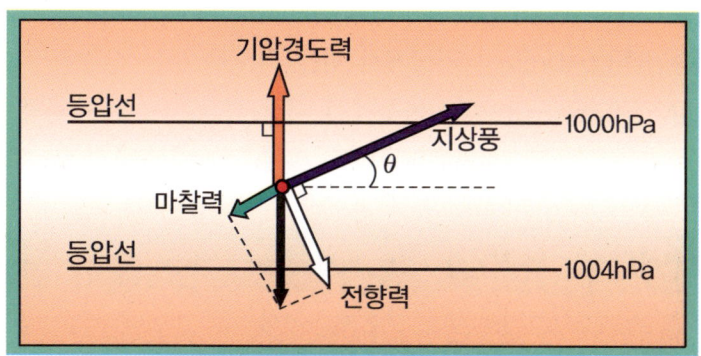

【 지상풍(등압선이 직선의 경우) 】

(2) 등압선이 원형인 경우

바람에 작용하는 모든 힘, 즉 기압경도력, 전향력, 원심력, 마찰력의 합력이 균형을 이루어 분다.

① 중심이 고기압인 경우 : 북반구(남반구)에서 시계 방향(반시계 방향)으로 불어 나간다.
② 중심이 저기압인 경우 : 북반구(남반구)에서 반시계 방향(시계 방향)으로 불어 들어간다.
③ 일상생활에 쓰이는 지상 일기도에 적용된다.

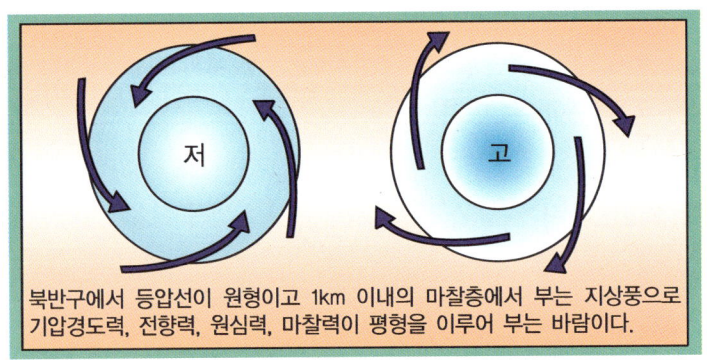

【 지상풍(등압선이 원형의 경우) 】

(3) 이·착륙할 때의 지상풍 영향

일반적으로 바람은 불어오는 방향에 따라 이름이 붙는다. 그러나 항공기에서는 항공기를 중심으로 방향을 구분한다.

① 정풍(Head Wind) : 항공기 전면에서 뒤쪽으로 부는 바람
② 배풍(Tail Wind) : 항공기 뒤쪽에서 앞으로 부는 바람
③ 측풍(Cross Wind) : 측면에서 부는 바람
④ 상승기류(Up-Draft) : 지상에서 하늘 쪽으로 부는 상승풍
⑤ 하강기류(Down-Draft) : 하늘에서 지상 쪽으로 부는 하강풍

4.3 태풍(열대성 저기압)

열대성 저기압 중심부의 최대 풍속이 32m/s 이상일 때를 말한다.

1 태풍의 종류

북태평양 남서부인 필리핀 부근 해역에서 발생하여 동북아시아를 내습하는 태풍

(Typhoon), 서인도 제도에서 발생하여 플로리다를 포함한 미국 동남부를 피해를 주는 허리케인(Hurricane), 인도양에서 발생하여 그 주변을 습격하는 사이클론(Cyclone) 등은 열대성 저기압의 대표적인 것으로 폭풍우를 동반한다.

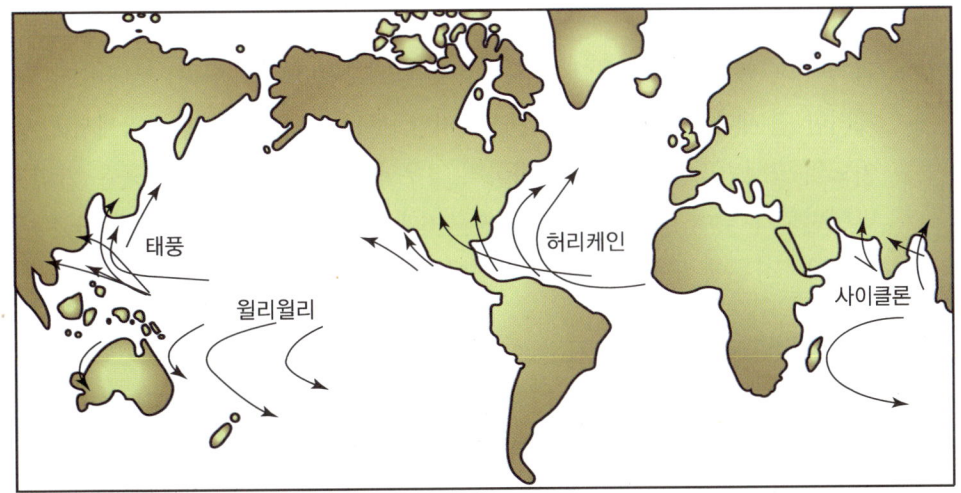

【 태풍의 발생장소와 이동경로 】

(1) 태풍의 눈

태풍의 중심부를 말하며 중심 부근에서는 기압경도력과 원심력이 커지므로 전향력과 마찰력도 따라서 커지게 되어 5 ㎧ 이하의 미풍이 불게 되고 비도 내리지 않고 날씨도 부분적으로 맑은 날씨를 보이게 된다.

(2) 태풍의 발생 장소

태풍의 에너지원인 따뜻한 수분(잠열)과 회전력을 뒷받침할 수 있는 기압경도력이 존재하는 북위 5°~ 25°와 동경 120°~ 170° 사이의 범위 내에서 발생한다.

(3) 태풍의 종류

① 윌리윌리는 호주(오스트레일리아) 북서부와 북동부 해상에서 발생하는 강한 열대성 저기압을 의미하며, 이 곳 토착민들의 언어에 의해서 유래되었다고 한다.
② 타이푼은 북서태평양 필리핀 지역에서 발생하는 태풍을 뜻하는 단어로 한국과 더불어 동남아시아, 일본, 중국 등의 지역이 큰 영향을 받는다.
③ 허리케인은 대서양 서부에서 발생하는 열대성 저기압을 의미하며, 주로 카리브해, 멕시코만, 북태평양동부에서 발생하는 태풍이다.
④ 사이클론은 인도양과 아라비아해, 뱅고만에서 주로 발생하는 열대성 저기압을 의미

하며, 주로 북아프리카, 서남아시아, 인도 지역에 큰 영향을 미친다. 트로피컬 사이클론(Tropical Cyclone) 오스트레일리아 연안에서 발생한다.

(4) 토네이도

토네이도(Tornado)는 평야나 바다에서 발생하는 강력한 바람의 일종으로, 고속 소용돌이이다. 때때로 트위스터 또는 사이클론으로 불리기도 한다. 토네이도는 남극대륙을 제외한 전 세계 모든 지역에서 관찰되지만, 주로 미국의 대평원지역에서 발생한다. 토네이도의 발생빈도를 살펴보면, 미국의 경우 봄철에는 발생빈도가 높은 반면 겨울철에는 발생빈도가 낮아, 5월에는 하루 평균 6개 정도의 토네이도가 발생하는 반면 12월과 1월에는 하루에 평균 0.5개의 토네이도가 발생한다.

① 토네이도의 모양과 크기

토네이도의 모양과 크기는 다양하지만, 보통 깔때기 모양이며 지름은 평균 150~600m이고 시속 40~80km의 속도로 이동한다. 토네이도는 일반적으로 수명이 짧아 평균 진로 길이는 10km에 불과하며, 약한 토네이도의 경우 진로 길이는 1km를 넘지 않는다. 그러나 수명이 긴 강력한 토네이도의 경우 최대 풍속은 시속 500km 이상이며 수백km 이상 되는 거리를 휩쓸고 지나가기도 한다.

② 토네이도 발생

아직까지 대기과학자들은 토네이도가 어떻게 형성되기 시작하는지 그 원인을 명확히 밝혀내지는 못했다. 다만, 현재까지 연구결과에 의하면 토네이도는 고온 다습한 공기가 조건부 불안정 환경에서 상승할 때 형성되는 것으로 밝혀졌다.

즉, 지면에 수직으로 발달해 산이나 큰 탑처럼 보이는 구름인 적란운의 숨은 열이 구름 속의 공기를 데움으로써 강한 상승기류가 발생하게 된다. 이후 상승공기는 구름의 꼭대기 부근에서 천천히 회전하고 이것이 점점 아래쪽으로 확장되어 깔때기 모양을 만들게 되는데, 이 깔때기가 지면과 닿으면 토네이도가 된다. 따라서 소용돌이 바깥 부근에서는 매우 강한 상승기류가 진공청소기처럼 지면의 다양한 것들을 맹렬히 감아올리는 반면 중심 부근에서는 바깥의 상승기류와 균형을 이루기 위한 하강기류가 나타난다. 일반적으로 토네이도의 중심기압은 그 주변보다 최고 10% 가량 낮다.

③ 토네이도 발생 이유

토네이도가 발생하기 위해서는 일단 하층은 고기압이 정체하여 토네이도 생성 전까지 매우 안정된 상태를 유지해야 한다. 산맥 등의 지형지물이 많은 경우에는 높낮

이에 따라 기압 차가 생겨 바람이 발생하는 경우가 많으므로 안정된 상태를 유지하기 어렵다. 반면, 평야가 발달된 경우에는 하층에 고기압이 정체되어 안정된 상태를 이루므로 토네이도가 발달하기 쉽다. 미국에서는 로키산맥에서 불어오는 차고 건조한 대륙성 한랭기단과 멕시코 만에서 넘어오는 따뜻하고 습한 해양성 기단이 지형적 장벽이 없는 미국의 대평원에서 만나서 토네이도를 수시로 발생시킨다.

2 해륙풍과 산곡풍

(1) 해륙풍

낮에 육지가 바다보다 빨리 가열되어 육지에 상승 기류와 함께 저기압 발생(밤에 육지가 바다보다 빨리 냉각되어 육지에 하강 기류와 함께 고기압 발생)

① 낮 : 바다 → 육지로 공기 이동(해풍)
② 밤 : 육지 → 바다로 공기 이동(육풍)

(2) 산곡풍

낮에 산 정상이 계곡보다 가열이 많이 되어 정상에서 공기가 발산됨(밤에 산 정상이 주변보다 냉각이 심하여 주변에서 공기가 수렴하여 침강함)

① 낮 : 골짜기 → 산 정상으로 공기 이동 (곡풍)
② 밤 : 산 정상 → 산 아래로 공기 이동 (산풍)

(3) 계절풍

해양과 대륙의 경계에서 1년을 주기로 바람의 방향이 바뀌는 현상

① 여름철 : 해양 → 대륙
② 겨울철 : 대륙 → 해양

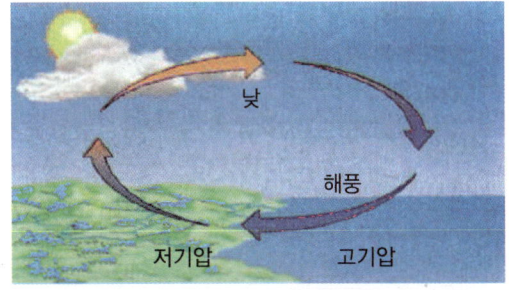

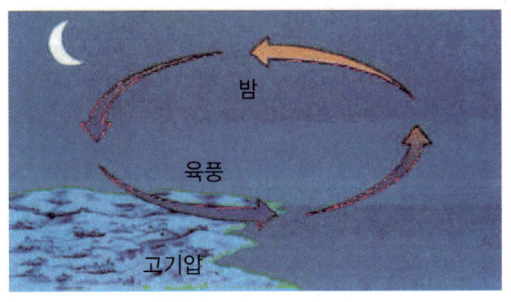

【 해륙풍 】

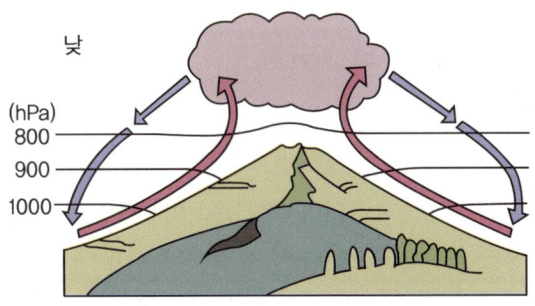

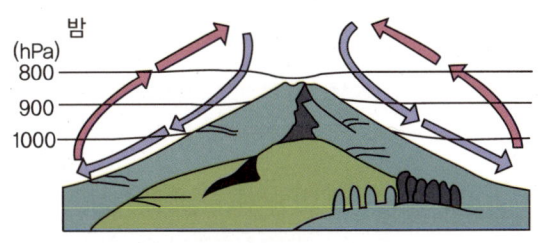

【 산곡풍 】

(4) 치누크(Chinook, Foehn : 높새바람)

① 활강 바람에 관련된 육지의 경사면을 따라 하강하는 또 다른 분류의 바람으로서 다양한 지역 이름들로 불리어 록키 산맥의 동쪽 경사면을 따라 흐르는 것을 치누크(Chinooks), 독일에서는 푄(Fohn), 캘리포니아 남부에서는 Santa Ana라 한다. 현재는 간단히 치누크라 한다.

② 치누크는 따뜻하며 건조하다. 따뜻하고 건조하기 때문에 공기밀도가 낮아서 자연적으로 가라앉지 않으며 치누크는 대규모 바람과 기압분포에 의해 아래 방향으로 힘을 받는다. 이러한 강제는 고기압과 관련된 강한 지역 바람이 산맥을 넘을 때 공기가 상승하여 상층의 공기를 압축하며 그 다음 상층 공기의 압력에 의해 바람의 아래쪽으로 불려 나갈 때 생긴다. 이러한 결과로 아래 방향으로 흐르는 공기는 단열적으로 가열되어 건조해지는데, 이를 간단히 치누크라 한다.

【 높새바람(푄현상) 】

(5) 지균풍

기압 차에 의한 기압경도력이 작용하면 공기가 움직이기 시작한다. → 움직이기 시작하면 자전에 의한 전향력이 작용하여 북반구(남반구)에서 오른쪽(왼쪽)으로 휘게 된다. → 풍속이 증가하면 전향력도 커지므로 기압경도력과 전향력이 평형을 이루면 바람은 일정한 속도로 등압선과 나란하게 바람이 불게 되는데 이를 지균풍이라 한다.

지균풍은 등압선이 직선일 때 지상으로부터 1km 이상에서 마찰력이 작용하지 않는 경우의 바람이다.

① **지상풍** : 1km 이하의 지상에서 부는 바람으로 마찰의 영향을 받는다.

② **이·착륙할 때의 지상풍 영향** : 항공기는 특별한 상황이 아닌 한 항상 바람을 안고(맞바람) 이착륙해야 한다.

【 지상풍 】

- ㉠ 정풍(Head Wind) : 항공기 전면에서 뒤쪽으로 부는 바람
- ㉡ 배풍(Tail Wind) : 항공기 뒤쪽에서 앞으로 부는 바람
- ㉢ 측풍(Cross Wind) : 측면에서 부는 바람
- ㉣ 상승기류(Up-Draft) : 지상에서 하늘 쪽으로 부는 상승풍
- ㉤ 하강기류(Down-Draft) : 하늘에서 지상 쪽으로 부는 하강풍

(6) 경도풍

등압선이 원형일 때 지상으로부터 1km 이상에서 기압경도력, 전향력, 원심력의 세 힘이 균형을 이루어 부는 바람이다.

① **북반구(남반구) 저기압 주변** : 전향력과 원심력의 합력이 기압경도력과 평형을 이루어 반시계(시계) 방향으로 등압선과 나란하게 분다.

② **북반구(남반구) 고기압 주변** : 기압경도력과 원심력의 합력이 전향력과 평형을 이루어 시계(반시계) 방향으로 등압선과 나란하게 분다.

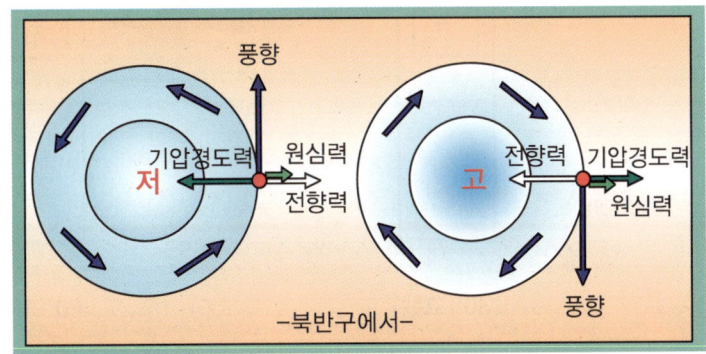

【 경도풍 】

(7) 온도풍

　기온의 수평 분포에 의해서 생기는 바람으로 지균풍이 불고 있는 두 개의 등압면이 있을 때, 그 사이에 낀 기층의 평균기온의 수평경도와 비례하는 두 면의 지균풍 차이를 말한다. 풍향은 두 기층 간의 등온선 방향에 평행이 되며, 풍속은 등온선의 간격에 반비례한다.

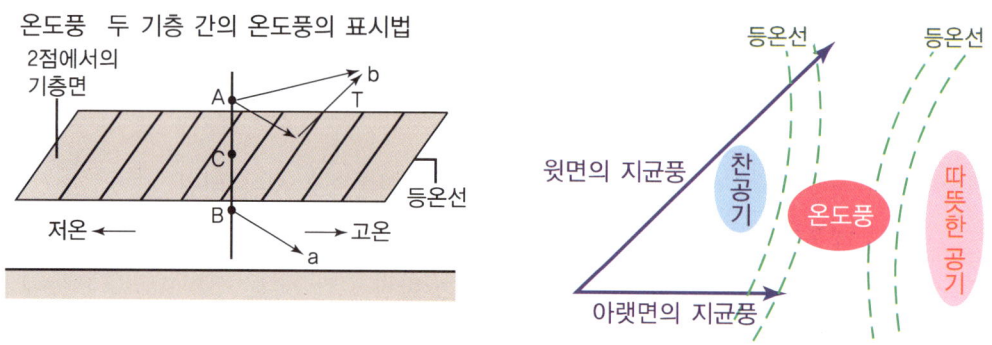

【 두 기층 간의 온도풍 표시법 】

(8) 제트기류

　대류권 상층의 편서풍 파동 내에서 최대 속도를 나타내는 부분. 세계 기상 기구(WMO)에서는 '제트기류는 상부 대류권 또는 성층권에서 거의 수평축에 따라 집중적으로 부는 좁은 강한 기류이며, 연직 또는 양측 방향으로 강한 바람의 풍속 차(Shear)를 가지고, 하나 또는 둘 이상의 풍속 극대가 있는 것'이라고 정의한다. 제트 기류(Jet Stream)는 중고위도 상공에서 부는 편서풍이다. 지표면 위 11km 근처의 대기권에서 발견되며 매우 빠르게 불고 있는 바람이다.

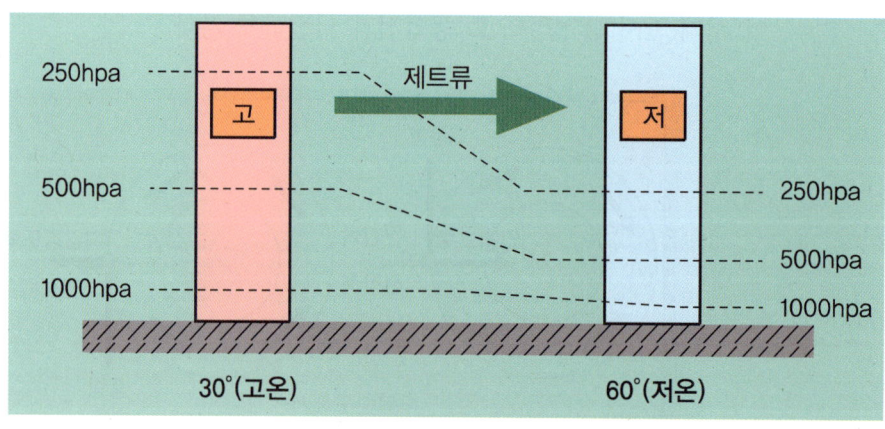

【 제트기류의 발생 】

① 발생원인

지구는 지역에 따라 기온이 다르다. 태양열을 받는 양에 따라 적도는 매우 뜨겁고, 극지방은 매우 차갑다. 따라서 적도의 뜨거운 열이 차가운 극지방으로 이동한다. 기단으로 말하면, 뜨거운 열대 기단과 차가운 한대가 만나는 곳에 전선대(Front)가 형성되는데 이곳에서는 기압 차이가 매우 크게 나타난다.

이러한 남북의 열의 이동, 지구 자전에 의한 전향력, 마찰력 등으로 서쪽에서 동쪽으로 부는 강한 바람이 생긴다. 이것이 제트 기류이다. 제트 기류는 제2차 세계 대전 때 일본을 폭격하기 위해 고공으로 비행하던 비행단이 발견하였다.

30° 지역 상공은 온도 차에 의해 같은 높이의 60° 지역보다 기압이 높다. 따라서 30° 지역 상공 대류권계면 부근에서 60° 지역과 기압 차가 크게 발생하여 빠른 흐름이 발생한다. 이를 제트기류라 하며 남북 간의 온도차가 큰 겨울철에 특히 빠르며 에너지 수송을 담당한다.

② 항공기의 운항에 도움을 주는 제트 기류

공교롭게도 이 제트 기류는 항공기의 최적 순항 높이인 3만~4만 피트 사이에서 주로 흐른다. 따라서 항공기가 하늘을 비행할 때 주로 이 제트 기류를 타고 이동하게 된다. 항공기가 주로 운항하는 북태평양 위쪽으로 제트 기류가 흐르고 있기 때문에 항공기는 이 제트 기류를 이용하여 시간과 힘, 즉 연료를 덜 들이고도 빠르게 비행할 수 있는 것이다.

③ 제트기류의 특징

길이가 2000~3000km, 폭은 수백 km, 두께는 수km의 강한 바람이다. 풍속차는 수직 방향으로 1km마다 5~10m/s 정도, 수평 방향으로 100km에 5~10m/s 정도로 겨울에는 최대 풍속이 100m/s에 달하기도 한다. 북반구에서는 겨울이 여름보다 강하고 남북

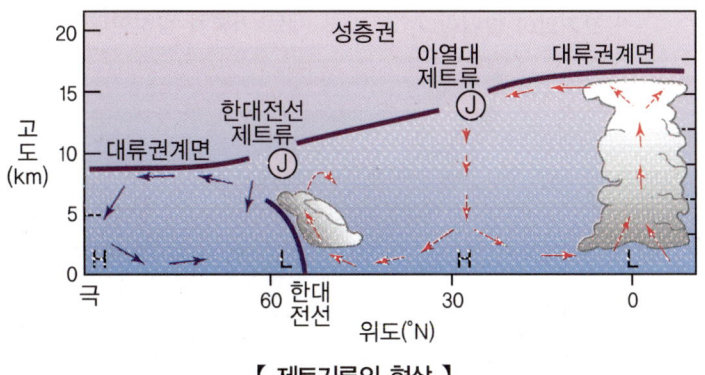

【 제트기류의 현상 】

의 기온 경도가 여름과 겨울이 크게 다르기 때문에 위치가 남으로 내려간다.
　㉠ 한대 전선 제트기류 : 중위도 지방, 고도 8~9km, 평균 풍속이 40m/s
　㉡ 아열대 제트기류 : 위도 약 30° 부근의 고도 12~13km

권계면은 적도에서 극까지 연속된 하나의 면으로 나타나지 않고 대개 세 개의 층으로 분리되어 불연속적으로 출현하여 위도에 따라 열대 권계면, 중위도 권계면, 극 권계면으로 분류된다. 한편, 이 불연속적인 고도에서 풍속의 극대인 제트 기류가 출현한다.

④ 제트기류의 영향

제트기류 내의 거대한 저기압성 굴곡은 순환과 에너지를 공급함으로써 거대한 중위도 저기압을 일으킨다. 고도 1~4km에서의 불규칙한 하층 제트기류는 헬기의 운항에 위험 요소가 되기도 한다.

고도 약 9km의 상층제트는 대략 여객기의 순항고도에 해당하며 시속 1백km 전후의 크기로 불기 때문에 순항 속도가 시속 약 9백km인 여객기의 운항에도 많은 영향을 주어서 한국에서 미국으로 갈 때와 미국에서 한국으로 올 때의 비행시간에도 많은 차이를 준다.

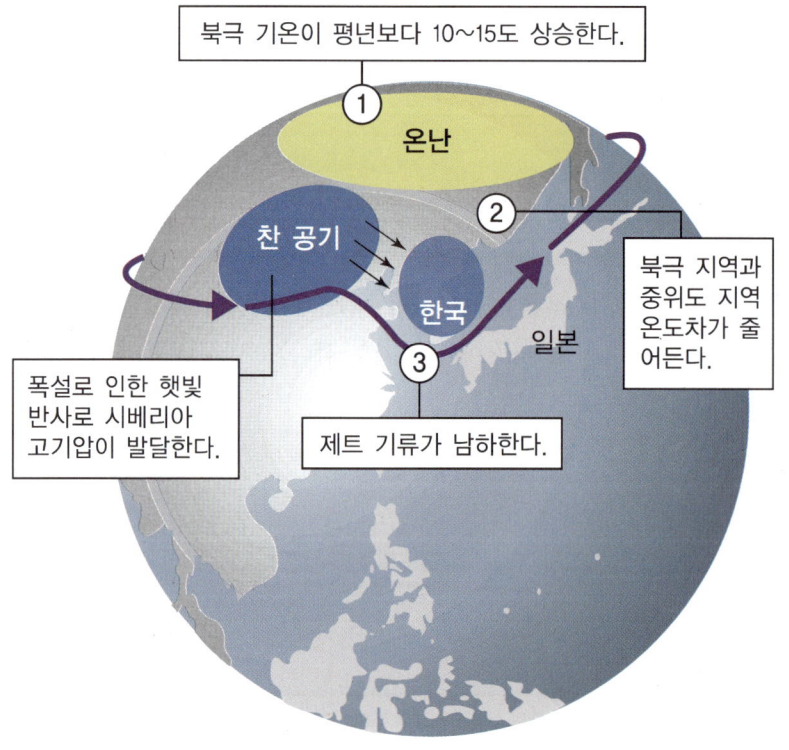

【 제트 기류의 기후 현상 】

(9) 관성풍(Inertial Wind)

① 마찰이 없는 상태에서 기압장이 수평적으로 균일하여 기압경도력이 없는 경우에 일어나는 바람을 관성풍이라 한다.
② 해양에서는 내부의 수압 경도력보다도 해면을 가로질러 부는 바람으로 인하여 해류의 흐름이 종종 형성되기 때문에 관성풍이 형성되는 경우가 있지만, 대기에서는 어느 정도의 가압 경도력이 항상 존재하여 기압분포가 균일한 형태를 갖추기가 어려워서 발생하기 어렵다.

4.4 구름과 안개

1 구름

구름은 공기 중에 떠다니는 작은 물방울 또는 얼음알갱이들의 집합체이다. 구름은 대부분 수증기로 만들어지는데 일반적으로 구름은 1m³당 0.5g의 물방울을 포함하고 있다.

수증기를 포함한 공기가 상승하게 되면 주위의 기압은 낮아지게 되므로, 상승하는 공기 덩어리는 부피가 커지게 된다. 이 과정에서 공기의 내부 에너지를 소모하여 공기 덩어리의 온도가 내려가게 된다. 이 과정을 단열팽창이라 하는데 단열팽창으로 인해 기온이 이슬점까지 낮아지면 공기 중의 수증기가 응결되어 물방울이 형성된다. 이렇게 생긴 물방울이 모인 것이 구름이다. 이 물방울은 중력의 영향을 받아 떨어지지만 공기와의 마찰로 매우 천천히

◆ 세계 기상기구(WMO)에서 정한 기본형 10종의 운형

구분	명칭	국제명	국제기호	평균 높이(고도)
상층운	권운(털구름)	Cirrus	Ci	5~13km
	권적운(털쎈구름)	Cirrocumulus	Cc	
	권층운(털층구름)	Cirrostratus	Cs	
중층운	고적운(높쎈구름)	Altocumulus	Ac	2~7km
	고층운(높층구름)	Altostratus	As	
하층운	층적운(층쎈구름)	Stratocumulus	Sc	2km 이하
	층운(층구름)	Stratus	St	
	난층운(비층구름)	Nimbostratus	Ns	
수직으로 발달하는 구름	적운(쎈구름)	Cumulus	Cu	5~20km
	적란운(쎈비구름)	Cumulonimbus	Cb	

떨어진다. 또한 구름 속 상승기류가 물방울의 낙하운동을 방해하기도 한다. 구름 속의 물방울은 단순히 그 자리에 머무는 것으로 보이지만 항상 생성과 소멸을 반복하고 있다.

(1) 구름의 분류

구름입자의 상(Phase)과 수직 발달 정도에 따라 여러 가지 형태로 나타난다. 수적으로 된 구름과 빙정으로 된 구름은 형성 고도도 다르고 모양이나 색깔도 다르다. 구름의 수직 발달 정도는 기층의 안정도에 따라 다른데, 불안정한 기층에서는 구름의 두께가 수직으로 두꺼운 적운형, 안정한 기층에서는 수직발달이 제한되어 비교적 얇은 층운형의 구름이 발달한다.

① 상층운(High-level Clouds)

상층운은 운저 고도가 보통 6km 이상이어서 주위의 온도가 매우 낮고 건조하다. 이 때문에 상층운은 거의 빙정으로 이루어져 있으며, 그 두께도 아주 얇다. 상층운에는 권운(Cirrus), 권적운(Cirrocumulus), 권층운(Cirrostratus)이 있다.

【 권운 】

【 권층운 】

【 권적운 】

② 중층운(Medium-level Clouds)

중층운은 중위도 지방에서는 구름 저면의 높이가 2~6km이어서 수적으로 되어 있는 경우가 많지만 기온이 충분히 낮아지면 그 일부는 빙정이 되기도 한다. 중층운에는 고적운(Altocumulus), 고층운(Altostratus)이 있다.

㉠ 고적운(Ac : Altocumulus) : 고도 2~6km의 중층운으로 높센구름이라고도 함. 회색 또는 옅은 회색의 둥그런 큰 덩어리로서 목장의 양떼와 비슷한 모양을 하고 있어 양떼구름이라고도 한다. 판상, 괴상, 롤상 등의 운편의 집합체로, 백색 또는 흰색을 띠고 있다. 이들의 운편은 어느

【 고적운 】

정도 규칙적으로 나열되어 있는 경우가 많다.

ⓒ 고층운(As : Altostratus) : 고도 2~6km의 중층운으로 높층구름이라고도 함. 두께가 얇고 회색 또는 진한 회색의 장막 모양의 구름으로서 온 하늘을 뒤덮는다. 날씨가 악화되는 도중이라고 할 수 있다. 무늬가 있는 회색 또는 연한 흑색의 구름이지만, 때로는 얼룩이 없이 균일한 외관을 하고 있는 경우도 있다. 보통 하늘 전체에 퍼져 있는 경우도 많다.

【 고층운 】

③ 하층운(Low-level Clouds)

하층운은 중위도 지방에서는 운저고도가 2km 이하이며, 거의 수적으로 되어 있으나 추운 날씨에는 빙편 과 눈을 포함하기도 한다. 하층운에는 층운(Stratus), 난층운(Nimbostratus), 층적운(Stratocumulus)이 있다.

㉠ 층운(St : Stratus) : 하층운의 한 가지. 열 가지 구름 종류의 하나로, 층구름 또는 안개구름이라고도 하며, 기호는 St이고, 지표~2km 사이의 높이에 나타난다. 안개나 연기와 비슷한 구름층으로서 안개보다는 높지만 지면 가까이에 층을 이루어 간혹 안개비를 내려 안개구름이라고도 한다. 비가 오고 있을 때 산간 지대나 맑은 날 이른 아침 평야 지대에 많이 나타난다. 대개 균일한 운저를 갖는 회색의 구름으로, 안개비, 가는 얼음, 가루눈이 내리는 경우가 있다.

【 층운 】

【 난층운 】

ⓒ 층적운(Sc : Stratocumulus) : 하층운의 한 가지이다. 열 가지 구름 종류의 하나로, 층센구름 또는 두루마리구름이라고도 하며, 기호는 Sc이고, 지표~2km 사이의 높이에 나타남. 어두운 회색의 커다란 구름 덩어리로서 온 하늘을 뒤덮으나 구름 덩어리 사이로 푸른 하늘이 내다보이고, 옆으로 모여 불규칙한 골을 이루거나 사방으로 퍼져서 긴 언덕 모양으로 보일 때가 많다. 비오기 전후에 자주 나타나는 구름으로서 눈에 가장 많이 띠는 구름이다.

【 층적운 】

④ 난층운(Ns : Nimbostratus)

중층운의 하나. 열 가지 구름 종류의 하나로 비층구름 또는 비구름이라고도 한다. 기호는 Ns이고, 2~7km의 높이에 나타난다. 구름의 층이 매우 두껍기 때문에 구름의 밑은 거의 암흑색으로 보이며, 대개 온 하늘에 퍼진다. 저기압의 중심 부근이나 전선 부근 등에 널리 발달하는데 비나 눈이 내릴 때가 많다. 종전에는 하층운으로 취급하던 어두운 흑색의 구름으로서 비오기 전에 나타나서 형태가 불규칙하게 무너지면 편란운이라고 하며 비가 오기 시작하기 때문에 비구름이라고도 한다. 운저가 혼란된 암회색의 구름으로 대체로 비 또는 눈을 동반한다. 이 구름은 보통 하늘 전체를 덮고, 두꺼워서 태양을 감추어 버린다.

⑤ 수직운(Convective Clouds)

수직운은 보통 하층운의 고도로부터 상층운의 고도에까지 확장하는 수직으로 발달하는 구름이며, 불안정한 공기와 아주 밀접하게 관련되어 있다. 수직운에는 적운(Cumulus), 적란운(Cumulusonimbus)이 있다.

【 적운 】

【 적란운 】

㉠ 적운(Cu : Cumulus) : 수직으로 발달하는 구름의 한 가지이다. 열 가지 구름 종류 가운데 한 가지로 센구름, 또는 뭉게구름이라고도 하며, 기호는 Cu이고, 지표로부터 13km 높이 사이에 나타남. 독특한 구름 덩어리로서 꼭대기는 둥글고 밑바닥은 편평하며 뭉게뭉게 떠있으므로 뭉게구름이라고도 하며, 여름철에 지면이 가열되면 잘 발생한다. 맑은 날 봄철 지평선에 잘 나타난다.

㉡ 적란운(Cb : Cumulolimbus) : 수직으로 발달하는 구름의 한 가지이다. 열 가지 구름 종류 가운데 하나로 센비구름, 또는 소나기구름이라고도 한다. 기호는 Cb이고, 지표로부터 13km 높이 사이에 나타나며, 산봉우리나 탑 모양으로 솟아 있다. 웅대하고 진한 구름으로서 꼭대기는 많은 구름 봉우리가 솟구치고 아래는 흩어져 있다. 소나기나 우박, 번개, 천둥, 돌풍 등을 동반하는 구름이다.

(2) 구름의 안정과 불안정

① 층운형 구름(Stratiform Clouds)

안정된 대기는 공기의 어떠한 수직운동도 억제하기 때문에 이 지역에서 형성되는 구름은 수직으로 형성되기보다는 수평으로 형성된다. 통상 하부의 냉각된(Cooled) 대기를 안정(Stable)시키고 안개(Fog)를 형성한다.

② 적운형 구름(Cumuliform Clouds)

불안정한 대기는 공기의 수직 작용을 일으켜 이 지역에서 형성되는 구름은 수직으로 발달하여 적운형 구름을 형성한다. 수직적으로의 높이는 불안정층의 깊이에 달려 있다.

(3) 운량

전체 하늘에 대해 구름에 의해 가려진 부분을 oktas(옥타; 운량의 단위)로 표현한다.

- 운량의 표시방법
  ① 1/8 ~ 2/8oktas : FEW(Few)
  ② 3/8 ~ 4/8oktas : SCT(Scattered)
  ③ 5/8 ~ 7/8oktas : BKN(Broken)
  ④ 8/8oktas : OVC(Overcast)

2 안개(Fog)

대기 중의 수증기가 응결핵을 중심으로 응결해서 성장하게 되면 구름이나 안개가 된다. 구름과 안개의 차이는 그것이 지면에 접해 있는지 아니면 하늘에 떠 있는지에 따라 결정되며 지형에 따라 관측자의 위치가 변함에 따라 구름이 되기도 하고 안개가 되기도 한다. 일반적으로 구성입자가 수적으로 되어 있으면서 시정이 1km 이하일 때를 안개라고 한다.

(1) 복사안개(Radiation Fog)

육상에서 관측되는 안개의 대부분은 야간의 지표면 복사냉각으로 인하여 발생한다. 맑은 날 밤바람이 약한 경우 공기의 복사냉각은 지표면 근처에서 가장 심하며 때로는 기온 역전층이 형성된다. 따라서 지면에 접한 공기가 이슬점에 달하여 수증기가 지상의 물체 위에 응결하여 이슬이나 서리가 되고 지면 근처 엷은 기층에 안개가 형성된다. 이렇게 형성된 안개를 복사안개라고 하며 또는 땅안개(Ground Fog)라고도 한다.

【 복사안개 】

(2) 이류안개(Advection Fog)

온난 다습한 공기가 찬 지면으로 이류하여 발생한 안개를 말하며, 해상에서 형성된 안개는 대부분 이류안개이다. 이를 해무라고 부른다. 해무는 복사안개보다 두께가 두꺼우며 발생하는 범위가 아주 넓다. 또한 지속성이 커서 한번 발생되면 수일 또는 한 달 동안 지속되기도 한다.

(3) 활승안개(Upslope Fog)

습윤한 공기가 완만한 경사면을 따라 올라갈 때 단열팽창 냉각됨에 따라 형성된다. 산안개(Mountain Fog)는 대부분이 활승안개이며 바람이 강해도 형성된다.

3 박무(Mist)

지극히 미세한 물방울이나 젖은 흡습성 입자가 공기 중에 부유하는 것으로 수평 시정이 1000~5000m(1km~5km)로 감소되며 상대 습도가 95% 이상이 된다. 박무가 낀 때의 대기는 안개처럼 습하고 차갑게 느껴지지는 않는다.

4 서리(Frost)

서리는 기온이 낮은 상태에서 창문의 유리나 자동차 표면에 형성된 착빙의 형태로 주로 야간에 계류 중인 항공기에 발생한다. 서리의 형성은 맑고, 안정된 대기 중에 미풍이 있을 때 쉽게 형성된다. 서리는 항공기 표면의 온도가 주변 공기의 이슬점과 일치하거나 낮을 경우에 이슬점이 결빙 이하일 때 형성된다.

서리는 날개의 항공 역학적 형태를 변형시키지 않지만 날개의 거친 표면은 공기의 정상적인 흐름을 분산시켜 양력의 감소를 유발한다. 때문에 조종사는 반드시 비행 전에 서리를 제거하고 비행하여야 한다. 날개 표면에 두껍게 형성된 서리는 실속 속도를 약 5~10% 정도 증가시키는 요인이 된다.

5 시정

(1) 시정이란

시정이란 주간에 정상적인 시력을 갖고 있는 사람이 육안으로 하늘을 배경으로 검정색 목표물의 경계를 식별할 수 있는 최대거리를 의미한다. 시정은 물리적인 복합 현상이며 개인의 감지와 해석 능력, 광원의 특성 및 투과율에 좌우되는 주관적인 것으로 관측자의 시력과 물체와 주변공간의 대조(Contrast)에 의해 제한을 받는다.

① 수평 시정(Horizontal Visibility)

관측 지점에서 특정 목표물을 확인할 수 있는 수평거리

㉠ 수직 시정(Vertical Visibility) : 관측 지점에서 수직 방향으로 특정 목표물을 확인할 수 있는 거리

㉡ 활주로 시정(Runway Visibility : RVV) : 활주로에서 활주로 방향으로 볼 때 특정 목표물을 확인할 수 수평거리로 투과율계로 관측

㉢ 최단 시정(Shortest Visibility) : 방위 별로 수평 시정이 동일하지 않을 때 각 방위 별 시정 중 가장 짧은 거리

㉣ 우 시정(Prevailing Visibility) : 방위 별로 수평 시정을 관측하며 수평원이 180° 이상 차지하는 최대 시정

(2) 시정 관측

목측에 의해 관측되는 시정(Visibility)이란 "어떤 방향의 지표면 부근의 하늘을 배경으로 하여 정상적인 시력을 가진 사람이 어떤 목표물의 형태나 윤곽을 식별할 수 있는 최대 수평거리"이며, 목표물은 뚜렷이 빛나는 밝은 물체가 아니어야 한다.

시정 관측 시에 부근의 굴뚝에서 나오는 연기나 적은 규모의 먼지 등은 그것이 인위적인 현상이든 자연적인 현상이든 관측자의 위치를 다소 변경함으로써 그 배후에 있는 목표물을 볼 수 있을 정도의 것은 시정장애 현상으로 간주하지 않는다.

(3) 시정장애 현상

대기 중의 미세 입자로 인해 대기가 혼탁해지고 시정이 악화되는 현상을 말한다. 원인으로 안개·황사 현상 등 자연적 원인에 의한 것과 스모그·연무 등 인위적 원인에 의한 것으로 나눌 수 있다. 안개나 황사 현상에 의한 경우 대기오염이 심해질수록 그 영향은 더 커질 수 있다. 비·눈 등의 강수 현상으로 인한 것은 포함되지 않는다.

시정장애를 일으키는 현상 및 원인으로는 안개(Fog), 박무(Mist), 연무(Haze), 연기(Smoke), 스모그(Smog), 먼지(Dust) 및 눈, 비, 안개비(Drizzle) 등이 있다.

(4) 안개 등에 의한 시정장애 현상

안개는 지상에서 발생하는 구름이며, 안개에 대한 국제적 정의는 작은 물방울이나 빙정으로 구성된 구름이 관측자의 수평시정을 1000m 미만으로 제한할 때를 일반적으로 안개라고 한다.

(5) 황사에 의한 시정장애 현상

우리나라에 영향을 미치는 황사의 주요 발원지는 중국과 몽골의 사막지대(타클라마칸, 바다인 자단, 텐걸, 오르도스, 고비지역, 만주)와 황하 중류의 황토지대인데 이런 중국의 서북 건조 지역은 연강수량이 400mm 이하이고 사막이 대부분이여서 모래먼지가 많이 발생한다. 발원지에서 배출되는 먼지 중 보통 30%가 발원지에 다시 가라앉고, 20%는 주변지역으로 수송되며, 50%는 장거리까지 수송돼 한국, 일본, 태평양 등에 침전된다고 한다.

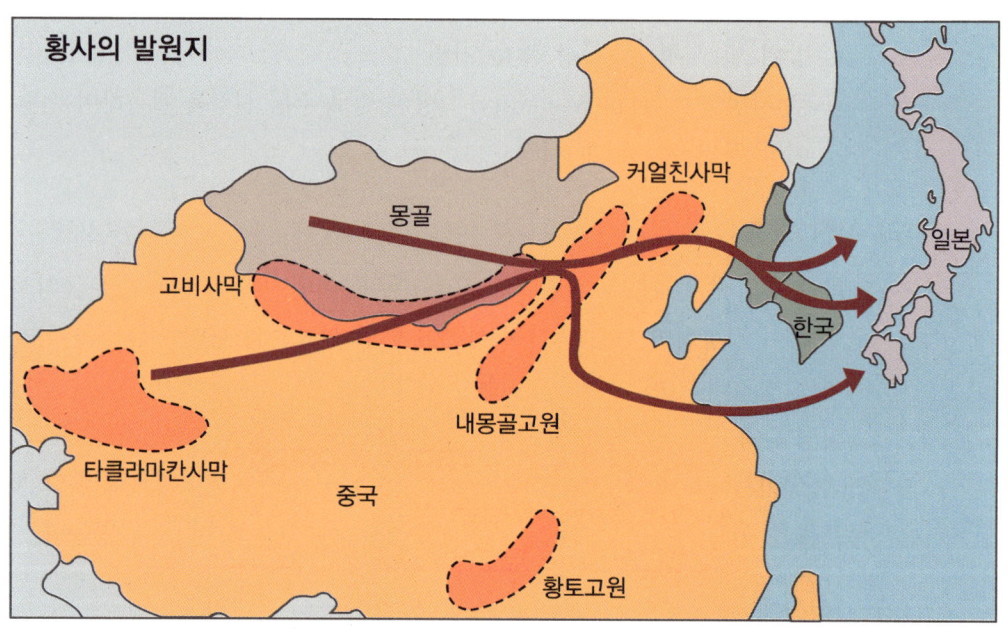

【 황사의 발원지 】

① 우리나라의 황사

매년 주로 3~5월에 3~6일 정도 관측된다. 전국적으로 전체 관측 횟수를 보면 전라도 지방이 가장 많고, 발생일수로 보면 서울, 경기 지역과 서해안 지역이 길다. 드물게 서울에서 1991년 겨울에 관측된 경우도 있고, 1999년 1월 25일에 이른 황사가 발생되기도 했다.

【 우리나라의 황사 】

② 시정장애 현상 원인과 영향 인자

시정장애 현상은 기체 분자와 분진이 가시파장의 빛을 흡수 또는 산란시킴으로써 대기를 혼탁하게 하고 색조 현상을 일으켜 시정을 악화시키는 현상을 말하며, 대도시 시정거리 감소의 주원인은 빛의 산란 효과에 기인된다.

㉠ 시정 악화를 시키는 영향 인자들은 기상요소와 대기 중의 오염물질로 대별되며, 이들 인자들은 독립적으로 혹은 상호 관련성을 가지며 시정에 악영향을 미치게 된다. 기온, 습도 및 풍속은 대기혼합 층에 영향을 주어 결과적으로 시정에 영향을 주는 인자가 된다.

㉡ 대기 중의 미세 입자에 의한 빛의 흡수와 산란 효과를 합친 시정감소 효과는 습도 증가에 의한 영향과 함께 시정감소 원인의 95% 이상을 차지하고 있으며 습도가 증가하면 대기 중에서의 미세입자 생성속도가 빨라지고 입자의 흡습성에 의해서 입자 크기가 커짐으로써 시정장애 현상이 가속화된다.

㉢ 시정장애 현상을 유발하는 주요 미세입자들은 탄소입자(25.7%), 황산염입자(18.7%), 질산염 입자(14.3%), 유기탄소화합물(10.9%), 기타 여러 가지 금속산화물(25.0%) 등으로 구성되어 있는 것으로 보고되고 있으며, 이 중 탄소입자는 대부분 자동차의 배출가스로부터 배출되는 것이고, 황산염입자, 질산염입자, 유기탄소화합물 등은 연료의 연소과정에서 배출되는 아황산가스, 질소산화물, 탄화수소 가스 등이 대기 중에서 반응하여 생성되어진 2차 오염물질들이라고 추정된다.

6 강수

대기 중의 수증기가 물이나 얼음으로 변하여 지상에 떨어지는 현상을 강수라고 한다. 수증기가 강한 상승기류를 타고 높이 올라가게 되면 단열팽창에 의해 수증기가 물방울로 변하고, 더 높이 올라가면 그 중 일부가 빙정으로 변한다. 물방울이 많은 곳에서 빙정은 주위의 물방울을 흡수하여 점차 크기가 커지고 마침내 눈 결정이 된다. 눈의 결정이 커져 그 무게가 상승기류를 이기게 되면 눈송이 형태로 떨어지는데 지표면의 기온이 0℃ 이상일 경우에는 비가 되고, 0℃ 이하일 경우에는 그대로 눈으로 내린다.

기상학적으로 비가 내리는 조건은 여러 가지 경우가 있다. 여름철에는 전형적으로 대류성 비가 나타난다. 대기의 하층이 가열되면 상층이 불안정해지면서 위아래로 대류 현상이 일어난다. 구름이 쌓여 그 꼭대기가 영하 20℃ 정도되어 빙정이 생길 정도가 되면 구름의 아랫부분은 강한 비가 내리게 된다.

(1) 이슬비(Drizzle)

직경 0.5mm 미만의 아주 작은 물방울들이 내리는 강수로서 얼핏 보면 공중에 떠있는 것 같이 보이며, 대기가 약간만 움직이더라도 따라 움직이는 것을 볼 수 있다.

이슬비는 보통 연속된 두꺼운 층운(St)에서 내린다. 이 층운의 운고는 대단히 낮으며, 지면까지 도달하여 안개로 되는 수가 많다. 특히 해안이나 산악지대에서는 이슬비로 내리는 수가 많다. 이슬비로 인한 강수량은 1시간에 1mm 이상이 되는 일은 드물다.

시정은 비가 내릴 때보다 더욱 나쁜 것이 특징이다. 그러나 고층운이나 난층운에서 내리는가는 비를 이슬비로 취급해서는 안 된다.

(2) 비(Rain)

직경 0.5mm 이상의 물방울로 된 강수를 비라고 한다. 빗방울의 크기는 보통 안개비의 입자보다 크다. 그러나 강우역의 연변에서는 빗방울이 떨어지는 도중에 증발하기 때문에 안개비의 입자와 같은 정도의 작은 입자로 되는 수가 있다. 그런 경우에는 빗방울의 입자가 분산해서 내리게 되므로 안개비와 구별된다.

(3) 눈(Snow)

얼음의 결정들로 된 강수로서 결정의 형태는 침상(針狀), 각주상(角柱狀), 판상(板狀 : 樹板狀을 포함) 등이 있고, 이러한 결정들이 규칙적으로 결합한 것도 있으며, 불규칙하게 결합한 덩어리를 이룬 것도 있다. 눈은 대기 중에서 수증기가 승화된 것이 모체가 되며 여기에 과냉각된 물방울이 부착하여 빙결된 것과 다소 물기를 포함하고

있는 것도 있다. 이와 같은 것들이 불규칙하게 흩어져 내리기도 하며 어떤 때는 여러 개가 결합되어 눈송이를 이루어 내릴 때도 있다. 구름 속에서 떨어지는 단일 또는 덩어리로 된 빙정이 고체 형태로 떨어지는 것을 말한다. 매우 낮은 온도에서 눈송이는 작으며 그 구조는 단순하다. 빙결점 온도 부분에서는 개개의 눈송이가 많은 수의 빙정(별 모양이 우세한)으로 구성되며 이런 눈송이의 직경은 25mm 이상된다.

(4) 쌀알눈(Snow Grains)

이슬비가 얼은 것으로 층운 형태의 구름에서 내리는 매우 작은 불투명한 흰색 얼음입자이다. 이러한 입자는 매우 납작하거나 또는 길쭉하며 그들의 직경은 대체적으로 1mm 미만이다. 굳은 지면에 떨어져도 뛰어오르지 않으며 부서지지도 않는다. 소나기성 강수 형태로 내리지 않으며 과냉각된 층운(St)이나 안개에서 내린다.

(5) 얼음싸라기(Ice Pellets)

쉽게 부서지지 않는 투명 또는 반투명의 얼음 입자로 직경이 5mm 이하이며 빙결된 빗방울이나 커다란 녹은 눈송이로부터 형성된다. 고층운 혹은 난층운에서 내리며 빙결 과정은 지면 부근에서 일어나므로 이륙 후나 또는 하강·착륙 동안에 심한 착빙 위험을 가져온다. 입자는 지면에 부딪치면 소리를 내고 튀어 오른다.

(6) 빙정(Ice Crystals)

얼음침(Diamond Dust)으로 알려진 부유하는 매우 작은 빙정으로 보통 영하 10℃ 이하의 온도에서 형성되며 일반적으로 고요한 날씨와 종종 맑은 하늘과 연관이 있다.
빙정은 햇빛 속에서 강하게 광채를 발하며 종종 무리 형태의 광학적 현상을 나타낸다. 시정이 방향에 따라 다양하지만 보통 1km 이상이 되며, 시정 5000m 이하일 때 보고해야 한다.

(7) 우박(Hail)

투명하거나 부분적이거나 또는 완전히 불투명한 일반적으로 5~50mm 이내의 직경을 갖는 얼음 조각(우박)을 말한다. 최대 우박의 직경이 5mm 이상일 때 보고해야 하며, 1kg 이상의 하중을 갖는 매우 큰 우박이 관측된 적도 있다. 우박은 강한 뇌전에 동반하여 비에 섞여 내리는 수가 많다.

① 작은 우박(Small Hail)
단단한 지면에 떨어져 튀는 소리를 들을 수 있는 직경 5mm 이하의 투명한 얼음입자의

얼음 층으로 전체 또는 부분적으로 둘러싸인 눈싸라기로 구성되며 눈싸라기와 우박의 중간 단계이다.

② 눈싸라기(Snow Pellets)

희고 불투명하며 거의 둥근 형태의 얼음 입자로 온도 0℃ 근처에서 눈과 함께 내린다. 직경은 보통 2~5mm이며 단단한 지면에 떨어질 때 쉽게 부서지며 튀어 오른다. 지상 기온이 0℃ 전후일 때에 눈싸라기는 취우성 강수로서 눈에 선행하여 내리는 수가 많다. 또 눈이나 빗방울과 섞여서 내리는 수도 있다.

(8) 비가 내리는 조건

① 빙정설

중위도(남북위 20도~50도) 지역의 구름은 상층부, 중층부, 하층부의 3부분의 구조로 되어 있으며, 상층부에는 얼음알갱이만 존재하고 중층부에는 과냉각 물방울과 얼음알갱이가 함께 존재하며 하층부에는 물방울들만 존재하는데, 중층부에서 수증기가 얼음알갱이에 달라붙으면서 무거워지면 아래로 떨어진다는 이론이 빙정설이다.

② 병합설

저위도(적도~남북위 20도)의 열대지방에서는 기온이 항상 0℃ 이상이기 때문에 구름에 얼음알갱이가 생성되지 않아 빙정설에 의해서는 비가 올 수 없고 이리저리 돌아다니던 물방울들이 서로 점점 크게 뭉쳐서 무거워지면 비가 되어 떨어진다고 하는 이론이 병합설이다.

③ 활주로 표면의 강수의 영향

비, 어는 강수, 눈(질퍽눈 포함) 등은 항공기 착빙의 발생 가능성이 있다.

 4.5 기단과 전선

주어진 고도에서 온도와 습도 등 수평적으로 그 성질이 비슷한 큰 공기덩어리를 기단이라 한다.

항공기상 chapter 04

1 기단의 분류

　기단은 발원지의 위도에 따른 온도 분포로 크게 열대(T), 한대(P), 극(A)으로 분류한다. 또 습도조건에 따라 대륙에서 발생한 건조한 것을 c, 해상에서 발생한 습한 것은 m으로 세분한다. 기단이 발생된 때 기온의 변질을 고려하여 지표보다 그 상층의 기단이 저온일 경우에는 k, 온난한 경우에는 w라는 기호를 붙이기도 하며, 이것에 대기의 성층이 안정할 경우에는 s, 불안정할 경우에는 u의 기호를 붙여 한층 더 세분하기도 한다. 또한 기단을 개략적으로 분류하는 방법 외에 적도기단은 E, 계절풍기단은 M, 상층기단은 S로 더 세부적으로 분류하는 방법도 있다.

2 기단의 특성

　우리나라 부근에 위치하며 영향을 미치는 기단은 초여름 장마기에는 해양성 한대기단(mP)인 오호츠크해 기단의 영향을 받는데, 이 기단은 그 자체로 영향을 미치기보다 북태평양기단과 만나 불연속선의 장마전선을 이루어 영향을 준다. 장마가 지나면서 북태평양에서 발달한 고온다습한 해양성 열대기단(mT), 즉 북태평양 기단의 영향으로 본격적으로 더운 날씨가 시작된다. 이 시기에는 남풍 내지 남서풍이 주로 분다.

(1) 양쯔강 기단

　양쯔강 유역에서 발생하고 온난 건조하고 봄과 가을에 우리나라에 도달하며 이동성 고기압이다.
　① 발원지 : 중국 양쯔강 유역이나 티베트 고원 등의 아열대 지역
　② 분류 : 대륙성 열대기단(cT)
　③ 성격 : 온난 건조
　④ 우리나라 봄, 가을 날씨에 영향
　⑤ 구름이 형성되는 경우가 적어 날씨가 대체로 맑음.
　⑥ 이동성 고기압으로 우리나라 방면으로 이동함.

(2) 북태평양 기단

　북태평양에서 발생하고 한랭다습하다. 우리나라에서 주로 여름에 발달하며 고온다습한 특성을 가진다. 적운과 적란운을 발생시킨다.
　① 발원지 : 북태평양에서 형성
　② 분류 : 해양성 열대기단(mT)

313

③ 성격 : 온난 다습
④ 우리나라 여름철 날씨 지배
⑤ 북상-하층 냉각-안정화-더욱 북상-하층 포화-응결-안개 발생
⑥ 7, 8월경 남동해상 바다안개(해무)의 원인

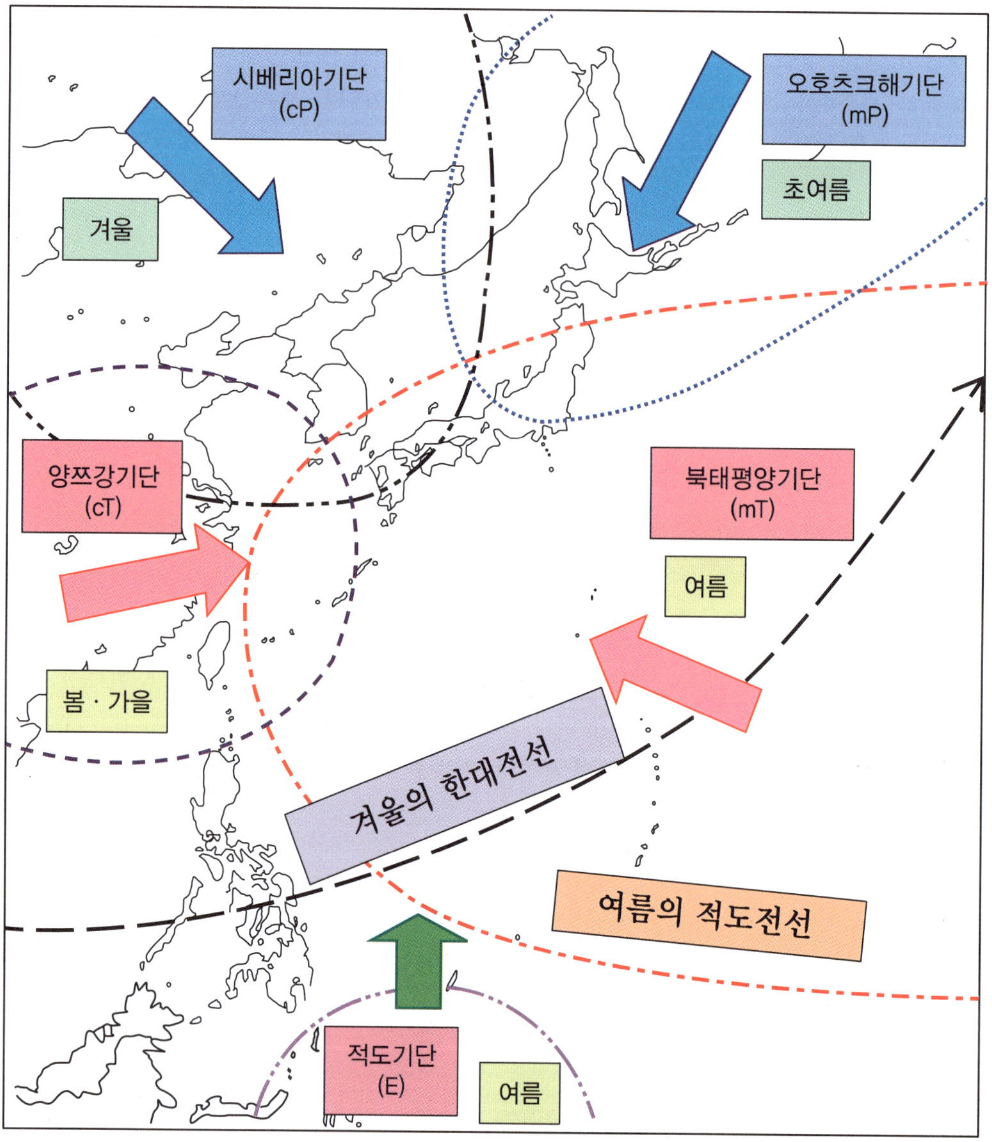

【 우리나라에 영향을 미치는 기단 】

(3) 오호츠크해 기단

초여름, 장마철 오호츠크에서 발생하고 한랭 건조하다.
① 발원지 : 오호츠크 해
② 분류 : 해양성 한대 기단(mP)
③ 성격 : 한랭 습윤
④ 우리나라 초여름 날씨에 영향
⑤ 늦봄 발생-초여름 우리나라로 세력 확장-남쪽의 북태평양 기단과 정체 전선 형성한다. 초여름 시베리아 기단이 약화되면서 이 기단의 세력은 확장되어 동해안을 비롯한 우리나라 전역에 냉습한 기온을 가지고 오며 장마를 몰고 오기도 한다. 겨울에는 시베리아 기단에 밀려 우리나라에는 다가오지 못한다.

(4) 시베리아 기단

시베리아에서 발생하고 한랭 건조하다. 겨울에 우리나라에 도달한다.
① 발원지 : 바이칼호를 중심으로 하는 시베리아 대륙 일대
② 분류 : 대륙성 한대 기단(cP)
③ 성격 : 한랭 건조
④ 우리나라 겨울철 날씨 지배
⑤ 9월부터 점차 강해져서 남하 시작, 1월 최성기, 3월 점차 쇠약해짐.
⑥ 일반적으로 날씨 맑음.
⑦ 남하-동해, 서해의 열과 수분을 공급 받음-불안정-많은 눈, 악천후 발생

(5) 적도 기단

적도 기단은 적도 부근에서 발생한 기단으로 여름철에 발달하며 극히 고온 다습한 성질을 나타내고, 우리나라에 초여름부터 영향을 준다.
① 발원지 : 적도 해양에서 발생
② 분류 : 대륙성인지 해양성인지에 따라 약간의 차이가 있다.
③ 성격 : 고온 다습하고 우리나라에 영향을 주는 것은 태풍이다.
④ 계절에 따라 적도무풍대가 북상하거나 남하하게 되므로 그 발원지도 어느 정도 남북으로 이동한다. 우리나라에 태풍이 북상할 때 적도기단을 밀고 올라와서 호우(豪雨)가 내리는 경우도 있다. 우리나라에 태풍이 북상할 때 적도기단을 밀고 올라와서 호우가 되는 경우도 있다.

3 전선

찬기단과 더운 기단은 밀도 차이 때문에, 찬 기단은 더운 기단 아래로 쐐기 모양으로 파고 들어가게 되고, 더운 기단은 찬 기단 위로 올라가게 되어 안정한 상태로 몰고 가게 된다. 이러한 상태에서는 위치에너지가 최소가 되기 때문에 처음보다 위치에너지가 감소된다. 이 위치에너지의 감소부분은 운동에너지로 바뀌어 바람이 불게 된다. 또 더운 기단의 상승에 의한 단열냉각으로 수증기가 응결되어 강수현상이 나타나며, 이때 방출된 잠열로 상승한 공기는 부력을 얻어 상승이 촉진되고 방출된 열의 일부는 운동에너지, 즉 바람으로 변환된다. 이와 같이 기상 요소가 어떠한 면을 경계로 하여 급격히 변화하고 있을 때, 이러한 면을 불연속면 또는 전선면이라고 한다. 그리고 이면이 지면과 만나는 선을 불연속선 혹은 전선이라고 한다. 또 경계층이 지면과 만나는 대역을 전선대라고 한다. 보통 전선을 형성하는 두 기단은 기온차로 구분한다.

(1) 온난전선(Warm Front)

온대 저기압의 남동쪽에 있으며, 온난한 공기가 한랭한 공기 쪽으로 이동해 가는 전선을 말한다. 더운 공기가 찬 공기 위를 타고 오르기 때문에, 이동속도가 느리고 기울기가 작다. 또 넓은 지역에 걸쳐 강수가 나타나며 강수강도가 약하다. 전선면의 경사는 1/100~1/200 정도이며, 전선면이 도달하는 높이는 한·난 양 기단의 높이에 따라 다른데, 고위도 지방으로 갈수록 낮아진다. 보통 6km 정도의 상공에서는 쉽게 판별되며, 이동속도는 약 25km/h이다.

> **온난전선에서 나타나는 항공기 운항에 위험한 기상**
>
> 온난전선 전면의 광범위한 강수대는 자주 하층에 층운이나 안개를 발생시킨다. 이 경우, 강수는 한랭공기에 수증기를 공급하여 포화 상태에 이르게 하므로, 수천 km^2의 넓은 지역에 걸쳐 낮은 실링과 악시정을 일으키기도 한다. 만일 한랭공기의 온도가 어는 점 이하일 때, 강수는 어는 비(Freezing Rain)나 얼음싸라기(Ice Pellets)의 형태로 나타난다. 온난전선이 통과할 때, 하절기에는 뇌우가, 동절기에는 심한 착빙 등 매우 위험한 기상을 초래하기도 한다. 하층 윈드 시어(Vertical Wind Shear)는 온난전선의 전방에서 6시간 이상 지속되기도 하므로 매우 심각한 문제를 일으킬 수도 있다.

(2) 한랭전선(Cold Front)

인접한 두 기단 중 한랭 기단의 찬 공기가 온난 기단의 따뜻한 공기 쪽으로 파고들 때 형성되는 전선을 말한다. 찬 공기가 따뜻한 공기 속을 쐐기 모양으로 파고들기 때문에 따뜻한 공기는 찬 공기 위를 차고 오르게 된다. 이때 전선 부근에서는 소나기나 뇌우·우

박 등 궂은 날씨를 동반하는 경우가 많다. 찬 공기가 따뜻한 공기 속으로 파고들기 때문에 이동 속도가 35km/h 정도로 빠르고 경사가 1/50~1/100 정도로 온난전선보다 기울기도 크다. (이는 마찰의 영향으로 지면 부근의 풍속이 작아져서 전선은 지면 부근보다 자유대기 중에서 빨리 진행하는 경향 때문이다.) 또한 좁은 지역에서 강수가 나타나며 강수강도가 세다.

한랭전선에서 나타나는 항공기 운항에 위험한 기상

조종사가 한랭전선 부근을 비행할 때 만나는 위험한 기상 현상은 전선 앞 스콜선(Squall Line)이나 전선을 따라 나타나는 적운형 구름이다. 이러한 위험 기상 현상은 심한 요란, 윈드 시어(Vertical Wind Shear), 뇌우, 번개, 심한 소나기, 우박, 착빙, 토네이도 등을 동반한다. 또 다른 위험 기상 현상은 뇌우 주위나 뇌우 하부와 지표면 부근에서 나타나는 강하고 변화가 심한 돌풍이다.

(3) 폐색전선(Occluded Front)

온대성 저기압이 발달하는 과정의 마지막 단계로 저기압에 동반된 한랭전선과 온난전선이 합쳐져 폐색 상태가 된 전선을 말한다. 이때 한랭전선 후면의 찬 공기가 온난전선 전면의 찬 공기보다 찰 때에는 한랭형 폐색전선이, 반대일 경우에는 온난형 폐색전선이 발생한다. 우리나라 부근(대륙의 동안과 해양)에서는 겨울철에는 한랭형이, 여름철에는 중립형이나 온난형 폐색전선이 많이 발생한다.

폐색전선에서 나타나는 항공기 운항에 위험한 기상

광범위하게 한랭전선과 온난전선의 기상현상이 혼합되어 나타난다. 한랭전선의 특징인 스콜선, 뇌우와 온난전선의 특징인 낮은 실링이 겹쳐서 나타난다. 또한 폐색전선의 북쪽 끝에 있는 강한 저기압 주위에서 강한 바람이 나타난다. 따라서 조종사는 폐색전선에서 기상 상태가 급격히 변하고, 폐색전선의 발달 초기에 가장 악화된다는 사실에 유의해야 한다.

(4) 정체전선(Stationary Front)

움직이지 않거나 움직여도 매우 느리게(10km/hr 미만) 움직이는 전선을 말한다. 상공의 풍향과 전선이 뻗쳐 있는 방향이 평행을 이루고 있을 때 형성된다.

정체전선에서 나타나는 항공기 운항에 위험한 기상

일반적으로 정체전선에 동반된 날씨는 온난전선과 비슷하여 한랭기단 쪽이 나쁘고 대체로 그 강도는 약하다. 정체전선에 동반된 기상현상 중 가장 뚜렷한 점은 그 기상이 지속적이므로 비행에 위험한 기상조건이 한 지역 내에서 여러 날 동안 계속된다는 것이다. 정체전선 상에는 약한 저기압이 여러 개 연결되어 있는 일이 많다.

4.6 고기압과 저기압

1 고기압

기압이 주변보다 높은 곳을 말한다.

(1) 고기압의 특성

고기압권 내의 바람은 북반구에서는 고기압 중심 주위를 시계 방향으로 회전하고, 남반구에서는 반시계 방향으로 회전하면서 불어나간다. 이로 인해 고기압권에서는 전선이 형성되기 어렵다. 등압선과 풍향이 이루는 각은 해상에서는 약 15°이고, 육상에서는 지형이나 풍속에 의해 약 25~35°로 해상보다 크게 나타난다. 닫힌 등압선의 가장 바깥쪽 직경이 1000km보다 작은 것은 드물며, 기압경도가 중심으로 갈수록 작아지므로 풍속도 중심으로 갈수록 약하다.

(2) 고기압의 분류

① 온난고기압

온난고기압은 대기 대순환에 의해 역학적으로 생기는 고기압으로 키가 크며, 중심이 주위보다 온난하여 상공으로 갈수록 더욱 고기압이 현저하며 거의 이동하지 않는다. 상층에서 기압능이 발달하면 저지 현상을 일으키기도 한다. 공기의 침강으로 온난 건조하여 날씨가 좋은 특징이 있다. 북태평양 고기압, 아조레스 고기압 등 아열대 고기압들이 이에 속한다.

② 한랭고기압

겨울철 고위도 지방의 대륙에서 지표의 복사냉각에 의해 공기의 밀도가 커짐으로써 발생하는 고기압으로, 매우 한랭하여 한랭 고기압이라고 한다. 3km 정도의 상공에서는 고기압 성질이 없어질 정도로 키가 작아서 키 작은 고기압이라고도 한다.

이 고기압은 온난 고기압과 달리 상층에 저기압이 있기 때문에 일기가 좋지 않다. 시베리아 고기압, 이동성 고기압, 오호츠크해 고기압 등이 이에 속한다.

③ 기압능(Ridge)

대기 중의 같은 고도면에서 주위보다 기압이 상대적으로 높은 영역을 말한다. 일기도 상에서는 고기압의 중심을 향해 열린 대체로 U자형의 거의 평행한 등압선이나 등고선으로 나타내어진다.

④ 안장부(Col)

2개의 저기압을 연결하는 골 선과 2개의 고기압을 연결하는 기압능이 십(十)자형으로 서로 교차하면서 기압이 일정한 안장부가 된다. 그 부분을 기압골 또는 중립점이라고 한다.

2 저기압

일기도 상에서 폐곡선으로 둘러싸인, 주위보다 기압이 낮은 곳을 말한다.

저기압의 특정 지상에서의 바람은 북반구에서 저기압 중심을 향하여 반시계 방향으로 불며, 저기압에 동반된 한랭전선은 저기압 중심에서 남서쪽으로, 온난전선은 저기압 중심에서 남동쪽으로 뻗어 있다. 대부분 저기압에서는 한랭전선이 동반되지만, 온난전선은 가끔 동반되지 않는 경우도 있다(저기압의 동쪽 지역과 남동쪽 지역 사이에서 온도와 습도 차이가 미약하게 나타나 전선을 넣기 어렵기 때문). 강수는 공기의 상승과 관련되어 나타나는데 공기가 수렴하는 저기압 중심 부근과 따뜻한 공기가 차고 밀도가 큰 공기를 타고 상승하는 전선을 따라 발생한다.

(1) 저기압의 분류

저기압은 전선의 유무에 따라 전선 저기압과 비전선성 저기압, 구조에 따라 한랭저기압과 온난저기압으로 분류된다. 또한 발생 지역에 따라 온대저기압과 열대저기압으로 분류할 수 있다.

전선 저기압은 전선을 동반한 저기압을 말하는데, 기압경도가 큰 온대와 한대의 경계에서 주로 발생하며 온대저기압의 대부분은 전선저기압이다. 반면 비전선성 저기압은 전선을 동반하지 않으며 열대저기압, 지형저기압, 열저기압 등이 있다.

① 한랭저기압(Cold Low)

동일한 고도에서 저기압 중심 부근의 기온이 주위보다 한랭하고 기온감률이 급하여 상층으로 갈수록 저기압성 순환이 증가하고 서서히 이동하는 저기압이다. 온난저기압에 비해 키가 크고 저기압 주변의 대기안정도는 일반적으로 불안정하다. 극지방에서 발생한 저기압, 폐색 저기압, 분리저기압 등이 이에 속한다.

② 온난저기압(Warm Low)

　　동일한 고도에서 저기압 중심 부근의 기온이 주위보다 온난하다. 기온감률이 완만하여 상층으로 갈수록 저기압성 순환이 약화·소멸되어 오히려 고기압성 순환이 생기며, 키가 작고 이동 속도도 빠르다. 초기의 온대 저기압, 열 저기압 등이 이에 속한다.

◆ 온대저기압과 열대저기압의 특성

성질	온대저기압	열대저기압(태풍)
발생 장소	온대지방(편서풍대)	열대해상(적도부근에서는 발생하지 않음)
발생 원인	찬 공기와 더운 공기가 만나 파동으로 발생	열대수렴대의 더운 공기 수렴, 파동으로 발생
전선	있다.	없다.
등압선	타원형(킹크 있다.)	동심원
등압선 간격	넓다.	좁다.
이동 방향	서 → 동	북상하다 동쪽으로 편향(포물선 경로)
에너지원	기층의 위치에너지	수증기의 잠열(숨은열)
형태	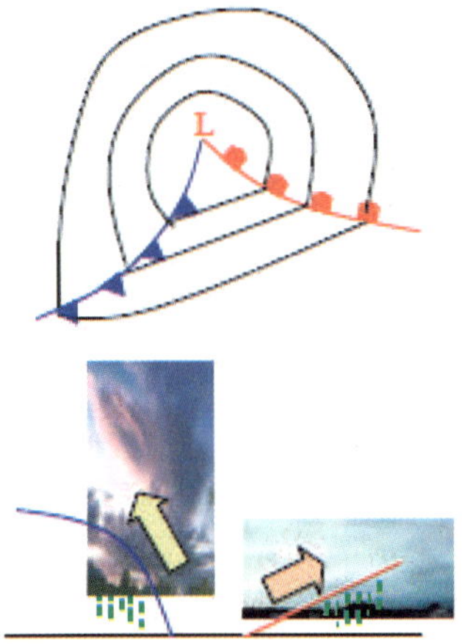	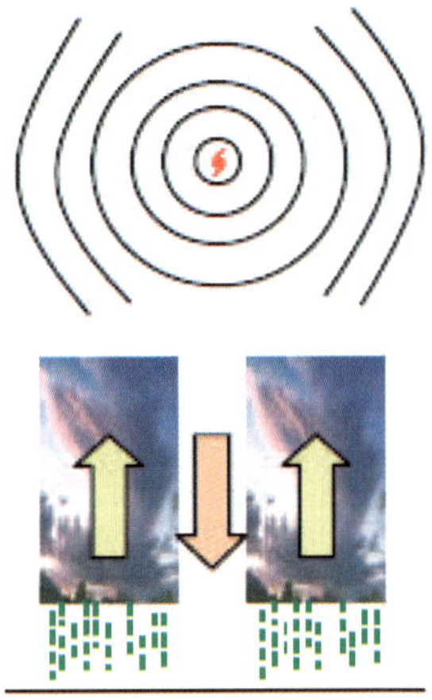

(2) 저기압의 바람 구조

　　저기압에서의 기류는 저기압 주변의 공기가 저기압 중심을 향해 반시계 방향으로 회전하면서 수렴하여 생기는 상승기류이다. 공기의 수평수렴은 지표면 근처에서 일어나고, 상층대기에서는 수평발산에 의한 공기의 유출이 일어난다. 이와 같은 저기압 구조는 지표면에서의 수평수렴, 상층에서의 수평발산, 상승기류로 이루어진다.

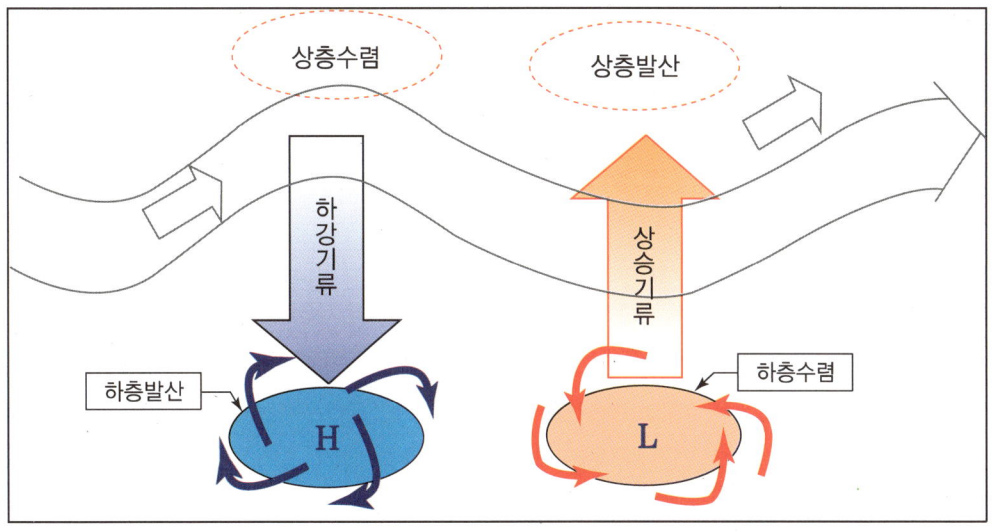

【 고기압과 저기압의 바람 구조 】

4.7 뇌우와 착빙

1 뇌우

뇌우는 천둥과 번개를 동반하는 적란운 또는 적란운의 집합체이다. 강한 대류 활동을 가진 뇌우는 폭우, 우박, 돌풍, 번개 등을 동반함으로써 짧은 시간 동안에 큰 항공 재해를 가져올 수 있는 중규모 기상 현상이다.

열대지방에서는 연중 뇌우가 발생하며, 우리나라와 같은 중위도 지방에서는 봄과 여름을 거쳐 가을까지 뇌우의 가능성이 존재한다. 한랭전선이 빠르게 통과하는 경우, 겨울에도 드물게 뇌우가 발생할 수 있다. 극지방에서는 여름에 매우 드물게 뇌우가 발생하기도 한다.

뇌우는 적운형의 구름이 대기의 변화에 따라 폭풍우로 변한 것으로 통상 악기상 요소인 비(Rain), 우박(Hail), 번개(Lighting), 눈(Snow), 뇌성 등을 동반하는 격렬하고 거대한 폭풍우이다. 뇌우는 조종사가 직면하는 가장 위대한 비행장애 중이 하나이기 때문에 뇌우에 대해서 충분히 인식하고 대처방안에 대해서 연구하여야 한다. 뇌우의 크기는 대략 5마일 이내의 것에서부터 30마일 이상의 직경을 갖고 구름의 높이는 수백 피트에서 10,000피트 까지 포함한다.

뇌우는 다음과 같은 대기 조건하에서 쉽게 형성된다.
① 불안정한 기온 감소율(Unstable Lapse Rate)
② 대기에 충분한 수증기(Sufficient Water Vapor)
③ 최초 기류의 상승 작용(Initial Upward Lifting)

(1) 뇌우의 발달 조건

뇌우가 발달하기 위해서는 기본적인 조건으로는 대기의 불안정과 초기 상승 작용이다. 뇌우가 발달하기 위해서는 하층 대기가 고온 다습하여 대류에 의해 상당한 높이로 상승하면, 동일한 고도의 주위 대기보다 기온이 높아 상향 부력을 받고 가속되어 대류권계면까지 강하게 상승할 수 있어야 한다. 이러한 하층 대기 조건은 조건부 불안정 대기에서 충분히 제공한다.

다음으로 초기 상승 작용은 불안정한 공기가 자유 상승을 시작하고 수증기 응결에 의한 숨은열을 방출할 수 있도록 최소한으로 상승시킬 수 있는 과정이 필요하다. 이러한 초기 상승 작용은 지표가열, 산악 지형, 전선, 저고도 수렴 등에 의해서 발생한다.

거대 세포 뇌우와 같은 악성 뇌우는 위의 두 가지 조건 이외에 연직 윈드 시어라는 대기 조건을 필요로 한다.

(2) 뇌우의 발생과 소멸 과정

① 적운단계(Cumulus Stage)

뇌우가 발달하기 위해서는 많은 구름이 필요하다. 적운단계에서는 지표면 하부의 가열로 상승기류를 형성하게 된다. 대부분의 적운이 뇌우로 발달하지는 않지만 모든 뇌우는 적운(Cumulus)에서 시작된다. 초기 적운단계에서 아주 작은 물방울은 구름의 형태가 커지면서 구름속의 물방울도 함께 커진다. 지표면의 가열에 의한 상승기류는 적운 형태의 구름을 계속해서위로 밀어 올리면서 적운단계가 완성된다.

② 성숙단계(Mature Stage)

적운단계에서 형성된 구름은 상승기류에 의해서 뇌우가 최고의 강도에 도달했을 때 구름 내에서는 상승 및 하강 기류가 형성되어 강우현상을 유발시켜 구름 하단부에서 비가 내리기 시작한다. 즉 강우(Precipitation)가 시작되는 시기를 뇌우의 성숙단계로 본다. 하강기류는 분당 2,500피트를 초과하며 지면에 부딪쳐 분산되면서 강한 거스트(Gusty Wind), 급격한 기온 강하, 기압의 급상승을 초래한다. 뇌우 내의 상승기류(Updraft) 는 최대분당 6,000피트를 초과하며 강우를 다시 상승시켜 더욱 강한 강우를 형성한다. 상승 및 하강기류가 근접되면서 강한 수직 윈드 시어(Vertical Wind Shear)

에 의해서 심한 난기류가 형성된다. 뇌우의 성숙과정 중 강우가 지면에 도달하기 전에 증발(Evaporate)하는 경우가 있으며 이를 버가(Virga)라 한다.

③ 소멸 단계(Dissipating Stage)

뇌우는 강우와 함께 하강 기류가 지속적으로 발달하여 수평 또는 수직으로 분산되면서 급격히 소멸 단계에 접어든다. 소멸 단계의 특징은 강한 하강기류가 발생하고 강우가 그치면서 하강기류도 감소하고 이에 따라 뇌우도 점차로 소멸된다.

(3) 뇌우를 동반한 악기상

① 회오리바람(Tornadoes)

뇌우가 활성화된 상태에서 바람을 내부로 끌어들이면서 회오리바람이 형성된다. 최초에 유입된 공기에 회전 운동(Rotating Motion)이 발생할 때 지표면에서 구름속으로 강한 중심을 이루는 와류(Vortex)가 형성된다. 와류 주위의 바람은 최대 200노트를 초과하는 경우도 있으며 와류 내부의 압력은 매우 낮다. 강한 바람은 주위의 먼지와 부스러기 등을 상부로 끌어올리고 중심부 내부에 형성된 저기압은 난적운 하부에서 깔대기 모양(Funnel-Shaped)의 구름을 형성한다. 깔대기 모양의 구름이 지면에 도달하지 않은 상태를 깔때기 구름(Funnel Cloud)이라 하고 지면에 도달하여 형성되었을 때를 회오리 바람(Tornado)이라 한다. 또한 깔대기 모양의 구름이 수면에서 형성되었을 때 물은 곧 맹렬하게 요란하며 반시계 방향으로 회전하기 시작한다. 이같은 형태의 구름을 바다 회오리(Water Spout)라 한다.

② 스콜라인(Squall Lines)

스콜라인은 비전선성(Non-Frontal)이며 폭이 좁은 뇌우의 일종이다. 스콜라인의 형성은 통상 한랭전선(Clod Front) 전방의 습기가 많고 불안정한 대기 중에서 발생한다. 스콜이 발생한 좁은 선(Narrow Line)은 상당히 길고 지역이 매우 광범위한 악기상 상태이기 때문에 스콜을 우회하기가 어려워 비행에 상당한 위험을 초래할 수 있다. 스콜라인은 늦은 오후나 어두워진 후 수시간 내에 빠르게 발달하여 최대의 강도에 이르게 된다.

③ 난기류(Turbulence)

모든 뇌우에는 극심한 난기류를 동반하고 있으며 이 같은 난기류는 기체를 손상시킬 수 있다. 뇌우의 성숙 단계 시(Mature Stage) 구름 내의 상승 및 하강기류(Updraft And Down Draft)사이에 존재하는 윈드 시어에서 가장 강력한 난기류가 존재한다. 뇌우

가 발달한 지역에서 난기류는 뇌우의 중심으로부터 수천 피트 상공과 수평으로 약 20마일까지 기류의 영향을 받는다.

대기의 요란 기류는 불규칙적으로 일어나는 기류의 거친 파동에 의해서 발달되고 비행중인 조종사는 시간과 장소에 관계없이 요란 기류에 조우할 수 있다. 이 같은 요란 기류는 주로 대기의 불안정 상태에서 형성되는 적운형 구름(Cumulus Clouds)에 의해 발달된 대류성 기류(Convective Currents)에 의해 형성된다.

적운형 구름의 하단이나 치솟아 오르는 구름(Tewering Cumulus Clouds)의 경우는 심한 요란 기류가 예상된다. 가장 심한 요란 기류는 난적운(Cumulonimbus Clouds) 내부에서 발생하며 비행 중 심한 요란 기류와 조우했을 때에는 우선 항공기 속도를 운영자 교범에 명시된 Va 속도 또는 그 이하의 속도로 감소시켜 항공기날개에 미치는 부하를 감소 시켜야 한다.

2 착빙(icing)

빙결온도 이하의 상태에서 대기에 노출된 물체에 과냉각 물방울(과냉각 수적) 혹은 구름 입자가 충돌하여 얼음의 피막을 형성하는 것을 착빙현상이라고 하며, 항공기에 발생하는 착빙은 비행안전에 있어서의 중요한 장애요소 중의 하나이다. 뇌우성 착빙은 매우 위험하므로 이 지역을 회피하여야 한다.

착빙 형성의 조건으로 첫째, 항공기가 비 또는 구름 속을 비행해야 하는데 대기 중에 과냉각 물방울이 존재해야 하며, 두 번째 조건은 항공기 표면의 자유대기온도가 0℃ 미만이어야 발생한다. 청명한 대기 속에서는 심한 착빙이 생기지 않으나, 상대습도가 높고 영하의 기온일 때는 프로펠러나 날개 위를 통과하는 공기의 팽창으로 약간의 수분이 응결하여 착빙이 생기기도 한다. 과냉각 물방울은 0~-20℃에서 가장 자주 관측되므로, 이 온도 범위 내에 있는 구름은 착빙의 가능성이 있다고 보아야 하며, 심한 착빙은 보통 0~-10℃에서 발생한다. 드물게 -40℃인 저온에서도 착빙이 나타날 수 있다. 그러나 운중 온도가 -20℃ 미만이 되면 실제로 착빙은 잘 일어나지 않는다. 왜냐하면 물방울은 이미 결정 형태로 빙결되어 있기 때문이다.

해수온도, 풍속, 기온으로부터 착빙이 발생하기 쉬운 조건을 알 수 있는데 해수온도가 4℃ 이하인 경우 기온이 -3℃, 풍속이 8m/s에 달하면 착빙이 시작되고, 기온이 -6℃, 풍속이 10m/s를 넘으면 시간당 2cm의 강한 착빙이 발생하게 된다. 해수온도가 2℃ 이하이면 기온이 -2℃만 되도 착빙이 시작되게 된다.

(1) 착빙의 형태와 원인

얼음이 형성되기 위해서는 물이나 습한 공기가 있어야 하며 대기가 찬 표면과 접촉, 단열 팽창, 증발 등으로 영하 이하로 냉각되어야 한다. 이러한 조건에서 만들어지는 착빙은 구조 착빙(Structural Icing)과 흡입 착빙(Induction Icing)의 형태로 나누어진다.

일정한 대기 환경에서 착빙 가능성은 항공기의 형태와 속도에 영향을 받는다. 보통 제트 항공기에서 착빙 형성이 가장 적다. 이것은 제트 항공기가 강한 추력으로 착빙의 임계 온도 영역을 벗어나는 높은 고도를 빠르게 비행하기 때문이다. 반면에, 작은 왕복 기관의 항공기에서 착빙 형성이 가장 많다. 이것은 착빙 방지 장치가 없거나 주로 습하고 낮은 고도를 비행하기 때문이다. 헬리콥터에서는 추력과 양력을 동시에 발생시키는 회전 날개에서 착빙 가능성이 가장 높다.

① 구조 착빙(Structural Icing)

구조 착빙 또는 기체 착빙은 항공기의 날개 끝, 프로펠러, 무선 안테나, 앞 유리, 피토관 및 방향타(Static Port) 등과 같은 기체 표면에 얼음이 쌓이거나 덮이는 착빙이다. 이 착빙은 주로 항공기의 공기 역학적인 흐름에 영향을 주어 운항 효율을 감소시키거나 항공기 실속을 유발한다. 구조 착빙의 주요 원인은 항공기가 구름을 통과할 때 기체 표면에 수적이 결빙되는 것이다. 이러한 결빙은 항공기 표면이 0℃ 이하로 냉각되어 있는 항공기가 과냉각 수적을 포함한 구름 속을 비행하여 수적과 충돌할 때 발생한다.

구조 착빙은 구름 속의 수적 크기, 개수 및 온도에 따라 세 가지 유형의 착빙, 맑은 착빙(Clear Icing), 거친 착빙(Rime Icing), 혼합 착빙(Mixed Icing)이 형성된다.

② 맑은 착빙(Clear Icing=수빙)

수적이 크고 주위 기온이 0~10℃인 경우에 항공기 표면을 따라 고르게 흩어지면서 천천히 결빙된다. 맑은 착빙에 의한 얼음은 그 표면에서 윤이 나며 투명 또는 반투명하다. 맑은 착빙은 무겁고 단단하며 항공기 표면에 단단하게 붙어 있어 항공기 날개의 형태를 크게 변형시키므로 구조 착빙 중에서 가장 위험한 형태이다.

③ 거친 착빙(Rime Icing=우빙)

수적이 작고 주위 기온이 -10~-20℃인 경우에 작은 수적이 공기를 포함한 상태로 신속히 결빙하여 부서지기 쉬운 거친 착빙이 형성된다. 거친 착빙은 항공기의 주 날개 가장자리나 버팀목 부분에서 발생하며, 구멍이 많고 불투명하고 우유빛 색을 띤다. 거친 착빙도 항공기 날개의 공기 역학에 심각한 영향을 줄 수 있으나, 맑은 착빙보다 덜 위험하고 제빙 장치로 쉽게 제거할 수 있다.

④ 혼합 착빙(Mixed Icing)

맑은 착빙과 거친 착빙의 결합으로서, 눈 또는 얼음입자가 맑은 착빙 속에 묻혀서 울퉁불퉁하게 쌓여 형성된다.

⑤ 서리 착빙(Frost Icing)

서리는 일반적으로 빙정 구조를 나타내는 백색의 깃털 모양이다. 포화 공기가 이슬점 온도까지 냉각되고 그 이슬점 온도가 0℃ 이하일 때 수증기가 직접 빙결·축적되어 서리가 발생한다. 서리는 다른 물체에 형성될 때와 같은 방법으로 항공기에 형성된다. 일반적으로 맑은 날 저녁에 지표 복사냉각으로 세워 둔 항공기 표면의 온도는 영하의 이슬점온도 이하로 떨어진다.

항공기 표면에 부착된 서리는 항공기 표면을 거칠게 하고 항력을 증가시켜 양력을 약화시킨다. 따라서 단단한 서리는 실속을 5~10% 증가시킬 수 있으며, 항공기가 이륙할 때 횡전(Roll)을 크게하여 이륙을 어렵게 하거나 불가능하게 할 수도 있다. 서리가 부착된 항공기는 저고도에서 난류나 윈드 시어를 만날 때, 특히 저속 운항이나 방향 회전을 할 때 위험하다. 따라서 이륙 전에 모든 서리는 항공기로부터 제거되어야 한다.

항공기 운항 중에도 서리는 형성될 수가 있다. 이러한 서리는 주로 외부 기온에 의해 냉각된 항공기가 구름은 없고 상대 습도가 높은 온난한 지역으로 상승 또는 하강할 때 발생한다. 이 서리는 항공기의 표면이 따뜻해지면 금방 사라지기도 하지만 서리가 있는 경우에는 실속의 증가로 인한 문제는 계속된다. 제빙 장치는 착빙이 형성된 후에 제거하는 반면에, 방빙 장치는 얼음의 형성을 미리 방지한다.

⑥ 흡입 착빙(Induction Icing)

흡입 착빙은 항공기 엔진으로 공기가 유입되는 흡기구와 기화기에서 생기는 착빙으로서; 흡기구 착빙과 기화기 착빙으로 나누어진다. 흡기구 착빙은 주로 엔진으로 들어가는 공기를 차단시켜 동력을 감소시키며, 구조 착빙의 발생 조건과 같은 조건에서 흡기구에서 얼음이 누적되어 발생한다.

기화기 착빙은 외부 온도에 관계없이 기화기 안으로 유입된 습윤 공기가 단열 팽창과 연료의 기화로 인하여 영하의 온도로 냉각되어 발생한다. 이 착빙은 22℃~-10℃의 넓은 기온 영역에서 관측된다. 기화기 안의 얼음은 공기와 연료 혼합의 흐름을 부분적으로 또는 완전히 차단하여 엔진을 완전히 정지시킬 수도 있다.

제트 항공기가 활주로에서 이동하고 이륙·상승하는 동안 압축 흡기구의 압력은 낮아지며 흡기구를 통과하는 공기는 단열 팽창되어 냉각된다. 이런 경우에 착빙은 엔진 유형에 따라 외부 공기의 상대 습도가 높고 기온이 0℃ 이상일 때 발생할 수 있으며, 구름이나 강수 입자가 존재하지 않으며 외부 기온인 0℃ 이상일 때에도 발생할 수 있다.

(2) 항공기의 착빙 영향

① **익면 착빙** : 공기흐름을 변화시켜 양력을 감소시키고, 항력을 증가시켜 실속 위험을 발생시킨다.
② **프로펠러 착빙** : 프로펠러의 효율을 감소시키고 속도를 감속시켜 연료가 낭비되고, 프로펠러의 진동을 유발하여 파손될 수 있는 큰 위험을 가지고 있다.
③ **연료 보조 탱크(날개 밑) 착빙** : 항력이 증가된다.
④ **피토관, 정압구 착빙** : 조종석의 계기와 밀접한 연관이 있는 부분에 착빙되면 대기속도나 고도계의 값이 부정확해지며 안전운항을 위협하게 된다.
⑤ **안테나 착빙** : 통신 두절, 착빙을 피하기 위해 착빙구역을 이탈하는 비행을 시도하기 위해 관제팀에 승인을 요청하지만 이미 통신이 두절되어 있을 가능성이 있다.
⑥ **조종석 유리 착빙** : 추운 지역의 이·착륙 시 발생할 수 있으며 시계장해를 발생시킨다.

4.8 우박과 번개와 천둥

1 우박

적운과 적란운 속에 강한 상승 운동에 의해 빙정 입자가 직경 2cm 이상의 강수 입자로 성장하여 떨어지는 얼음 덩어리가 우박이다. 뇌우가 동반한 악기상 중 우박은 요란 기류만큼이나 항공기에 위험을 초래한다. 과냉각된 물방울이 결빙 고도에서 얼고 이 조그만 얼음 덩어리가 다른 물방울과 합쳐서 우박 덩어리(Hail Stone)를 형성하고 때로는 거대한 얼음 공(Iceball)을 형성하여 단시간 내에 항공기에 심한 피해를 준다. 우박은 뇌우의 중심으로부터 수마일 떨어진 맑은 하늘까지도 비산한다. 뇌우는 반드시 우박을 동반한다는 사실을 인지하여야 하고 특히 거대한 난적운(Cumulonimbus)하단에서 우박의 존재를 예측할 수 있다.

(1) 우박의 형성

빙정 과정으로 형성된 작은 빙정 입자는 적란운 속의 강한 상승 기류에 의해 더 높은 고도로 수송된다. 수동되는 과정에서 얼음 입자가 과냉각 수적과 충돌하면서 얼게 되는데 이러한 흡착 과정으로 빙정 입자는 성장한다. 이때 적란운 속의 상승 기류가 구름 속에 떠있는 빙정 입자를 지탱하기에 충분히 강하면 이 빙정 입자는 상당한 크기로 성장하여 우박이 된다. 만약 상승 기류가 충분히 강하다면 우박은 다시 적란운을 통하여 위쪽으로 옮겨지며, 지상으로 떨어질 정도로 충분히 커질 때까지 계속해서 성장한다. 우박은 맹렬한 상승 기류가 있는 적란운의 정상 부근에서 적란운 밖으로 떨어질 수 있다.

(2) 낮은 운고 및 시정(Low Ceiling and Visibility)

뇌우가 발달한 지역에서는 구름의 하단과 지표면 사이에 강우 및 먼지 때문에 운고 및 시정이 매우 제한된다. 또한 뇌우성 구름속은 시정 '0'마일이며 난기류, 우박, 번개 등의 요인 때문에 정밀한 계기비행(Instrumentflying)이 불가능하다.

(3) 고도계 영향(Effects Of Altimeters)

항공기가 뇌우에 접근해 갈수록 기압이 급격히 떨어지고 차가운 하강 기류나 많은 양의 강수 현상에 따라 기압은 다시 급상승 한다. 이 같은 기압변동의 주기는 통상 15분의 간격을 두고 일어나며 고도계가 정상이라면 지시고도는 약 100피트 정도의 오차(Error)가 발생한다.

2 번개와 천둥

뇌우는 천둥(Thunder)이 동반된 폭풍우 현상이다. 천둥은 번개(Lightning)에 의해 만들어지기 때문에 두 개의 현상은 같이 발생한다.

(1) 번개

번개는 적란운이 발달하면서 구름 내부에 축적된 음 전하와 양전하 사이에서 또는 구름 하부의 음 전하와 지면의 양 전하 사이에서 발생하는 불꽃 방전이다. 번개는 구름 내부, 구름과 구름 사이, 구름과 주위 공기 사이, 구름과 지면 사이의 방전을 포함하여 다양한 형태로 발생한다. 번개의 현상에 따라 뇌우의 상태를 예측할 수 있다.

【 번개 】

① 번개가 많을수록 심한 뇌우임을 나타낸다.
② 번개의 빈도가 증가 되면 뇌우가 발달하고 있음을 의미한다.
③ 번개가 약해지면 뇌우는 소멸 상태에 접어들고 있음을 의미한다.
④ 야간에 다소 멀리서 수평으로 형성된 번개 현상은 스콜 라인이 발달되고 있음을 의미한다.

(2) 천둥

번개가 지나가는 경로를 따라 발생된 방전은 수 cm에 해당하는 방전 통로의 공기를 순식간에 15,000~20,000℃까지 가열시킨다. 이러한 갑작스러운 가열로 공기는 폭발적으로 팽창되고, 이 팽창에 의해 만들어진 충격파가 그 중심에서 멀리 퍼져 나가면서 도중에 음파로 바뀌어 우리에게 천둥으로 들려온다. 번개는 발생 순간 우리가 보게 되나 음파의 속도는 빛의 속도보다 느리기 때문에 번개가 친 후 얼마 지나서 듣게 된다. 번개 치는 곳의 위치는 번개를 관측한 후 천둥소리가 들릴 때까지의 시간을 잼으로써 대략적으로 알아낼 수 있다. 천둥소리가 들리는 범위는 30km 정도이다.

(3) 윈드 시어(Wind Shear)

윈드 시어는 Wind(바람)와 Shear(자르다)가 결합된 용어로 짧은 시간 내에 풍향 또는 풍속이 급격히 변화하는 현상을 말한다. 이러한 윈드 시어는 모든 고도에서 발생하지만 특히 지상부근에서 발생하는 윈드 시어는 항공기 사고를 초래할 수 있으므로 특히 위험하다. 윈드 시어는 맑은 날에 43.5%로 가장 많이 나타났으며, 흐린 날에는 32%, 강수현상(비, 눈 등)이 나타난 날에는 24.5% 나타났다.

윈드 시어는 항공기의 이·착륙 과정에서 매우 큰 영향을 준다. 일반적으로 조종사는 비행경로를 따라 정풍 또는 배풍이 얼마나 변할 것인가와 바람 경도로 바람이 얼마나 변할 것인가에 관심을 갖는다. 항공기가 이착륙할 때에 활주로 근처에서 윈드 시어는 정풍이나 배풍의 급격한 증가 또는 감소를 초래하여 항공기의 실속이나 비정상적인 고도 상승을 초래하며, 측풍에 의해 활주로 이탈을 초래한다. 이와 같이 최종 접근로나 이륙로 또는 초기 이륙 직후의 고도 급상승로를 따라 발생하는 지상 2,000ft 이하의 윈드 시어를 저층 윈드 시어(Low Level Wind Shear)라고 한다. 보통 저층 윈드 시어의 강도는 연직 윈드 시어의 강도로 나타낸다.

항공기 운항에 절대적 영향을 주는 기상요소 중 안개, 눈, 비 등은 결항 또는 지연시 그 원인을 직접 육안으로 확인할 수 있지만 윈드 시어는 눈에 보이지 않아 예측이 더욱 어렵다.

(4) 마이크로버스트(Microburst)

마이크로버스트는 대류활동에 연관되어 나타나는 특수한 윈드 시어이다. 이것은 비교적 단순한 형태의 요란으로 뇌우뿐만 아니라, 여름철에 천둥과 번개를 동반하지 않는 소규모의 대류운과 관련되어 나타나는 강한 하강기류(Downdraft)이다. 이 하강기류는 일반적으로 가시적인 강수를 동반하지만, 때로는 지표에 도달하기 전에 강수가 증발되어 하강기류가 눈에 보이지 않게 되는 경우가 있기 때문에, 위험이 없어 보이는 지역에서 큰 항공기 사고를 유발하기도 한다. 하강기류는 지표에 도달하면서 수평적으로 바깥쪽으로 퍼지게 된다. 마이크로버스트는 하강기류가 지상에 처음 도달한 후 5분 내외의 시간에 강화된다. 그 수평적 규모는 1~3km 정도이고 지속시간은 5~15분 정도인데, 2~4분 정도에 강한 윈드 시어가 나타난다. 항공기가 마이크로버스트를 통과할 때 맞바람과 뒷 바람의 풍속 차는 약 50KTS 정도이고, 도플러 레이더에서 관측된 최대 풍속 차는 93KTS에 달했다. 마이크로버스트를 탐지하고 경보하는 데에는 도플러 레이더가 가장 효과적인 것으로 알려져 있다.

(5) 산악파

안정된 대기 속에서 강한 바람이 발생할 때 산 정상을 중심으로 바람 부는 쪽 바람의 흐름은 상대적으로 안정되며 산을 통과한 바람의 흐름은 기류 사이의 엷은 층(Laminar)을 형성한다. 공기는 이층 사이를 흐르는 경향이 있고 수면에 일어나는 물결과 같은 파장이 형성된다. 산악파는 바람 부는 후사면에 정체되어 있고 산악파는 도달 거리는 100마일이상, 도달 고도는 최대 성층권 하단까지 이른다. 각 산악파 정상에는 아몬드형 또는 렌즈형 구름이 형성되며 산정상 고도 아래에서는 둥그렇게 말린 구름(Rotor Cloud)이 형성되고 이 같은 구름이나 파장은 심한 난기류를 내포한다. 산악파의 난기류는 공기가 안정되었을 때 산정으로 40노트 이상의 바람이 불 때 예상할 수 있다.

3 난류

난류(Turbulence)는 지표면의 부등 가열과 기복, 수목, 건물 등에 의하여 생긴 회전기류와 바람 급변의 결과로 불규칙한 변동을 하는 대기의 흐름을 뜻한다. 난류는 시·공간적으로 여러 규모의 것이 있는데, 바람이 강한 날 운동장에서 맴도는 조그만 소용돌이부터 대기 상층의 수십 km에 달하는 난류가 있으며, 시간적으로도 수초에서 수 시간까지 분포한다. 지상에는 난류가 스콜(Squall)이나 돌풍(Gust) 등에서 나타난다. 난류를 만나면 비행 중인 항공기는 동요하게 된다. 난류 발생의 역학적 요인으로는 수평기류가 시간적으로 변하거나 공간적인 분포가 다를 경우, 윈드 시어(Wind Shear)가 유도되고 소용돌이가 발생하며, 지형이 복잡한 하층에서부터 윈드 시어가 큰 상층까지 발생 가능성이 크다.

열역학적 요인으로는 공기의 열적인 성질의 변질 및 이동으로 현저한 상승하강 기류가 존재할 때 난류가 발생하며, 열적인 변동이 큰 대류권 하층에서 빈번하다. 즉, 열과 수증기를 상층으로 이동시키는 역할을 하며 난류가 강하면 공기층 내에서 상하의 혼합이 잘 된다.

(1) 거스트(Gust, 돌풍)

일정 시간 내(보통 10분간)에 평균 풍속보다 10knot 이상의 차이가 있으며, 순간 최대 풍속이 17knot 이상의 강풍일 경우 지속시간이 초 단위일 때를 말한다. 돌풍이 불 때는 풍향도 급변한다. 때로는 천둥을 동반하기도 하며 수분에서 1시간 정도 계속되기도 한다. 일기도상으로는 보통 발달하기 시작한 저기압에 따르는 한랭전선에 동반되며, 돌풍이 커지느냐의 여부는 기온의 수직 방향의 체감률과 풍속의 차이에 의해서 정해진다.

(2) 스콜(Squall)

갑자기 불기 시작하여 몇 분 동안 계속된 후 갑자기 멈추는 바람을 말한다.

① 풍향이 급변할 때가 많다. 흔히 강수와 뇌우 등의 변화도 가리키는데, 이 경우에도 바람의 돌연한 변화를 동반하는 경우에 한 한다. 세계기상기구에서 채택한 스콜의 기상학적 정의는 '풍속의 증가가 매초 8m 이상, 풍속이 매초 11m 이상에 달하고 적어도 1분 이상 그 상태가 지속되는 경우'라고 한다.

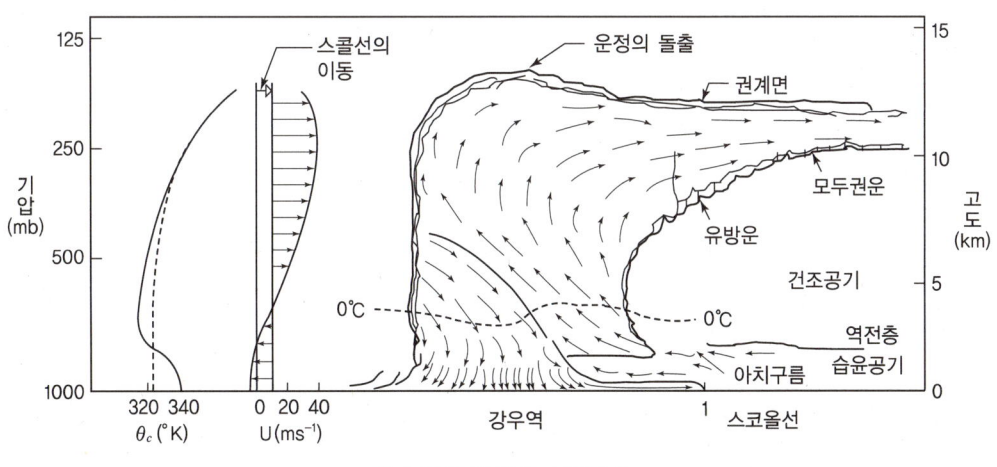

【 스콜의 발생과 스콜선 】

② 스콜은 특징 있는 모양의 구름이 나타나지만, 구름이 전혀 나타나지 않을 때도 있다.
③ 스콜선이란 광범위하게 이동하는 선에 따라 나타나는 가상의 선을 말한다. 한랭전선 부근이나 적도무역풍대에서 발생하기 쉬우며, 우리나라 한여름에 내리는 소나기도 스콜이다. 일반적으로는 한낮에 강한 일사로 인한 대류활동이 왕성하여 증발량이 많은 열대지방에서 자주 내린다.

【 적도 부분의 스콜 현상 】

4 항공기상 관측 및 보고

(1) 관측 · 보고의 종류

1) 정시관측 · 보고(METAR)
① 정시 10분 전에 1시간 간격으로 실시하는 관측(지역항공항행협정에 의거 30분 간격으로 수행하기도 함 : 인천)
② 당해 비행장 밖으로 전파

2) 특별관측 · 보고(SPECI)
① 정시관측 외 기상 현상의 변화가 커서 일정한 기준에 해당할 때 실시하는 관측 · 보고
② 당해비행장 밖으로 전파

chapter 04 항공기상
▶◀ 핵심 문제 ▶◀

001 대기 중 산소의 분포율은 얼마인가?
① 10%   ② 21%
③ 30%   ④ 60%

해설
질소(78%), 산소(21%), 아르곤(0.93%), 이산화탄소(0.039%) 그리고 미량 기체들로 이루어져 있다.

002 표준대기의 혼합기체의 비율로 맞는 것은?
① 산소 78%–질소 21%–기타 1%
② 산소 50%–질소 50%–기타 1%
③ 산소 21%–질소 1%–기타 78%
④ 산소 21%–질소 78%–기타 1%

003 대기층의 기온분포에 따른 분류로 옳은 것은?
① 대류권–성층권–중간권–열권–극외권
② 대류권–중간권–성층권–열권–극외권
③ 성층권–중간권–대류권–열권–극외권
④ 대류권–성층권–열권–중간권–극외권

해설
대기의 분류 : 대류권–성층권–중간권–열권–극외권

004 대기권 중에서 지면에서 약 11km까지이며 대기의 최하층으로, 끊임없이 대류가 발생하여 기상현상이 나타나는 곳은?
① 성층권   ② 대류권
③ 중간권   ④ 열권

005 장거리 무선통신이 가능한 전리층이 있는 대기층은?
① 대류권
② 성층권
③ 열권
④ 중간권

해설
열권 : 전파의 이동이 활발하게 이루어지는 대기권이다.

006 기상현상이 가장 많이 일어나는 대기권은 어느 것인가?
① 열권   ② 대류권
③ 성층권   ④ 중간권

해설
대류권은 높이 올라갈수록 지표면에서 방출되는 열을 적게 받기 때문에 위로 올라갈수록 기온이 낮아진다. 또한 대류권에는 수증기가 존재하기 때문에 구름, 비, 눈이 내리는 기상현상이 발생한다.

007 대류권 내에서 기온은 1000ft 상승할 때마다 몇 도(℃)씩 감소하는가?
① 1℃   ② 2℃
③ 3℃   ④ 4℃

해설
일반적으로 평균 11km까지 고도가 1,000m 상승하면 기온이 6.5℃씩 감소한다. 즉 1000ft당 2℃ 감소한다.

🔴참고 1ft = 0.3048m, 1m = 3.2808ft

정답 001. ②   002. ④   003. ①   004. ②   005. ③   006. ②   007. ②

008 표준대기(Standard Atmosphere)에 해당하지 않는 것은?

① 온도 15℃
② 압력 760mmHg
③ 압력 1053.2mb
④ 음속 340m/s

해설
표준 해수면 기압은 1013.2millibar, 29.92"Hg(inches of mercury) 760mm이며, 평균 1000피트당 1inch의 기압이 감소한다.

009 대기온도, 대기압에 적당하지 않은 것은 어느 것인가?

① 1,032.15hpa
② 760mmHG
③ 해수면 온도 섭씨 15도, 화씨 59도
④ 29.92inHg

해설
1mb=1hPa, 준기압(atm)=760mmHg=1,013.25hPa의 정의식으로 환산한다.

010 지구에 대한 설명으로 맞는 것은?

① 지축의 경사는 23.5° 이다.
② 지구 표면은 약 80%가 물이다.
③ 지구의 형태는 완전한 원형이다.
④ 지구 표면은 약 80%가 육지이다.

해설
지축은 지구의 공전 궤도에 대해 수직으로 서 있지 않고, 약 23.5도 기울어져 있으며 지구표면은 70.8%가 물, 29.2%는 육지로 구성되어 있으며, 타원형이다.

011 다음 중 대기권에서 전리층이 존재하는 곳은?

① 중간권 ② 열권
③ 극외권 ④ 성층권

해설
열권은 고도가 증가함에 따라 온도가 증가하는 특징을 가지고 있다. 그리고 공기가 매우 희박하며 태양의 자외선에 의해서 자유전자의 밀도가 커지는 층이 있는데, 이 층을 전리층(Ionosphere)이라 한다.

012 다음 중 대기현상이 아닌 것은?

① 비 ② 바다선풍
③ 일출 ④ 안개

013 대기권 중 기상 변화가 일어나는 층으로 상승할수록 온도가 강하되는 층은 다음 어느 것인가?

① 성층권 ② 중간권
③ 열권 ④ 대류권

해설
지구 표면으로부터 형성된 공기의 층으로 높이는 대략적으로 적도지방에서는 16~17km이고, 극지방에서는 8~10km 정도이고, 평균 높이는 약 11km이다. 또한 대부분의 기상이 발생하는 대기층이다.

014 지구를 중심으로 축을 이루어 회전 운동을 하는 것은 무엇인가?

① 공전 ② 자전
③ 전향력 ④ 원심력

해설
천체가 다른 천체의 주위를 회전하는 운동을 공전 또는 공전 운동이라고 하는 데 대하여, 천체에 고정된 회전축 주위의 회전 운동을 자전 또는 자전 운동이라 하며, 그 회전축을 자전축이라고 한다. 지구의 경우, 태양의 주위를 1년의 주기로 회전하는 운동이 공전이고, 남북의 극을 잇는 자전축 주위를 1일 주기로 회전하는 운동이 자전이다.

정답 008.③ 009.① 010.① 011.② 012.③ 013.④ 014.②

015 대기의 기온이 0℃ 이하에서도 물방울이 액체로 존재하는 것은?

① 응결수 ② 과냉각수
③ 수증기 ④ 용해수

해설
과냉각수 : 0℃ 이상의 물을 냉각시켜 0℃ 이하로 온도가 내려가도 응결되지 않고 액체 상태로 남아 있는 경우를 말한다. 강수의 원인이 되는 수적(水滴)은 공기 중의 수분이 과냉각 상태로 남아 있는 대표적인 것이다.

016 대기권의 설명한 것이다. 틀린 것은 무엇인가?

① 대기의 온도, 습도, 압력 등으로 대기의 상태를 나타낸다.
② 대기의 상태는 수평 방향보다 수직 방향으로 고도에 따라 심하게 변한다.
③ 대기권 중 대류권에서는 고도가 상승할 때 온도가 상승한다.
④ 대기는 몇 개의 층으로 구분하는데 온도의 분포를 바탕으로 대류권, 성층권, 중간권 등으로 나타낸다.

해설
대기의 99%는 지표면으로부터 높이 32km 이내에 분포하며 지표면으로부터 높아질수록 기온이 내려간다.

017 다음 중 기상 7대 요소는 무엇인가?

① 기압, 전선, 기온, 습도, 구름, 강수, 바람
② 기압, 기온, 습도, 구름, 강수, 바람, 시정
③ 해수면, 전선, 기온, 난기류, 시정, 바람, 습도
④ 기압, 기온, 대기, 안정성, 해수면, 바람, 시정

해설
기상의 중요한 요소로는 기온·기압·습도·풍향·풍속·강수량 등이 있다. 기상요소에는 이 밖에 일사(日射)·복사(輻射)·일조(日照)·시정(視程)·적설(積雪)·뇌명(雷鳴:電光)·목측(目測)에 의한 운량(雲量)·운형(雲形)·대기현상 등이 있다.

018 기온의 변화가 거의 없으며 평균 높이가 약 17km의 대기권층을 무엇이라고 하는가?

① 대류권
② 대류권계면
③ 성층권계면
④ 성층권

해설
- 대류권 : 12km까지의 층
- 성층권계면 : 50km까지의 층
- 성층권 : 50km까지의 층

019 물질 1g의 온도를 1℃ 올리는 데 요구되는 열은?

① 잠열 ② 열량
③ 비열 ④ 현열

해설
비열 : 물질 1g의 온도를 1℃ 올리는 데 요구되는 열이다.

020 물질의 상이 상태로 변화시키는 데 요구되는 열에너지는?

① 잠열 ② 열량
③ 비열 ④ 현열

해설
물질의 상위 상태로 변화시키는 데 요구되는 열에너지이다.

정답 015. ② 016. ③ 017. ② 018. ② 019. ③ 020. ①

021 다음 중 열량에 대한 내용으로 맞는 것은?
① 물질의 온도가 증가함에 따라 열에너지를 흡수할 수 있는 양
② 물질 10g의 온도를 10℃ 올리는 데 요구되는 열
③ 온도계로 측정한 온도
④ 물질의 하위 상태로 변화시키는 데 요구되는 열에너지

해설
열량 : 물질의 온도가 증가함에 따라 열에너지를 흡수할 수 있는 양이다.

022 안정대기 상태란 무엇인가?
① 불안정한 시정
② 지속적 강수
③ 불안정 난류
④ 안정된 기류

023 현재의 지상기온이 31℃일 때 3,000피트 상공의 기온은? (단, 조건은 ISA 조건이다.)
① 25℃   ② 37℃
③ 29℃   ④ 34℃

해설
일반적으로 고도가 증가하면 기온이 감소하는데 1,000ft당 약 2℃의 감소한다.

024 대기의 안정화(Atmospheric Stability)가 나타날 때 현상은 무엇인가?
① 소나기성 강우가 나타난다.
② 시점이 어느 정도 잘 보인다.
③ 난류가 생긴다.
④ 안개가 생성된다.

해설
대기의 안정화 : 층운형 구름과 안개, 지속성 강우, 안정된 기류, 시정은 대체로 양호

025 지구의 기상에서 일어나는 변화의 가장 근본적인 원인은?
① 해수면의 온도 상승
② 구름의 양
③ 구름의 대이동
④ 지구 표면에 태양 에너지의 불균형

026 기상의 모든 물리적 현상을 일으키는 것은?
① 공기의 이동
② 기압의 변화
③ 열 교환
④ 바람

027 대기 중의 수증기의 양을 나타내는 것은?
① 습도   ② 기온
③ 밀도   ④ 기압

해설
습도는 대기 중에 함유된 수증기의 양을 나타내는 척도이다.

028 비행기의 이륙성능과 대기 압력의 관계를 설명이다. 대기압력 외 조건을 동일하다고 가정했을 때 맞는 것은?
① 대기 압력이 높아지면 공기밀도 증가, 양력 증가, 이륙거리 증가
② 대기 압력이 높아지면 공기밀도 증가, 양력 감소, 이륙거리 증가
③ 대기 압력이 높아지면 공기밀도 증가, 양력 증가, 이륙거리 감소

정답 021.① 022.④ 023.① 024.④ 025.④ 026.③ 027.① 028.③

④ 대기 압력이 높아지면 공기밀도 증가, 양력 감소, 이륙거리 감소

029 무풍 상태에서 지상에 계류 중인 비행기의 날개에 작용하는 압력을 설명한 것으로 맞는 것은?

① 날개의 아랫부분의 압력보다 윗부분을 누르는 압력이 높다.
② 날개의 윗부분의 압력이 아랫부분을 들어 올리는 압력보다 높다.
③ 날개의 아랫부분의 압력과 윗부분의 압력은 같다.
④ 날개의 형태에 따라 다르다.

030 고도계를 수정하지 않고 온도가 낮은 지역을 비행할 때 실제 고도보다 고도계의 지침의 상태는?

① 낮게 지시한다.
② 높게 지시한다.
③ 변화가 없다.
④ 온도와 무관하다.

031 섭씨(Celsius) 0°C는 화씨(Fahrenheit) 몇 도인가?

① 0°F   ② 32°F
③ 64°F   ④ 212°F

🛸 해설

섭씨온도와 화씨온도의 관계

°F = 1.8°C + 32   °C = $\frac{5}{9}$

032 다음 중 기압을 표시하는 단위가 아닌 것은?

① Dyne
② 밀리바(mb)
③ 헥토파스칼(hpa)
④ inHg

🛸 해설

$1hPa = 1mb = 10^{-3}bar = 10^3 baryes$
$= 10^3 dyne/cm^2 = 0.750062 mmHg$
$= 0.0295300 \text{ in Hg}$

033 공기 중의 수증기의 양을 나타내는 것이 습도이다. 습도의 양은 무엇에 따라 달라지는가?

① 지표면의 물의 양
② 바람의 세기
③ 기압의 상태
④ 온도

034 일정기압의 온도를 하강시켰을 때 대기는 포화되어 수증기가 작은 물방울로 변하기 시작할 때의 온도를 무엇이라 하는가?

① 포화온도
② 노점온도(이슬점 온도)
③ 대기온도
④ 상대온도

🛸 해설

노점온도(이슬점 온도) : 기온이 높아질수록 포함할 수 있는 수증기의 양이 증가하게 되는데, 같은 부피의 공기라도 차가운 공기보다 뜨거운 공기가 더욱 많은 수증기를 포함할 수 있다.

035 어떠한 기상조건에서 기압 고도와 밀도 고도가 일치하는가?

① 기온이 0°F 시의 해수면 고도

정답 029. ③ 030. ② 031. ② 032. ① 033. ④ 034. ② 035. ③

② 고도계의 설치 오차가 없을 때
③ 표준기온
④ 기온이 59℃의 해수면 고도

036 기온은 직사광선을 피해서 측정을 하게 되는데 몇 m의 높이에서 측정하는가?
① 3m   ② 5m
③ 2m   ④ 1.5m

037 해수면의 기온과 표준 기압은?
① 15℃와 29.92inHg
② 15℃와 29.92mb
③ 15°F와 29.92Hg
④ 15°F와 29.92mb

해설
표준 해수면 기압은 1013.2 millibar, 29.92"Hg(inches of mercury) 760mm이며, 평균 1000피트당 1inch의 기압이 감소한다.

038 대기에서 상대습도 100%라는 것은 무엇을 의미하는가?
① 현재의 기온에서 최대 가용 수증기 양이 100% 가용하다는 뜻이다.
② 현재의 기온에서 최대 가용 수증기 양 대비 실제 수증기의 양의 100%라는 뜻이다.
③ 현재의 기온에서 최소 가용 수증기 양을 뜻한다.
④ 현재의 기온에서 단위 체적 당 수증기 양이 100%라는 뜻이다.

039 푄 현상의 발생조건이 아닌 것은?
① 지형적 상승 현상
② 습한 공기

③ 건조하고 습윤단열 감률
④ 강한 기압경도력

해설
지형적 상승, 습한 공기의 이동, 건조단열 기온감률 및 습윤단열 기온감률

040 다음 중 기압에 대한 설명으로 틀린 것은?
① 일반적으로 고기압권에서는 날씨가 맑고 저기압권에서는 날씨가 흐린 경향을 보인다.
② 북반구 고기압 지역에서 공기흐름은 시계 방향으로 회전하면서 확산된다.
③ 등압선의 간격이 클수록 바람이 약하다.
④ 해수면 기압 또는 동일한 기압대를 형성하는 지역을 따라서 그은 선을 등고선이라 한다.

해설
등고선이 아니라 등압선이라 한다.

041 다음 중 풍속의 단위가 아닌 것은?
① m/s   ② kph
③ knot ④ mile

042 겨울에는 대륙에서 해양으로, 여름에는 해양에서 대륙으로 부는 바람을 무엇이라고 하는가?
① 편서풍   ② 계절풍
③ 해풍   ④ 대륙풍

해설
계절풍 : 해양과 대륙의 경계에서 1년을 주기로 바람의 방향이 바뀌는 현상
① 여름철 : 해양 → 대륙
② 겨울철 : 대륙 → 해양

정답 036. ④ 037. ① 038. ② 039. ④ 040. ④ 041. ④ 042. ②

항공기상 ▶ 핵심 문제   chapter 04

043 지면과 해수면의 가열정도와 속도가 달라 바람이 형성된다. 주간에는 해수면에서 육지로 바람이 불며 야간에는 육지에서 해수면으로 부는 바람은?
① 해풍 ② 계절풍
③ 해륙풍 ④ 국지풍

해설
해륙풍 : 낮에 육지가 바다보다 빨리 가열되어 육지에 상승 기류와 함께 저기압 발생(밤에 육지가 바다보다 빨리 냉각되어 육지에 하강기류와 함께 고기압 발생)
① 낮 : 바다 → 육지로 공기 이동(해풍)
② 밤 : 육지 → 바다로 공기 이동(육풍)

044 산악지방에서 주간에 산 사면이 햇빛을 받아 온도가 상승하여 산 사면을 타고 올라가는 바람을 무엇이라 하는가?
① 산풍
② 곡풍
③ 육풍
④ 퀜(hoehn)현상

해설
산곡풍 : 낮에 산 정상이 계곡보다 가열이 많이 되어 정상에서 공기가 발산됨.(밤에 산 정상이 주변보다 냉각이 심하여 주변에서 공기가 수렴하여 침강함.)
① 낮 : 골짜기 → 산 정상으로 공기 이동(곡풍)
② 밤 : 산 정상 → 산 아래로 공기 이동(산풍)

045 바람이 생성되는 근본적인 원인이 무엇인지 적당한 것은?
① 지구의 자전
② 태양의 복사에너지의 불균형
③ 구름의 흐름
④ 대류와 이류 현상

046 태양의 복사에너지의 불균형으로 발생하는 것은 어느 것인가?
① 바람 ② 안개
③ 구름 ④ 태풍

047 바람이 존재하는 근본적인 원인은?
① 기압 차이
② 고도 차이
③ 공기밀도 차이
④ 자전과 공전 현상

048 산바람과 골바람에 대한 설명 중 맞는 것은?
① 산악지역에서 낮에 형성되는 바람은 골바람으로 산 아래에서 산 위(정상)로 부는 바람이다.
② 산바람은 산 정상 부분으로 불고 골바람은 산 정상에서 아래로 부는 바람이다.
③ 산바람과 골바람 모두 산의 경사 정도에 따라 가열되는 정도에 따른 바람이다.
④ 산바람은 낮에 그리고 골바람은 밤에 형성된다.

049 육상에서 나뭇잎이 움직이고 풍향계가 움직이기 시작한다. 바다에서는 뚜렷한 잔파도가 전면에 나타나고, 파도머리가 매끄러운 상태이니 이때의 풍속은 대략 어느 정도인가?
① 1.6~3.3m/s
② 3.4~5.4m/s
③ 5.5~7.9m/s
④ 8.0~10.7m/s

정답 043. ③ 044. ② 045. ② 046. ① 047. ① 048. ① 049. ①

초경량비행장치 운용과 비행실습

050 바람을 느끼고 나뭇잎이 흔들리기 시작할 때의 풍속은 어느 정도인가?
① 0.3~1.5m/s
② 1.6~3.3m/s
③ 3.4~5.4m/s
④ 5.5~7.9m/s

051 나뭇잎과 나뭇가지가 부단히 움직이고 엷은 깃발이 휘날릴 때 풍속은?
① 0.3~1.5m/sec
② 1.6~3.3m/sec
③ 3.4~5.4m/sec
④ 5.5~7.9m/sec

052 바람에 대한 설명으로 틀린 것은?
① 지구의 회전 공기량증가 대기압력의 차이 습도로 바람 생성
② 기압이 높은 곳에서 낮은 곳으로 작용
③ 등압선 간격이 넓을수록 바람이 세다.
④ 풍속이 0.2m/s 이하일 때는 무풍이다.

해설
등압선 간격이 넓을수록 바람이 약하다.

053 바람에 대한 설명으로 틀린 것은?
① 풍속의 단위는 m/s, Knot 등을 사용한다.
② 풍향은 지리학상의 진북을 기준으로 한다.
③ 풍속은 공기가 이동한 거리와 이에 소요되는 시간의 비(比)이다.
④ 바람은 기압이 낮은 곳에서 높은 곳으로 흘러가는 공기의 흐름이다.

해설
기압이 높은 곳에서 낮은 곳으로 이동한다.

054 바람의 설명 중 활강바람에 해당하는 것은?
① 낮에 산경사면을 따라 산 위쪽에서 계곡으로 내려오는 바람
② 높은 곳에 위치한 차갑고 밀도가 높은 공기가 중력에 의해 아래로 흘러가는 바람
③ 건조하고 상대적으로 더워진 산 뒤쪽의 바람
④ 하층에서 낮에 열적 성질의 차이로 바다로부터 육지로 불어가는 바람

055 다음 설명 중 틀린 것은?
① 해수면 기압 또는 동일한 기압대를 형성하는 지역을 따라서 그은 선을 등압선이라 한다.
② 고기압 지역에서 공기흐름은 시계 방향으로 돌면서 밖으로 흘러 나간다.
③ 일반적으로 고기압권에서는 날씨가 맑고 저기압권에서는 날씨가 흐린 경향을 보인다.
④ 일기도의 등압선이 넓은 지역은 강한 바람이 예상된다.

해설
일기도의 등압선이 넓은 지역은 약한 바람이 예상된다.

056 항공기상 용어 중 'WIND CALM'의 의미는 무엇인가?
① 바람의 세기가 무풍이거나 1kts 이하이다.
② 바람의 세기가 5kts 이상이다.
③ 바람의 세기가 10kts 이상이다.
④ 바람의 세기가 15kts 이상이다.

정답 050. ② 051. ③ 052. ③ 053. ④ 054. ② 055. ④ 056. ①

항공기상 ➡ 핵심 문제   chapter 04

057 비행성능에 영향을 주는 요소들로써 틀리게 설명한 것은?

① 공기밀도가 낮아지면 엔진 출력이 나빠지고 프로펠러 효율도 떨어진다.
② 습도가 높으면 공기밀도가 낮아져 양력 발생이 감소된다.
③ 습도가 높으면 밀도가 낮은 것보다 엔진성능 및 이·착륙 성능이 더욱 나빠진다.
④ 무게가 증가하면 이·착륙 시 합주거리가 길어지고 실속 속도도 증가한다.

058 지표면에서 기온역전이 가장 잘 일어날 수 있는 조건은?

① 바람이 많고 기온 차가 매우 높은 낮
② 약한 바람이 불고 구름이 많은 밤
③ 강한 바람과 함께 강한 비가 내리는 낮
④ 맑고 약한 바람이 존재하는 서늘한 밤

해설
기온역전이란 고도가 증가함에 따라 기온이 상승하는 현상으로 미풍과 맑고 서늘한 밤 조건이 가장 좋은 조건이다.

059 등고선이 좁은 곳은 어떤 현상이 발생하는가?

① 무풍 지역   ② 태풍 지역
③ 강한 바람   ④ 약한 바람

060 바람에 대한 설명으로 틀린 것은?

① 풍속의 단위 m/s, knot 등을 사용한다.
② 풍향은 지리학상의 진북을 기준으로 한다.
③ 풍속은 공기가 이동한 거리와 이에 소요되는 시간의 비(比)이다.
④ 바람은 기압의 낮은 곳에서 높은 곳으로 흘러가는 공기의 흐름이다.

해설
바람은 기압의 높은 곳에서 낮은 곳으로 흘러가는 공기의 흐름이다.

061 다음 중 윈드 시어(Wind Shear)에 관한 설명 중 틀린 것은?

① Wind Shear는 동일 지역 내에 바람의 방향이 급변하는 것으로 풍속의 변화는 없다.
② Wind Shear는 어느 고도층에서나 발생하며 수평, 수직적으로 일어날 수 있다.
③ 저고도 기온 역전층 부근에서 Wind Shear가 발생하기도 한다.
④ 착륙 시 양쪽 활주로 끝 모두가 배풍을 지시하면 저고도 Wind Shear로 인식하고 복행을 해야 한다.

해설
윈드 시어는 Wind(바람)와 Shear(자르다)가 결합된 용어로 짧은 시간 내에 풍향 또는 풍속이 급격히 변화하는 현상을 말한다.

062 공기의 온도가 증가하면 기압이 낮아지는 이유는?

① 가열된 공기는 가볍기 때문이다.
② 가열된 공기는 무겁기 때문이다.
③ 가열된 공기는 유동성이 있기 때문이다.
④ 가열된 공기는 유도성이 없기 때문이다.

063 기압 고도계를 장비한 비행기가 일정한 계기 고도를 유지하면서 기압이 낮은 곳에서 높은 곳으로 비행할 때 기압 고도계의 지침의 상태는?

정답 057. ② 058. ④ 059. ③ 060. ④ 061. ① 062. ① 063. ③

초경량비행장치 운용과 비행실습

① 실제 고도보다 높게 지시한다.
② 실제 고도와 일치한다.
③ 실제 고도보다 낮게 지시한다.
④ 실제 고도보다 높게 지시한 후에 서서히 일치한다.

064 기압 고도(Pressure Altitude)란 무엇을 말하는가?

① 항공기와 지표면의 실측 높이이며 "AGL"단위를 사용한다.
② 고도계 수정치를 표준 대기압(29.92" Hg)에 맞춘 상태에서 고도계가 지시하는 고도
③ 기압 고도에서 비표준 온도와 기압을 수정해서 얻은 고도이다.
④ 고도계를 해당 지역이나 인근 공항의 고도계 수정치 값에 수정했을 때 고도계가 지시하는 고도

065 초경량 항공기에 사용하는 고도계가 지시하는 고도는?

① 기압 고도   ② 절대 고도
③ 밀도 고도   ④ 지시 고도

066 고도계를 수정하지 않고 온도가 낮은 지역을 비행할 때 실제 고도는?

① 낮게 지시한다.
② 높게 지시한다.
③ 변화가 없다.
④ 온도와 무관하다.

067 진고도(True Altitude)란 무엇을 말하는가?

① 항공기와 지표면의 실측 높이이며 "AGL" 단위를 사용한다.

② 고도계 수정치를 표준 대기압(29.92" Hg)에 맞춘 상태에서 고도계가 지시하는 고도
③ 평균 해면 고도로부터 항공기까지의 실제 높이
④ 고도계를 해당 지역이나 인근 공항의 고도계 수정치 값에 수정했을 때 고도계가 지시하는 고도

068 항공기가 해면 고도로부터 어떤 고도까지의 고도를 무엇이라고 하는가?

① 진고도   ② 밀도 고도
③ 지시 고도   ④ 절대 고도

069 해발 150m의 비행장 상공에 있는 비행기 진고도가 500m라면 이 비행기의 절대 고도는 얼마인가?

① 650m   ② 350m
③ 500m   ④ 150m

> **해설**
> ① 진고도 : 평균해수면으로부터 항공기가 떠있는 수직거리인 실제 고도
> ② 절대 고도 : 지표면(수면)으로부터 비행 중인 항공기에 이르는 수직거리. 해수면으로 부터의 거리가 아닌 지면을 기준으로 함.

070 공기밀도는 습도와 기압이 변화하면 어떻게 되는가?

① 공기밀도는 기압에 비례하며 습도에 반비례한다.
② 공기밀도는 기압과 습도에 비례하며 온도에 반비례한다.
③ 공기밀도는 온도에 비례하며 기압에 반비례한다.
④ 온도와 기압의 변화는 공기밀도와는 무관하다.

정답 064. ② 065. ① 066. ② 067. ③ 068. ① 069. ② 070. ①

071 공기밀도에 관한 설명으로 틀린 것은?
① 온도가 높아질수록 공기밀도도 증가한다.
② 일반적으로 공기밀도가 하층보다 상층이 낮다.
③ 수증기가 많이 포함될수록 공기밀도는 감소한다.
④ 국제표준대기(ISA)의 밀도는 건조공기로 가정했을 때의 밀도이다.

해설
온도가 높으면 공기밀도가 희박하여 감소한다.

072 지표면이 바람이 일기도상의 등압선과 일치하지 않는 것은 지표면 지형의 형태에 따라 마찰력이 작용하여 심하게 굴곡되기 때문이다. 마찰층의 범위는 몇 feet인가?
① 1000ft 이내
② 2000ft 이내
③ 3000ft 이내
④ 4000ft 이내

073 기압 고도의 설명으로 맞는 것은?
① 고도계가 지시하는 고도
② 표준 대기압에 맞춘 상태에서 고도계가 지시하는 고도
③ 진고도와 절대 고도를 합한 고도
④ 비표준 기압을 보정한 고도

074 고도계 수정치를 29.92inchHg에 맞추었을 때 고도계의 지시 고도는 무슨 고도인가?
① 진고도
② 절대 고도
③ 기압 고도
④ 표준 고도

075 고도계를 수정하지 않고 온도가 낮은 지역을 비행할 때 실제 고도는?
① 낮게 지시한다.
② 높게 지사한다.
③ 변화가 없다.
④ 온도와 무관하다.

076 기화기 결빙은 다음 어느 상태에서 가장 심한가?
① 32°F 이하의 온도에서 습도가 높은 날씨
② 0°F 이하의 온도에서 습도가 높은 날씨
③ 32°F 이하의 온도에서 건조한 날씨
④ 32°F 이상의 온도에서 습도가 높은 날씨

해설
기화기 결빙 : 연료의 기화에 따른 에너지 손실로 온도가 많이 떨어지게 된 기화기에 습한 공기가 통과하며 달라붙어 얼게 되는 것

077 일정 기압의 온도를 하강시켰을 때, 대기는 포화되어 수증기가 작은 물방울로 변하기 시작할 때의 온도를 무엇이라 하는가?
① 포화온도   ② 노점온도
③ 대기온도   ④ 상대온도

078 불포화 상태의 공기가 냉각되어 포화 상태가 되는 기온은?
① 상대온도
② 결빙온도
③ 절대온도
④ 이슬점(노점) 기온

정답 071. ① 072. ② 073. ② 074. ③ 075. ① 076. ① 077. ③ 078. ④

> **해설**
>
> 이슬점 기온은 불포화 상태의 공기가 냉각되어 현재 공기 중의 수증기에 의해 포화 상태가 되는 기온을 말한다.

079 절대 고도의 설명으로 맞는 것은?
① 고도계가 지시하는 고도
② 지표면으로부터의 고도
③ 표준기준면에서의 고도
④ 계기오차를 보정한 고도

080 태풍에 관한 설명으로 옳지 않은 것은?
① 열대지방을 발원지로하고 폭풍우를 동반한 저기압을 총칭해서 열대성 저기압이라고 한다.
② 미국을 강타하는 "허리케인"과 인도지방을 강타하는 "싸이클론"이 있다.
③ 발생수는 7월경부터 증가하여 8월에 가장 왕성하고 9, 10월에 서서히 줄어든다.
④ 하층에는 태풍진행 방향의 좌측반원에서는 태풍기류와 일반기류와 같은 방향이 되기 때문에 풍속이 더욱 강해진다.

> **해설**
>
> 태풍의 진로는 매우 다양해서 어떤 태풍은 지그재그로 움직이는가 하면 제자리에 멈춰 서 있기도 하고, 고리 모양의 원을 그리기도 해서 그 진로를 예측하기 어렵다. 태풍이 이동하고 있을 경우, 진행 방향 오른쪽의 바람은 강해지고 왼쪽은 약해진다. 그 까닭은 오른쪽 반원에서는 태풍의 바람 방향과 이동 방향이 같아서 풍속이 커지는 반면, 왼쪽 반원에서는 그 방향이 서로 반대가 되어 상쇄되므로 상대적으로 풍속이 약화되기 때문이다.

081 태풍의 세력이 약해져서 소멸되기 직전 또는 소멸되어 무엇으로 변하는가?
① 열대성 고기압
② 열대성 저기압
③ 열대성 폭풍
④ 편서풍

082 태풍의 명칭과 지역을 잘못 연결한 것은?
① 허리케인 – 북대서양과 북태평양 동부
② 태풍 – 북태평양 서부
③ 사이클론 – 인도
④ 바귀오 – 북한

083 태풍경보는 어떤 상황일 때 발령되는가?
① 태풍으로 인하여 풍속이 15m/s 이상, 강우량이 80mm 이상 시
② 태풍으로 인하여 풍속이 17m/s 이상, 강우량이 100mm 이상 시
③ 태풍으로 인하여 풍속이 20m/s 이상, 강우량이 120mm 이상 시
④ 태풍으로 인하여 풍속이 25m/s 이상, 강우량이 150mm 이상 시

> **해설**
>
> 세계기상기구(WMO)는 열대저기압 중에서 중심 부근의 최대 풍속이 33m/s 이상인 것을 태풍(TY), 25~32m/s인 것을 강한 열대폭풍(STS), 17~24m/s인 것을 열대폭풍(TS), 그리고 17m/s 미만인 것을 열대저압부(TD)로 구분한다. 그러나 우리나라와 일본에서도 태풍을 이와 같이 구분하지만, 일반적으로 최대풍속이 17m/s 이상인 열대저기압 모두를 태풍이라고 부른다.

084 평균 풍속보다 10kts 이상의 차이가 있으며 순간 최대 풍속이 17knot 이상의 강풍이며 지속시간이 초단위로 순간적 급변하는 바람을 무엇이라고 하는가?
① 돌풍(gust)   ② 스콜(squall)
③ wind shear   ④ micro burst

정답 079.② 080.④ 081.② 082.④ 083.② 084.①

> **해설**
> 거스트(Gust, 돌풍) : 일정 시간 내(보통 10분간)에 평균 풍속보다 10 knot 이상의 차이가 있으며, 순간 최대 풍속이 17knot 이상의 강풍일 경우 지속 시간이 초 단위일 때를 말한다. 돌풍이 불 때는 풍향도 급변한다. 때로는 천둥을 동반하기도 하며 수분에서 1시간 정도 계속되기도 한다.

085 운량(Cloud Amount)은 각 구름층이 하늘을 덮고 있는 정도이다. 운량이 $\frac{6}{10} \sim \frac{9}{10}$일 때의 상태는?

① 스캐터(Scattered)
② 브로큰(Broken)
③ 오버캐스트(Overcast)
④ 부분차폐

> **해설**
> 운량의 표시방법
> ① 1/8~2/8oktas : FEW(Few)
> ② 3/8~4/8oktas : SCT(Scattered)
> ③ 5/8~7/8oktas : BKN(Broken)
> ④ 8/8oktas : OVC(Overcast)

086 운량의 표시방법 중 3/8~4/8을 어떻게 표시를 하는가?

① FEW   ② SCT
③ BKN   ④ OVC

087 회색 또는 검은색의 먹구름이며 비와 눈을 포함하고 두께가 두껍고 수직으로 발달한 구름은?

① Altostratus(고층운)
② Cumulonimbus(적란운)
③ Nimbostratus(난층운)
④ Stratocumulus(층적운)

> **해설**
> 적란운(Cumulolimbus) : 수직으로 발달하는 구름의 한 가지. 열 가지 구름 종류 가운데 하나로 센비구름, 또는 소나기구름이라고도 함.

088 다음 중 안정된 공기의 특성이 아닌 것은?

① 층운형 구름
② 적운형 구름
③ 지속성 강우
④ 잔잔한 기류

089 다음 중 하층운으로 분류되는 구름은?

① St(층운)   ② Cu(적운)
③ As(고층운)   ④ Ci(권운)

> **해설**
> 하층운(Low-level Clouds)
> 하층운은 중위도 지방에서는 운저고도가 2km 이하이며, 거의 수적으로 되어 있으나 추운 날씨에는 빙편 과 눈을 포함하기도 한다. 하층운에는 층운(Stratus), 난층운(Nimbostratus), 층적운(Stratocumulus)이 있다.

090 대류성 기류에 의해 형성되는 구름은?

① 층운   ② 적운
③ 권층운   ④ 고층운

> **해설**
> 적운형 구름(Cumulus Clouds)에 의해 발달된 대류성 기류 (Convective Currents)에 의해 형성된다.

091 최대의 비행요란을 동반하는 구름 형태는?

① Towering cumulus(적운)
② Cumulonimbus(적란운)
③ Nimbostratus(난층운)
④ Imuius Castellanus(고적운)

정답 085.② 086.② 087.② 088.② 089.① 090.② 091.②

> **해설**
>
> 적란운 : 소나기나 우박, 번개, 천둥, 돌풍 등을 동반하는 구름이다.

092 공기의 온도가 증가하면 기압이 낮아지는 이유는?

① 가열된 공기는 가볍기 때문이다.
② 가열된 공기는 무겁기 때문이다.
③ 가열된 공기는 유동성이 있기 때문이다.
④ 가열된 공기는 유동성이 없기 때문이다.

093 구름과 안개의 구분 시 발생 높이의 기준은?

① 구름의 발생이 AGL 50ft 이상 시 구름, 50ft 이하에서 발생 시 안개
② 구름의 발생이 AGL 70ft 이상 시 구름, 70ft 이하에서 발생 시 안개
③ 구름의 발생이 AGL 90ft 이상 시 구름, 90ft 이하에서 발생 시 안개
④ 구름의 발생이 AGL 120ft 이상 시 구름, 120ft 이하에서 발생 시 안개

094 구름에 관한 항공 기상보고 시 구름의 하단은 어느 지점을 기준으로 하여 결정하는가?

① 관측소의 압력 고도
② 관측소의 평균해수면 높이
③ 관측소 반경 1km 이내 가장 높은 곳의 고도
④ 관측소 지표면으로부터의 높이

095 구름의 형성 요인 중 가장 관련이 없는 것은?

① 냉각   ② 수증기
③ 온난전선   ④ 응결핵

096 기온과 이슬점 기온의 분포가 5% 이하일 때 예측 대기현상은?

① 서리   ② 이슬비
③ 강수   ④ 안개

097 구름 속에서 과냉각수가 존재할 수 있는 적절한 기온은?

① 0℃~-10℃   ② 0℃~-15℃
③ -5℃~-20℃   ④ -5℃~-25℃

098 이슬비란 무엇인가?

① 빗방울 크기가 직경 0.5mm 이하일 때
② 빗방울 크기가 직경 0.7mm 이하일 때
③ 빗방울 크기가 직경 0.9mm 이하일 때
④ 빗방울 크기가 직경 1mm 이하일 때

099 이슬, 안개 또는 구름이 형성될 수 있는 조건은?

① 수증기가 응축될 때
② 수증기가 존재할 때
③ 기온과 노점이 같을 때
④ 수증기가 없을 때

100 안개가 발생하기 적합한 조건이 아닌 것은?

① 대기의 성층이 안정할 것
② 냉각작용이 있을 것
③ 강한 난류가 존재할 것
④ 바람이 없을 것

> **해설**
>
> 안개의 발생 조건
> 안개가 발생하려면 대기 중에 수증기가 많이 포함되어 있어야 한다. 그리고 기온이 이슬점 아래로 내려

정답 092.① 093.① 094.④ 095.③ 096.④ 097.② 098.① 099.① 100.③

가 공기가 포화 상태에 이르고 수증기가 물방울로 응결되어야 한다. 그러므로 따뜻하고 습한 공기가 지표 가까이의 차가운 공기와 만나거나 주변에 수증기의 공급원이 많아 습도가 높을 경우 안개가 잘 발생한다. 안개가 지속적으로 발생하려면 바람이 약해야 하고(풍속 2~3m/s 이하), 지표면 부근의 공기가 안정되어야 한다. 밤 동안 지표 위의 공기가 더 빨리 차가워져 역전층을 형성하는 것이 대표적인 예이다.

101 구름의 형성 요인 중 가장 관련이 없는 것은?

① 냉각(Cooling)
② 수증기(Water vapor)
③ 온난전선(Warm front)
④ 응결핵(Condensation nuclei)

▶ 해설

구름의 발생 조건 : 풍부한 수증기, 응결핵, 냉각 작용

102 구름을 잘 구분한 것은 어느 것인가?

① 높이에 따른 상층운, 중층운, 하층운, 수직으로 발달한 구름
② 층운, 적운, 난운, 권운
③ 층운, 적란운, 권운
④ 운량에 따라 작은 구름, 중간 구름, 큰 구름 그리고 수직으로 발달한 구름

▶ 해설

국제적으로 통일된 구름의 분류는 상층운, 중층운, 하층운, 수직운이다.

103 구름이 발생하는 고도대(AGL) 중 맞는 것은?

① 하층운은 8,000ft 이하
② 중층운은 6,500~18,000ft
③ 상층운은 20,000ft 이상
④ 상층운은 18,000ft 이상

▶ 해설

구름이 발생하는 고도대(AGL)
① 하층운 : 6,500ft 이하
② 중층운 : 6,500~20,000ft
③ 상층운 : 20,000ft 이상

104 구름 속에서 과냉각수가 존재할 수 있는 적절한 기온은?

① 0℃~-10℃
② 0℃~-15℃
③ -5℃~-20℃
④ -5℃~-25℃

105 산악지형에서의 렌즈형 구름이 나타내는 것은 무엇 때문인가?

① 불안정 공기   ② 비구름
③ 난기류   ④ 역전현상

▶ 해설

산악파 정상에는 아몬드형 또는 렌즈형 구름이 형성되며, 산 정상 고도 아래에서는 둥그렇게 말린 구름(rotor cloud)이 형성되고 이 같은 구름이나 파장은 심한 난기류를 내포한다.

106 다음 구름의 종류 중 비가 내리는 구름은?

① AC(고적운)
② NS(난층운)
③ ST(층운)
④ SC(층적운)

▶ 해설

NS(난층운) : 운저가 혼란된 암회색의 구름으로, 대체로 비 또는 눈을 동반한다. 이 구름은 보통 하늘 전체를 덮고, 두꺼워서 태양을 감추어 버린다.

정답 101. ③ 102. ① 103. ③ 104. ② 105. ③ 106. ②

드론(무인멀티콥터) 조종사 필기 국가자격시험 대비
초경량비행장치 운용과 비행실습

107 수평시정에 대한 설명 중 맞는 것은?
① 관제탑에서 알려져 있는 목표물을 볼 수 있는 수평거리이다.
② 조종사가 이륙 시 볼 수 있는 가시거리이다.
③ 조종사가 착륙 시 볼 수 있는 가시거리이다.
④ 관측 지점으로부터의 알려져 있는 목표물을 참고하여 측정한 거리이다.

108 우시정에 대해 옳게 설명한 것으로 틀린 것은 어느 것인가?
① 우리나라에서는 2004년부터 우시정 제도를 채용하고 있다.
② 최대치의 수평 시정을 말하는 것이다.
③ 관측자로부터 수평원의 절반 또는 그 이상의 거리를 식별할 수 있는 시정
④ 방향에 따라 보이는 시정이 다를 때 가장 작은 값으로부터 더해 각도의 합계가 180도 이상이 될 때의 값을 말한다.

🐫 **해설**
우시정이란 방향에 따라 보이는 시정이 다를 때 가장 큰 값으로부터 그 값이 차지하는 부분의 각도를 더해 가서 합친 각도의 합계가 180도 이상이 될 때의 가장 낮은 시정 값을 말한다. 우리나라에서는 2004년부터 우시정 제도를 채용하고 있다.

109 하층운에 속하는 구름은 어느 것인가?
① 층적운
② 고층운
③ 권적운
④ 권운

🐫 **해설**
하층운 : 층적운, 층운, 난층운

110 불안정한 공기가 존재하며 수직으로 발달한 구름이 아닌 것은?
① 권층운   ② 권적운
③ 고적운   ④ 층적운

🐫 **해설**
권층운 : 얇은 천과 같이 넓은 범위에 걸쳐서 하늘을 덮고 있는 모양

111 국제적으로 통일된 항층운의 높이는 지표면으로부터 얼마인가?
① 4500ft   ② 5500ft
③ 6500ft   ④ 7500ft

112 안개의 시정 조건은?
① 3마일 이하로 제한
② 5마일 이하로 제한
③ 7마일 이하로 제한
④ 10마일 이하로 제한

🐫 **해설**
안개는 지표면 근처에서 발생, 형성되고 시정을 3마일 이하로 제한

113 안개의 시정은 (   )m인가? (   ) 안에 들어갈 알맞은 것을 고르시오?
① 100m   ② 1,000m
③ 150m   ④ 2,000m

🐫 **해설**
일반적으로 구성입자가 수적으로 되어 있으면서 시정이 1km 이하일 때를 안개라고 한다.

114 기온과 이슬점 기온의 분포가 5% 이하일 때 예측 대기현상은?

◆ **정답** 107. ④   108. ④   109. ①   110. ①   111. ③   112. ①   113. ②   114. ④

① 서리　　② 이슬비
③ 강수　　④ 안개

① 증기안개　　② 땅안개
③ 활승안개　　④ 계절풍안개

115 복사안개 형성 시 맞지 않는 조건은?
① 흐린 날씨
② 2~3m/s의 약한 바람
③ 응결핵이 많이 있을 때
④ 차가운 공기가 들어올 때

119 이류안개가 가장 많이 발생하는 지역은 어디인가?
① 산 경사지
② 해안지역
③ 수평 내륙지역
④ 산간 내륙지역

🛩 해설

복사안개(Radiation Fog)
육상에서 관측되는 안개의 대부분은 야간의 지표면 복사냉각으로 인하여 발생한다. 맑은 날 밤바람이 약한 경우 공기의 복사냉각은 지표면 근처에서 가장 심하며 때로는 기온 역전층이 형성된다. 무거운 찬 공기가 밑에, 가벼운 따뜻한 공기가 위에 있어 안정 층을 형성하며, 이 층을 역전층이라 한다. 지면에서 공기가 많이 냉각되어 포화되고 응결이 일어나서 생기므로 복사안개라 한다.

🛩 해설

이류안개(Advection Fog)
온난 다습한 공기가 찬 지면으로 이류하여 발생한 안개를 말하며, 해상에서 형성된 안개는 대부분 이류안개이다. 이를 해무라고 부른다.

120 다음은 안개에 관한 설명이다. 틀린 것은?
① 공중에 떠돌아다니는 작은 물방울의 집단으로 지표면 가까이에서 발생한다.
② 수평가시거리가 3km 이하가 되었을 때 안개라고 한다.
③ 공기가 냉각되고 포화상태에 도달하고 응결하기 위한 핵이 필요하다.
④ 적당한 바람이 있으면 높은 층으로 발달한다.

116 무풍, 맑은 하늘, 상대습도가 높은 조건에서 낮고 평평한 지형에서 아침에 발생하는 안개는?
① 지면안개　　② 증기안개
③ 이류안개　　④ 활승안개

🛩 해설

수평가시거리가 1km 이하가 되었을 때 안개라고 한다.

117 따뜻한 해면 위를 덮고 있던 기단이 차가운 지면으로 이동했을 때 발생하는 안개는?
① 방사안개　　② 활승안개
③ 증기안개　　④ 바다안개

121 다음의 내용을 보고 어떤 종류의 안개인지 옳은 것은?

> 바람이 없거나 미풍, 맑은 하늘, 상대 습도가 높을 때 낮거나 평평한 지형에서 쉽게 형성된다. 이 같은 안개는 주로 야간 혹은 새벽에 형성된다.

118 방사안개라고도 하며 습윤한 공기로 덮혀 있는 지표면이 방사 방열한 결과로 하층부터 냉각되어 포화 상태에 도달하여 발생하는 안개는?

정답　115. ④　116. ①　117. ④　118. ②　119. ②　120. ②　121. ④

① 활승안개 ② 이류안개
③ 증기안개 ④ 복사안개

122 다음 중 인위적 원인에 의해서 나타나는 시정장애물은?

① 스모그 ② 황사
③ 안개 ④ 해무

해설

대기 중의 미세 입자로 인해 대기가 혼탁해지고 시정이 악화되는 현상을 말한다. 원인으로 안개·황사 현상 등 자연적 원인에 의한 것과 스모그·연무 등 인위적 원인에 의한 것으로 나눌 수 있다.

123 서리가 비행에 위험 요소로 고려되는 이유는?

① 서리는 풍판 상부의 공기 흐름을 느리게 하여 조종 효과를 증대시킨다.
② 서리는 풍판의 기초 항공 역학적 형태를 변화시켜 양력을 감소시킨다.
③ 서리는 날개의 상부를 흐르는 유연한 공기의 흐름을 방해하여 양력발행 능력을 감소시킨다.
④ 서리는 풍판 상부의 공기흐름을 느리게 하여 항력을 감소시킨다.

해설

서리는 날개의 항공 역학적 형태를 변형시키지 않지만 날개의 거친 표면은 공기의 정상적인 흐름을 분산시켜 양력의 감소를 유발한다. 때문에 조종사는 반드시 비행 전에 서리를 제거하고 비행하여야 한다. 날개 표면에 두껍게 형성된 서리는 실속 속도를 약 5~10% 정도 증가시키는 요인이 된다.

124 겨울철 비행기 날개의 서리를 제거하지 않았을 때 일어나는 현상으로 틀린 것은?

① 양력감소

② 항력증가
③ 공기역학적 특성 저하
④ 비행성능과 무관하다.

해설

서리는 날개의 항공 역학적 형태를 변형시키지 않지만 날개의 거친 표면은 공기의 정상적인 흐름을 분산시켜 양력의 감소를 유발한다. 때문에 조종사는 반드시 비행전에 서리를 제거하고 비행하여야 한다. 날개 표면에 두껍게 형성된 서리는 실속 속도를 약 5~10% 정도 증가시키는 요인이 된다.

125 다음 중 강수 현상이 아닌 것은?

① 안개비 ② 안개
③ 우박 ④ 눈

126 땅 위에 얼음싸라기가 있다는 것은 어떤 기상 상태를 의미하는가?

① 한랭전선이 통과했다.
② 높은 고도에 어는 비가 있다.
③ 온난전선이 통과 직전이다.
④ 온난전선이 통과했다.

127 강수 발생률을 강화시키는 것은?

① 온난한 하강기류
② 수직활동
③ 상승기류
④ 수평활동

해설

강한 상승기류가 존재하는 적운에서는 폭우, 우박 등을 형성한다.

128 강우나 시정 장애물에 의해서 하늘이 완전히 가려진 상태는?

① 부분차폐 ② 완전차폐
③ 실링 ④ 차폐

◆ 정답 122. ① 123. ③ 124. ④ 125. ② 126. ③ 127. ③ 128. ②

129 서로 다른 기단사이의 공기의 무리를 무엇이라 하는가?
① 전선 발생   ② 전선
③ 전선소멸   ④ 전선충돌

130 두 기단이 만나서 정체되는 전선은 무엇인가?
① 온난전선   ② 한랭전선
③ 정체전선   ④ 폐색전선

🐪 해설
정체전선 : 두 기단의 세력이 비슷하여 한 곳에 오래 머무는 전선이다. 움직이지 않거나 움직여도 매우 느리게(10km/hr 미만) 움직이는 전선을 말한다. 상공의 풍향과 전선이 뻗쳐 있는 방향이 평행을 이루고 있을 때 형성된다.

131 한랭전선의 특징이 아닌 것은?
① 적운형 구름
② 따뜻한 기단 위에 형성된다.
③ 좁은 지역에 소나기나 우박이 내린다.
④ 온난전선에 비해 이동 속도가 빠르다.

🐪 해설
한랭전선 : 인접한 두 기단 중 한랭기단의 찬 공기가 온난기단의 따뜻한 공기 쪽으로 파고들 때 형성되는 전선을 말한다. 소나기나 뇌우·우박 등 궂은 날씨를 동반하는 경우가 많다.

132 따뜻한 기단이 찬 기단 쪽으로 이동하는 전선은?
① 온난전선   ② 한랭전선
③ 정체전선   ④ 폐쇄전선

🐪 해설
온난전선 : 전선 중에서 따뜻한 기단이 찬 기단 쪽으로 이동하는 전선. 가볍고 따뜻한 기단이 무겁고 찬 공기 위를 타고 올라갈 때 생기는 경계면을 온난전선이라 한다. 또한 이때 지표와 만나는 부분을 온난전선이라 한다.

133 빠른 한랭전선이 온난전선에 따라 붙어 합쳐져 중복된 부분을 무슨 전선이라 부르는가?
① 정체전선
② 대류성 한랭전선
③ 북태평양 고기압
④ 폐쇄전선

🐪 해설
폐색전선 : 온대성 저기압이 발달하는 과정의 마지막 단계로 저기압에 동반된 한랭전선과 온난전선이 합쳐져 폐색 상태가 된 전선을 말한다.

134 지구상에서 전향력이 최대로 발휘될 수 있는 지역은?
① 중위도   ② 적도
③ 북극이나 남극   ④ 저위도

🐪 해설
적도에서는 전향력이 발생하지 않고, 양극에서는 최대가 된다.

135 주로 봄과 가을에 이동성 고기압과 함께 동진해 와서 따뜻하고 건조한 일기를 나타내는 기단은?
① 오호츠크해 기단
② 양쯔강 기단
③ 북태평양 기단
④ 적도 기단

136 해양의 특성인 많은 습기를 함유하고 비교적 찬 공기 특성을 지니고 늦봄, 초여름에 높새바람과 장마전선을 동반한 기단은?

정답 129.② 130.③ 131.② 132.① 133.④ 134.③ 135.② 136.①

① 오호츠크해 기단
② 양쯔강 기단
③ 북태평양기단
④ 적도기단

해설

오호츠크해 기단 : 늦봄 발생, 초여름 우리나라로 세력 확장, 남쪽의 북태평양 기단과 정체 전선 형성 초여름 시베리아 기단이 약화되면서 이 기단의 세력은 확장되어 동해안을 비롯한 우리나라 전역에 냉습한 기온을 가지고 오며 장마를 몰고 오기도 한다.

137 해양성 기단으로 매우 습하고 덥다. 주로 7~8월에 태풍과 함께 한반도 상공으로 이동하는 기단은?

① 오호츠크해 기단
② 양쯔강 기단
③ 북태평양 기단
④ 적도 기단

해설

적도 기단은 적도 부근에서 발생한 기단으로 여름철에 발달하며 극히 고온 다습한 성질을 나타내고, 우리나라에 초여름부터 영향을 주며 태풍 발생의 기원이 되는 기단이다.

138 동쪽에서 길고 강한 장마를 일이키는 기단은?

① 양쯔강 기단   ② 오호츠크해 기단
③ 적도 기단   ④ 시베리아 기단

해설

여름철 오호츠크해 고기압과 북태평양 고기압에 의해서 우리나라에 장마를 일으키는 정체전선을 말한다.

139 여름철에 우리나라에 영향을 주는 기단은?

① 시베리아 기단   ② 적도 기단
③ 북태평양 기단   ④ 양쯔강 기단

해설

북태평양 기단 : 북태평양에서 발생했고 한랭 다습하다. 우리나라에서 주로 여름에 발달하며 고온다습한 특성을 가진다.

140 고기압에 대한 설명 중 틀린 것은 어느 것인가?

① 전선이 쉽게 만들어 진다.
② 가장 바깥쪽에 있는 닫힌 등압선까지의 거리는 1000km 이상 된다.
③ 중심으로 갈수록 기압강도가 낮아져 바람이 약해진다.
④ 북반구에서 시계방향으로 회전을 한다.

해설

고기압권에서는 전선이 형성되기 어렵다.

141 북반구 고기압과 저기압의 회전 방향으로 옳은 것은?

① 고기압-시계방향, 저기압-시계방향
② 고기압-시계방향, 저기압-반시계방향
③ 고기압-반시계방향, 저기압-시계방향
④ 고기압-반시계방향, 저기압-반시계방향

142 북반구 고기압에서의 바람은?

① 시계 방향으로 불며 가운데서 발산한다.
② 반시계 방향으로 불며 가운데서 수렴한다.
③ 시계 방향으로 불며 가운데서 수렴한다.
④ 반시계 방향으로 불며 가운데서 발산한다.

해설

고기압권 내의 바람은 북반구에서는 고기압 중심

정답 137. ④ 138. ② 139. ③ 140. ① 141. ② 142. ①

주위를 시계 방향으로 회전하고, 남반구에서는 반시계 방향으로 회전하면서 불어나간다.

143 고기압 지역에서 저기압 지역으로 고도계 조정 없이 비행하면 고도계는 어떻게 변화하는가?
① 해면 위 실제 고도보다 낮게 지시
② 해면 위 실제 고도 지시
③ 해면 위 실제 고도보다 높게 지시
④ 변화하지 않는다.

144 공기가 고기압에서 저기압으로 흐르는 흐름을 무엇이라 하는가?
① 안개　　② 바람
③ 구름　　④ 기압

145 비행기 고도 상승에 따른 공기 밀도와 엔진 출력 관계를 설명한 것 중 옳은 것은?
① 공기밀도 감소, 엔진출력 감소
② 공기밀도 감소, 엔진출력 증가
③ 공기밀도 증가, 엔진출력 감소
④ 공기밀도 증가, 엔진출력 증가

146 다음 설명 중 틀린 것은?
① 해수면 기압 또는 동일한 기압대를 형성하는 지역을 따라서 그은 선을 등압선이라 한다.
② 고기압 지역에서 공기흐름은 시계 방향으로 돌면서 밖으로 흘러 나간다.
③ 일반적으로 고기압권에서는 날씨가 맑고 저기압권에서는 날씨가 흐린 경향을 보인다.
④ 일기도의 등압선이 넓은 지역은 강한 바람이 예상된다.

해설
일기도의 등압선이 넓은 지역은 약한 바람이 예상된다.

147 다음 중 고기압이나 저기압 시스템의 설명에 관하여 맞는 것은?
① 고기압 지역 또는 마루에서 공기는 올라간다.
② 고기압 지역 또는 마루에서 공기는 내려간다.
③ 저기압 지역 또는 골에서 공기는 정체한다.
④ 저기압 지역 또는 골에서 공기는 내려간다.

148 공기의 고기압에서 저기압으로의 직접적인 흐름을 방해하는 힘은?
① 구심력　　② 원심력
③ 전향력　　④ 마찰력

해설
전향력은 지표면을 횡단하는 공기의 방향이 전환되는 현상을 말한다.

149 바람이 고기압에서 저기압으로 불어갈수록 북반구에서 우측으로 90° 휘게 되는 현상은?
① 전향력(코리올리의 힘)
② 원심력
③ 기압경도력
④ 지면 마찰력

해설
전향력(코리올리 힘)
지구 자전에 의해 지구 표면을 따라 운동하는 질량을 가진 물체는 각 운동량 보존을 위해 힘을 받게 되는데 이를 전향력이라 한다.

정답　143. ③　144. ②　145. ①　146. ④　147. ②　148. ③　149. ①

150 기압 경도에 대하여 설명 중 가장 적당한 것은?

① 기압 경도가 크면 등압선은 완만하게 그려진다.
② 기압 경도가 크면 강풍이 존재할 가능성이 높다.
③ 기압 경도는 저기압에서 고기압으로 이동한다.
④ 기압 경도와 등압선과는 관계가 없다.

해설

기압 경도(Pressure Gradient Force)
기압의 변화는 바람을 일으키는 힘(Force)을 형성하는데 이 힘을 기압 변화 힘이라 한다. 기압은 높은 곳에서 낮은 곳으로 이동하면서 등압선(Isobars)과 수직적으로 작용한다. 기상도에서 등압선의 간격이 좁게 그려진 곳은 강한 기압 변화 힘이 형성되어 강한 바람이 형성됨을 의미하고, 반대로 등압선 간격이 넓게 그려진 곳은 약한 바람이 형성됨을 의미한다.

151 고기압 지역에서 저기압 지역으로 고도계 조정 없이 비행하면 고도계 변화는?

① 해면 위 실제 고도보다 낮게 지시
② 해면 위 실제 고도 지시
③ 해면 위 실제 고도보다 높게 지시
④ 변화하지 않는다.

해설

고기압 지역에서 저기압 지역으로 고도계 조정 없이 비행하면 고도계는 높은 기압에 설정되어 있었기 때문에 해면 위 실제 고도보다 높게 지시한다.

152 뇌우의 형성 조건이 아닌 것은?

① 대기의 불안정
② 풍부한 수증기
③ 강한 상승기류
④ 강한 하강기류

해설

뇌우의 형성 조건
① 불안정한 기온 감소율
② 대기에 충분한 수증기
③ 최초 기류의 상승 작용

153 뇌우과 같이 동반하지 않는 것으로 옳은 것은?

① 하강기류   ② 우박
③ 안개   ④ 번개

해설

뇌우는 적운형의 구름이 대기의 변화에 따라 폭풍우로 변한 것으로 통상 악기상 요소인 비(Rain), 우박(Hail), 번개(Lighting), 눈(Snow), 뇌성 등을 동반하는 격렬하고 거대한 폭풍우이다.

154 뇌우 발생 시 항상 함께 동반되는 기상현상은?

① 강한 소나기
② 스콜라인
③ 과냉각 물방울
④ 번개

155 뇌우의 구성요소가 틀린 것은?

① 홍수, 단세포와 다세포 뇌우 : 강한 상승기류와 약한 하강기류
② 마이크로 버스트 : 약한 상승기류와 강한 하강기
③ 약한 비 : 약한 상승기류와 약한 하강기류
④ 슈퍼, 단세포 및 다세포 뇌우 : 강한 상승기류와 강한 하강기류

해설

강한 소나기 : 약한 상승기류와 약한 하강기류

정답 150. ② 151. ③ 152. ④ 153. ③ 154. ④ 155. ③

156 번개와 뇌우에 관한 설명 중 틀린 것은?

① 번개가 강할수록 뇌우도 강하다.
② 번개가 자주 일어나면 뇌우도 계속 성장하고 있다는 것이다.
③ 번개와 뇌우의 강도와는 상관없다.
④ 밤에 멀리서 수평으로 형성되는 번개는 스콜라인이 발달하고 있음을 나타내고 있다.

157 비행에 최대 장애요소인 비, 우박, 번개, 눈, 뇌성을 동반하는 거대한 폭풍우를 무엇이라 하는가?

① 뇌우   ② 태풍
③ 돌풍   ④ 스콜

158 다음 중 뇌우에 관한 것 중 옳은 것은?

① 뇌우를 만나면 통과할 때까지 직진으로 빨리 빠져 나가야만 한다.
② 뇌우 속에서는 엔진 출력을 최대로 하고 수평자세를 끝까지 유지해야 한다.
③ 뇌우는 반드시 회피해야 한다.
④ 뇌우는 큰 소나기구름이므로 옆을 살짝 피해가면 된다.

159 스콜(Squall)에 대한 설명이다. 틀린 것은?

① 갑자기 불기 시작하여(풍속 11m/s 이상) 몇 분(1분 이상) 동안 계속된 후 갑자기 멈추는 바람
② 우리나라 한여름 소나기도 스콜이다.
③ 반드시 스콜성 구름이 나타난다.
④ 열대지방에서 주로 발생한다.

해설
스콜의 기상학적 정의
- 풍속의 증가가 매초 8m 이상, 풍속이 매초 11m 이상에 달하고 적어도 1분 이상 그 상태가 지속되는 경우이다.
- 특징 있는 모양의 구름이 나타나지만, 구름이 전혀 나타나지 않은 경우도 있다.

160 뇌우의 활동 단계 중 그 강도가 최대이고 밑면에서는 강수현상이 나타나는 단계는 어느 단계인가?

① 생성단계   ② 누적단계
③ 숙성단계   ④ 소멸단계

161 투명하고 단단한 얼음으로 처음 물방울이 얼어버리기 전에 다음 물방울이 붙기 때문에 전체가 하나의 덩어리가 되며 0°C일 때 잘 발생하는 착빙(icing)은?

① 서리(frost)
② 수빙(rime ice)
③ 우빙(clear ice)
④ 나무얼음

162 다음 중 착빙의 종류가 아닌 것은?

① 맑은 착빙   ② 거친 착빙
③ 서리 착빙   ④ 이슬 착빙

해설
① 맑은 착빙 : 맑은 착빙은 무겁고 단단하며 항공기 표면에 단단하게 붙어 있어 항공기 날개의 형태를 크게 변형시키므로 구조 착빙 중에서 가장 위험한 형태이다.
② 거친 착빙 : 항공기의 주 날개 가장자리나 버팀목 부분에서 발생하며, 구멍이 많고 불투명하고 우유빛 색을 띤다. 거친 착빙도 항공기 날개의 공기역학에 심각한 영향을 줄 수 있으나, 맑은 착빙보

정답 156.③ 157.① 158.③ 159.③ 160.③ 161.② 162.④

초경량비행장치 운용과 비행실습

다 덜 위험하고 제빙 장치로 쉽게 제거할 수 있다.
③ 서리 착빙 : 항공기 표면에 부착된 서리는 항공기 표면을 거칠게 하고 항력을 증가시켜 양력을 약화시킨다. 따라서 단단한 서리는 실속을 5~10% 증가시킬 수 있으며, 항공기가 이륙할 때 횡전(roll)을 크게 하여 이륙을 어렵게 하거나 불가능하게 할 수도 있다. 서리가 부착된 항공기는 저고도에서 난류나 윈드 시어를 만날 때, 특히 저속 운항이나 방향 회전을 할 때 위험하다. 따라서 이륙 전에 모든 서리는 항공기로부터 제거되어야 한다.
④ 혼합 착빙(mixed icing) : 맑은 착빙과 거친 착빙의 결합으로서, 눈 또는 얼음입자가 맑은 착빙 속에 묻혀서 울퉁불퉁하게 쌓여 형성된다.

163 착빙(Icing)에 대한 설명 중 틀린 것은?

① 양력과 무게를 증가시켜 추진력을 감소시키고 항력은 증가시킨다.
② 거친 착빙도 항공기 날개의 공기 역학에 심각한 영향을 줄 수 있다.
③ 착빙은 날개뿐만 아니라 Carburetor, Pitot관 등에도 발생한다.
④ 습한 공기가 기체 표면에 부딪치면서 결빙이 발생하는 현상

해설
양력 감소, 무게 증가, 추력 감소 그리고 항력 증가

164 착빙구역에 대한 설명 중 틀린 것은?

① 착빙은 0℃~-10℃의 사이에 가장 많이 생긴다.
② 난류성의 구름 속에서 강한 착빙이 일어난다.
③ 층운형 구름 속에서 강한 착빙이 일어난다.
④ 적운형 구름 속에서 강한 착빙이 일어난다.

해설
착빙 : 결빙온도 이하의 상태에서 대기에 노출된 물체에 과냉각 수적 혹은 구름입자가 충돌하여 얼음의 피막이 형성되는 현상으로 적운형 구름 속에서 강한 착빙이 일어난다. 심한 착빙은 보통 0~-10℃에서 발생하며 난류성의 구름 속에서 강한 착빙이 일어난다.

165 물방울이 비행장치의 표면에 부딪치면서 표면을 덮은 수막이 그대로 얼어붙어 투명하고 단단한 착빙은 무엇인가?

① 싸락눈   ② 거친 착빙
③ 서리   ④ 맑은 착빙

해설
맑은 착빙(Clear Ice) : 비교적 큰 과냉각 수적과 충돌로 인해 생성되고, 주로 -10℃ ~ 0℃에서 발생하며 비교적 투명하고, 강도는 견고해서 잘 떨어지지 않고, 떨어질 때 큰 파편이 생성되기 때문에 위험하다. 고체강수 가능성이 있는 구름을 통과할 때 생기게 된다.

166 Icing(착빙현상)에 관한 설명 중 틀린 것은?

① 양력을 감소시킨다.
② 마찰을 일으켜 항력을 증가시킨다.
③ 항공기의 이륙을 어렵게 하거나 불가능하게 할 수도 있다.
④ Icing(착빙현상)은 지표면의 기온이 추운 겨울철에만 조심하면 된다.

167 착빙에 관하여 틀린 것은 어느 것인가?

① 추력 감소   ② 항력 증가
③ 양력 증가   ④ 실속 속도증가

해설
공기흐름을 변화시켜 추력과 양력을 감소시키고, 항력을 증가시켜 실속 위험을 발생시킨다.

정답 163. ① 164. ③ 165. ④ 166. ④ 167. ③

168 대류의 기온이 상승하여 공기가 위로 향하고 기압이 낮아져 응결될 때 공기가 아래로 향하는 현상은?
 ① 역전현상 ② 대류현상
 ③ 이류현상 ④ 편현상

169 난기류(Turbulence)를 발생하는 주요인이 아닌 것은?
 ① 안정된 대기 상태
 ② 바람의 흐름에 대한 장애물
 ③ 대형 항공기에서 발생하는 후류
 ④ 기류의 수직 대류현상

> **해설**
> 난기류 발생의 주원인 : 대류성 기류, 바람의 흐름에 대한 장애물, 비행난기류, 전단풍 등

170 난기류(Turbulence)를 형성하는 주요인이 아닌 것은?
 ① 지속적인 강우와 안개
 ② 바람의 흐름에 대한 장애물
 ③ 기류의 수직 대류현상
 ④ 후류의 영향

171 난기류의 설명으로 옳은 것은 어느 것인가?
 ① 보통난기류 – 요동이 심하고 조종을 할 수 없을 정도로 심하다.
 ② 강한난기류 – 비행기가 하늘로 튕겨 올라가면서 조종을 할 수 없을 정도로 심하다.
 ③ 약한난기류 – 요동은 있지만 조종을 할 수 있다.
 ④ 심한난기류 – 요동이 심하고 조종자가 조종을 하기 힘들 정도로 심하다.

172 다음 지역 중 우리나라 평균해수면 높이를 0m로 선정하여 평균해수면의 기준이 되는 지역은?
 ① 영일만 ② 순천만
 ③ 인천만 ④ 강화만

> **해설**
> 인천만의 평균 해수면의 높이를 '0m'로 선정하였고, 실제 높이를 확인하기 위하여 인천 인하대학교 구내에 수준원점의 높이를 26.6871m로 지정하여 활용하고 있다.

173 METAR 보고에서 바람방향, 즉 풍향의 기준은 무엇인가?
 ① 자북 ② 진북
 ③ 도북 ④ 자북과 도북

174 마그네틱 컴퍼스가 지시하는 북쪽은?
 ① 진북 ② 도북
 ③ 자북 ④ 북극

175 진북과 자북의 사이각을 무엇이라 하는가?
 ① 복각 ② 수평분력
 ③ 편각 ④ 자차

176 다음 기상 보고 상태의 +RA FG는 무엇을 의미하는가?
 ① 비와 함께 안개가 동반 된다.
 ② 비와 함께 안개가 동반 된다.
 ③ 강한 비 이후 안개
 ④ 약한 비가 내린 뒤 안개가 내린다.

정답 168.② 169.① 170.① 171.③ 172.② 173.② 174.③ 175.③ 176.③

Chapter 05

부 록

1. 초경량비행장치 조종사[필기]
   - CBT 모의고사 1회
   - CBT 모의고사 2회
   - CBT 모의고사 3회
2. 초경량비행장치(무인멀티콥터) : 실기시험표준서

초경량비행장치 조종사 필기
▶CBT 모의고사 제1회◀

001 항공기의 항행안전을 저해할 우려가 있는 장애물 높이가 지표 또는 수면으로부터 몇 미터 이상이면 항공장애 표시등 및 항공장애 주간 표지를 설치하여야 하는가? (단, 장애물 제한구역 외에 한 한다.)
① 50미터 ② 100미터
③ 150미터 ④ 200미터

002 초경량비행장치의 멸실 등의 사유로 신고를 말소할 경우에 그 사유가 발생한 날부터 몇 이내에 지방항공청장에게 말소신고를 제출하여야 하는가?
① 5일 ② 10일
③ 15일 ④ 30일

003 항공시설 업무, 절차 또는 위험요소의 시설, 운영 상태 및 그 변경에 관한 정보를 수록하여 전기통신 수단으로 항공종사자들에게 배포하는 공고문은?
① AIC ② AIP
③ AIRAC ④ NOTAM

004 다음 연료 여과기에 대한 설명 중 가장 타당한 것은?
① 연료 탱크 안에 고여 있는 물이나 침전물을 외부로부터 빼내는 역할을 한다.
② 외부 공기를 기화된 연료와 혼합하여 실린더 입구로 공급한다.
③ 엔진 사용 전에 흡입구에 연료를 공급한다.
④ 연료가 엔진에 도달하기 전에 연료의 습기나 이물질을 제거한다.

005 초경량비행장치 조종자 전문교육기관이 확보해야 할 지도조종자의 최소비행시간은?
① 50시간 ② 100시간
③ 150시간 ④ 200시간

006 주로 봄과 가을에 이동성 고기압과 함께 동진해 와서 따뜻하고 건조한 일기를 나타내는 기단은?
① 오호츠크해 기단
② 양쯔강 기단
③ 북태평양 기단
④ 적도 기단

007 안개가 발생하기 적합한 조건이 아닌 것은?
① 대기의 성층이 안정할 것
② 냉각작용이 있을 것
③ 강한 난류가 존재할 것
④ 바람이 없을 것

정답 001. ③ 002. ③ 003. ④ 004. ④ 005. ② 006. ② 007. ③

008 다음의 설명에 해당하는 것은?

- 소음의 발생을 억제한다.
- 동력용 엔진의 배기구에 결합되어 엔진의 열의 발열을 감소시키는 역할도 한다.
- 비행 직후에는 많은 열을 발생시켜 주의가 필요하다.

① 메인 블레이드
② 테일 블레이드
③ 연료 탱크
④ 머플러

009 기체의 착빙에 대한 설명 중 틀린 것은?

① 양력과 무게를 증가시켜 추진력을 감소시킨다.
② 습도한 공기가 기체 표면에 부딪치면서 결빙이 발생한다.
③ 착빙은 Carburetor, Pitot관 등에도 생긴다.
④ 거친 착빙도 날개의 공기 역학에 영향을 줄 수 있다.

010 초경량비행장치 조종자 자격시험에 응시할 수 있는 최소 연령은?

① 만 12세 이상
② 만 13세 이상
③ 만 14세 이상
④ 만 18세 이상

011 비행 후 기체 점검 사항 중 옳지 않은 것은?

① 동력계통 부위의 볼트 조임 상태 등을 점검하고 조치한다.
② 메인 블레이드, 테일 블레이드의 결합 상태, 파손 등을 점검한다.
③ 남은 연료가 있을 경우 호버링 비행하여 모두 소모시킨다.
④ 송수신기의 배터리 잔량을 확인하고 부족 시 충전한다.

012 우리나라 항공안전법의 기본이 되는 국제법은?

① 일본 동경협약
② 국제민간항공협약 및 같은 협약의 부속서
③ 미국의 항공법
④ 중국의 항공법

013 우리나라 항공안전법의 목적은 무엇인가?

① 항공기의 안전한 항행과 생명과 재산 보호
② 항공기 등 안전항행 기준을 법으로 정함
③ 국제 민간항공의 안전 항행과 발전 도모
④ 국내 민간항공의 안전 항행과 발전 도모

014 대부분의 기상이 발생하는 대기의 층은?

① 대류권   ② 성층권
③ 중간권   ④ 열권

015 물방울이 비행장치의 표면에 부딪치면서 표면을 덮은 수막이 천천히 얼어붙고, 투명하고 단단한 착빙은 무엇인가?

① 싸락눈
② 거친 착빙
③ 서리
④ 맑은 착빙

정답 008. ④ 009. ① 010. ③ 011. ③ 012. ② 013. ① 014. ① 015. ④

016 초경량 비행장치의 운용시간은 언제부터 언제인가?
① 일출부터 일몰 30분 전까지
② 일출부터 일몰까지
③ 일몰부터 일출까지
④ 일출 30분 후부터 일몰 30분 전까지

017 다음의 내용을 보고 어떤 종류의 안개인지 옳은 것을 고르시오.

> 바람이 없거나 미풍, 맑은 하늘, 상대 습도가 높을 때 낮거나 평평한 지형에서 쉽게 형성된다. 이 같은 안개는 주로 야간 혹은 새벽에 형성된다.

① 활승안개　② 이류안개
③ 증기안개　④ 복사안개

018 해양의 특성인 많은 습기를 함유하고 비교적 찬 공기 특성을 지니고 늦봄, 초여름에 높새바람과 장마전선을 동반한 기단은?
① 양쯔강 기단
② 적도 기단
③ 북태평양 기단
④ 오호츠크해 기단

019 해양성 기단으로 매우 습하고 덥다. 주로 7~8월에 태풍과 함께 한반도 상공으로 이동하는 기단은?
① 오호츠크해 기단
② 양쯔강 기단
③ 북태평양 기단
④ 적도 기단

020 리튬폴리머배터리 보관 시 주의사항이 아닌 것은?
① 더운 날씨에 차량에 배터리를 보관하지 말 것, 적합한 보관 장소의 온도는 22도~28도이다.
② 배터리를 낙하, 충격, 파손 또는 인위적으로 합선시키지 말 것
③ 손상된 배터리나 전력 수준이 50% 이상인 상태에서 배송하지 말 것
④ 추운 겨울에는 화로나 전열기 등 열원 주변처럼 뜨거운 장소에 보관할 것

021 리튬폴리머배터리 취급·보관 방법으로 부적절한 설명은?
① 배터리가 부풀거나 누유 또는 손상된 상태일 경우에는 수리하여 사용한다.
② 빗속이나 습기가 많은 장소에 보관하지 말 것
③ 정격 용량 및 장비별 지정된 정품 배터리를 사용하여야 한다.
④ 배터리는 -10~40도의 온도 범위에서 사용한다.

022 지상 METAR 보고에서 바람 방향, 즉 풍향의 기준은 무엇인가?
① 자북　② 진북
③ 도북　④ 자북과 도북

023 회전익 비행장치의 등속도 수평 비행을 하고 있을 때 작용하는 힘으로 맞는 조건은?
① 추력=항력, 양력=무게
② 추력=양력+항력
③ 추력=양력+항력+중력
④ 추력=양력+중력

정답　016. ②　017. ④　018. ④　019. ④　020. ④　021. ①　022. ②　023. ①

024. 다음 벌금 중 가장 큰 금액의 벌금을 찾으시오.
① 변경신고, 이전신고, 말소신고를 하지 않은지
② 초경량 비행 장치를 신고하지 않은지
③ 조종자 자격증명 없이 초경량비행장치를 비행한 자
④ 안전성 인증을 받지 않고 비행한 자

025. 회전익 비행장치가 호보링 상태로부터 전진비행으로 바뀌는 과도적인 상태는?
① 횡단류 효과   ② 전이 비행
③ 자동 회전   ④ 지면 효과

026. 다음 설명하는 용어는?

날개골 임의 지점에 중심을 잡고 받음각의 변화를 주면 기수를 올리고 내리는 피칭 모멘트가 발생하는데 이 모멘트의 값이 받음각에 관계없이 일정한 지점을 말한다.

① 압력중심   ② 공력중심
③ 무게중심   ④ 평균공력시위

027. 다음 중 강우가 예상되는 구름은?
① CU(적운)   ② St(층운)
③ As(고층운)   ④ Ci(권운)

028. 대기권 중 기상 변화가 층으로 상승할수록 오도가 강하되는 층은 다음 어느 것인가?
① 성층권   ② 중간권
③ 열권   ④ 대류권

029. 안전성 인증검사 유효기간으로 적당하지 않은 것은 어느 것인가?
① 안전성 인증검사는 발급일로 1년으로 한다.
② 비영리목적으로 사용하는 초경량장치는 2년으로 한다.
③ 안전성 인증검사는 발급일로 2년으로 한다.
④ 인증검사 재검사 시 불합격 통지 6개월 이내 다시 검사한다.

030. 뇌움과 같이 동반하지 않는 것으로 옳은 것은 어느 것인가?
① 하강기류   ② 우박
③ 안개   ④ 번개

031. 현재 잘 사용하지 않는 배터리의 종류는 어느 것인가?
① Li-Po   ② Li-Ch
③ Ni-MH   ④ Ni-Cd

032. 움직이고 있는 기체가 뒤에서 밀어주는 구간의 힘의 영향으로 속도가 상승할 때 이야기 하는 힘은?
① 속도   ② 가속도
③ 추진력   ④ 원심력

033. NOTAM 유효기간으로 적당한 것은?
① 1개월   ② 3개월
③ 6개월   ④ 1년

정답 024.④ 025.② 026.② 027.① 028.④ 029.③ 030.③ 031.② 032.② 033.②

034 무인 회전익의 전진비행 시의 힘의 형식에 맞는 것은?
① 수직추력 > 항력
② 무게 < 양력
③ 양력 > 추력
④ 항력 < 양력

035 비행기 날개 종횡비의 비율이 커지면 나타나는 형상이 아닌 것은 무엇인가?
① 유해항력이 증가한다.
② 활공성능이 좋아진다.
③ 유도항력이 감소한다.
④ 실속이 증가한다.

036 초경량비행장치의 기체 등록은 누구에게 신청하는가?
① 지방항공청장
② 국토교통부장관
③ 국방부장관
④ 지방경찰청장

037 비행제한 구역에 비행을 하기 위해 승인 절차를 거쳐야 한다. 누구에게 신청을 하여야 하는가?
① 국방부장관
② 지방경찰청장
③ 지방항공청장
④ 국토교통부장관

038 바람이 생성되는 근본적인 원인이 무엇인지 적당한 것을 고르시오.
① 지구의 자전
② 태양의 복사에너지의 불균형
③ 구름의 흐름
④ 대류와 이류 현상

039 태양의 복사에너지의 불균형으로 발생하는 것은 어느 것인가?
① 바람
② 안개
③ 구름
④ 태풍

040 동력비행장치의 연료 제외 무게는 어느 것인가?
① 70kg 이하
② 115kg 이하
③ 150kg 이하
④ 225kg 이하

정답 034. ① 035. ④ 036. ① 037. ③ 038. ② 039. ① 040. ②

초경량비행장치 조종사 필기
CBT 모의고사 제2회

001 이륙거리를 짧게 하는 방법으로 적당하지 않은 것은?
① 추력을 크게 한다.
② 비행기 무게를 작게 한다.
③ 배풍으로 이륙을 한다.
④ 고양력 장치를 사용한다.

002 착륙거리를 짧게 하는 방법으로 적당하지 않은 것은?
① 착륙중량을 작게 한다.
② 정풍으로 착륙한다.
③ 착륙 마찰계수가 커야 한다.
④ 접지 속도를 크게 한다.

003 받음각이 변하더라도 모멘트의 계수의 값이 변하지 않는 점을 무슨 점이라 하는가?
① 공기력 중심
② 압력 중심
③ 반력 중심
④ 중력 중심

004 무인 회전익 비행장치의 기체 점검사항 중 부적절한 것은 어느 것인가?
① 비행 전·비행 중·비행 후 점검은 운용자에 의해 실시한다.
② 30시간 점검·정기 점검(연간정비)을 받아야 한다.
③ 종합 점검은 지정 정비기관에서 실시하여야 한다.
④ 종합 검진과 정기 점검을 한꺼번에 실시한다.

005 기압 고도계를 장비한 비행기가 일정한 계기 고도를 유지하면서 기압이 낮은 곳에서 높은 곳으로 비행할 때 기압 고도계의 지침의 상태는?
① 실제 고도보다 높게 지시한다.
② 실제 고도와 일치한다.
③ 실제 고도보다 낮게 지시한다.
④ 실제 고도보다 높게 지시한 후에 서서히 일치한다.

006 북반구 고기압과 저기압의 회전 방향으로 옳은 것은?
① 고기압-시계 방향, 저기압-시계 방향
② 고기압-시계 방향, 저기압-반시계 방향
③ 고기압-반시계 방향, 저기압-시계 방향
④ 고기압-반시계 방향, 저기압-반시계 방향

007 공기밀도는 습도와 기압이 변화하면 어떻게 되는가?
① 공기밀도는 기압에 비례하며 습도에 반비례한다.

정답 001.③ 002.④ 003.① 004.④ 005.③ 006.② 007.①

② 공기밀도는 기압과 습도에 비례하며 온도에 반비례한다.
③ 공기밀도는 온도에 비례하고 기압에 반비례한다.
④ 온도와 기압의 변화는 공기밀도와는 무관하다.

008 항공안전법에서 정한 용어의 정의가 맞는 것은?

① 관제구라 함은 평균해수면으로부터 500미터 이상 높이의 공역으로서 항공교통의 통제를 위하여 지정된 공역을 말한다.
② 항공등화라 함은 전파 불빛, 색채 등으로 항공기 항행을 돕기 위한 시설을 말한다.
③ 관제권이라 함은 비행장 및 그 주변의 공역으로서 항공교통의 안전을 위하여 지정된 공역을 말한다.
④ 항행안전시설이라 함은 전파에 의해서만 항공기 항행을 돕기 위한 시설을 말한다.

009 공기밀도에 관한 설명으로 틀린 것은?

① 온도가 높아질수록 공기밀도도 증가한다.
② 일반적으로 공기밀도가 하층보다 상층이 낮다.
③ 수증기가 많이 포함될수록 공기밀도는 감소한다.
④ 국제표준대기(ISA)의 밀도는 건조공기로 가정했을 때의 밀도이다.

010 착빙(Icing)에 대한 설명 중 틀린 것은?

① 양력과 무게를 증가시켜 추진력을 감소시키고 항력은 증가시킨다.
② 거친 착빙도 항공기 날개의 공기 역학에 심각한 영향을 줄 수 있다.
③ 착빙은 날개뿐만 아니라 Carburetor, Pitot관 등에도 발생한다.
④ 습한 공기가 기체 표면에 부딪치면서 결빙이 발생하는 현상

011 다음 중 고기압이나 저기압 시스템의 설명에 관하여 맞는 것은?

① 고기압 지역 또는 마루에서 공기는 올라간다.
② 고기압 지역 또는 마루에서 공기는 내려간다.
③ 저기압 지역 또는 골에서 공기는 정체한다.
④ 저기압 지역 또는 골에서 공기는 내려한다.

012 다음 기상 보고 상태의 +RA FG는 무엇을 의미하는가?

① 강한 비와 함께 안개가 동반된다.
② 약한 비와 함께 안개가 동반된다.
③ 강한 비가 내린 뒤 안개가 내린다.
④ 약한 비가 내린 뒤 안개가 내린다.

013 초경량 비행장치 중 프로펠러가 4개인 멀티콥터를 무엇이라 부르는가?

① 헥사콥터　　② 옥토콥터
③ 쿼드콥터　　④ 트라이콥터

014 다음 과태료 중 금액이 가장 큰 것은?
① 조종자 준수사항을 지키지 않았을 때
② 초경량비행장치 자격증명이 없이 비행하였을 때
③ 안전성 인증검사를 받지 않고 비행했을 때
④ 이전, 말소, 변경 등을 거짓을 신고하였을 때

015 헬리콥터나 드론이 제자리 비행을 하다가 전진비행을 계속하면 속도가 증가되어 이륙하게 되는데 이것은 뉴턴의 운동법칙 중 무슨 법칙인가?
① 가속도의 법칙
② 관성의 법칙
③ 작용반작용의 법칙
④ 등기속도의 법칙

016 터널 속 GPS 미작동 시 이용하는 항법은?
① 지문항법   ② 추측항법
③ 관성항법   ④ 무선항법

017 멀티콥터의 비행 모드가 아닌 것은 어느 것인가?
① GPS 모드   ② 에티 모드
③ 수동 모드   ④ 고도제한 모드

018 베르누이의 정리 조건끼리 묶은 것은 어느 것인가?
① 비압축성, 비유동성, 무점성
② 압축성, 유동성, 유점성
③ 비압축성, 유동성, 무점성
④ 압축성, 비유동성, 유점성

019 다음 중 관제공역은 어느 것인가?
① A등급 공역
② G등급 공역
③ F등급 공역
④ H등급 공역

020 비행제한구역을 비행승인 없이 비행하면 벌칙금은 얼마인가?
① 500만 원   ② 300만 원
③ 200만 원   ④ 30만 원

021 왕복엔진의 윤활유의 역할이 아닌 것은?
① 윤활력   ② 냉각력
③ 압축력   ④ 방빙력

022 진한 회색을 띠며 비와 안개를 동반한 구름은 무엇인가?
① 권층운   ② 난층운
③ 층적운   ④ 권적운

023 초경량비행장치의 비행계획승인 신청 시 포함되지 않는 것은 어느 것인가?
① 비행경로 및 고도
② 동승자의 소지자격
③ 조종자의 비행경력
④ 비행장치의 종류 및 형식

024 다음 중 착빙의 종류가 아닌 것은 어느 것인가?
① 맑은 착빙   ② 거친 착빙
③ 서리 착빙   ④ 이슬 착빙

정답 014. ③ 015. ① 016. ② 017. ④ 018. ① 019. ① 020. ③ 021. ④ 022. ② 023. ② 024. ④

초경량비행장치 운용과 비행실습

025 초경량비행장치 사고 발생 후 사고조사 담당 기관은 어디인가?
① 철도, 항공 사고 조사위원회
② 국토교통부
③ 검찰 및 경찰
④ 군검찰 및 헌병

026 드론을 조종하다가 갑자기 기계에 이상이 생겼을 때 하는 행동으로 올바른 것은?
① 주위사람에게 큰소리로 외친다.
② 급추락이나 안전하게 착륙시킨다.
③ 자세제어 모드로 전환하여 조종을 한다.
④ 최단거리로 비상착륙을 한다.

027 역편요(adverse yaw)에 대한 설명으로 틀린 것은?
① 비행기가 선회 시 보조익을 조작해서 경사하게 되면 선회 방향과 반대 방향으로 yaw하는 것을 말한다.
② 비행기가 보조익을 조작하지 않더라도 어떤 원인에 의해서 rolling 운동을 시작하며 올라간 날개의 방향으로 yaw하는 특성을 말한다.
③ 비행기가 선회하는 경우 옆 미끄럼이 생기면 옆미끄럼한 방향으로 롤링하는 것을 말한다.
④ 비행기가 오른쪽을 경사하며 선회하는 경우 비행기의 기수가 왼쪽으로 yaw하려는 운동을 말한다.

028 북방구 고기압에서의 바람은?
① 시계 방향으로 불며 가운데서 발산한다.
② 반시계 방향으로 불며 가운데서 수렴한다.
③ 시계 방향으로 불며 가운데서 수렴한다.
④ 반시계 방향으로 불며 가운데서 발산한다.

029 복사안개 형성 시 맞지 않는 조건은?
① 흐린날씨
② 2~3m/s의 약한 바람
③ 응결핵이 많이 있을 때
④ 차가운 공기가 들어올 때

030 투명하거나 반투명하게 형성되는 서리는 어느 것인가?
① 혼합 착빙   ② 맑은 착빙
③ 거친 착빙   ④ 서리 착빙

031 무인멀티콥터의 위치를 제어하는 부품은?
① GPS   ② 온도감지계
③ 레이저센서 ④ 자이로

032 윤활유의 역할이 아닌 것은?
① 윤활력   ② 냉각력
③ 방빙력   ④ 압축력

033 동쪽에서 길고 강한 장마를 일이키는 기단은?
① 양쯔강 기단
② 오호츠크해 기단
③ 적도 기단
④ 시베리아 기단

정답 025.① 026.① 027.③ 028.① 029.④ 030.② 031.① 032.③ 033.②

034 멀티콥터가 쓰는 엔진으로 맞는 것은?
① 전기 모터   ② 가솔린
③ 로터리 엔진 ④ 터보 엔진

035 착륙장치가 달린 동력패러글라이딩이 초경량비행장치가 되기 위해서는 몇 kg 이하인가?
① 70kg   ② 115kg
③ 150kg   ④ 180kg

036 무인멀티콥터의 기수를 제어하는 부품?
① 지자계 센서 ② 온도
③ 레이저   ④ GPS

037 멀티콥터 프로펠라 피치가 1회전 시 측정할 수 있는 것은 무엇인가?
① 속도   ② 거리
③ 압력   ④ 온도

038 멀티콥터 운영도중 비상사태가 발생 시 가장 먼저 조치해야 할 사항은?
① 육성으로 주의 사람들에게 큰 소리로 위험을 알린다.
② 에티모드로 전환하여 조정을 한다.
③ 가장 가까운 곳으로 비상 착륙을 한다.
④ 사람이 없는 안전한 곳에 착륙을 한다.

039 초경량비행장치의 지표면과의 실측높이와 단위를 고르시오.
① 고도 500피트 AGL
② 고도 500피트 MSL
③ 고도 500미터 AGL
④ 고도 500미터 MSL

040 조종자 준수사항을 어길 시 1차 벌금은 얼마인가?
① 100만 원   ② 200만 원
③ 50만 원   ④ 20만 원

정답 034. ① 035. ② 036. ① 037. ② 038. ① 039. ① 040. ④

초경량비행장치 조종사 필기
▶CBT 모의고사 제3회◀

001 항공업 종사자로 볼 수 없는 것은 어느 것인가?
① 관제사
② 자가용 운전사
③ 초경량비행장치 조종자
④ 승무원

002 초경량비행장치 비행 전 조정기 테스트로 적당한 것은 어느 것인가?
① 기체와 30m 떨어져서 레인지 모드로 테스트한다.
② 기체와 100m 떨어져서 일반 모드로 테스트한다.
③ 기체 바로 옆에서 테스트를 한다.
④ 기체를 이륙해서 조정기를 테스트를 한다.

003 4행정 왕복엔진의 행정순서로 올바른 것은 어느 것인가?
① 배기, 폭발, 압력, 흡입
② 압축, 흡입, 배기, 폭발
③ 흡입, 압축, 폭발, 배기
④ 흡입, 폭발, 압축, 배기

004 기체가 좌우가 불안할 경우 조정기의 조작을 어떻게 해야 하는가?
① 에일러론을 조작한다.
② 조정기의 전원을 ON, OFF한다.
③ 스로틀을 조작한다.
④ 러더를 조작한다.

005 무인 멀티콥터가 비행할 수 없는 것은 어느 것인가?
① 전진비행 ② 후진비행
③ 회전비행 ④ 배면비행

006 배터리를 장기 보관할 때 적절하지 않은 것은 무엇인가?
① 4.2V로 완전 충전해서 보관한다.
② 상온 15도~28도에서 보관한다.
③ 밀폐된 가방에서 보관한다.
④ 화로나 전열기 등 뜨거운 곳에 보관하지 않는다.

007 기상현상이 가장 많이 일어나는 대기권은 어느 것인가?
① 열권   ② 대류권
③ 성층권 ④ 중간권

008 다음 중 비행 후 점검사항이 아닌 것은?
① 수신기를 끈다.
② 송신기를 끈다.
③ 기체를 안전한 곳으로 옮긴다.
④ 열이 식을 때까지 해당 부위는 점검하지 않는다.

정답 001.② 002.① 003.③ 004.③ 005.④ 006.① 007.② 008.①

초경량비행장치 운용과 비행실습

009 전파의 이동이 활발하게 이루어지는 대기권은 어느 것인가?
① 대류권　　② 성층권
③ 열권　　　④ 대류권 계면

010 초경량 비행장치에 의하여 중사고가 발생한 경우 사고조사를 담당하는 기관은?
① 관할 지방항공청
② 철도, 항공사고 조사위원회
③ 교통안전공단
④ 항공 교통관제소

011 비행체에 외부에서 영향을 주는 힘이 아닌 것은 무엇인가?
① 항력　　② 양력
③ 압축력　④ 중력

012 소멸, 말소등록을 하지 않을 시 1차 벌금은 얼마인가?
① 10만 원　② 20만 원
③ 30만 원　④ 50만 원

013 착빙의 종류가 아닌 것은 어느 것인가?
① 이슬 착빙　② 맑은 착빙
③ 혼합 착빙　④ 거친 착빙

014 초경량비행장치 조종자 전문 교육기관의 구비 조건이 아닌 것은 무엇인가?
① 사무실 1개 이상
② 강의실 1개 이상
③ 격납고
④ 이착륙 공간

015 여름철에 우리나라에 영향을 주는 기단은?
① 시베리아 기단　② 적도 기단
③ 북태평양 기단　④ 양쯔강 기단

016 베르누이 정리에 대한 바른 설명으로 적당한 것은 어느 것인가?
① 정압이 일정하다.
② 동압이 일정하다.
③ 전압이 일정하다.
④ 동압과 전압의 합이 일정하다.

017 베르누이 정리에 대한 바른 설명은 어느 것인가?
① 베르누이 정리는 밀도와 무관하다.
② 유체의 속도가 증가하면 정압이 감소한다.
③ 위치 에너지의 변화에 의한 압력이 동압이다.
④ 정상 흐름에서 정압과 동압의 합은 일정하지 않다.

018 등고선이 좁은 곳은 어떤 현상이 발생하는가?
① 무풍 지역　② 태풍 지역
③ 강한 바람　④ 약한 바람

019 바람을 느끼고 나뭇잎이 흔들리기 시작할 때의 풍속은 어느 정도인가?
① 0.3~1.5m/sec
② 1.6~3.3m/sec
③ 3.4~5.4m/sec
④ 5.5~7.9m/sec

정답 009. ③　010. ②　011. ③　012. ③　013. ①　014. ③　015. ③　016. ③　017. ②　018. ③　019. ②

020 나뭇잎과 나뭇가지가 부단히 움직이고 얇은 깃발이 휘날릴 때의 풍속은?
① 0.3~1.5m/sec ② 1.6~3.3m/sec
③ 3.4~5.4m/sec ④ 5.5~7.9m/sec

021 뇌우의 형성 조건이 아닌 것은 어느 것인가?
① 대기의 불안정 ② 풍부한 수증기
③ 강한 상승기류 ④ 강한 하강기류

022 다음 구름의 종류 중 비가 내리는 구름은?
① AC(고적운) ② NS(난층운)
③ ST(층운) ④ SC(층적운)

023 다음 중 벡터량이 아닌 것은?
① 가속도 ② 속도
③ 양력 ④ 질량

024 기체가 움직이는 동안 추력이 발생하는데 비트림과 속도제어에 사용되는 센서는?
① 자이로 센서 ② 엑셀레이터 센서
③ 온도 센서 ④ 기압 센서

025 초경량비행장치를 운항할 때 거리 등을 계산해서 운항하는 항법은 무엇인가?
① 지문항법 ② 위성항법
③ 추측항법 ④ 무선항법

026 초경량비행장치 비행 공역을 나타내는 것은?
① R-35 ② CP-16
③ UA-14 ④ P-73A

027 동체의 좌우 흔들림을 잡아주는 센서는?
① 자이로 센서 ② 자자계 센서
③ 기압 센서 ④ GPS

028 회색 또는 검은색의 먹구름이며 비와 눈을 포함하고 두께가 두껍고 수직으로 발달한 구름은?
① Altostratus(고층운)
② Cumulonimbus(적란운)
③ Nimbostratus(난층운)
④ Stratocumulus(층적운)

029 대류의 기온이 상승하여 공기가 위로 향하고 기압이 낮아져 응결될 때 공기가 아래로 향하는 현상은?
① 역전현상 ② 대류현상
③ 이류현상 ④ 핀현상

030 드론을 우측으로 이동을 할 때 각 모터의 형태를 바르게 설명한 것은?
① 오른쪽 프로펠러의 힘이 약해지고 왼쪽 프로펠러의 힘이 강해진다.
② 왼쪽 프로펠러의 힘이 약해지고 오른쪽 프로펠러의 힘이 강해진다.
③ 왼쪽, 오른쪽 각각의 로터가 전체적으로 강해진다.
④ 왼쪽, 오른쪽 각각의 로터가 전체적으로 약해진다.

031 대기의 안정화(Atmospheric stability)가 나타날 때 현상은 무엇인가?
① 소나기성 강우가 나타난다.
② 시점이 어느 정도 잘 보인다.

정답 020. ③ 021. ④ 022. ② 023. ④ 024. ② 025. ③ 026. ③ 027. ① 028. ② 029. ② 030. ① 031. ④

③ 난류가 생긴다.
④ 안개가 생성된다.

032 고기압 설명 중 틀린 것은?
① 중앙으로 갈수록 기압이 떨어진다.
② 기단의 형성이 쉽다.
③ 중심부에 하강기류가 발생한다.
④ 북방구에서 시계 방향으로 회전한다.

033 공기가 고기압에서 저기압으로 흐르는 흐름을 무엇이라 하는가?
① 안개　　② 바람
③ 구름　　④ 기압

034 비행기 고도 상승에 따른 공기 밀도와 엔진 출력 관계를 설명한 것 중 옳은 것은?
① 공기밀도 감소, 엔진출력 감소
② 공기밀도 감소, 엔진출력 증가
③ 공기밀도 증가, 엔진출력 감소
④ 공기밀도 증가, 엔진출력 증가

035 항공기가 아닌 것은 어느 것인가?
① 우주선
② 중량이 초과하는 비행기
③ 속도를 개조한 비행기
④ 계류식 무인 비행장치

036 초경량비행장치 비행계획 선정 시 포함되지 않는 것은 무엇인가?
① 조종자의 비행경력
② 비행기 제작사
③ 신청인의 성명
④ 계류식 무인 비행장치

037 멀티콥터 제어장치가 아닌 것은 어느 것인가?
① GPS　　② FC
③ 제어컨트롤　　④ 프로펠라

038 멀티콥터의 무게 중심은 어느 곳에 위치하는가?
① 전진 모터의 뒤쪽
② 후진 모터의 뒤쪽
③ 기체의 중심
④ 랜딩 스키드 뒤쪽

039 초경량비행장치 신고 기간으로 적당한 곳은 어느 곳인가?
① 국토교통부
② 교통안전공단
③ 지방항공청
④ 국방부

040 드론 하강 시 조작해야 할 조종기의 레버는 어느 것인가?
① 엘리베이터
② 스로틀
③ 에일러론
④ 리터

정답　032. ①　033. ②　034. ①　035. ①　036. ②　037. ④　038. ③　039. ③　040. ②

chapter 05 초경량비행장치(무인멀티콥터)
실기시험표준서

제1장 총칙

1. 목적

이 표준서는 초경량비행장치 무인멀티콥터 조종자 실기시험의 신뢰와 객관성을 확보하고 초경량비행장치 조종자의 지식 및 기량 등의 확인과정을 표준화하여 실기시험 응시자에 대한 공정한 평가를 목적으로 한다.

2. 실기시험표준서 구성

초경량비행장치 무인멀티콥터 실기시험표준서는 제1장 총칙, 제2장 실기 영역, 제3장 실기 영역 세부기준으로 구성되어 있으며, 각 실기 영역 및 실기 영역 세부기준은 해당 영역의 과목들로 구성되어 있다.

3. 일반사항

초경량비행장치 무인멀티콥터 실기시험위원은 실기시험을 시행할 때 이 표준서로 실시하여야 하며 응시자는 훈련을 할 때 이 표준서를 참조할 수 있다.

4. 실기시험표준서 용어의 정의

가. "실기 영역"은 실제 비행할 때 행하여지는 유사한 비행 기동들을 모아놓은 것이며, 비행 전 준비부터 시작하여 비행 종료 후의 순서로 이루어져 있다. 다만, 실기시험위원은 효율적이고 완벽한 시험이 이루어 질 수 있다면 그 순서를 재배열하여 실기시험을 수행할 수 있다.

나. "실기 과목"은 실기 영역 내의 지식과 비행 기동·절차 등을 말한다.

다. "실기 영역의 세부기준"은 응시자가 실기 과목을 수행하면서 그 능력을 만족스럽게 보여주어야 할 중요한 요소들을 열거한 것으로, 다음과 같은 내용을 포함하고 있다.

- 응시자의 수행능력 확인이 반드시 요구되는 항복
- 실기 과목이 수행되어야 하는 조건
- 응시자가 합격될 수 있는 최저 수준

라. "안정된 접근"이라 함은 최소한의 조종간 사용으로 초경량비행장치를 안전하게 착륙시킬 수 있도록 접근하는 것을 말한다. 접근할 때 과도한 조종간의 사용은 부적절한 무인 멀티콥터 조작으로 간주된다.

마. "권고된"이라 함은 초경량비행장치 제작사의 권고 사항을 말한다.

바. "지정된"이라 함은 실기시험위원에 의해서 지정된 것을 말한다.

5. 실기시험표준서의 사용

가. 실시시험위원은 시험 영역과 과목의 진행에 있어서 본 표준서에 제시된 순서를 반드시 따를 필요는 없으며 효율적이고 원활하게 실기시험을 진행하기 위하여 특정 과목을 결합하거나 진행순서를 변경할 수 있다. 그러나 모든 과목에서 정하는 목적에 대한 평가는 실기시험 중 반드시 수행되어야 한다.

나. 실기시험위원은 항공법규에 의한 초경량비행장치 조종자의 준수사항 등을 강조하여야 한다.

6. 실기시험표준서의 적용

가. 초경량비행장치 조종자증명시험에 합격하려고 하는 경우 이 실기시험표준서에 기술되어 있는 적절한 과목들을 완수하여야 한다.

나. 실기시험위원들은 응시자들이 효율적이 주어진 과목에 대하여 시범을 보일 수 있도록 지시나 임무를 명확히 하여야 한다. 유사한 목표를 가진 임무가 시간 절약을 위해서 통합되어야 하지만, 모든 임무의 목표는 실기시험 중 적절한 때에 시범보여져야 하며 평가되어야 한다.

다. 실기시험위원이 초경량비행장치 조종자가 안전하게 임무를 수행하는 능력을 정확하게 평가하는 것은 매우 중요한 것이다.

라. 실기시험위원의 판단하에 현재의 초경량비행장치나 장비로 특정 과목을 수행하기에 적합하지 않을 경우 그 과목은 구술평가로 대체할 수 있다.

7. 초경량비행장치 무인멀티콥터 실기시험 응시요건

초경량비행장치 무인멀티콥터 실기시험 응시자는 다음 사항을 충족하여야 한다. 응시자가 시험을 신청할 때에 접수기관에서 이미 확인하였더라도 실기시험위원은 다음 사항을 확

인할 의무를 지닌다.

가. 최근 2년 이내에 학과시험에 합격하였을 것

나. 조종자증명에 한정될 비행장치로 비행교육을 받고 초경량비행장치 조종자증명 운영세칙에서 정한 비행경력을 충족할 것

다. 시험당일 현재 유효한 항공신체검사증명서를 소지할 것

8. 실기시험 중 주의산만(Distraction)의 평가

사고의 대부분이 조종자의 업무부하가 높은 비행단계에서 조종자의 주의산만으로 인하여 발생된 것으로 보고되고 있다. 비행교육과 평가를 통하여 이러한 부분을 강화시키기 위하여 실기시험위원은 실기시험 중 실제로 주의가 산만한 환경을 만든다. 이를 통하여 시험위원은 주어진 환경 하에서 안전한 비행을 유지하고 조종실의 안과 밖을 확인하는 응시자의 주의분배 능력을 평가할 수 있는 기회를 갖게 된다.

9. 실기시험위원의 책임

가. 실기시험위원은 관계 법규에서 규정한 비행계획 승인 등 적법한 절차를 따르지 않았거나 초경량비행장치의 안전성 인증을 받지 않은 경우(관련 규정에 따른 안전성 인증 면제 대상 제외) 실기시험을 실시해서는 안 된다.

나. 실기시험위원은 실기평가가 이루어지는 동안 응시자의 지식과 기술이 표준서에 제시된 각 과목의 목적과 기준을 충족하였는지의 여부를 판단할 책임이 있다.

다. 실기시험에 있어서 "지식"과 "기량" 부분에 대한 뚜렷한 구분이 없거나 안전을 저해하는 경우 구술시험으로 진행할 수 있다.

라. 실기시험의 비행 부분을 진행하는 동안 안전요소와 관련된 응시자의 지식을 측정하기 위하여 구술시험을 효과적으로 진행하여 한다.

마. 실기시험위원은 응시자가 정상적으로 임무를 수행하는 과정을 방해하여서는 안 된다.

바. 실기시험을 진행하는 동안 시험위원은 단순하고 기계적인 능력의 평가보다는 응시자의 능력이 최대로 발휘될 수 있도록 기회를 제공하여야 한다.

10. 실기시험 합격수준

실기시험위원은 응시자가 다음 조건을 충족할 경우에 합격판정을 내려야 한다.

가. 본 표준서에서 정한 기준 내에서 실기 영역을 수행해야 한다.

나. 각 항목을 수행함에 있어 숙달된 비행장치 조작을 보여주어야 한다.

다. 본 표준서의 기준을 만족하는 능숙한 기술을 보여 주어야 한다.

라. 올바른 판단을 보여 주어야 한다.

11. 실기시험 불합격의 경우

응시자가 수행한 어떠한 항목이 표준서의 기준을 만족하지 못하였다고 실기시험위원이 판단하였다면 그 항목은 통과하지 못한 것이며 실기시험은 불합격 처리가 된다. 이러한 경우 실기시험위원이나 응시자는 언제든지 실기시험을 중지할 수 있다. 다만, 응시자의 요청에 의하여 시험은 계속될 수 있으나 불합격 처리된다.

실기시험 불격합에 해당하는 대표적인 항목들은 다음과 같다.

가. 응시자가 비행안전을 유지하지 못하여 시험위원이 개입한 경우
나. 비행기동을 하기 전에 공역 확인을 위한 공중경계를 간과한 경우
다. 실기 영역의 세부 내용에서 규정한 조작의 최대 허용한계를 지속적으로 벗어난 경우
라. 허용한계를 벗어났을 때 즉각적인 수정 조작을 취하지 못한 경우 등이다.
마. 실기시험 시 조종자가 과도하게 비행자세 및 조종위치를 변경한 경우

제 2 장 실기 영역

1. 구술관련사항

가. 기체에 관련한 사항
　　1) 비행장치 종류에 관한 사항
　　2) 비행허가에 관한 사항
　　3) 안전관리에 관한 사항
　　4) 비행규정에 관한 사항
　　5) 정비규정에 관한 사항

나. 조종자에 관련한 사항
　　1) 신체조건에 관한 사항
　　2) 학과합격에 관한 사항
　　3) 비행경력에 관한 사항
　　4) 비행허가에 관한 사항

2) 학과합격에 관한 사항

　　필요한 모든 과목에 대하여 유효한 학과합격이 있을 것

3) 비행경력에 관한 사항

　　기량평가에 필요한 비행경력을 지니고 있을 것

4) 비행허가에 관한 사항

　　항공안전법 제125조에 대하여 설명할 수 있고 비행안전요원은 유효한 조종자 증명을 소지하고 있을 것

다. 공역 및 비행장에 관련한 사항 평가기준

1) 공역에 관한 사항

　　비행관련 공역에 관하여 이해하고 설명할 수 있을 것

2) 비행장 및 주변 환경에 관한 사항

　　초경량비행장치 이착륙장 및 주변 환경에서 운영에 관한 지식

라. 일반 지식 및 비상절차에 관련한 사항 평가기준

1) 비행규칙에 관한 사항

　　비행에 관한 비행규칙을 이해하고 설명할 수 있을 것

2) 비행계획에 관한 사항

　　가) 항공안전법 제127조에 대하여 이해하고 있을 것

　　나) 의도하는 비행 및 비행절차에 대하여 설명할 수 있을 것

3) 비상절차에 관한 사항

　　가) 충돌예방을 위하여 고려해야 할 사항(특히 우선권의 내용)에 대하여 설명할 수 있을 것

　　나) 비행 중 발동기 정지나 화재발생 시 등 비상조치에 대하여 설명할 수 있을 것

마. 이륙 중 엔진 고장 및 이륙포기 관련한 사항 평가기준

1) 이륙 중 엔진 고장에 관한 사항

　　이륙 중 엔진 고장 상황에 대해 이해하고 설명할 수 있을 것

2) 이륙포기에 관한 사항

　　이륙 중 엔진 고장 및 이륙 포기 절차에 대해 이해하고 설명할 수 있을 것

2. 실기관련사항

가. 비행 전 절차 관련한 사항 평가기준

1) 비행 전 점검

점검 항목에 대하여 설명하고 그 상태의 좋고 나쁨을 판정할 수 있을 것

2) 기체의 시동 및 점검

가) 올바른 시동절차 및 다양한 대기조건에서의 시동에 대한 지식

나) 기체 시동 시 구조물, 지면 상태, 다른초경량비행장치, 인근 사람 및 자산을 고려하여 적절하게 초경량비행장치를 정대

다) 올바른 시동 절차의 수행과 시동 후 점검·조정 완료 후 운전상황의 좋고 나쁨을 판단할 수 있을 것

3) 이륙 전 점검

가) 엔진 시동 후 운전상황의 좋고 나쁨을 판단할 수 있을 것

나) 각종 계기 및 장비의 작동 상태에 대한 확인절차를 수행할 수 있을 것

나. 이륙 및 공중조작 평가기준

1) 이륙비행

가) 원활하게 이륙 후 수직으로 지정된 고도까지 상승할 것

나) 현재 풍향에 따른 자세수정으로 수직으로 상승이 되도록 할 것

다) 이륙을 위하여 유연하게 출력을 증가

라) 이륙과 상승을 하는 동안 측풍 수정과 방향 유지

2) 공중 정지비행(호버링)

가) 고도와 위치 및 기수 방향을 유지하며 정지비행을 유지할 수 있을 것

나) 고도와 위치 및 기수 방향을 유지하며 좌측면·우측면 정지비행을 유지할 수 있을 것

3) 직진 및 후진 수평비행

가) 직진 수평비행을 하는 동안 기체의 고도와 경로를 일정하게 유지할 수 있을 것

나) 직진 수평비행을 하는 동안 기체의 속도를 일정하게 유지할 수 있을 것

4) 삼각비행*

가) 삼각비행을 하는 동안 기체의 고도(수평비행 시)와 경로를 일정하게 유지할 수 있을 것

나) 삼각비행을 하는 동안 기체의 속도를 일정하게 유지할 수 있을 것

다. 공역 및 비행장에 관련한 사항
   1) 기상정보에 관한 사항
   2) 이·착륙장 및 주변 환경에 관한 사항

라. 일반지식 및 비상절차
   1) 비행규칙에 관한 사항
   2) 비행계획에 관한 사항
   3) 비상절차에 관한 사항

마. 이륙 중 엔진 고장 및 이륙 포기
   1) 이륙 중 엔진 고장에 관한 사항
   2) 이륙 포기에 관한 사항

2. 실기관련사항
   가. 비행 전 절차
      1) 비행 전 점검
      2) 기체의 시동
      3) 이륙 전 점검

   나. 이륙 및 공중조작
      1) 이륙비행
      2) 공중 정지비행(호버링)
      3) 직진 및 후진 수평비행
      4) 삼각비행
      5) 원주비행(리더턴)
      6) 비상조작

   다. 착륙조작
      1) 정상접근 및 착륙
      2) 측풍접근 및 착륙

   라. 비행 후 점검
      1) 비행 후 점검
      2) 비행기록

3. 종합능력 관련사항
가. 계획성
나. 판단력
다. 규칙의 준수
라. 조작의 원활성
마. 안전거리 유지

제 3 장 실기 영역 세부기준

1. 구술관련사항
가. 기체관련사항 평가기준
   1) 비행장치 종류에 관한 사항
      기체의 형식 인정과 그 목적에 대하여 이해하고 해당 비행장치의 요건에 대하여 설명할 수 있을 것
   2) 비행허가에 관한 사항
      항공안전법 제124조에 대하여 이해하고, 비행안전을 위한 기술상의 기준에 적합하다는 '안전성 인증서'를 보유하고 있을 것
   3) 안전관리에 관한 사항
      안전관리를 위해 반드시 확인해야 할 항목에 대하여 설명할 수 있을 것
   4) 비행규정에 관한 사항
      비행규정에 기재되어 있는 항목(기체의 재원, 성능, 운용한계, 긴급조작, 중심위치 등)에 대하여 설명할 수 있을 것
   5) 정비규정에 관한 사항
      정기적으로 수행해야 할 기체의 정비, 점검, 조정 항목에 대한 이해 및 기체의 경력 등을 기재하고 있을 것

나. 조종자에 관련한 사항 평가기준
   1) 신체조건에 관한 사항
      유효한 신체검사증명서를 보유하고 있을 것

* 삼각비행 : 호버링 위치 → 좌(우)측 포인트로 수평비행 → 호버링 위치로 상승비행 → 우(좌)측 포인트로 하강비행 → 호버링 위치로 수평비행

5) 원주비행(리더턴)

　가) 원주비행을 하는 동안 기체의 고도와 경로를 일정하게 유지할 수 있을 것

　나) 원주비행을 하는 동안 기체의 속도를 일정하게 유지할 수 있을 것

　다) 원주비행을 하는 동안 비행경로와 기수의 방향을 일치시킬 수 있을것

6) 비상조작

　비상상황 시 즉시 정지 후 현위치 또는 안전한 착륙위치로 신속하고 침착하게 이동하여 비상착륙할 수 있을 것

다. 착륙조작에 관련한 평가기준

1) 정상접근 및 착륙

　가) 접근과 착륙에 관한 지식

　나) 기체의 GPS 모드 등 자동 또는 반자동 비행이 가능한 상태를 수동비행이 가능한 상태(자세 모드)로 전환하여 비행할 것

　다) 안전하게 착륙조작이 가능하며, 기수 방향 유지가 가능할 것

　라) 이착륙장 또는 착륙지역 상태, 장애물 등을 고려하여 적절한 착륙지점(Touchdown Point) 선택

　마) 안정된 접근자세(Stabilized Approach)와 권고된 속도(돌풍요소를 감안)유지

　바) 접근과 착륙 동안 유연하고 시기 적절한 올바른 조종간의 사용

2) 측풍접근 및 착륙

　가) 측풍 시 접근과 착륙에 관한 지식

　나) 측풍 상태에서 안전하게 착륙조작이 가능하며, 방향 유지가 가능할 것

　다) 바람 상태, 이착륙장 또는 착륙지역 상태, 장애물 등을 고려하여 적절한 착륙지점(Touchdown Point) 선택

　라) 안정된 접근자세(Stabilized Approach)와 권고된 속도(돌풍요소를 감안)유지

　마) 접근과 착륙 동안 유연하고 시기 적절한 올바른 조종간의 사용

　바) 접근과 착륙 동안 측풍 수정과 방향 유지

라. 비행 후 점검에 관련한 평가기준

1) 비행 후 점검

　가) 착륙 후 절차 및 점검 항목에 관한 지식

　　　나) 적합한 비행 후 점검 수행
　2) 비행기록
　　　비행기록을 정확하게 기록할 수 있을 것

3. 종합능력 관련 사항 평가기준

가. 계획성
비행을 시작하기 전에 상황을 정확하게 판단하고 비행계획을 수립했는지 여부에 대하여 평가할 것

나. 판단력
수립한 비행계획을 적용 시 적절성 여부에 대하여 평가할 것

다. 규칙의 준수
관련되는 규칙을 이해하고 그 규칙의 준수 여부에 대하여 평가할 것

라. 조작의 원활성
기체 취급이 신속·정확하며 원활한 조작을 하고 있는지 여부에 대하여 평가할 것

마. 안전거리 유지
실기시험 중 기종에 따라 권고된 안전거리 이상을 유지할 수 있을 것

부록 ➡ 실기시험표준서　chapter 05

〈실기시험 채점표〉
초경량비행장치 조종자(무인헬리콥터)

등급표기
S : 만족(Satisfactory)
U : 불만족(Unsatisfactory)

응시자 성명		사용 비행장치		판정	
시험일시		시험장소			

순번	구분	영역 및 항목	등급
		구술시험	
1		기체에 관련한 사항	
2		조종자에 관련한 사항	
3		공역 및 비행장에 관련한 사항	
4		일반지식 및 비상절차	
5		이륙 중 엔진고장 및 이륙 포기	
		실기시험(비행 전 절차)	
6		비행 전 점검	
7		기체의 시동	
8		이륙 전 점검	
		실기시험(이륙 및 공중조작)	
9		이륙비행	
10		공중 정지비행(호버링)	
11		상승 및 하강 비행	
12		직진 및 후진 수평비행	
13		좌우 수평비행	
14		원주비행(리더턴)	
15		비상조작	
		실기시험(착륙조작)	
16		정상접근 및 착륙	
17		측풍접근 및 착륙	
		실기시험(비행 후 점검)	
18		비행 후 점검	
19		비행기록	
		실기시험(종합능력)	
20		안전거리 유지	
21		계획성	
22		판단력	
23		규칙의 준수	
24		조작의 원활성	
실기시험위원 의견 :			

참고문헌

- 초경량기술기준보고서(교통안전공단)
- 경량항공기 비행안전가이드(교통안전공단)
- 드론의 원리와 비행실습, 여환구 외 2인(서울특별시과학전시관장)
- 드론의 기술개발 동향 및 기업의 대응 방안, 오상은 저(임베디드소프트웨어·시스템산업협회)
- 군 관할공역 내 민간 초경량비행장치비행승인 업무 지침서(대한민국 국방부)
- 초경량비행장치 조종자안전가이드(교통안전공단)
- 초경량비행장치 가이드(교통안전공단)
- 함께보는 기상이야기(기상청)
- 국토부 보도자료(국토부 홈페이지)
- 항공안전법 등 관련법규(법제처)

편저자(집필위원)

- 정연택(대한상공회의소 인력개발원 능력개발처장)
- 한승곤(대한상공회의소 인력개발원 능력개발처장)
- 김홍중((주)한국경영기술지원단 전북지사 대표)

초경량비행장치 운용과 비행실습 필기 국가자격시험 대비
드론 무인멀티콥터 조종사 필기

정가 ‖ 27,000원

편저자 ‖ 정연택, 한승곤, 김홍중
펴낸이 ‖ 차 승 녀
펴낸곳 ‖ 도서출판 건기원

2018년 5월 15일 제1인쇄발행
2020년 12월 15일 제2인쇄발행

주소 ‖ 경기도 파주시 연다산길 244(연다산동)
전화 ‖ (02)2662-1874~5
팩스 ‖ (02)2665-8281
등록 ‖ 제11-162호, 1998. 11. 24

- 건기원은 여러분을 책의 주인공으로 만들어 드리며 출판 윤리 강령을 준수합니다.
- 본 수험서를 복제·변형하여 판매·배포·전송하는 일체의 행위를 금하며, 이를 위반할 경우 저작권법 등에 따라 처벌받을 수 있습니다.

ISBN 979-11-5767-497-8 13550